Von Hertz bis Handy – Entwicklung der Kommunikation

Nuncius Hamburgensis
Beiträge zur Geschichte der Naturwissenschaften
Band 6

Gudrun Wolfschmidt (Hrsg.)

Von Hertz zum Handy

Entwicklung der Kommunikation

Ausstellung anläßlich des 150. Geburtstags
von Heinrich Hertz (1857–1894)
von Gudrun Wolfschmidt und Karl Heinrich Wiederkehr

2007

Nuncius Hamburgensis

Beiträge zur Geschichte der Naturwissenschaften

Hrsg. von Gudrun Wolfschmidt,
Schwerpunkt Geschichte der Naturwissenschaften, Mathematik und Technik,
Department Mathematik, MIN-Fakultät, Universität Hamburg
ISSN 1610-6164

*Diese Reihe „Nuncius Hamburgensis“
wird gefördert von der Hans Schimank-Gedächtnisstiftung.
Dieser Titel wurde inspiriert von „Sidereus Nuncius“ und von „Wandsbeker Bote“.*

Wolfschmidt, Gudrun (Hrsg.):
Von Hertz zum Handy – Entwicklung der Kommunikation.
Ausstellung anläßlich des 150. Geburtstags von Heinrich Hertz (1857–1894),
zusammengestellt von Gudrun Wolfschmidt und Karl Heinrich Wiederkehr.
Nuncius Hamburgensis – Beiträge zur Geschichte der Naturwissenschaften; Band 4.
Herstellung und Verlag: Books on Demand GmbH, Norderstedt 2007
(ISBN 978-3-8334-8744-6).

Web-Seite der Ausstellung:
`http://www.math.uni-hamburg.de/spag/ign/events/hertz-exh.htm`

*Abbildung auf dem Cover vorne und auf Titelblatt:
Vision (1930): Bildtelefon*

*Abbildung Frontispiz:
Heinrich Hertz (1857–1894)*

*Abbildung auf dem Cover hinten:
Cover hinten: Alte Post (ehemaliger optischer Telegraph) und Heinrich-Hertz-Turm*

Zu besonderem Dank verpflichtet sind wir gegenüber den Firmen Siemens AG, München, und NXP Semiconductors (ehemals Philips), Hamburg-Lokstedt, sowie der Hans Schimank-Gedächtnisstiftung, die uns zuverlässig finanzielle Unterstützung gewährt haben.

Schwerpunkt Geschichte der Naturwissenschaften, Mathematik und Technik (SPGN),
Fachbereich Mathematik, Universität Hamburg
Bundesstraße 55 – Geomatikum, D-20146 Hamburg

Inhaltsverzeichnis

Vorwort „Von Hertz bis Handy“

Warum gibt es eine Ausstellung zu Heinrich Hertz in Hamburg? Heinrich Rudolf Hertz (1857–1894) wurde am 22. Februar 1857 – also vor 150 Jahren – in Hamburg geboren. Nach ihm wurde der Hamburger Fernsehturm benannt.

Was waren seine bedeutenden Leistungen? Der Physiker Heinrich Hertz machte 1886/88 in Karlsruhe seine epochemachende Entdeckung. Er untersuchte schnelle elektrische Schwingungen und die Ausbreitung der elektromagnetischen Wellen. Dabei stellte er fest, daß die elektromagnetischen Wellen die typischen Eig enschaften des Lichts wie Reflexion, Brechung und Polarisation besaßen und sich mit Lichtgeschwindigkeit ausbreiteten. Mit seinen Experimenten bestätigte Hertz die Voraussagen der Maxwellschen Elektrodynamik und der elektromagnetischen Lichttheorie. Er gab auch den vier Maxwellschen Grundgleichungen der Elektrodynamik die heutige Gestalt. Die von ihm entdeckten Hertzschen Wellen bilden die Grundlage der Funktechnik, die sich ab den 1890er Jahren entwickelte.

Hertz' Nachweis des Einflusses ultravioletten Lichtes auf die elektrische Entladung (1887) führte zur Entdeckung des äußeren lichtelektrischen Effektes und seiner Klärung durch Wilhelm Hallwachs (1859–1922). Hertz beobachtete 1892 den Durchgang von Kathodenstrahlen durch dünne Metallschichten – ein wichtiger Hinweis dafür, daß die Materie zum großen Teil aus leerem Raum besteht. Philipp Lenard (1862–1947) erforschte dann später eingehend die Kathodenstrahlen (schnell fliegende Elektronen). Ebenfalls stammt von Hertz die exakte Definition der Härte.
In der letzten großen Arbeit von Hertz – den „Prinzipien der Mechanik“ – sind Gedanken, Ideen und Zusamemnhänge enthalten, wie man sie später bei Einstein wiederfindet.

Die Wirkung von Hertz umfaßt die Entwicklung der drahtlosen Telegraphie, des Radios, des Fernsehens, des Computers, des Mobiltelefons, usw. Die Entdeckung der elektromagnetischen Wellen durch Hertz bildet also die Voraussetzung unseres heutigen Kommunikations- und Medien-Zeitalters.

Mit dem Namen Hertz verbunden ist das Heinrich-Hertz-Institut für Schwingungsforschung, gegründet 1927 von der Deutschen Reichspost und dem Verband Deutscher Elektrotechniker. „Hertz“ (Hz) wurde 1935 als physikalische Einheit der Frequenz (Anzahl der Schwingungen pro Sekunde) von der „International Electrical Commission“ (IEC) eingeführt (Vorschlag von Seiten Deutschlands 1930).

In diesem Begleitbuch zur Ausstellung widmen sich – nach dem Überblicksartikel der Herausgeberin – die beiden Artikel von Karl Heinrich Wiederkehr ganz besonders dem Leben und Werk von Heinrich Hertz und seinen Experimenten. Der Artikel von Jan Gollwitzer schildert detailliert die Anfänge der Funktechnik. Schließlich beschäftigt sich der Artikel von Hans Blank mit der Entwicklung des Seefunks – ein für Hamburg besonders interessantes Thema.

Die Ausstellung, konzipiert von Karl Heinrich Wiederkehr und Gudrun Wolfschmidt, beleuchtet in zehn Abschnitten die Entwicklung der Physik vor Hertz, dann stehen Leben und Werk von Heinrich Hertz im Zentrum, schließlich wird die vielseitige Wirkung dargestellt, die Anwendung der Hertzschen Wellen. Die Ausstellung wurde mit verschiedenen Schwerpunkten in Hamburg gezeigt – und zwar zunächst an der Heinrich-Hertz-Schule[1] (*150 Jahre Heinrich Hertz – 100 Jahre Heinrich-Hertz-Schule*) und am Landesinstitut für Lehrerbildung und Schulentwicklung[2] (*Physik mit Her(t)z*), dann am Johanneum und bei DESY mit dem Thema *Von Hertz zum Handy*, ebenso in Wittenberg, unterstützt vom Freundeskreis Wilhelm Weber. Allen Institutionen sei für die Ermöglichung der Präsentation herzlich gedankt. Die Termine 2007/08 finden sich auf Seite 339. Die Eröffnung der Ausstellungen erfolgte jeweils mit einem Experimentalvortrag, meist von PD Dr. Karl Heinrich Wiederkehr. Alle Texte der Ausstellung sind in diesem Buch im Katalogteil veröffentlicht.

Allen Helfern sei gedankt für Ihre Mitwirkung beim Aufbau der Ausstellungen, insbesondere den Mitgliedern des Schwerpunkts Geschichte der Naturwissenschaften, an erster Stelle Karl Heinrich Wiederkehr, ferner Jürgen Gottschalk, Wolfgang Lange, Bernd Wolfram, Heidi und Manfred Tauber sowie Katrin Cura.

Umfangreiche Leihgaben stammen von Dipl.-Ing. Joachim Eggers (Halstenbek), Dipl.-Ing. Werner R. Diedrich (Hamburg / Hameln) und Heinz Thieme (Lutherstadt Wittenberg), denen wir zu besonderem Dank verpflichtet sind. Dank gebührt ferner dem Landesinstitut für Lehrerbildung und Schulentwicklung Hamburg (Herr Kaack) sowie folgenden Hamburger Schulen und ihren Sammlungsleitern Physik für ihr Entgegenkommen: Gelehrtenschule des Johanneums Hamburg (Herr Bartz), Matthias-Claudius-Gymnasium Hamburg, Wilhelm-Gymnasium Hamburg, Heinrich-Hertz-Schule, Hamburg-Winterhude (Herr Thiel). Den Herren Prof. Dr. Bernd Baumann, Dipl. Ing. Bodo Sass und Berthold Witte von der Physiksammlung und dem Labor der Hochschule für Angewandte Wissenschaften Hamburg (HAW), FB Maschinenbau und Produktion, schulden wir besonderen Dank für Ihre großzügige Unterstützung. Herrn Peter Sienknecht vom Schulmuseum sei besonders gedankt für seine Bereitschaft und Hilfe, so auch Herrn Manfred Matschke, Sammlung des ehemaligen Museums Electrum der HEW. Besonderen Dank müssen wir Herrn R. Eggerstorf, Sammlung der Physik, Institut für Experimentalphysik, Universität Hamburg, und Herrn Prof. Dr. Friedrich Balck, Institut für Physik und Physikalische Technologien, Technische Universität Clausthal-Zellerfeld, aussprechen für wertvolle Hilfe und großzügiges Entgegenkommen.

[1] Wolfschmidt, Gudrun: Eine Revolution in der Physik: Heinrich Hertz und die Folgen seiner Entdeckung der elektromagnetischen Wellen. In: 100 Jahre Heinrich-Hertz-Schule. Festschrift zum Jubiläum. Hrsg. von Gerd Augustin. Hamburg 2007, S. 7–9.

[2] Wolfschmidt, Gudrun: „Physik mit Her(t)z“. Texte zur Ausstellung 150 Jahre Heinrich Hertz. Vorwort von Peter Daschner, Direktor. Hamburg: Landesinstitut für Lehrerbildung und Schulentwicklung in Hamburg 2007 (52 Seiten).

Grußwort

Heinz Thieme, Freundeskreis Wilhelm Weber e. V.

Die Würdigung des Lebenswerkes von Heinrich Hertz anläßlich des 150. Jubiläums seines Geburtstages stand als Schwerpunktthema für das Jahr 2007 für die Sammler- und Interessengemeinschaft historische Nachrichtentechnik – Freundeskreis Wilhelm Weber e. V. Wittenberg. Die Mitglieder des Vereins haben sich zur Aufgabe gestellt, die Entwicklung der Nachrichtentechnik und Datenübertragung zu dokumentieren und einer breiten Öffentlichkeit zugänglich zu machen. Gilt doch unser Namensgeber, Wilhelm Eduard Weber, mit dem Bau des ersten brauchbaren elektromagnetischen Telegraphen als der Urvater und Begründer der drahtgebundenen elektromagnetischen Nachrichtenübertragung. Zudem erwies sich die Begründung der Elektrodynamik durch Weber als ein Baustein der Maxwellschen Elektrodynamik, die mit den Hertzschen Experimenten ihre praktische Bestätigung fand.

Dank einer schon über 15 Jahre währenden sehr freundschaftlichen und fruchtbringenden Zusammenarbeit des Herrn PD Dr. Karl Heinrich Wiederkehr mit dem Autor kam es auch zu diesem gemeinsamen Projekt mit dem Wittenberger Verein. Dessen sehr große, wohl sortierte und gut restaurieret nachrichtentechnische Sammlung erfährt auf diesem Wege eine weitere öffentliche Würdigung in Hamburg und in Wittenberg.

Der Vorstand des Freundeskreises Wilhelm Weber e. V. bedankt sich bei Prof. Dr. Gudrun Wolfschmidt vom Institut für Geschichte der Naturwissenschaften, Mathematik und Technik für die gute Zusammenarbeit und für die Bereitschaft, die Ausstellung auch in Wittenberg zeigen zu können.

Heinz Thieme
Vorstandsmitglied
Freundeskreis Wilhelm Weber e. V.
Wittenberg

Heinrich Hertz – Schüler des Johanneums

Dr. Uwe Reimer, Johanneum

Heinrich Hertz ist einer der berühmtesten Absolventen des Johanneums. Schon während der Schulzeit zeigte er außergewöhnliche mathematische, sprachliche und technisch-handwerkliche Begabung. Zitate seiner Lehrer: *„Glänzt im Unterricht stets als Stern erster Größe“*; *„Heinrichs Betragen war tadellos“*; *„Er arbeitet viel und hat Spaß am Lernen“*. Hertz war Klassenbester in Griechisch; nebenher lernte er sogar Arabisch.

Wir freuen uns, dass wir die von Frau Prof. Wolfschmidt konzipierte Ausstellung bei uns im Johanneum zeigen können. Damit erinnern wir an einen Forscher, der zum Wegbereiter der modernen Telekommunikation wurde. Seine bahnbrechenden Entdeckungen haben einen kaum zu unterschätzenden Einfluss auf unser Alltagsleben. Die von ihm erstmals nachgewiesenen elektromagnetischen Wellen sind es, die die Töne und Bilder übertragen, die wir mit Radio, Fernsehen oder Handy empfangen.

Mit dieser Ausstellung wollen wir nicht nur an einen großen Sohn unserer Schule erinnern, sondern zugleich deutlich machen, dass das Johanneum auf vielen Säulen ruht: Die Naturwissenschaften gehören genauso dazu wie die alten Sprachen und die Schönen Künste.

Die Ausstellung möge unseren Schülerinnen und Schülern Anregung und Ansporn sein – für den Physikunterricht, für die Teilnahme an Wettbewerben, für Wissensdurst und Forscherdrang.

Dr. Uwe Reimer
Rector Johannei

1529
JOHANNEUM

Abbildung 1.1:
Von Hertz bis Handy:
Links: Heinrich Hertz (1857–1894)
Rechts: Vision (1930) – Bildtelefon

Von Hertz bis Handy – Elektromagnetismus, Hertzsche Wellen und die Entwicklung der Telekommunikation

Gudrun Wolfschmidt

Im Zentrum der Ausstellung steht Heinrich Hertz (1857–1894), der 2007 seinen 150. Geburtstag feiert. In diesem Artikel werden folgende Schwerpunkte gesetzt: Elektromagnetismus als Vorgeschichte der Entdeckung der elektromagnetischen Wellen sowie Wirkung von Heinrich Hertz bzgl. der Entwicklung der Telekommunikation.

1.1 Elektromagnetismus

1.1.1 Vom galvanischen Element zum Akkumulator

Schon im der Antike kannte man die Bernsteinkraft. Reibt man Bernstein mit einem wollenen Tuch, zieht es kleine Schnitzelchen aus Papier etc. und Metallplättchen an. Der Magdeburger Bürgermeister Otto von Guericke (1602–1686), bekannt durch sein Experiment mit den Halbkugeln, beschrieb in den EXPERIMENTA NOVA (1672) einen einfachen Apparat, der als Vorläufer für die Elektrisiermaschinen angesehen wird. Eine Schwefelkugel wird gedreht und mit der (trockenen) Hand gerieben. Die Kugel zieht Flaumfedern und andere kleine Teilchen an. Er beobachtete, daß die Flaumfedern nach der Berührung mit der Schwefelkugel wieder abgestoßen werden.

Mit Elektrisiermaschinen ließen sich besonders große elektrische Aufladungen erzeugen.[1] Eine angetriebene Glasscheibe schleift an zwei Reibzeugen. Die auf der Glasoberfläche entstehende positive elektrische Ladung wird von den beiden walzenförmigen Blechzylindern neben der Scheibe abgesaugt und über einen Metallbügel auf den kugelförmigen Konduktor übertragen, wo sie sich ansammelt. Der Konduktor läßt sich leitend mit zwei an Isolierfäden von der Decke herabhängenden Blechzylindern verbinden, die zur Ansammlung größerer elektrischer Ladungen (Elektrizitätsmengen) dienen.

[1] Fraunberger 1971. Meya/Sibum 1987. Fraunberger 1985. Heilbron 1979. Johannsen 1987. Sattelberg 1971.

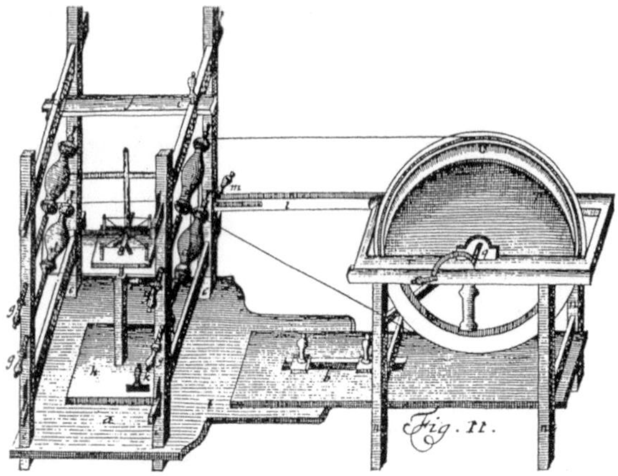

Abbildung 1.2:
Zweite Elektrisiermaschine von Johann Heinrich Winkler (1703–1770)
zur Erzeugung verstärkter Elektrizität, 1745

Winkler 1745.

Die Reibzeuge und die daran befindlichen Metallkugeln (Hilfskonduktoren) laden sich negativ auf. Diese negative Ladung kann zur Erde abgeleitet werden.

Die Leidener Flasche diente zur Sammlung und Aufspeicherung großer elektrischer Ladungsmengen. Erfunden wurde sie 1745 gleichzeitig von Ewald Jürgen Kleist (1700–1748) aus Cammin in Pommern und vom Leidener Professor Pieter van Musschenbroek (1692–1761). Die Leidener Flasche spielte zusammen mit den Elektrisiermaschinen eine wesentliche Rolle bei der unterhaltsamen Physik im Salon in der Barockzeit.[2]

Luigi Galvanis (1737–1798) Froschschenkelversuch von 1789 erregte allgemeines Interesse; besonders Alessandro Volta (1745–1827) widmete sich der Untersuchung dieser Beobachtung. Dies führte zur Erfindung der Volta-Säule 1799 aus Silber und Zinkplatten und zur Aufstellung einer Spannungsreihe. Bei dieser ersten gleichmäßig fließenden Elektrizitätsquelle konnte die Spannung durch Vermehrung der Plattenzahl gesteigert werden.

Von Bedeutung wurde in der Folge die Trockenbatterie von Giuseppe Zamboni (1776–1846) 1812. Unter den verschiedenen vorgeschlagenen Verbesserungen ist noch die Batterie von William Grove (1811–1896) erwähnenswert, der 1839 amalgamiertes Zink und Platin als Elektroden und Schwefelsäure als Elektrolyt benutzte. Robert Wilhelm Bunsen (1811–1899) verwendete statt des teuren Platins 1840 Kohleplatten, die er aus Steinkohle und Koks hergestellt hatte. Zur Beseitigung der Polarisation wurde der verdünnten Schwefelsäure Chromsäure zugesetzt.

[2] Teichmann 2002. Plitzner 1998. Sibum 1990.

Abbildung 1.3:
Abbe l'Anné Jean Antoine Nollet (1700–1770):
Vorführung elektrostatischer Anziehung im barocken Salon;
der Junge hängt an Seidenfäden, aufgeladen durch eine Elektrisiermaschine
zieht er Papierschnipsel an.

Nollet, l'Anné Jean Antoine: Essai sur l'électricité des corps. Paris 1746.

Abbildung 1.4:
Luigi Galvani (1737–1798)

Lenard 1930, 142.

Diese Batterien waren bis zu der Zeit, in der durch Maschinen elektrische Ströme erzeugt werden konnten, wichtigste Stromquellen der Elektrotechnik. Die Forschungen konzentrierten sich auf eine Verbesserung dieser – im Vergleich zu den späteren Dynamomaschinen – extrem teuren Stromquelle. Die französische Regierung setzte 1852 einen Preis für den, *„der eine Entdeckung macht, durch welche die Voltasche Säule mit Vorteil und Ersparnis entweder in der Industrie zum Heizen und Beleuchten oder in der Chemie oder in der Mechanik oder in der praktischen Heilkunde anwendbar wird.“*

Den ersten Akkumulator zur Stromspeicherung mit Bleiplatten in verdünnter Schwefelsäure baute Gaston Planté (1834–1889) 1859 basierend auf den Experimenten von Wilhelm Joseph Simsteden (1803–1891) (Einführung von Blei). Émile Alphonse Faure, ein Schüler von Planté, nahm auf Verbesserungen des Akkumulators (Einführung von Bleioxid) ein Patent, eines von 140 diesbezüglichen deutschen Patenten zwischen 1881 und 1890.[3]

1.1.2 Anfänge des Elektromagnetismus

Hans Christian Ørsted (1777–1851) wollte eine neue Chemie auf der Basis der romantischen Naturphilosophie begründen. Im Frühjahr 1820 machte er seine berühmte Entdeckung bei seiner Vorlesung über Elektrizität, Galvanismus und Magnetis-

[3] 1888 wurde die auf diesem Gebiet führende Firma Büsche & Müller, die spätere Accumulatoren-Fabrik AG gegründet, die Lizenz auf Faures weitreichendes Patent genommen hatte und die anderen Interessenten durch Prozesse aus dem Feld schlug.

Abbildung 1.5:
Luigi Galvanis (1737–1798) Versuch mit den Froschschenkeln
und den Bügeln aus zwei unterschiedlichen Metallen

Galvani, Luigi: De viribus electricitatis in motu musculari commentatio. Bologna 1791.
Reprint: Leipzig: Wilhelm Engelmann (Ostwalds Klassiker, Nr. 52) 1894, S. 39.

MUS. Über eine Magnetnadel hielt er einen glühenden, stromdurchflossenen Draht. Als der Strom parallel zur Nord-Süd Richtung des Magneten floß, ergab sich eine Auslenkung senkrecht dazu. Die elektrischen Kräfte werden elektromagnetisch. Über die Verknüpfung der Welt des Magnetismus und der Elektrizität äußerte Carl Friedrich Gauß (1836):

> *„Ihre glänzenden Entdeckungen haben der Naturforschung eine Welt geöffnet, deren Zaubergärten uns mit Bewunderung erfüllen; unterwürfig machen können wir uns diese reichen Gebiete nur unter Führung der Meßkunst.“*[4]

Schon zur Zeit Voltas hatte man zwischen Spannung, Elektrizitätsmenge und elektrischem Strom unterschieden. André Marie Ampère (1775–1836) präzisierte 1820 diese Begriffe, führte den elektrischen Strom im Leitungsdraht als Doppelstrom ein und legte die Richtung des Stromes mit seiner Schwimmerregel fest. Er zeigte, daß ein Stabmagnet durch eine stromdurchflossene Spirale (Solenoid) ersetzt werden kann. Die magnetischen Fluida wollte er vollständig beseitigen und alle magnetischen Erscheinungen auf fließende

[4] Carl Friedrich Gauß (1836).

Abbildung 1.6:
Das Experiment von Hans Christian Ørsted (1777–1851), 1820

elektrische Ströme zurückführen. Sein Fundamentalgesetz der elektrodynamischen Wirkung beschrieb die Wechselwirkung von stromdurchflossenen Leitungen. Auf Ampère geht das Wort Elektrodynamik zurück.

Georg Simon Ohm (1789–1854) untersuchte den Zusammenhang zwischen Stromstärke und Widerstand des Leiters; seine Ergebnisse publizierte er 1825 unter dem Titel: Vorläufige Anzeige des Gesetzes, nach welchem Metalle die Contaktelektrizität leiten. Zur Strommessung benutzte er ein Torsions-Magnetometer, – eine Magnetnadel, die durch das kreisförmige magnetische Feld um den stromdurchflossenen Leiter abgelenkt und durch Torsion wieder in die ursprüngliche Lage zurückgebracht wird. Zur Messung der Spannung benutzte er ein Elektroskop mit Kondensator. Die konstante Spannung bei seinen Untersuchungen lieferte ein Thermoelement aus Kupfer und Wismut, da die Voltasäule zu starke Schwankungen aufwies. Er fand 1826 sein berühmtes Ohmsches Gesetz, nämlich daß die Stromstärke zum Widerstand umgekehrt proportional ist; der Widerstand ist abhängig vom Material, von der Länge des Leiters und von seinem Querschnitt.

Michael Faraday (1791–1867), zuerst Gehilfe und Laborant bei Humphry Davy (1778–1829) in der Royal Institution in London, wandte sich zunächst der Chemie zu und entdeckte das Benzol und Butylen. Nach der Entdeckung des Elektromagnetismus durch Ørsted 1820 wiederholte er dessen Versuche und auch die danach von anderen gemachten Experimente. Er gelangte dabei zum Begriff des magnetischen Feldes.[5] 1831 fand Faraday die elektromagnetische Induktion. Sie ermöglichte unter anderem den Bau von Generatoren und die Entwicklung der Starkstromtechnik.[6]

Welt- und Industrieausstellungen

Mitte des 19. Jahrhunderts war der Gedanke aufgetaucht, Weltausstellungen zu veranstalten.[7] Auf internationalen Industrieausstellungen wollten die Staaten ihre eigenen Leistungen zeigen und sich über die Errungenschaften der anderen informieren. Für Fir-

[5] King 1973. Lemmerich 1991. Barth 2002.
[6] Dazu mehr in Wolfschmidt (2005): Gauß-Weber.
[7] Beauchamp 1997.

Straßburg, Marseille und Bordeaux. 1799 erhielt Chappe den Auftrag, eine Linie von Paris in das gerade von Napoleon eroberte Italien zu installieren (Turin nach Mailand, Venedig bis Triest).

In Preußen unter König Friedrich Wilhelm III. (1770–1840) wurde 1832/33 ein erster optischer Telegraph gebaut, der Berlin mit Koblenz verband – über Magdeburg, Goslar, Paderborn und Köln. Der Ingenieur und Generalmajor Franz August von Etzel benutzte 1842 drei Paare von Flügeln, um die Buchstaben – 4096 Zeichen darzustellen. Der Telegraphenberg in Potsdam war eine der ersten von 62 Stationen. Einen vereinfachten „Volks-Telegraphen“ entwickelte Johann Ludwig Schmidt aus Altona 1848.

Die Revolution der Kommunikationsmedien begann mit der Telegraphie. Nach der Entdeckung der angeblich tierischen Elektrizität 1780 durch Galvani – und weiteren Experimenten dazu bis 1791 – wurden rasch die Grundlagen der Lehre von der Elektrizität von Forschern wie Ørsted, Ampère, Ohm, Faraday, Gustav Robert Kirchhoff (1824–1887), Franz Neumann (1798–1895), Wilhelm Weber und anderen geschaffen.

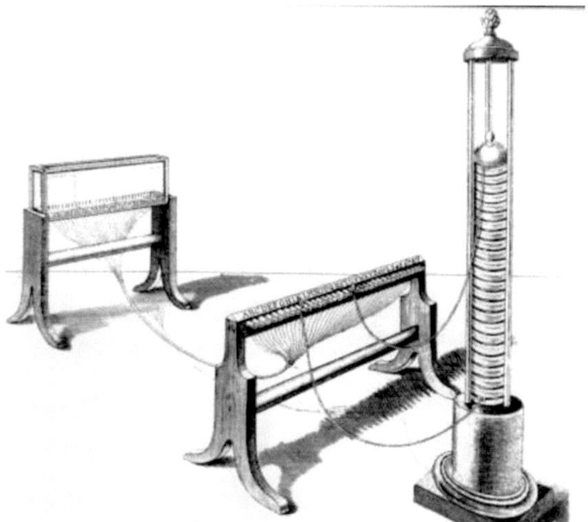

Abbildung 1.8:
Samuel Thomas Sömmering (1755–1830)
und sein elektrochemischer Telegraph (1809)

Feyerabend 1933, nach S. 12, Abb. 3 und S. 15, Abb. 5.

Mit Hilfe der Elektrizität erfuhr die Telegraphie einen großen Aufschwung. Der Anatom Samuel Thomas Sömmering (1755–1830) wurde 1805 an die Bayerische Akademie der Wissenschaften nach München berufen. Hier beschäftigte er sich viel mit Physik und führte 1809 der Akademie seinen elektrochemischen Telegraphen mit 35 Drähten vor. Die Zeichengebung erfolgte dadurch, daß in einem Wassertrog über mit Buchstaben bezeichneten Drähten Gasblasen aufstiegen; er benutzte das Prinzip der Elektrolyse, nämlich daß Wasser durch Elektrizität in Wasserstoff und Sauerstoff zerlegt werden kann. Als dieser Apparat einmal Napoleon gezeigt wurde, tat er ihn mit der Bemerkung ab: *„C'est une ideé germanique"*. Jedoch war die Beschäftigung mit diesem Apparat für Pavel Lvovič Schilling von Canstatt (1786–1837) der Anlaß, neue Wege für die elektrische Telegraphie zu suchen, was schließlich zur Erfindung des Nadeltelegraphen führte.[10]

1.2.2 Elektromagnetische Telegraphie

Schon 1820 hatte Johann Christian Poggendorff (1796–1877) den Multiplikator (Spule) erfunden, der die Ablenkung der Magnetnadel verstärkt. Somit konnte man mit einer Magnetnadel besser Zeichen empfangen. André Marie Ampère entwickelte 1820 einen elektromagnetischen Telegraphen, der nach dem Nadelprinzip arbeitete. Eine Nadel wurde durch ein elektromagnetisches Feld nach links oder rechts bewegt. Diese Methode war aber noch sehr unwirtschaftlich, da sie für eine Übertragung über einen Kilometer 60 km Draht benötigte.

Abbildung 1.9:
Telegraph von Gauß und Weber (1833)
©Archiv Gauß-Gesellschaft Göttingen

[10] Aschoff 1977.

Die optischen und elektrochemischen Telegraphen genügten den Anforderungen nicht. Die Wende brachte der elektromagnetische Zeigertelegraph, entwickelt von Carl Friedrich Gauß (1777–1855) und Wilhelm Weber (1804–1891) 1833.[11] Dieser arbeitete nach einem ähnlichen Prinzip wie der Telegraph von Ampère und benötigte aber nur zwei Drähte. Der Zeichengeber war eine Induktionsspule, die auf einen Stabmagneten geschoben, bzw. von ihm abgehoben wird. Zum Empfang der Zeichen dient ein horizontal aufgehängter Magnetstab, der von einer Spule umgeben ist und durch deren Magnetfeld er abgelenkt wird. Beobachtet wird die Ablenkung mit Fernrohr, Spiegel und Skala. Der Telegraph war eigentlich ein Nebenprodukt bei Untersuchungen zum Ohmschen Gesetz gewesen. Gauß und Weber wurden aber dadurch populär, denn der einfache Bürger bekam durch diese wissenschaftlich-technische Leistung einen Eindruck von der Größe dieser beiden Männer. Gauß und Weber hatten noch die Idee, die Leitungen an hohen Masten oder über die Dächer der Häuser zu verlegen; dies wurde in Göttingen durchgeführt; die Leitungen verliefen vom Physikalischen Institut zur Sternwarte. 1846 wurde die Telegraphenleitung durch Blitzschlag zerstört.

Die Telegraphie bekam schnell eine große Bedeutung mit der Ausbreitung der Eisenbahn seit 1835 in Deutschland. 1843 baute Hannibal Moltrecht (1819–1882) einen ersten Eisenbahn-Telegraphen zwischen Aachen und Ronheide. In der Telegraphie und im Nachrichtenwesen fand die Elektrizität eine erste Anwendung in großem Stil. Elektrizitätsquellen waren zunächst galvanische Batterien – eine teure Sache. Doch schnell verbreitete sich die neue Technik; eine Vielzahl von Telegraphieapparaten wurde ersonnen.

Charles Wheatstone (1816–1892) und sein Partner William Fothergill Cooke (1806–1879), der in Heidelberg studiert hatte, konstruierten 1837 einen Fünf-Nadel-Telegraphen in Form einer Raute, auf der der Schnittpunkt zweier Nadeln den gewünschten Buchstaben anzeigte. 1838/40 wurde ihr Zwei-Nadel-Telegraph patentiert, 1845 der Ein-Nadel-Telegraph; ihr Prinzip ähnelte dem von Carl August Steinheil (1801–1870) vorgeschlagenen. Durch Uneinigkeiten zwischen Wheatstone und Cooke wurden die Wheatstone-Cooke-Patente an die neu gegründete „Electric Telegraph Company“ verkauft. Diese Zeiger-Telegraphen, entwickelt 1838 von Wheatstone, wurden über längere Zeit bei der Taunusbahn, der französischen Telegraphenverwaltung und bei der Potsdamer und Thüringer Eisenbahn eingesetzt.

Carl August Steinheil , baute 1837 einen ersten schreibenden Telegraphen in München (das Wort Telegraphie kommt von téle = fern, gráphein = schreiben).

Der Kunstmaler Samuel Finley B. Morse (1791–1872) erfuhr während einer Seereise von der Problematik, einen guten Telegraphen zu bauen. Seine ersten Morseapparate (ab 1837) waren „Stiftschreiber“, d. h. ein vom Elektromagneten betätigter Stift prägte mechanisch eine Rille in einen Papierstreifen, von dem der Text abgelesen und handschriftlich auf ein Telegrammformular übertragen wurde. Für seinen elektromagnetischen Telegraphen entwickelte Morse auch einen Code. 1838 meldete er seinen Telegraphen in Washington zum Patent an. Das Verfahren von Morse setzte sich schließlich durch. Indem die Morsezeichen akustisch mit einem Klopfer hörbar gemacht wurden (1844), konnte

[11] Feyerabend (1933a). Feyerabend (1933b).

ein Beamter im Durchschnitt ca. 600 Wörter pro Stunde übertragen. Wegen der Wirtschaftsdepression 1841 konnte die erste Versuchstrecke von Washington nach Baltimore erst 1843 gebaut werden, welche am 24. Mai 1844 eröffnet wurde. Sie diente der Baltimore & Ohio Railway. Weitere Telegraphenlinien nach Philadelphia, New York und Boston folgten.

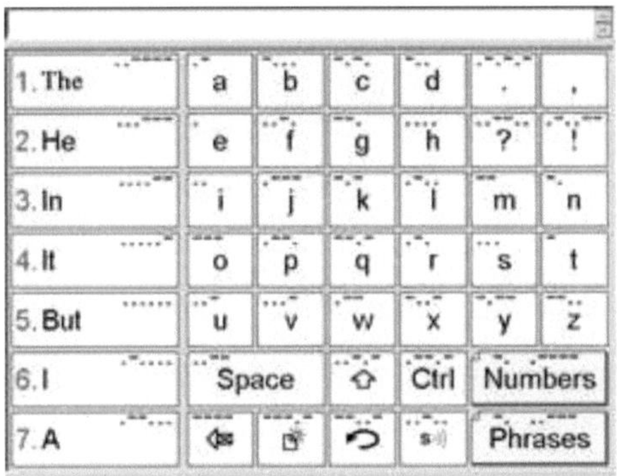

Abbildung 1.10:
Moderner Morse-Code nach Friedrich Clemens Gerke (1801–1888)

Kurz darauf wurden auch in Europa, und zwar zuerst in Deutschland, Telegraphenlinien mit Geber und Empfänger nach dem Prinzip von Samuel Morse errichtet. Zunächst zeigte sich die Hannoversche Staatsbahn interessiert. Dann wurden die ersten Telegraphenlinien gebaut, die nicht der Eisenbahn, sondern der Schiffahrt dienten und Schiffe rechtzeitig im Hafen ankündigten. Die Strecken führten 1847 von Cuxhaven nach Hamburg und von Bremen nach Bremerhaven; Inspekteur war Friedrich Clemens Gerke (1801–1888). Bei dieser elektromagnetischen Telegraphenverbindung wurden zum ersten Mal in Europa Schreibtelegraphen von Morse verwendet. Diese hatten erhebliche Mängel, weil die Einhaltung der erforderlichen Abstände in den Morsezeichen sehr große Schwierigkeiten bereiteten (es gab neben Punkten noch Striche unterschiedlicher Länge). Gerke verbesserte den Morsecode, indem er das System strikt auf zwei Zeichen reduzierte, nur Punkt und Strich. Diese Idee wurde international angenommen.

Werner von Siemens (1816–1892) in Zusammenarbeit mit seinem Mechaniker Johann Georg Halske (1814–1890) verbesserte den Morse-Telegraphen und brachte 1846/47 einen Zeigertelegraphen mit elektromagnetischer Selbstunterbrechung heraus.[12] Auf dieser Basis gründeten sie am 12. Oktober 1847 die Telegraphen-Bauanstalt von Siemens & Halske in Berlin. 1848 erkannte Preußen die politische Bedeutung der Telegraphie und errichtete eine Staatstelegraphenlinie von Berlin zur Nationalversammlung in Frankfurt am

[12] Der Selbstunterbrecher diente dazu, die Stromimpulse von Signal zu Signal exakt zu trennen. Dadurch konnten Sende- und Empfangsapparat synchronisiert werden.

Main als erste europäische Langstrecken-Telegraphenlinie. Ab 1851 wurde der Feueralarm in München und Berlin als Telegraphenlinie von Siemens & Halske installiert. Um die Leitungen besser auszunützen, erfand der österreichische Physiker Julius Wilhelm Gintl (1804–1883) die Zwei-Weg-Telekommunikation 1853 unter Verwendung von zwei Batterien; nun konnte in beide Richtungen gleichzeitig ein Signal gesandt werden. Er bekam dafür die Goldmedaille auf der Pariser Weltausstellung 1855.

Die letzte Stufe der Entwicklung war der Typendruck-Telegraph, entwickelt 1855 von Edward David Hughes (1831–1900); er wurde schnell international der Favorit und seine Nachfolgemodelle blieben bis 1938 im Einsatz. Nach der Reichsgründung wurde das Telegraphennetz staatlich und man begann 1876, es unterirdisch zu verlegen.

Abbildung 1.11:
Links: Werner von Siemens (1816–1892) Rechts: Zeiger-Telegraph, Siemens (1847)

Feyerabend 1933a, S. 104. Feyerabend 1933a, S. 113.

Bald durchzogen Freileitungen die Kontinente,[13] Kabel wurden durch die See verlegt. Schon 1840 hatte Charles Wheatstone den Vorschlag gemacht, England durch ein Seekabel zwischen Dover und Calais mit dem Kontinent zu verbinden. Die Idee scheiterte an dem fehlenden Isoliermaterial, das unter Wasser nötig war. Das änderte sich etwa zehn Jahre später, als Guttapercha auf den Markt kam (1847), vorgeschlagen von Werner von Siemens. Die Gebrüder John Watkins Brett (1805–1863) und Jacob Brett (1808–1898) verlegten 1850 mit Hilfe des Raddampfers „Goliath“ das erste Seekabel der Welt durch den Ärmelkanal. Es handelte sich um einen 1,8 mm dicken Kupferdraht, der mit Guttapercha ummantelt und alle 100 m mit Bleiplatten beschwert war. Zwar hielt diese erste Verbindung nur einen Tag, doch das mit Stahldrähten bewehrte, 1851 verlegte Kabel bildete eine dauerhafte Verbindung für den Telegraphenverkehr von England mit dem Kontinent. Schon 1852 gab es Kabelverbindungen nach Skandinavien und von Italien über Korsika, Sardinien bis Afrika. Folgendes Gedicht eines unbekannten Autors wurde anlässlich der Verlegung des Transatlantikkabels 1866 verfaßt:

[13] Johannsen 1987.

> *„Es ist vollbracht!*
> *Die wilde See bezwungen ist,*
> *nicht mehr getrennt die Nationen sind;*
> *mit verschränkten Händen die Kontinente fühlen*
> *wie das Herz des anderen schlägt.*
> *Schnell, schnell, Kabel und rolle*
> *einen Gürtel der Liebe um die Erd'*
> *bis alle Nationen der unter der Sonne*
> *Brüder sind an einem Herd."*[14]

Das erste Transatlantik-Kabel zwischen England und Amerika mit 4650 km Länge wurde 1857 mit dem Kabelschiff „Cyklop" verlegt, und zwar von der Firma „Atlantic Telegraph Company" der Gebrüder John und Jacob Brett, Cyrus West Field (1819–1892) und Charles Bright. Das Unternehmen mißlang zunächst, weil das Kabel riß, beim dritten Versuch 1858 hielt es nach der Verlegung immerhin drei Wochen zum Telegraphieren von etwa tausend Worten. Unter der Beratung von William Thomson (Lord Kelvin) (1824–1907) und Wheatstone gelang es schließlich 1866 beim zweiten Versuch mit der „Great Eastern", dem damals größten Schiff der Welt als Kabelleger, die telegraphische Verbindung herzustellen und aufrechtzuerhalten und sogar das im Jahr zuvor zerrissene Kabel vom Meeresgrund zu heben und fertig auszulegen. Obwohl ein Telegramm von 25 Worten die für damals riesige Summe von 100 $ kostete, konnte die Gesellschaft schon drei Jahre später Gewinn machen.

> *„In London verglich die Times die Verlegung des Kabels mit der Entdeckung der Neuen Welt: Seit der Entdeckung von Kolumbus wurde keine vergleichbare Erweiterung des menschlichen Wirkungsbereiches erzielt. Ein anderes weithin zum Ausdruck gebrachtes Gefühl, das ebenfalls in der Times artikuliert wurde, war, dass das Kabel eine Wiedervereinigung des britischen und des amerikanischen Volkes bewirkt hätte. Der Atlantik ist ausgetrocknet, und wir werden nicht nur in unseren Wünschen, sondern auch in der Realität zu einem Land. Der atlantische Telegraph hat die Deklaration des Jahres 1776 halb rückgängig gemacht und viel dazu beigetragen, um uns allen Widrigkeiten zum Trotz wieder zu einem Volk zu machen."*[15]

Bis 1873 war ein weiteres Kabel verlegt worden, aber es konnte das internationale Nachrichtenbedürfnis nicht befriedigen. So entschloß sich die Firma Siemens, in das Geschäft der Kabelverlegung einzusteigen. Zur Ummantelung von Kupferdrähten benötigteman Guttapercha, ein gummiähnlicher Rohstoff, der vornehmlich in Singapur und Malaysia gewonnenen wurde. Dann modernisierte Siemens die eigene Guttapercha-Fabrik und ließ ein eigenes Schiff „Faraday" zum Verlegen von Seekabeln bauen. 1874/75 gelang das Projekt mit dem Resultat einer guten Übertragungsqualität. Innerhalb der nächsten zehn Jahre folgten fünf weitere Transatlantik-Kabel; das Monopol der anglo-amerikanischen Konkurrenz war gebrochen.

[14] Standage 1999, S. 90.

[15] Zeitungsberichte 1866, zitiert nach Standage 1999, S. 92.

1.3 Das Telefon als neues Kommunikationsmittel

Die Entwicklung des Fernsprechers begann mit dem Belgier Charles Bourseul (1829–1912), der sich mit Experimenten zur elektrischen Übertragung der menschlichen Stimme beschäftigte. Seine Konstruktion von 1854 ähnelte dem späteren Mikrophon, aber die entsprechende Apparatur zum Empfang und Rückverwandlung zur Stimme gelang ihm nicht.

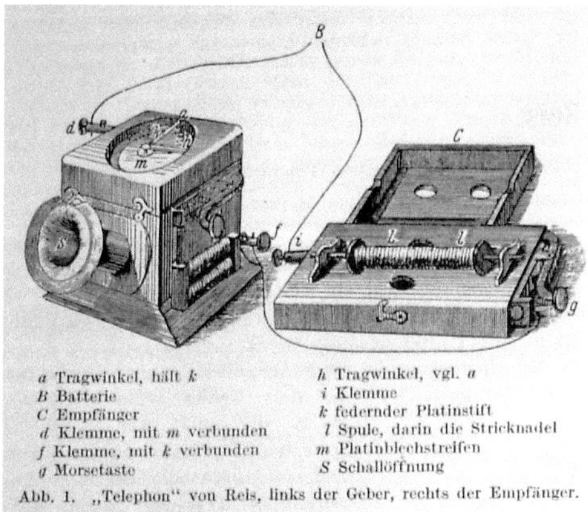

Abbildung 1.12:
Der Telefonapparat von Philipp Reis (1834–1874)

Philipp Reis. In: Elektrotechnische Zeitschrift 57 (1936), Heft 44, S. 1257–1258.

Der Physiklehrer Philipp Reis (1834–1874) übertrug in dem kleinen Taunusstädtchen Friedrichdorf zum ersten Mal Musik und, wenn auch unvollkommen, die menschliche Stimme mit Hilfe der Elektrizität. Reis absolvierte eine Lehrzeit in einer Drogen- und Farbhandlung in Frankfurt am Main. Seine physikalischen Kenntnisse erwarb er sich hauptsächlich durch Selbststudium und im Physikalischen Verein in Frankfurt. Während seiner Tätigkeit als Physiklehrer am Garnierschen Institut in Friedrichsdorf beschäftigte er sich mit dem Telefon. 1861 konnte er seinen Apparat im Physikalischen Verein in Frankfurt mit Erfolg vorführen.[16] Als Sender benutzte er einen Holzkasten mit einer Membran, auf der ein Kontakt lose auflag. Als Hörer diente eine in eine Spule gesteckte Stricknadel auf einem Resonanzboden. Zur Einführung kam das Telefon in dieser Form nicht, es blieb ein interessanter physikalischer Versuch. Werner von Siemens erkannte die Bedeutung der Entwicklung, orientierte sich aber an der amerikanischen Entwicklung.

> *„Werde wohl nächstens ein Telephonpatent beantragen. Wir sind mitten in den Versuchen, und ich glaube, wir werden Bell sehr bald übertreffen. Am*

[16] Ein Ferngespräch mit einem Hamburger Freund folgenden Inhalts: Reis: *„Die Pferde fressen keinen Gurkensalat."* Antwort: *„Das weiß ich längst, Sie alter Schafskopf!"*

besten geht noch immmer das alte Berliner Weihnachtsmarkt-Telephon, zwei Waldteufel mit den Strippen zusammengebunden. ... Wir Esel haben zwar das Wunder des deutlichen Verstehens auf 60 Fuß und mehr Entfernung angestaunt, aber die Sache nicht verfolgt, auch dann nicht, als es Reis elektrisch zu machen versuchte."[17]

Abbildung 1.13:
Der Telefonapparat von Alexander Graham Bell (1847–1922)
Leprince-Ringuet 1951, S. 208–209.

Der Taubstummenlehrer Alexander Graham Bell (1847–1922) wollte zunächst die Schallwellen irgendwie sichtbar machen. Sein Telefon bestand aus einem trichterförmigen Mikrophon und einem Sprecher. Bell verbesserte das Telefon durch einen Stabmagneten, eine Spule und eine Eisenmembran, so daß man den Hörer abwechselnd zum Sprechen und Hören verwenden konnte. Er bekam 1876 ein Patent auf sein Telefon. Nur zwei Stunden später beantragte Elisha Gray (1835–1901) ein Patent auf ein ähnliches Gerät. Eine weitere Verbesserung geht auf Edward David Hughes (1831–1900) zurück, der das Kohlemikrophon 1878 erfand. Bell führte seine Erfindung auf der Weltausstellung in Philadelphia 1876 vor und es war eine Sensation. Er gründete die „Bell Telephone Company"; nach drei Jahren hatte er 50.000 Telefone installiert und war die größte Firma auf dem Markt, umbenannt in „American Telephone and Telegraph Company".

Mit Geräten von Bell begann auch Generalpostmeister Heinrich von Stephan (1831–1897) 1877 die Einführung der Fernsprecher in Deutschland. Von 1881 mit 458 Apparaten

[17] Zitiert nach: Philipp Reis. Zum 75. Geburtstag der ersten öffentlichen Vorführung seines Telefons im Physikalischen Verein zu Frankfurt a. M. In: Elektrotechnische Zeitschrift 57 (1936), Heft 44, S. 1257–1258.

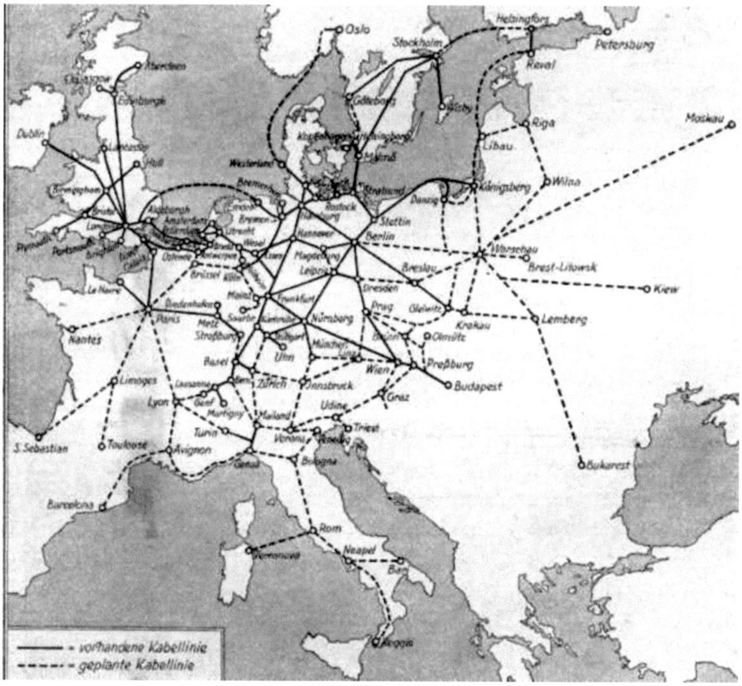

Abbildung 1.14:
Das europäische Telefonnetz (1927)
Das Neue Universum, Band 49 (1928), S. 331.

steigerte sich die Anzahl in einem Jahrzehnt schon auf über 15.000 Apparate (1890); das Leitungsnetz hatte eine Länge von 30.000 km. Das erste öffentliche Fernsprechamt wurde 1888 in Berlin errichtet: Siemens installierte die Vermittlungsstelle. Bereits nach einem Jahr waren schon 458 Teilnehmer, insbesondere Geschäftshäuser und Banken, an das Ortsnetz angeschlossen. Seit 1892 wurde beim Telefon noch die Wählscheibe eingeführt, was selbstständiges Telefonieren – ohne Fräulein vom Amt zur Vermittlung – ermöglichte. 1900 gab es 52.661 Telefone, 1919 bereits 310.660 Telefone.

1.4 Heinrich Hertz – Leben und Werk

Tabelle: Heinrich Hertz – Leben und Werk

1857	Am 22. Februar wurde Heinrich Rudolf Hertz in Hamburg geboren. Vater: Gustav Hertz (1827–1914), Dr. jur., Advocat, seit 1877 Richter, 1887–1904 Senator und Chef der Justizverwaltung in Hamburg, Mutter: Anna Elisabeth Hertz (1835–1910), geborene Pfefferkorn,
1874	Absolutorium am Hamburger Johanneum. Hertz zeigte schon während der Schulzeit außergewöhnliche sprachliche, mathematische und technisch-handwerkliche Begabung.
1875	Praktikum in Frankfurt bei einem Regierungsbaumeister und einem Architekten.
1876	Hertz begann das Studium des Bauingenieurwesen am Polytechnikum in Dresden. Er widmete sich aber der Mathematik und den exakten Naturwissenschaften.
1876/77	Hertz leistete seine Militärdienstpflicht beim Eisenbahnregiment in Berlin ab.
1877/78	Im Wintersemester setzte Hertz sein Studium der exakten Naturwissenschaft am Polytechnikum in München fort.
1878	Hertz ging im Herbst 1878 nach Berlin zu Helmholtz und Kirchhoff und gewann sogleich eine Goldmedaille bei einem Preisausschreiben der Universität (1879).
1880	Hertz wurde mit der theoretischen Arbeit promoviert „Über die Induction in rotirenden Kugeln“ („magna cum laude“).
1880/81	Assistentenstelle in Berlin bei Helmholtz (bis Frühjahr 1883) Seine Versuche über die Glimmentladung veröffentlichte er erst in Kiel.
1883	Hertz habilitierte sich in Kiel mit seiner schon in Berlin ausgeführten Arbeit „Über die Berührung fester elastischer Körper“ Er beschäftigte sich auch wieder intensiv mit Problemen der Elektrodynamik. Er wies nach, daß das auf Fernwirkungskräfte gegründete Gleichungssystem, in seinem gegenwärtigen Zustand sicherlich unvollständig ist, daß vielmehr dieses System, konsequent ergänzt, die Maxwellsche Theorie ergeben muß.
1885	Hertz wird als Nachfolger von Ferdinand Braun (1850–1918) zum Professor an der Technischen Hochschule in Karlsruhe berufen.
1886	Heirat mit Elisabeth Doll Es begann seine Untersuchung, die zur Entdeckung der „Hertzschen Wellen“ führte. Am 13. November fand er die Übertragung seiner Wellen über einen Abstand von 1,5 m von einem primären auf einen sekundären „Stromkreis“ (Resonator). Damit hatte er Sender und Empfänger elektrischer Wellen konstruiert. Am 2. Dezember gelang ihm die Resonanzbestimmung der beiden Kreise.
1887	Hertz entdeckte den lichtelektrischen Effekt.
1888	Hertz wies nach, daß Lichtwellen elektromagnetische Wellen sind.
1889	Hertz wurde Nachfolger von Rudolf Clausius als Professor für Physik in Bonn.
1892	Hertz entdeckte den Durchgang von Kathodenstrahlen durch dünne Metallschichten und eröffnete Philipp Lenard die Möglichkeit ihre Natur zu erforschen. „Prinzipien der Mechanik“ im Dez. 1893 fertig.
1894	Am 1. Januar 1894 verstarb Hertz in Bonn.

1.5 Hertz und die Entwicklung der drahtlosen Telegraphie

Der britische Physiker William Edward Ayrton (1847–1908) prophezeihte im Jahr 1889:

> *Einst wird kommen der Tag, wenn wir alle vergessen sind, wenn Kupferdrähte, Guttaperchahüllen und Eisenband nur noch im Dunkel der Museen ruhen, da wird das Menschenkind, das mit dem Freund zu sprechen wünscht und nicht weiß, wo er sich befindet, mit elektrischer Stimme rufen, die allein nur jener hört, der das gleichgestimmte elektrische Ohr besitzt. Er wird rufen: 'Wo bist Du?' und die Antwort erklingen in sein Ohr: 'Ich bin in der Tiefe des Bergwerks, auf dem Gipfel der Anden oder auf dem weiten Ozean'. Oder vielleicht wird auch keine Stimme antworten, und dann weiß er: Sein Freund ist tot.*"[18]

Schon 1897 – Marconis Patent und Demonstration der Übertragung mit elektrischen Funken – kann als das Geburtsjahr der drahtlosen Telegrafie mit elektromagnetischen Wellen angesehen werden. Doch zunächst soll der Blick zurückführen auf die vorgegangene Theorie-Entwicklung.

James Clerk Maxwell (1831–1879), seit 1871 Professor in Cambridge, war ein glänzender Theoretiker. Er hat wesentlich zur Aufstellung der kinetischen Gastheorie beigetragen. Seine größte Leistung gelang ihm auf dem Gebiet des Elektrizität. Maxwell entwickelte eine neue mathematische Schreibweise, die es ihm gestattete, alle damals bekannten Gesetzmäßigkeiten der elektromagnetischen Erscheinung wesentlich kürzer und übersichtlicher zu fassen. Dabei entdeckte er, daß die Gleichungen sich widersprachen. Er ergänzte eine der Gleichungen durch einen Zusatztherm und konnte damit diese Inkonsistenz beheben. Das Erstaunliche war, daß er aus diesen, durch einen einzigen Ausdruck ergänzten theoretischen Gleichungen theoretisch die Existenz elektromagnetischer Strahlung schließen konnte. Diese sollte sich mit Lichtgeschwindigkeit ausbreiten. Maxwell postulierte, daß Licht ebenfalls elektromagnetische Strahlung sei. Es war ihm nicht vergönnt, die experimentelle Bestätigung seiner genialen Hypothesen durch Heinrich Hertz im Jahre 1888 zu erleben. Maxwells vier Gleichungen beschreiben alle bis heute bekannten elektromagnetischen Phänomene in vollkommener Weise.[19]

Angeregt durch seinen Lehrer Hermann von Helmholtz (1821–1894) befaßte sich Heinrich Hertz (1857–1894) mit Untersuchungen über das elektromagnetische Feld.[20] Es gelang ihm, die von der Maxwellschen Theorie geforderte Existenz elektromagnetischer Wellen experimentell zu bestätigen: UNTERSUCHUNGEN ÜBER DIE AUSBREITUNG DER ELEKTRISCHEN KRAFT (1887). Zur Erzeugung der Schwingung und Strahlung diente ihm ein Dipol mit Kugel an den Enden und eine Funkenstrecke in der Mitte, angeregt durch einen Funkeninduktor. Mit Hilfe einer stehenden Welle bestimmte er die Ausbreitungsgeschwindigkeit der elektromagnetischen Wellen. Durch Nachweis von Interferenz, Brechung und Polarisation schloß er auf deren Charakter als transversale Wellenbewegung. Diese Entdeckung hat als Grundlage der drahtlosen Telegraphie, welche später

[18] `http://www./Handy/10-u49-325-welttelephonie.html` (18.1.2007)

[19] O'Hara/Pricha 1987.

[20] Zu Heinrich Hertz – Leben und Werk siehe: Hertz 1928. Zenneck 1929. Fölsing 1997.

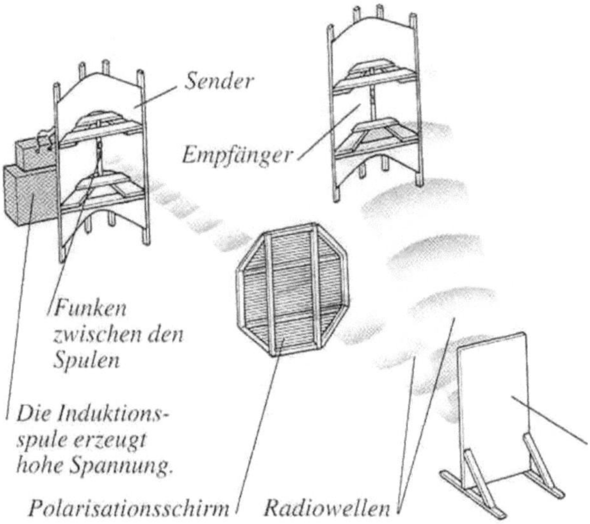

Abbildung 1.15:
Experiment von Heinrich Hertz (1857–1894)
zur Polarisation der elektromagnetischen Wellen (1887)

durch Ferdinand Braun (1850–1918) und Guglielmo Marconi entwickelt wurde, eine große technische Bedeutung erlangt.

Im Bestreben von Hertz, aus physikalischen Theorien alle nicht direkt beobachtbaren Größen zu eliminieren, entwickelte Hertz eine Mechanik ohne Kraftbegriff. Diese hat wegen ihres erkenntnistheoretischen Wertes große Beachtung gefunden, ohne aber die Entwicklung der Physik zu beeinflussen. Hertz, der zunächst Professor der Physik an der Technischen Hochschule Karlsruhe war, wurde 1889 als Nachfolger von Rudolf Clausius (1822–1888) an die Universität Bonn berufen. Mit den Hertzschen Wellen war auch Maxwells elektromagnetische Lichttheorie bestätigt. Das Licht hat nur eine sehr viel kleinere Wellenlänge. Damit hatte man erkannt, daß die Optik ein Teilbereich der Elektrizitätslehre ist. Damit gliederte sich die klassische Physik nur noch in zwei große Teilbereiche:
- Mechanik mit Akustik und Wärmelehre
- Elektrizitätslehre mit Magnetismus und Optik.

Doch Hertz erkannte nicht die große Tragweite seiner Entdeckung der elektromagnetischen Wellen. Als ein Zivilingenieur der Elektrizität, Heinrich Huber, bei Hertz 1889 anfragte, ob sich die neuen Strahlen eignen für Telephonie oder ähnliches, anwortete er:

> *„Magnetische Kraftlinien lassen sich ebenso gut wie die elektrischen als Strahlen fortpflanzen, wenn Ihre Bewegungen nur schnell genug sind; denn in diesem Falle gehen sie überhaupt mit den elektrischen zusammen, und die Strahlen und Wellen, um welche es sich in meinen Versuchen handelt, könnte man ebenso gut magnetische wie elektrische nennen. Aber die Schwingungen [...] eines Telefons sind viel zu langsam. Nehmen sie tausend Schwingungen in der Sekunde, so würde dem doch im Äther schon eine Wellenlänge von 300 Kilometern entsprechen, und von der gleichen Größe müßten auch die Brennweiten der benutzen Spiegel sein. Könnten sie also Hohlspiegel von der Größe eines Kontinents bauen, so könnten sie damit die beabsichtigten Versuche gut anstellen, aber praktisch nichts machen, mit gewöhnlichen Hohlspiegeln würden sie nicht die geringste Wirkung verspüren. So vermute ich wenigstens.“*[21]

Die drahtlose Telegraphie begann aber bereits 1890 mit Édouard Branly (1844–1940), der den Hertzschen Empfänger verbesserte, indem er die Mikrofunkenstrecke durch eine Glasröhre ersetzte; diese wird Fritter (Kohärer) genannt und wird mit Metallspänen gefüllt, deren Widerstand durch die elektromagnetische Welle verändert wird (Zusammenbacken der Späne). Alexander Stepanowitsch Popow (1859–1905), Lehrer für Physik an der Torpedoschule in Kronstadt bei St. Petersburg, nahm eine Antenne, die er für Gewittermessungen gebaut hatte, zum Empfang elektrischer Wellen. 1897 sandte er über eine Entfernung von 5 km das erste drahtlose Telegramm mit dem Wortlaut *„Heinrich Hertz“*. Prof. Augusto Righi (1850–1920) in Bologna gelang es ab 1890, mit Funkensystemen noch kürzere Wellen – in Richtung der Lichtwellenlängen – zu erzeugen.

Guglielmo Marconi (1874–1937) konnte 1894 erstmals drahtlos Signale über drei Kilometer übertragen. 1899 schickte er das erste Telegramm über den Ärmelkanal (51 km), 1901/02 über den Atlantischen Ozean (3600 km).[22] In London gründete er die „Marconi Wireless Telegraph Company“. Ab 1902 wurde auf Ozeanschiffen der Funk mit Morsecode weltweit eingeführt. Mit der Überbrückung des Atlantiks war auch die Meinung von vielen Wissenschaftlern widerlegt, daß sich Funkwellen nur gradlinig ausbreiten und sie nicht der Erdkrümmung folgen würden – bei Langwellen ist das aber der Fall.

Adolf Slaby (1849–1913) war bei Marconis Vorführung anwesend und begann 1897 mit Unterstützung des Kaisers eigene Versuche bei Berlin.[23] Seine bis zu 300 m langen Antennen hingen an Fesselballonen einer Heeres-Luftschifferabteilung; überbrückt wurden 21 km. Wie Marconi arbeitete Slaby bei seinen ersten Anlagen noch ausschließlich mit dem offenen Schwingkreis (Funkenstrecke direkt in der Antenne), dessen leistungsbestimmende Kapazität von Antenne und Erde gebildet wird. Die Wellenlänge betrug etwa 4 × Antennenhöhe, bei 300 m langen Drähten also rund 1200 m (Langwelle), entsprechend 250 kHz. Verschiedene Verbesserungen gelangen mit seinem Assistenten Georg Graf von Arco (1869–1940).[24] Seit 1898 war er als Ingenieur bei der AEG tätig; nach

[21] Zitiert nach: Weilenmann, August: Die elektrischen Wellen und ihre Anwendung zur drahtlosen Strahlentelegraphie nach Marconi. Zürich 1903, S. 15.

[22] Mayes 1989.

[23] Slaby, Adolf: Die Funkentelegraphie. Berlin 1901.

[24] Fuchs 2004.

Abbildung 1.16:
Marconis erster Sender für die drahtlose Telegraphie (1894)

Leprince-Ringuet 1951, S. 221.

dem Zusammenschluß von AEG und Siemens & Halske wurde er 1903 technischer Direktor bei „Telefunken". In Deutschland kam 1899 die Funkverbindung Cuxhaven mit dem Feuerschiff „Elbe I" zustande. 1901 gelang es Slaby und Arco 150 km zwischen dem Schnelldampfer Deutschland der HAPAG und der Hafenstation Duhnen (Cuxhaven) bei nur 32 m Masthöhe einwandfrei mit Frittern und Morseschreibern zu überbrücken. Anfang 1902 waren bereits etwa 30 Kriegsschiffe mit Slaby-Arco-Funk-Anlagen ausgerüstet, desgleichen entstanden an der Nordsee- und der Ostseeküste weitere Marine-Stationen. Die Nachrichtenübertragung per Funk wurde in Zusammenhang mit dem Schiffsverkehr stark weiterentwickelt.[25] Wettervorhersagen und Funkverbindungen erhöhten die Sicherheit. 1908 wurde das internationale Seenotrufzeichen SOS verbindlich eingeführt. Im Ersten Weltkrieg spielte Funk und sogar mobile Nachrichtenübertragung bereits eine bedeutende Rolle.[26]

[25] Beauchamp (2003). Hechtel 2005. `http://www.seefunknetz.de` `http://www.dsm.de/DBSchiff/pdf_files/pinl_seefunk.pdf`.

[26] Friedewald (2001). Scholl 1997.

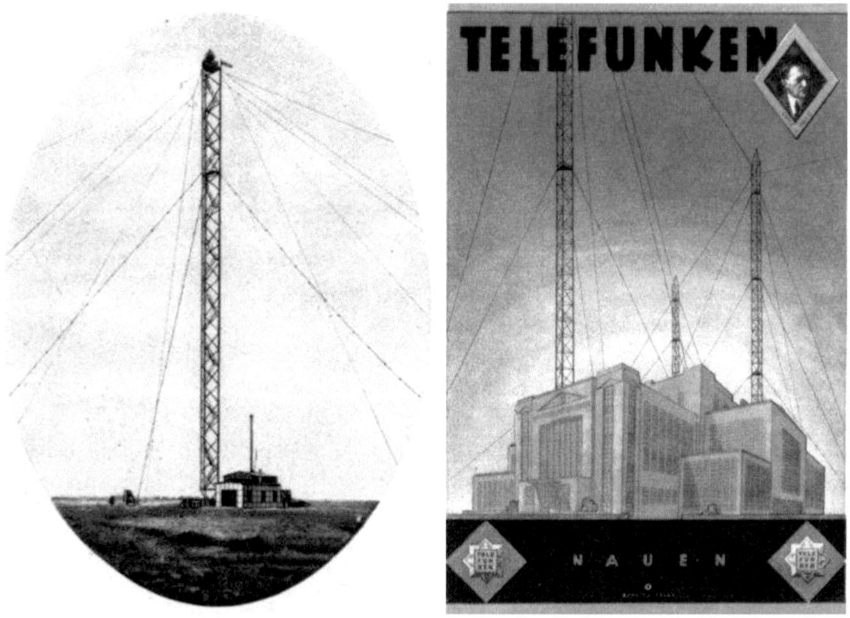

Abbildung 1.17:
Großfunkstelle Nauen bei Berlin,
gegründet 1906 von Georg Graf von Arco (1869–1940);
Nauen wurde auch als Sendestation für den Übersee-Fernsprechverkehr verwendet.

Für das deutsche Funkwesen und die drahtlose Telegraphie war die brandenburgische Stadt Nauen bei Berlin der Mittelpunkt der Welt.[27] Hier wurde am 19. August 1906 die Großfunkstelle für drahtlose Telegraphie in Betrieb genommen, ein großes Sendezentrum für Lang- und Kurzwelle mit Masten von 250 m Höhe. Gebaut wurde die Anlage, um Telegramme über weite Strecken ohne Kabel übertragen zu können; man wollte sogar Funkkontakt zu den deutschen Kolonien in Afrika und Asien. 1913 wurden bereits Reichweiten bis 6400 km erreicht. Im Ersten Weltkrieg hatte die Funkstelle auch militärische Bedeutung. Mit dem 250 m hohen Sendemast gelang es dem Sender Nauen 1918 erstmals, die Erde mit Funktelephonie zu erschließen.

Zeitzeichen unterstützen die Navigation. 1876 wurde auf dem Kaispeicher A am Kaiserkai südlich der Kehrwiederspitze im Hamburger Hafen eine Zeitball-Anlage errichtet, die bis 1934 in Betrieb war. Diese Anlage konnte von der Sternwarte aus durch ein unterirdisch verlegtes Kabel gesteuert werden – zunächst direkt durch den Druck einer

[27] Klein-Arendt 2005. Siehe auch `http://de.wikipedia.org/wiki/Nauen`.

Taste durch die Astronomen in der Sternwarte am Millerntor, ab 1899 automatisch durch elektrische Kontakte an der Pendeluhr. Das Kontakt-Uhrwerk der Hamburger Sternwarte steuerte nicht nur den Hamburger Zeitball, sondern auch die Zeitbälle in Bremerhaven und Cuxhaven. Der moderne Zeitdienst ist markiert durch die Einführung des telefonischen Zeitsignals – 1907 eingeführt und als »Alster 10.000« permanent abrufbar.

Die drahtlose Telegraphie brachte einen großen Fortschritt bei der Übermittlung von Zeitsignalen. 1911 wurde bereits eine drahtlose Empfangsstation eingerichtet. Das Hauptsignal »ONOGO«, benannt nach den übermittelten Morsezeichen, war 1912 auf der internationalen Zeitsignalkonferenz in Paris festgelegt worden. 1917 begann die Sternwarte auf Wunsch des Reichs-Marine-Amtes mit der Aussendung der ersten funktelegraphischen Zeitzeichen mit automatisch arbeitenden Zeitsignalgeber. Schon ab Nov. 1919 wurde die lange kontinuierliche Tradition der Sternwarte in der Steuerung der Zeitsignale abgelöst, die Funkzeitzeichen wurden von der Deutschen Seewarte gesteuert und ab 1917 von der Großfunkstelle Nauen ausgesendet.

Im Sommer 1915 begann ein junger Ingenieur der „American Telephone and Telegraph Company" in der Marinestation bei Honolulu mit einer drahtlosen Empfangsstation in einer Schiffswerft den Funksender in der Sendestation Arlington, Virginia, abzuhören.[28] Das war der Anfang des Seefunks.

Das Wort „Telekommunikation" bezeichnet die Zusammenfassung von Telegraphie und Telephonie und wurde 1904 von dem französischen Nachrichtentechniker Edouard Estaunié (1862–1942) eingeführt (Traité de communication électrique).[29]

Folgende Anektode ist ein guter Einstieg in das Thema drahtlose Telegraphie: Einstein fragte einmal einen Studenten:

> *„Können sie mir wohl die drahtlose Telegraphie erklären, ohne dabei Fachausdrücke zu benutzen?"* – Der junge Mann konnte es nicht, und Einstein sagte: *„Stellen sie sich einmal einen Dackel vor, der von New York bis London reicht. Wenn sie ihn in New York in den Schwanz zwicken, dann jault er in London. Sehen sie, genauso ist die drahtlose Telegraphie, nur ohne Dackel!"*

Im Jahr 1927 gab es auch schon die erste öffentliche drahtlose Fernsprechverbindung über den Atlantischen Ozean, zwischen London und New York, allerdings kostete damals ein Dreiminutengespräch rund dreihundert Reichsmark. Im November 1927 gelangen auch Probegespräche zwischen Hamburg und Buenos Aires über fast zwölftausend Kilometer ausgezeichnet. Transkontinentale Kommunikation erfordert neben dem nachrichtentechnischen Know-how auch das Zusammenspiel unter anderem von Geologie, Meteorologie (Wellenausbreitung in der Ionosphäre) und Verkehrswesen.

---

[28] Das Neue Universum, Band 56 (1935).

[29] Barthy-King 1979. Teuteberg/Neutsch 1998.

Abbildung 1.18:
Empfängersaal in Beelitz bei Berlin für den Übersee-Kurzwellenverkehr; die ersten beiden Funkfernsprech-Übersee-Verbindungen gab es 1927 nach New York und Buenos Aires.

Das Neue Universum, Band 56 (1935), S. 308.

1.6 Rundfunk- und Halbleitertechnik – Kristalldetektor, Röhren- und Transistorradio

1.6.1 Anfänge des Rundfunks – der Kristalldetektor

Wenden wir uns kurz der Entwicklung des Rundfunks zu, einer wichtigen Folge der drahtlosen Telegraphie.[30] Im Jahre 1887 prophezeite der amerikanische Schriftsteller Edward Bellamy (1850–1898), im Jahre 2000 würden die Menschen befähigt sein, bei sich zu Hause durch einen einfachen Hebeldruck irgendein Konzert oder eine Theateraufführung mitanzuhören, wenn sie dazu Lust verspürten. Diese Erfindung kam viel schneller als gedacht. 1906 strahlte der Sender von Reginald Aubrey Fessenden versuchsweise die erste Radiosendung aus. 1910 erfolgte eine erste Übertragung von Enrico Caruso (1873–1921) aus der Metropolitan Opera in New York. Die erste deutsche Versuchs-Radioübertragung fand am 22. Dezember 1920 in Königs Wusterhausen statt.[31] Aus dem Voxhaus in Berlin, Potsdamer Str. 4, wurde am 29. Oktober 1923 die erste regelmäßige deutsche Rundfunksendung „Funkstunde" ausgestrahlt. Danach hatte die Reichspost

[30] Heinrich 2002. Riedel 1983.

[31] Hier ist Königswusterhausen auf Welle 2700. Herausgegeben vom Förderverein 'Sender Königs Wusterhausen e.V.'. Hallo! Hallo! Hier Eberswalde! Herausgegeben vom Museum in der Adlerapotheke Eberswalde.

1923 erlaubt, Radiostationen in Berlin, Leipzig, München und Hamburg zu errichten. 1927 wurde der Berliner Funkturm eingeweiht; hier befand sich das Haus der Deutschen Funkindustrie. Zur Eröffnung der Rundfunkausstellung 1930 hielt Albert Einstein am 22. August die Eröffnungsrede:

> *„Wenn Ihr den Rundfunk höret, so denkt auch daran, wie die Menschen in den Besitz dieses wunderbaren Werkzeuges der Mitteilung gekommen sind. Der Urquell aller technischen Errungenschaften ist die göttliche Neugier und der Spieltrieb des bastelnden und grübelnden Forschers und nicht minder die konstruktive Phantasie des technischen Erfinders.“*[32]

Abbildung 1.19:
Albert Einstein (1879–1955) bei seiner Eröffnungsrede
der Rundfunkausstellung Berlin 1930 – Mikrophon

`http://www.oldradioworld.de/voxd.htm`
Foto: Gudrun Wolfschmidt im New England Wireless and Steam Museum

Die Röhrenempfänger für ein Rundfunkgerät waren sehr teuer. Als kostengünstige Variante gab es in den 20er Jahren die Kristalldetektoren,[33] erfunden von Karl Ferdinand Braun (1850–1918) 1874. Diese höchst einfache Apparatur ermöglichte eines Kopfhörers den Empfang von Sprache und Musik, ein Vorläufer der Rundfunktechnik. Der Kristall-Detektor-Empfänger hat keine Batterie, die Energie liefert die empfangene elektromagnetische Welle. Empfänger ist eine drehbare Spule. Durch den Kristalldetektor findet eine Gleichrichtung statt, und über den Kopfhörer gelangt Sprache und Musik des Radiosenders ins Ohr. Der Kristalldetektor besteht aus einem Pyrit- oder Bleiglanzkristall, auf den eine Metallspitze aufgedrückt wird.

[32] `http://www.oldradioworld.de/voxd.htm`
[33] `http://www.r-a-d-i-o-s.de/20/det.html`

Abbildung 1.20:
Kristalldetektor, 1920er Jahre
Foto: Gudrun Wolfschmidt

1.6.2 Entwicklung der Elektronenröhren – Röhrenradios

Der oszillierende elektrische Funke, von Marconi und anderen Nachrichtentechnikern benutzt, ist mit einer gedämpften Schwingung verbunden (damit auch mit einer gedämpften elektromagnetischen Welle). Ab 1904 begann die Röhrenentwicklung (zunächst Röhre mit Glühkathode/Heizfaden und Anode in einem fast luftleer gepumpten Glaskolben) unabhängig voneinander in Deutschland, England und in den USA:

- Arthur Wehnelt (1871–1944) entdeckte, daß die Elektronenemission aus Glühkathoden bei einer Beschichtung der Kathode mit Oxiden der Metalle Barium, Strontium und Kalzium besonders groß ist. Er entwickelte 1902/03 den Wehnelt-Zylinder. Dieser ist mit einem negativen elektrischen Potential gegenüber der Kathode versehen; durch Regelung dieser Spannung verändert sich die Anzahl der Elektronen, die das Potential überwinden können, und somit die Intensität des Elektronenstrahles. Mit dem Wehnelt-Zylinder als Steuerelektrode kann also der Elektronenstrahl fokussiert und die Helligkeit in Kathodenstrahlröhren geregelt werden.

- 1883 entdeckte Thomas Alva Edison (1847–1931), daß von dem Glühfaden seiner Glühlampe ein elektrischer Strom über eine zusätzliche Metallplatte floß, die an dem oberen Teil der Glühlampe angebracht war.

- Der Engländer John Ambrose Fleming (1849–1945) entwickelte daraus eine Gleichrichterröhre, die den Kohärer und den Kristalldetektor ersetzte. Seine erste Vakuumdiode von 1904 bestand aus einer ungesteuerten Röhre mit geheiztem Faden. Allerdings waren diese ersten Gleichrichterröhren unempfindlicher als Kristall-Detektoren.

Mit dem Österreicher Robert von Lieben (1878–1913) begann die Schaffung von Elektronenröhren, die der drahtlosen Nachrichtenübertragung eine völlig neue Grundlage gab. Er erfand 1906 die magnetisch gesteuerte Glühkathodenröhre (Diode), die als Gleichrichterröhre oder als Verstärkerröhre verwendet werden kann. Er entwickelte mit seinem Team Eugen Reisz und Siegmund Strauß (1875–1942) einen Kathodenstrahlverstärker für die Telefonie. Es handelt sich um eine verbesserte Dreielektrodenröhre mit Steuergitter, die mit einer passenden negativen Gitter-Vorspannung als Telephon-Relaisröhre Sprachschwingungen nahezu unverzerrt verstärkte. Die Röhre ist noch mit verdünntem Gas gefüllt, in der die emittierten Elektronen aus der – mit einer Bariumoxidschicht überzogenen – Kathode austreten. Erst mit Liebens Patent von 1910 für seine „weiche" Röhre als NF-Verstärker gelang es 1912, brauchbare Fernsprechverstärker in deutschen Fernleitungen einzusetzen. Die Patente wurden von Telefunken erworben; auf dem Kongreß für drahtlose Telegraphie in London 1912 wurden sie ausgestellt und erfuhren große Aufmerksamkeit wegen ihrer prächtigen Farben (dunkelrote Glut der Kathode und himmelblaues Glimmlicht des Quecksilberdampfes); die Röhre war ja nicht ganz evakuiert; die Heizung brannte so hell, daß man dabei Zeitung lesen konnte. Ab 1913 wurde die Lieben-Röhre serienmäßig im AEG-Kabelwerk Oberspree in Berlin gefertigt.

1907 entwickelte der amerikanische Hochfrequenztechniker Lee de Forest (1873–1961) eine Dreielektrodenröhre. Erst der Einbau eines Steuergitters zwischen Glühfaden (Kathode) und Anode brachte etwa 10fache Verstärkung der Röhre und damit eine höhere Empfindlichkeit als die der Detektoren. Problematisch war bei den noch handgefertigten Röhren das zu geringe Vakuum mit Quecksilberdampf-Restgasen (sog. weiche Röhren).

Den Durchbruch brachte erst der Einbau eines Steuergitters und damit die Entwicklung der Dreielektrodenröhre (Triode: geheizte Kathode, Steuergitter und Anode). Damit wurde die gesamte Nachrichtentechnik auf eine neue Grundlage gestellt. Zwischen de Forest und von Lieben entspann sich ein heftiger Prioritäts- und Patentstreit.

Bisher hatte die Röhre zur Verstärkung gedient; mit dem österreichischen Physiker Alexander Meißner (1883–1958) begann die Entwicklung der Senderöhre. Er arbeitete seit 1908 bei Telefunken in Berlin; er wurde bekannt durch seine Meißner-Schaltung. Sie beruht auf Rückkopplung zur Erzeugung ungedämpfter elektromagnetischer Schwingungen und ermöglichte, mit Röhren ungedämpfte Wellen zu erzeugen, indem ein Teil der im Ausgangskreis verstärkten HF-Schwingung auf den Eingangskreis der Röhre zurückgekoppelt wurde. 1913 erhielt er das Patent für seine rückgekoppelte Verstärkerröhre zur Erzeugung ungedämpfter Schwingungen. Auch de Forest erfand die Rückkopplung, was wiederum zu einem Prioritätsstreit mit Meißner führte.

Erst der Übergang auf sog. „harte Röhren" mit wesentlich besserem Vakuum (Hochvakuum) ab 1911 verbesserte die Röhreneigenschaften so, daß sie mehr und mehr praktische Bedeutung in Fernsprech-Verstärkern und Funkempfängern bekamen. Wichtige Entdeckungen waren hierbei folgende Verbesserungsschritte:

- die Hochfrequenz-Verstärkung mit Röhren, Otto von Bronk (1872–1951), 1911 bis 1937 Leiter der Patentabteilung bei Telefunken, 1911,

- die sog. Reflexschaltung, Wilhelm Schloemilch (1870–1939) und Otto von Bronk, 1913,

- die Rückkopplungsschaltung, Alexander Meißner, 1913.
  Mit der Dreielektrodenröhre war beim elektrischen Schwingkreis, der aus Spule und Kondensator besteht, eine Rückkopplung möglich und damit die Erzeugung ungedämpfter elektrischer Schwingungen, aber auch die drahtlose Übertragung von Sprache und Musik (Amplitudenmodulation).

- 1915 schufen Irving Langmuir (1881–1957), und unabhängig davon Walter Schottky (1886–1976) die erste Empfangsröhre mit zwei Gittern und leitete damit die Entwicklung der Mehrgitterröhren ein. Nach der Triode folgte die Tetrode mit dem Schirmgitter zwischen Steuergitter und Anode, dann die Pentode mit Schirm- und Bremsgitter, etc.

- die Einführung des Hochvakuums bei Elektronenröhren durch den Amerikaner Irving Langmuir (1881–1957), General Electric, 1913, der auch die Raumladungstheorie formulierte, nach der sich der Strom in der Röhre selbst begrenzt.

- die Einführung der Hochvakuum-Elektronenröhre durch Lee de Forest
  Er beschaffte sich aus Deutschland eine Gaede-Molekular-Vakuumpumpe und entwickelte zusammen mit Harold D. Arnold (1883–1933), Western Electric (Bell Labs), die Hochvakuum-Elektronenröhre.

- 1914 stellte Hans Rukop (1883–1958), Telefunken, erste Hochvakuum-Röhren für Verstärker und Empfänger zur Verfügung. 1918 präsentiert er seine wassergekühlte Radiosenderöhre.

Mit diesen Innovationen (Mehrgitterröhre, Rückkopplung und Hochvakuumröhre) war der Grundstein gelegt für die Entwicklung der Rundfunktechnik mit Sprach- und Musik-Übertragung mit seinen verschiedenen Sendern und Frequenzen, aber auch für die Radartechnik. Ab 1913 schufen Röhrenschaltungen die technischen und wirtschaftlichen Entwicklungsmöglichkeiten nicht nur der Funktelephonie, sondern auch des Rundfunks. Mit dem Übergang von Detektor- zu Röhrenempfängern, sowie von Langwellen zu Ultrakurzwellen als Träger, stieg die Hörqualität; entsprechendes gilt für die Senderseite.

In Amerika wurden die ersten Rundfunkstationen eingerichtet (USA (1920), Kanada (1920) und Argentinien (1920)), und auch in Europa (Niederlande (1919), Großbritannien (1922) und Deutschland (1923)). Die Verstaatlichung des Rundfunks erfolgte in Deutschland bereits 1932. Auf der 10. Großen Deutschen Funkausstellung in Berlin stellte Hitlers Propagandaminister Goebbels am 18. August 1933 den Volksempfänger „VE 301“ vor. Die Nationalsozialisten nutzten das Potential des Radios für Indoktrinierung. Der Volksempfänger (Einkreisempfänger), benannt nach dem Tag der Machtergreifung (30.1.) und der Deutsche KleinEmpfänger (DKE, 1938), ermöglichte breiten Schichten

Abbildung 1.21:
Links: Lee de Forest (1873–1961) mit Hochvakuum-Elektronenröhre, 1913;
Rechts: Robert von Lieben (1878–1913)

der Bevölkerung den Radiokonsum. 1941 war ein Rundfunkempfänger in einem Drittel der Haushalte in Deutschland vorhanden. Wer sich nicht privat ein Gerät leisten konnte, hatte die Möglichkeit, am Gemeinschaftsempfang an vielen Orten teilzunehmen. Ausländische Sender waren aber mit dem Mittelwellen-Gerät kaum hereinzubekommen.

In der Nachkriegszeit aus Geldmangel gab es nochmal einen Boom im Selbstbasteln von Kristalldetektoren. An Röhrenradios der verschiedenen Firmen gab es eine große Auswahl. 1948 beschloß die Kopenhagener Lang- und Mittelwellenkonferenz eine Neuverteilung der Radiowellen zu Ungunsten Deutschlands. Deshalb nahmen einige deutsche Rundfunkanstalten den Sendebetrieb über Ultrakurzwelle (UKW) auf.[34] Ultrakurzwellen breiten sich wie Licht geradlinig aus; die Wellen lassen sich bündeln, reflektieren, brechen und beugen. Da sie von der Ionosphäre nicht reflektiert werden, ist eine UKW-Übertragung auf der Erde nur auf Sichtweite möglich.

1.6.3 Transistortechnik – Der Weg zum Transistorradio

Der letzte Schritt in der Rundfunkentwicklung war die Transistortechnik.[35] Der von Ferdinand Braun (1850–1918) erfundene Kristalldetektor war schon ein Halbleiterelement mit Gleichrichterfunktion (Diode). Als man in den dreißiger Jahren in den cm-Wellenbereich vordrang, wurde die Leistungsgrenze der Elektronenröhren erreicht, und

[34] Breitkopf et al. 2006.
[35] Handel 1999.

Abbildung 1.22:
Bastelkasten „Radiomann“ für Röhrenradio, Kosmos, Stuttgart, 1950er Jahre

Foto: Gudrun Wolfschmidt

man wandte sich der systematischen Erforschung der Halbleiter zu. So konnte Walter Schottky (1886–1976) seine Sperrschichttheorie bei den Halbleiterdioden aufstellen. Dies geschah in Zusammenarbeit mit Eberhard Spenke (1905–1992), 1938/39, der 1929 bis 1946 am Berliner Zentrallaboratorium der Siemens & Halske AG wirkte. Robert Wichard Pohl (1884–1976) in Göttingen untersuchte die elektrischen Leitungen in Halogenidkristallen mit Hilfe der Farbzentren und entdeckte die Rolle von Störstellen für die elektrische Leitfähigkeit in Kristallen und Harold Albert Wilson (1874–1964) konnte 1931 mit dem Bändermodell die Zunahme der elektrischen Leitfähigkeit bei den Halbleitern mit der Temperatur deuten (Übergang von Elektronen aus dem Valenzband in das Leitungsband).

Der entscheidende Durchbruch wurde 1946 mit der Realisierung des gesuchten Verstärkerbauelementes, des Transistors, in den Bell-Laboratories (USA) erreicht. Das erfolgreiche Team William Bradford Shockley (1910–1989), John Bardeen (1908–1991) und Walter Houser Brattain (1902–1987) erhielt dafür 1956 den Nobelpreis. Vor der Erfindung des Bipolartransistors (1947/1948) wurde bereits 1926/34 ein Patent auf den Feldeffekttransistor an Julius Edgar Lilienfeld (1882–1963) und Oskar Heil (1904–1994) erteilt.

Anfangs stützte sich die Halbleitertechnik im wesentlichen auf das Germanium, das im reinen Zustand eine gewisse Eigenleitung hat. Nach dem ersten einkristallinen Germa-

Abbildung 1.23:
Die Erfindung des Transistors, Bell-Laboratories, 1946:
William Bradford Shockley (1910–1989),
John Bardeen (1908–1991) und Walter Houser Brattain (1902–1987)

nium (1952) gab es das erste einkristalline Silizium (1954). Silizium wurde ein wichtiges Ausgangsmaterial für die Produktion elektronischer Bauelemente. Nach der Gewinnung von Reinst-Silizium entwickelte Eberhard Spenke sein Verfahren zur Reinigung und Kristallzüchtung von Silizium bis zur industriellen Reife weiter. Hier spielt insbesondere das Zonenziehverfahren eine Rolle. Als Basis der Halbleiterelemente wurde schon seit Ende der 50er Jahre statt des Germaniums das Silizium verwendet. Für die Herstellung von Halbleiterelementen muß der Siliziumkristall völlig rein sein. Aus diesem werden dünne Scheiben herausgeschnitten; eine solche Scheibe nennt man auch Wafer.

Der Transistor besteht aus zwei gegeneinander geschaltete Dioden. Es gibt n p n- und p n p-Transistoren. Der Transistor besteht aus einem Emitter, der die freien Ladungen entsendet (Löcher oder Elektronen), der Basis in der Mitte und dem Kollektor, der die vom Emitter ausgesandten Ladungen sammelt. Die Steuerung erfolgt durch die Basis. Ein Transistor hat gegenüber der Röhrentriode folgenden Vorteil: die Bauelemente sind sehr klein; er braucht keine Heizung, ist sofortig betriebsbereit und es werden relativ kleine Spannungen benötigt. Nachteilig beim Transistor ist dagegen, daß die Steuerung nicht leistungslos erfolgt. Das Konzept eines Feldtransistors, der leistungslos arbeitet, hatte schon Shockley 1931 vorgeschlagen. Realisiert werden konnte der Feldeffekttransistor erst in den 50er Jahren. Solche Transistoren werden seit 1970 fast ausnahmslos in den Datenverarbeitungsanlagen verwendet.

Die Integrierte Schaltung (integrated circuit – IC) wurde 1958 von Jack Kilby (1923–2005) eingeführt; diesen ersten Mikrochip konstruierte er für die Firma Texas Instruments. 2000 erhielt er den Nobelpreis für Physik. Auf einem nur wenige Quadratmillimeter großen Chip (Halbleitersubstrat) wird eine ganze elektronische Schaltung mit verschiedenen Halbleiterbauelementen (Widerständen und Kondensatoren) untergebracht. Unabhängig von Kilby arbeitete Robert Norton Noyce (∗ 1927) von der kleinen Firma Fairchild Semiconductor 1959 an der Integrierten Schaltung und bekam das erste Patent auf diesem Gebiet – Kilby dagegen erst 1964. Seine Tätigkeit basierte auf der Planartechnologie zur Herstellung von Halbleiterbauelementen, 1958/59 entwickelt vom Schweizer Physiker Jean Amedee Hörni (∗ 1924). Von der Firma Philips Valvo, später Semiconductors, wurden Transistoren mit integrierter Schaltung durch das so genannte Planarverfahren hergestellt. Es setzte in der Folge eine enorme Miniaturisierung ein; weitere Schritte der Entwicklung waren: MOSFET (Atalla, Kahng, 1960), CMOS-Technik (Wanlass, 1963) und DRAM-Speicherzelle (Dennard, 1967). Schließlich gelang dem Amerikaner Marcian Edward Hoff (∗ 1937) von Intel Corporation 1969 die Schaffung des Mikroprozessors (Faggin, Hoff, 1971). 1961 sagten Wissenschaftler voraus, daß kein Transistor auf einem Chip jemals kleiner als ein 10 millionstel Meter sein könnte – aber ein moderner Intel Pentium Chip ist bereits 100mal kleiner.

Das Transistorradio wurde 1948 erfunden und verbreitete sich in den 1960er Jahren rasant.[36] Robert Denk (1916–1953), Witzenhausen an der Werra, konstruierte 1948 ein Transistorradio. Der Apparat ist ein Einkreiser; auf der Platine stecken ein Drehkondensator mit Spule, ein Selen-Trockengleichrichter, ein Transformator und ein Elektrolyt-Kondensator. Unter dem Sockel befindet sich ein kleines, batterieförmiges Aluminiumgehäuse; hier ist eine Elektrode, die von einer Oxydschicht bedeckt ist. Es handelt sich hierbei um einen Kompromiß zwischen Detektorkristall, welches den Stromdurchgang nur in einer Richtung gestattet, und einer Röhre – jedoch ohne Vakuum und deren Elektrode ohne Heizstrom funktioniert. Dadurch ist es möglich, daß das Gerät sofort nach dem Einschalten arbeitet. Auf Mittelwelle können 32 Sender empfangen werden bei ausgezeichneter Trennschärfe und Klangqualität.

1955 kam der Sony TR-55, das erste Transistorradio in Japan, auf den Markt. Die Brüder Paul V. Galvin (1895–1959) und Joseph E. Galvin (1899–1944) gründeten die Galvin Manufacturing Corporation (GMC) 1928; sie wurde 1947 in Motorola (Motorola Transistor Portable Radio) umbenannt.

Der Trend zur Miniaturisierung unter Beibehaltung und sogar Verbesserung der Leistung begann schon bei den Elektronenröhren. Halbleiterelemente, (Dioden, Transistoren etc.) in den Empfängern besitzen in ihren wesentlichen Teilen Stecknadelkopfgröße.

[36] Fickers 1997.

1.7 Von der Kathodenstrahlröhre zum Fernseher – ein neues Kommunikationsmedium entsteht

Der Weg des Fernsehens begann mit der mechanischen Abtastung und Wiedergabe mithilfe der Nipkow-Scheibe. Der Deutsche Paul Nipkow (1860–1940) bekam 1884 ein Patent für ein Bild-Scan-System, was er unter dem Namen „Elektronisches Teleskop" anmeldete. Er benutzte eine rotierende Scheibe mit spiralförmig angeordneten Löchern jeweils im Abstand einer Bildbreite; ein Lichtstrahl durchleuchtete die Löcher nacheinander und scannte zeilenweise das Bild. Der Lichtstrahl wurde in ein elektrisches Signal verwandelt und das in acht Zeilen zerlegte Bild wurde von einem entsprechenden System mit rotierender Scheibe empfangen und wieder zusammengesetzt und projiziert. Mit damaligen Mitteln war dieses mechanische System nicht zu realisieren. Doch in der Anfangszeit des Fernsehens in den 30er Jahren war dieses System im Einsatz. 1938 verschwand aber die letzte Nipkowscheibe aus den deutschen Fernsehstudios.

Abbildung 1.24:
Nipkow-Scheibe – Patent (1884) für Paul Nipkow (1860–1940)

Ferdinand Braun (1850–1918) hat als Professor der Physik an den Universitäten in Karlsruhe, Tübingen und später in Straßburg gewirkt. Er verbesserte die drahtlose Telegraphie, indem er den Schwingkreis von der Antenne trennte. In Anerkennung seiner Verdienste um die Entwicklung der drahtlosen Telegraphie erhielt er 1909, zusammen mit Guglielmo Marconi, den Nobelpreis für Physik. In einer Arbeit aus dem Jahre 1897 beschrieb Ferdinand Braun eine Methode zur Untersuchung des zeitlichen Verlaufs variabler Ströme, welche die Ablenkbarkeit von Kathodenstrahlen durch magnetische Felder verwendet. Diese Methode wurde zur Grundlage des Kathodenstrahl-Oszillographen. Der Elektronenstrahl trifft auf eine Leuchtschicht, die im wesentlichen aus Bariumoxiden besteht, und erzeugt dort einen Leuchtpunkt.

In den 20er Jahren gab es eine Reihe von Pionieren, die sich um die Entwicklung des Fernsehens verdient machten:

- John Logie Baird (1888–1946), ein schottischer Elektroingenieur, führte im Selfridges Warenhaus in London 1925 einen Apparat vor, mit dem er einfache Bilder, weiße Buchstaben auf schwarzem Untergrund, darstellen konnte, beruhend auf der Verwendung von zwei Scheiben und Bildscannen – das Prinzip Nipkows. Bei seinen Versuchen 1926 in seinem Labor benutzte er 30 Zeilen zur Bildzerlegung und zeigte 5 Bilder pro Sekunde.
- Ähnliche Geräte wurden in Deutschland gebaut. Auf der Berliner Funkausstellung 1929 wurde ein mechanischer Fernseher, konstruiert 1928 von Dénes von Mihály (1894–1953), einem ungarischen Ingenieur bei der Deutschen Post, vorgestellt, genannt „Telehor". Auch hier wurde ein Bild mit 30 Zeilen gescannt, aber mit einer Geschwindigkeit von 10 Frames pro Sekunde.
- Auf der gleichen Funkausstellung 1929 stellte August Karolus (1893–1972) von Telefunken sein Gerät vor; er erreichte ein Bild von 8 × 10 cm, erzeugt aus 96 Zeilen durch Projektion mit einer Nipkow Scheibe.
- Vladimir Zworykin (1889–1982), in Rußland geboren, wirkte seit 1919 in den USA. 1924 entwickelte er das Ionoskop, die erste elektronische Fernsehkameraröhre. 1929 stellte er das Kineskop, eine Kathodenstrahl-Bildröhre, vor. Da er für seine Ideen bei Westinghouse Electric Corporation in Pittsburgh keine Unterstützung fand, wechselte er zu RCA. Hier entwickelte er ab 1929 das elektronische Fernsehen, vorgestellt bei der Weltausstellung 1939 in New York.

Der in Hamburg geborene Manfred von Ardenne (1907–1997), Leiter des Forschungslaboratoriums für Elektronenphysik in Berlin-Lichterfelde 1928 bis 1945, beschäftigte sich neben der Forschung am Rasterelektronenmikroskop besonders mit der Entwicklung des Fernsehens. Er wies darauf hin, daß die Idee der Braunschen Röhre auch für die Wiedergabe von Fernsehbildern geeignet ist. Die zeilen- oder bildweise Ablenkung des Elektronenstrahl erfolgt elektrostatisch oder elektromagnetisch. Er stellte bei der Funkausstellung 1931 sein vollelektronisch arbeitendes Fernsehsystem vor. Statt der Nipkow-Scheibe war nun das Kernstück des Geräts eine Braunsche Röhre (Kathodenstrahlröhre) mit einem Bildschirm von 25 × 28 cm. Als Kamera diente eine zweite Braunsche Röhre mit konstanter Helligkeit; eine Photozelle davor diente zur Modulation der Helligkeit der Empfängerröhre. Dieses Fernseh-Verfahren mit Leuchtfleck-Zeilenabtastung und zeilenweiser Wiedergabe mit einer Braunschen Röhre setzte sich ab 1933 durch: Auf der 12. Deutschen Rundfunkausstellung 1935 gab es bereits 20 verschiedene Fernsehapparate zu sehen.

Abbildung 1.25:
Links: Braunsche Röhre
Rechts: Walter Bruch (1908–1990), der Erfinder
der ersten Ikonoskop-Fernsehkamera, der „Fernsehkanone“ von Telefunken;
Bruch entwarf zudem das deutsche PAL-System (Phase Alternating Line).
Foto: Gudrun Wolfschmidt

In der durch Brauns Schüler Jonathan Zenneck (1871–1959) verbesserten Form hat die Kathodenstrahlröhre als Mittel der Bildzerlegung in der Fernsehtechnik eine enorme praktische Bedeutung erlangt.[37]

Erste regelmäßige Test-Fernsehsendungen wurden 1929 vom Rundfunksender Berlin-Witzleben durchgeführt. Fernsehsendungen mit Bild und Ton gab es erst seit 1934. Ein regelmäßiges Programm gab es ab 1935; da es nur 250 Fernseher in Berlin gab, wurden erste öffentliche Fernsehempfangsstellen für den Gemeinschaftsempfang eingerichtet. Ein besonderes sportliches, aber auch technisches Event waren die Olympischen Spiele 1936 in Berlin, gedreht mit einer extra entwickelten ersten Ikonoskop-Fernsehkamera, der „Fernsehkanone“ von Telefunken, entwickelt von Walter Bruch (1908–1990). Durch das Zeilensprungverfahren wurden bei der Übertragung von 25 Bildern pro Sekunde 50 Halbbilder erzeugt.

Am 2. November 1936 begann das Fernsehen in England. Die erste Übertragung eines 441zeiligen Fernsehsystems begann 1939 während der Weltausstellung in New York (Sender im Empire State Building). Das kommerzielle Fernsehen in den USA startete 1941.

[37] Zenneck, Jonathan und Hans Rukop: Drahtlose Telegraphie. Stuttgart: Verlag von Ferdinand Enke (5. Auflage) 1925.

Einen großen Aufschwung nahm die Entwicklung in der Nachkriegszeit.[38] Am 25. Dezember 1952 nahm das Fernsehen in Deutschland seinen regelmäßigen Betrieb auf, doch bis in die 60er Jahre war der Rundfunk das verbreitetste Unterhaltungs- und Informationsmedium in Deutschland, wurde dann aber vom Fernsehen allmählich abgelöst. Nach Versuchen 1951 in New York wurde das Farbfernsehen 1953 in den USA eingeführt (erst 1967 in Deutschland). Hierfür wurden verschiedene Normen für Fernsehsysteme entwickelt. Bereits 1930 setzte die DRP die erste deutsche Fernseh-Norm fest (1941 eine Norm in den USA); sie wurden aber erst nach dem Zweiten Weltkrieg umgesetzt.

- Für Farbfernsehen wurde das NTSC-System (National Television System Comittee) (1953) in den USA als Standard festgelegt; 60 Halbbilder pro sec wurden verwendet und 525 Zeilen je Bild; dem System schlossen sich auch Kanada, Taiwan und Japan an.

- In Frankreich (auch in Osteuropa) entstand das SECAM-System (Séquentiel couleur à mémoire, sequentielle Farbe mit Speicher) mit 50 Halbbildern pro sec, aber mit 819, später mit 625 Zeilen je Bild.

- Der deutsche Fernsehpionier Walter Bruch[39] (1908–1990) beschäftigte sich mit den beiden Verfahren NTSC und SECAM; daraufhin entwarf er das deutsche PAL-System (Phase Alternating Line, Phasenwechsel je Zeile) mit 625 Zeilen je Bild und mit 50 Halbbildern pro sec – auch in Westeuropa, Großbritannien, Australien, Neuseeland und in Teilen von Asien verwendet.

In den 80er Jahren begann das High Definition TV (HDTV); die technischen Standards wurden 1993 festgelegt.

Ohne die Voraussetzung der Kathodenstrahlröhre (um 1850), der Braunschen Röhre, gäbe es heute kein Fernsehen, aber auch keine weiteren Entwicklungen wie Oszillographen oder Computer-Monitore.

Im Verbund mit der Entwicklung von Halbleiter-Bauelementen und der Aufzeichnungstechnik, sei es mit der Edison-Walze, dem Magnetband, der Kassette oder der Compact-Disc, prosperierte auch die Unterhaltungselektronik. Individuell einsetzbare Speichermedien – wie Video- und DVD-Rekorder, machen zeitversetztes Hören und Sehen möglich. Satelliten, Breitbandkabel und Digitalisierung ermöglichen weltweiten Empfang rund um die Uhr.

[38] Gööck 1989. Keller 1983. Riedel 1985.

[39] Bruch/Riedel 1987. Glaubitz 2003.

1.8 Mobiltelefon und Handy – das mobile Zeitalter

Die Entwicklung vom Mobiltelefon zum Handy soll nun in drei Schritten vorgestellt werden: das ABC-Netz, GSM und UMTS, die in verschiedenen Frequenzbereichen arbeiten.[40]

Das Mobiltelefon nahm seinen Anfang als Zugtelefon der Deutschen Reichsbahn 1918 auf der Strecke Berlin-Marienfelde – Zossen und wurde dann am 1923 auf der Strecke Berlin – Hamburg eingesetzt.[41] Die Öffentlichkeit träumte um diese Zeit bereits von einem Bildtelefon.

Abbildung 1.26:
Bildtelefon, um 1930 – Drahtloses Privattelefon und Fernsehen
„Jeder hat nun sein eigenes Sende- und Empfangsgerät und kann sich auf einer bestimmten Welle mit Bekannten und Verwandten unterhalten. Aber auch die Fernseh-Technik hat sich so vervollkommnet, daß man dem Freunde gleichzeitig ins Angesicht schauen kann. Sende- und Empfangsgerät sind nicht mehr an den Ort gebunden, sondern werden in einem Kasten von der Größe eines Photoapparates immer mitgeführt.“

Aus dem schönen Echte Wagner Album Nr. 3; Serie Nr. 12; Bild Nr. 4; Zukunftsfantasien.
(Sammelkarte eines Margarineherstellers)

In den 30er und 40er Jahren aktivierte man die Forschungen im Mittel- und Kurzwellenbereich. Aber erst nach dem Zweiten Weltkrieg, in den 50er Jahren, gelang die Entwicklung des UKW-Funks. Das weltweit erste Mobilfunknetz gab es in den USA im

[40] Flichy 1994. Reuter 1990.

[41] Das Neue Universum, Band 46 (1925).

Jahre 1946. Allmählich baute man auch in Deutschland lokale Netze auf, das A-, B- oder C-Netz;[42] diese wurden zunächst für Rettungsdienste, Polizei und Militär genutzt, in nur geringem Umfang für zivile Zwecke freigegeben.

- Für das A-Netz (1958–1977) (150 MHz-Frequenzbereich) gab es als Standardgerät „TeKaDe – B72“ mit viel Röhrentechnik und 16 kg Gewicht zum Preis von 15.000 DM, etwa das Dreifache eines VW Käfers; die monatliche Grundgebühr lag bei etwa 60 bis 270 DM; man vergleiche das mit dem Monatsgehalt eines Facharbeiters von 600 DM. Dieses A-Netz war wegen der hohen Kosten praktisch nur bei Managern oder Politikern verbreitet (etwa 10.000 Teilnehmer). Die Vermittlung geschah noch durch das Fräulein vom Amt und das Gespräch mußte beendet werden, wenn man den Funkbereich verließ.

- Das B-Netz (1972–1994) wurde 1972, im Jahr der Olympischen Spiele in München, vorgestellt. Damit konnte man immerhin schon selbst wählen und mußte nicht vermittelt werden. Man mußte aber den Aufenthaltsort des Angerufenen wissen, da es für jedes Gebiet eine andere Vorwahl gab (z. B. 0611-05-Rufnummer für einen Teilnehmer, der sich im Bereich Frankfurt aufhielt). Bis zu 27.000 Teilnehmer hatte das Netz; die Mobiltelefone wurden aufgrund der einziehenden Halbleitertechnik kleiner und handlicher. Ab 1974 gab es in Österreich das B-Netz; ab 1975 wurde in der Schweiz das Nationale Autotelefonnetz (Natel) eingeführt.

- Das C-Netz (1985–2000) (450 MHz-Frequenzband) – für Deutschland und Österreich – war wesentlich moderner, eingeführt auf der Internationalen Funkmesse 1985. Da es sich um ein zellulares System handelt mit einer Vielzahl von Basisstationen, war eine wesentlich geringere Sendeleistung erforderlich; wegen des geringeren Stromverbrauchs (geringere Akkukapazität) konnten nun kleinere Geräte (Portable) entwickelt werden. Ein Beispiel ist das C-Netz-Festeinbaugerät „Siemens C1“ von 1985 mit einem Gewicht von 6,42 kg. Einige Jahre später kam das „miniporty“, ein C-Netz-Mobilphon von Philips (1992) mit einem Gewicht von nur 625 g auf den Markt – ein wichtiger Schritt in Richtung auf das Handy. Neue Techniken wie HLR (Home Location Register) und das sogenannte „Handover“ ermöglichen nun den Wechsel der Zellen ohne Abbruch der Gespräche und jeder Teilnehmer hat seine feste Nummer mit Vorwahlen von 0160 und 0161. Nun konnten auch Daten mit Geschwindigkeiten von bis zu 14.000 Bits pro Sekunde gesendet werden. Die Preise der monatlichen Gebühren sanken von 120 DM auf 19 DM. 1993 hatte es 850.000 Teilnehmer.

Zu erwähnen wären noch die Pager, „Piepser“ oder Personenrufgeräte mit den Diensten Scall, Telmi oder Quix, um beispielsweise Rückrufnummern anzuzeigen. Solche Geräte waren bei Firmen und Institutionen im Einsatz, waren aber auf die Reichweite vom Firmengelände beschränkt.

Der Einstieg ins mobile Zeitalter gelang in den USA mit Motorola „DynaTAC 8000X“, entwickelt von Rudy Krolopp (1983); es kostete 4000 $; es wog 800 g und hatte Ab-

[42] Der Abschied vom ABC – Eine Zeitreise zu den wichtigsten Stationen. Eine Broschüre der „T-Mobil“.

messungen von 33 × 4,5 × 9 cm. Ein Mobiltelefon besteht aus einem Lautsprecher, einem Mikrofon, einem Bedienteil (Tastatur und Anzeige) und einer Steuerung, dazu hat es einen Funkteil (Sendeempfänger und Antenne) und eine eigene Stromversorgung (Akku). Zum Betrieb benötigt man eine SIM-Karte zur Identifizierung gegenüber dem Mobilfunknetz.

Was bedeutet eigentlich das englische Wort „handy“? Die Übersetzung heißt „geschickt, handlich, nützlich, zur Hand“. Der Begriff „Handy“ existiert schon Mitte der 1980er Jahre in Deutschland als Bezeichnung für tragbare Funkgeräte. In Amerika findet sich bereits im Zweiten Weltkrieg die Bezeichnung „Handie-Talkie“ für „Walkie-Talkie“ (Handfunksprechgerät). Mobiltelefone heißen auf amerikanisch *cell(ular) phone*, auf englisch *mobile (phone)*, im französischen *portable*.

1982 trafen sich Vertreter von europäischen Telekommunikationsfirmen mit dem Ziel, Spezifikationen für ein europaweites Mobilkommunikationsnetz festzulegen. Daraus resultierte die Gründung der „Groupe Spécial Mobile“ (GSM), später „Global System for Mobile Communication“. GSM entspricht dem Mobilfunkstandard der zweiten Generation; der vorgesehene Frequenzbereich lag bei 900 Mhz. Man einigte sich – im Vergleich zu den vorher analogen Mobilfunknetzen – auf ein digitales Netz, was bessere Sprachqualität und weitere Features bietet. Es wurde schließlich 1992 offiziell eingeführt.

- D-Netz (GSM-900-Standard):
  In Deutschland nehmen die ersten digitalen Mobilfunknetze D1 von der Deutschen Telekom und D2 von Mannesmann (das erste private digitale Netz) 1992 ihren Betrieb auf, basierend auf dem GSM-900-Standard (900 MHz), die auch Gespräche mit ausländischen Mobilfunknetzen weltweit zulassen. Daten konnten nun mit 9.600 Bits pro Sekunde übertragen werden. Die Netze sind ursprünglich für 4 Millionen Teilnehmer ausgelegt; 2001 waren es rund 22 Millionen Teilnehmer. Als interessante neue Option wird 1992 die SMS (Short-Message-Service) eingeführt (bis zu 160 Zeichen). Eines der ersten Handys ist das „Motorola International 3200“, auch der „Knochen“ genannt (Gewicht: 520 g Abmessungen: 33 × 4 × 7 cm). Das GH337 von Ericsson war im Herbst 1994 das kleinste und leichteste Handy: Es wog 193 g und hatte eine Größe von 15 × 5 × 3 cm.

- E-Netz (GSM-1800-Standard):
  Der zweite private Anbieter E-Plus kommt bereits 1994 auf dem deutschen Markt; als Beispiel sei Nokia PT-11 für das E-Netz genannt. Viag Interkom (heute O2) (1998) nutzt wie E-Plus die Frequenzen um die 1800 MHz. Inzwischen gibt es Dual-Band-Geräte, also Mobiltelefone, die mit D- und E-Netz funktionieren. In Österreich wurde das DCS-1800 (Digital Cellular System) 1998 ebenfalls mit der Frequenz von 1800 MHz gestartet.

- GSM 1900-Standard:
  Die Tri-Band-Geräte arbeiten zusätzlich auch mit dem GSM 1900-Standard, der in Amerika vorherrscht.

2002 gab es etwa 56 Millionen Teilnehmer in einem der GSM-Netze und heute 1,2 Milliarden Mobiltelefone weltweit. 2006 verkaufte allein Nokia über eine Million Handys pro Jahr.

Mit dem Handy 8110i, Nokia, entwickelte sich – nach der SMS (Short-Message-Service) 1992 – ein neues Feature, der EMS (Enhanced Message Service), um Klingeltöne zu empfangen und um Logos und Bilder über das Netz zu schicken. Wegen der größeren Datenmengen mußten Datenturbo-Netze wie HSCSD und GPRS entwickelt werden. Ferner entsteht mit WAP oder Mobile HTML ein eigenes Web für Handys. Neben der fortschreitenden Miniaturisierung kamen immer mehr Gimmicks zur Erweiterung der Möglichkeiten eines Handys: Farbdisplays, Digitalkamera (Fotohandy), Video-Player oder MP3-Player; mit MMS (Multimedia Messaging Service) wurde der Versand von Bildern, Videos und Sound-Files ermöglicht. Zum Datenübertragung zu anderen Handys oder zu einem PC kann ferner E-Mail, Infrarot, Bluetooth oder ein USB-Kabel verwendet werden.

Das machte schon wieder einen neuen und schnelleren (dritten) Standard nötig: UMTS (Universal Mobile Telecommunications System) (2002) als eine Weiterentwicklung des GSM-Standards und CDMA2000 (in den USA verbreitet). Telefon und Internet wachsen in Zukunft zusammen. Motorola brachte das erste UMTS-Handy A830 auf den Markt (2002). Die größten Hersteller weltweit sind folgende (alphabetisch): BenQ Mobile, Kyocera, LG Electronics, Motorola, Nokia, Panasonic, Samsung, Sagem, Sanyo, Sharp, Siemens (nur noch als Marke) und Sony Ericsson. Führend auf dem Weltmarkt (33% im Jahr 2004) ist das finnische Unternehmen Nokia. Das Handy wird immer mehr ein Multifunktionsgerät mit neuen Funktionen wie Uhr, Kamera, MP3-Player, Radio, Navigationsgerät, Rechner, GPS-Empfänger und Spielkonsole (über Java-Unterstützung); für diese Geräte hat sich inzwischen die Bezeichnung Smartphone oder auch PDA-Phone durchgesetzt.

Seit der Mitte der 1980er Jahre – parallel zur Mobilfunkentwicklung – beschleunigte sich durch Satellitentechnik und Digitalisierung eine Vernetzung privater Haushalte.[43] Seit 1990 begann die massenhafte Privatnutzung von Computerkommunikation per Internet („World Wide Web“ ab 1991) und der allgemeine Einsatz der neuen elektronischen Post- und Interaktionsmöglichkeiten (E-Mail, Chat-Foren).

1.9 Literatur

ASCHOFF, VOLKER: Paul Schilling und die Geschichte des elektromagnetischen Telegraphen. *Deutsches Museum, Abhandlungen und Berichte* **44** (1977), Heft 3.

BEAUCHAMP, KEN: History of Telegraphy: Its Technology and Application. In: *Technology and Culture* **44** (2003) April, Nr. 2, S. 396–397.

BAIRD, DAVIS; HUGHES, R. L. G. AND ALFRED NORDMANN (Hrsg.): *Heinrich Hertz: Classical Physicist, Modern Philosopher.* Dordrecht: Kluwer 1998. Vgl. `http://www.philosophie.tu-darmstadt.de/fileadmin/phil/nordmann/Navi_Index/Main/HertzBio/hertz.html`

[43] Castells 2001.

Balck, Friedrich: *Historische Geräte der experimentellen Physik.* Clausthal-Zellerfeld: Institut für Physik und Physikalische Technologien, Papierflieger-Verlag 2001.

Barth, Michael: Faradays populäre Vorträge in der Royal Institution in London. In: Wolfschmidt 2002, S. 255–265.

Barthy-King, Hugh: *Girdle Round the Earth. The Story of Cable and Wireless.* London 1979.

Beauchamp, K. G.: *Exhibiting Electricity.* Herts: The Institution of Electrical Engineers 1997.

Beetz, W. von; Miller, Oskar v. und E. Pfeiffer: *Offizieller Bericht über die Internationale Elektrizitäts-Ausstellung im Glaspalast in München, 1882.* München 1883.

Beuermann, Gustav et al. (Hrsg.): *250 Jahre Georg-August-Universität Göttingen.* Ausstellung im Auditorium, 19. Mai – 12. Juli 1987. Göttingen 1987.

Beuermann, Gustav und Gunther von Minnigerode: *Die Sammlung historischer physikalischer Apparate im I. Physikalischen Institut.* Nachrichten aus der Universität Göttingen, Sonderdruck der GEORGIA AUGUSTA November 1996.

Beyrer, Klaus und Birgit-Susann Mathis (Hrsg.): So weit das Auge reicht. Die Geschichte der optischen Telegraphie. Karlsruhe: Braun 1995.

Blondel, Christine; Dörries, Matthias (Hrsg.): *Restaging Coulomb. Usages, controverses et réplications autour de la balance de torsion.* Florenz: Leo S. Olschki 1994.

Breitkopf, Klaus; Manger, Hans-Joachim und Rolf Nusser: *Rundfunk – Faszination Hörfunk.* Heidelberg: Hüthig Verlag 2006.

Bruch, Walter und Heide Riedel: *PAL – das Farbfernsehen.* Berlin: Deutsches Rundfunkmuseum 1987.

Campbell, L. und W. Garnett: *The Life of James Clerk Maxwell.* London 1884.

Castells, Manuel: *Der Aufstieg der Netzwerkgesellschaft.* Opladen 2001.

Coulomb, Charles Augustin: *Vier Abhandlungen über die Elektricität und den Magnetismus.* Leipzig: Wilhelm Engelmann (Ostwald's Klassiker, Nr. 13) 1890.

Czaske, M.; Schulz, U. und G. Beuermann: *Die historische Sammlung des I. Physikalischen Institutes der Georg-August-Universität Göttingen.* Teil II des Katalogs. Ausstellungskatalog anläßlich der 250-Jahrfeier der Georg-August-Universität Göttingen im Jahre 1987. Hrsg. von der Akademie der Wissenschaften, Kommission für historische physikalische Apparate. Göttingen 1988.

Dettmar, G.: *Die Entwicklung der Starkstromtechnik in Deutschland. Teil 1: Die Anfänge bis etwa 1890.* VDE-Verlag (2. Auflage) 1989.

Dibner, Bern: *Galvani – Volta. A Controversy that led to the Discovery of Useful Electricity.* Norwalk, Conn.: Burndy Library 1952.

Deutsche Bundespost Telekom (Hrsg.): *1923 ... bis heute – Kleine Chronik von Hörfunk und Fernsehen.* o. J.)

Euler, Karl-Joachim: Sinsteden – Planté – Tudor. Zur Geschichte des Bleiakkumulators. Kassel 1980.

Feyerabend, E. (1933a): *Der Telegraph von Gauß und Weber im Werden der elektrischen Telegraphie.* Berlin 1933.

Feyerabend, E. (1933b): Der elektrische Telegraf von Gauß und Weber (1833). An der Wiege des elektrischen Telegrafen. *Deutsches Museum, Abhandlungen und Berichte* 5 (1933), Heft 5.

Fickers, Andreas: *Der „Transistor" als technisches und kulturelles Phänomen. Die Transistorisierung der Radio- und Fernsehempfänger in der deutschen Rundfunkindustrie von 1955 bis 1965.* Berlin, Bassum: Verlag für Geschichte der Naturwissenschaften und Technik (Aachener Beiträge zur Wissenschafts- und Technikgeschichte des 20. Jahrhunderts-, Band 1) 1997.

Flichy, Patrice: *Tele: Geschichte der modernen Kommunikation.* Frankfurt am Main 1994.

Fölsing, Albrecht: *Heinrich Hertz. Eine Biografie.* Hamburg: Hoffmann & Campe (1. Auflage) 1997.

Forbes, R. J.; Lefèbvre, E. und J. G. de Bruijn (Hrsg.): *Martinus van Marum: Life and Work.* Sijthoff & Noordhoff 1980.

Fraunberger, Fritz: *Vom Kompaß bis zum Elektron.* Köln: Aulis Verlag Deubner & Co. 1971. [IGN G 1971/5]

Fraunberger, Fritz: *Illustrierte Geschichte der Elektrizität.* Köln: Aulis Verlag Deubner & Co. 1985.

Fraunberger, Fritz: *Elektrizität im Barock.* Köln: Aulis Verlag Deubner & Co. o.J.

Friedewald, Michael: Die „Tönenden Funken" Geschichte eines frühen, drahtlosen Kommunikationssystems, 1905–1914. Berlin, Diepholz: Verlag für Geschichte der Naturwissenschaften und der Technik (Aachener Beiträge zur Wissenschafts- und Technikgeschichte des 20. Jahrhunderts; Band 2) 1999.

Friedewald, Michael: Telefunken und der deutsche Schiffsfunk 1903–1914. In: *Zeitschrift für Unternehmensgeschichte* 46 (2001), Nr. 1, S. 27–57.

Fuchs, Margot: *Georg von Arco (1869–1940) – Ingenieur, Pazifist, Technischer Direktor von Telefunken. Eine Erfinderbiographie.* Berlin, Diepholz: Verlag für Geschichte der Naturwissenschaften und der Technik 2004.

Füchtbauer, Ritter von: *Georg Simon Ohm. Ein Forscher wächst aus seiner Väter Art.* Berlin: VDI 1939.

Galvani, Luigi: *De viribus electricitatis in motu musculari commentatio.* Bologna (De Bononiensi Scientiarum et Artium Institutio atque Academia Commentarii; tomus VII) 1791. Abhandlung über die Kräfte der thierischen Elektrizität auf die Bewegung der Muskeln nebst einigen Schriften, der H.H. Balli, Carminati und Volta über diesen Gegenstand. Eine Uebersetzung herausgegeben von D. Johann Mayer. Prag: J. G. Calve 1793. [SUB A/29696]

Gauss, Carl Friedrich und Wilhelm Weber (Hrsg.):
1. / 2. Band: Resultate aus den Beobachtungen des magnetischen Vereins im Jahre 1836 / 1837. Göttingen: Dieterichsche Buchhandlung 1837 / 1838.
3., 4., 5. / 6. Band: Resultate aus den Beobachtungen des magnetischen Vereins im Jahre 1838 / 1839 / 1840 / 1841. Leipzig: Weidmann'sche Buchhandlung 1839 / 1840/ 1841 / 1843.

Gauss, Carl Friedrich und Wilhelm Weber (Hrsg.): *Atlas des Erdmagnetismus, nach Elementen der Theorie entworfen.* XVIII Tafeln. Leipzig: Weidmann'sche Buchhandlung 1840.

Gerrits, G. C.: *Grote Nederlanders. Bij de Opbouw der Natuurwetenschappen.* Leiden: E.J. Brill 1948.

Glaubitz, Gerald: *Die PAL-SECAM-Kontroverse in der DDR – Die politisch-ideologische Instrumentalisierung der Farbfernsehfrage durch den ostdeutschen Staat zwischen 1965 und 1969.* Berlin und Diepholz: Verlag für Geschichte der Naturwissenschaften und der Technik (Aachener Beiträge zur Wissenschafts- und Technikgeschichte des 20. Jahrhunderts; Band 5) 2003.

Gööck, Roland: *Die großen Erfindungen – Radio, Fernsehen, Computer.* Künzelsau: Sigloch Edition 1989.

Guericke, Otto von: *Neue (sogenannte) Magdeburger Versuche über den leeren Raum. Experimenta Nova (ut vocantur) Magdeburgica de vacuo spatio.* Liber Quartus De Virtutibus Mundanis Caput XV. Amsterdam 1672.

Häfner, Ansgar (Hrsg.): *Heinrich Hertz – Eine Funkgeschichte.* Eine Ausstellung des Deutschen Postmuseums Frankfurt am Main. Frankfurt am Main 1991.

Handel, Kai Christian: *Anfänge der Halbleiterforschung und -entwicklung: dargestellt an den Biographien von vier deutschen Halbleiterpionieren.* Aachen: Technische Hochschule (Dissertation) 1999.

Hechtel, Detlef: *Das Ende der Einsamkeit. Zur Geschichte der Kommunikation auf See.* Hamburg: Convent Verlag (Schriften des Deutschen Schiffahrtsmuseums; Band 65) 2005.

Heilbron, John L.: *Electricity in the 17th and 18th centuries. A study of early modern physics.* Berkeley: University of California Press 1979.

Heinrich, Jens: *Eine kurze Chronik der Funkgeschichte.* Dessau: Funkverlag Bernhard Hein (1. Auflage) 2002.

Henke, Martin: *Flinke Funken im schnellen Spiegel – Berend Wilhelm Feddersen und der Nachweis der elektrischen Schwingungen.* Hamburg: BoD 2000.

Hoppe, Edmond: *Geschichte der Elektrizität.* Leipzig 1884.

Hertz, Johanna: *Heinrich Hertz – Erinnerungen, Briefe, Tagebücher.* Leipzig: Akademische Verlagsgesellschaft 1928.

Johannsen, H. R.: *Eine Chronologie der Entdeckungen und Erfindungen vom Bernstein zum Mikroprozessor.* Berlin/Offenburg: VDE (Geschichte der Elektrotechnik – Band 3) 2. Auflage, 1987.

Kaiser, Walter: *Theorien der Elektrodynamik im 19. Jahrhundert.* Hildesheim: Gerstenberg 1981.

Keferstein, Hans: *Große Physiker. Bilder aus der Geschichte der Astronomie und Physik.* Leipzig, Berlin: B.G. Teubner 1911.

Keller, Wilhelm: *Hundert Jahre Fernsehen.* Berlin, Offenbach: VDE-Verlag 1983.

King, Ronald: *Michael Faraday of The Royal Institution.* London: The Royal Institution of Great Britain 1973.

KLEIN-ARENDT, REINHARD: Die Funkstation Nauen bei Berlin. In: HEYDEN, ULRICH VAN DER UND JOACHIM ZELLER (Hrsg.): ... *Macht und Anteil an der Weltherrschaft. Berlin und der deutsche Kolonialismus.* Münster: Unrast-Verlag 2005.

KLOSS, ALBERT: *Von der Electricität zur Elektrizität. Ein Streifzug durch die Geschichte der Elektrotechnik, Elektroenergetik und Elektronik.* Basel, Boston, Stuttgart: Birkhäuser 1987.

KOHLRAUSCH, FRIEDRICH: *Praktische Physik zum Gebrauch für Unterricht / Forschung und Technik.* Leipzig, Berlin: B.G. Teubner 1870. Hrsg. von F. Henning, 17. Auflage 1935. [IGN G 1870/4[17]]

KOHLRAUSCH, FRIEDRICH (Hrsg.): *Fünf Abhandlungen über Absolute elektrische Strom- und Widerstandsmessung von Wilhelm Weber und Rudolf Kohlrausch.* Leipzig: Wilhelm Engelmann (Ostwald's Klassiker der exakten Wissenschaften, Nr. 142) 1904. [SUB X/895: 142]

LEMMERICH, JOST: *Michael Faraday 1791–1867. Erforscher der Elektrizität.* München: C.H. Beck 1991.

LENARD, PHILIPP: *Große Naturforscher. Eine Geschichte der Naturforschung in Lebensbeschreibungen.* München: J.F. Lehmann's Verlag 1929, (2. vermehrte Auflage) 1930. [IGN WS/9[2]]

LEPRINCE-RINGUET, LOUIS (Hrsg.): *Die berühmten Erfinder, Physiker und Ingenieure.* Genf: Luzien Mazenod 1951. [IGN WS 12]

LINDNER, HELMUT: *Strom. Erzeugung, Verteilung und Anwendung der Elektrizität.* Reinbek bei Hamburg: Rowohlt Taschenbuch (Deutsches Museum – Kulturgeschichte der Naturwissenschaften und der Technik; 7723) 1985. [IGN WS 12]

LODGE, OLIVER: *Neueste Anschauungen über Elektrizität.* Leipzig 1896.

MAXWELL, JAMES CLERK: *A Treatise on Electricity and Magnetism.* 2 Vol. Oxford 1873. 3. Auflage, London 1891.
Deutsche Übersetzung von B. Weinstein: Lehrbuch der Elektrizität und des Magnetismus. 2 Bände, Berlin 1883.

Mayes, Thorn L.: Wireless Communication in the United States. The Early Development of American Radio Operating Companies. East Greenwich: The New England Wireless and Steam Museum 1989.

METZGER, BRIGITTE: *Impulse eines Jahrhunderts. Wie Strom Geschichte macht.* Bonn: Informationszentrale der Elektrizitätswirtschaft 1983.

MEYA, JÖRG UND HEINZ OTTO SIBUM: *Das fünfte Element. Wirkungen und Deutungen der Elektrizität.* Reinbek: Rowohlt 1987.

MICHLING, HORST: *Carl Fridrich Gauß — Episoden aus dem Leben des Princeps Mathematicorum.* Göttingen: Verlag Göttinger Tagblatt 1976, 4. verbesserte Auflage 2005.

MULTHAUF, ROBERT P. UND GREGORY GOOD: *A Brief History of Geomagnetism and A Catalog of the National Museum of American History.* Washington: Smithsonian Institution Press 1987.

NEUBURGER, ALBERT: *Von Morse bis Marconi. Die Telegraphie und ihre Rolle im Dienste der Weltwirtschaft und Weltpolitik.* Berlin: Ullstein & Co 1920. [IGN P 1920/1]

Nollet, l'Anné Jean Antoine: *Essai sur l'électricité des corps.* Paris 1746.

Nollet, l'Anné Jean Antoine: *Recherches sur les causes particulieres des phenoménes électriques.* Paris 1749.

Oesterreich, Christopher und Vera Losse (Hrsg.): *Immer wieder Neues. Wie verändern Erfindungen die Kommunikation?* Katalog der Museumsstiftung Post und Telekommunikation; Band 15. Heidelberg: Edition Braus 2002.

O'Hara, James G. und W. Pricha: *Hertz and the Maxwellians. A study and documentation of the discovery of electromagnetic wave radiation, 1873–1894.* London: Peregrinus 1987.

Park, Benjamin: *The intellectual rise in electricity. A history.* London: Longmans Green & Co. 1895. [IGN B 1895/7]

Pichler, Franz: Robert von Lieben – 100 Jahre Patent Kathodenstrahlrelais. Linz: Johannes Kepler Universität (Schriftenreihe Geschichte der Naturwissenschaft und der Technik; Band 7) 2005.

Plitzner, Klaus und Mary Ann Hellrigel (Hrsg.): *Elektrizität in der Geistesgeschichte.* Bassum, Berlin: Verlag für Geschichte der Naturwissenschaft und der Technik 1998.

Reuter, Michael: *Telekommunikation.* Heidelberg: G. Schenk 1990.

Riedel, Heide: *60 Jahre Radio.* Berlin: Deutsches Rundfunk-Museum 1983.

Riedel, Heide: *Fernsehen – Von der Vision zum Programm.* Berlin: Deutsches Rundfunk-Museum 1985.

Sattelberg, Kurt: *Vom Elektron zur Elektronik. Eine Geschichte der Elektrizität.* Berlin: Elitera-Verlag 1971. [IGN P 1971/2]

Scholl, Lars Uwe: Marconi versus Telefunken: Drahtlose Telegraphie und ihre Bedeutung für die Schiffahrt. In: Bayerl, G. und W. Weber (Hrsg.): *Sozialgeschichte der Technik. Ulrich Troitzsche zum 60. Geburtstag.* Münster: Waxmann (Cottbuser Studien zur Geschichte von Technik, Arbeit und Umwelt, 7) 1997.

Schott, H. (Hrsg.): *Franz Anton Mesmer und die Geschichte des Mesmerismus.* Stuttgart: Steiner 1985.

Schreier, Wolfgang (Hrsg.): *Geschichte der Physik. Ein Abriß.* Berlin: VEB Deutscher Verlag der Wissenschaften 1988.

Sibum, Heinz O.: *Physik aus ihrer Geschichte verstehen. Entstehung und Entwicklung naturwissenschaftlicher Denk- und Arbeitsstile in der Elektrizitätsforschung des 18. Jahrhunderts.* Wiesbaden: Deutscher Universitäts-Verlag 1990.

Standage, Tom: *Das Viktorianische Internet.* St. Gallen, Zürich 1999.

Stokes, John W.: *70 Years of Radio Tubes and Valves.* New York: The Vestal Press Ltd. Vestal 1983.

Teichmann, Jürgen: Utile et Dulce – elektrische Schauexperimente im 18. Jahrhundert. In: Wolfschmidt 2002, S. 239–253.

Teuteberg, Hans-Jürgen und Cornelius Neutsch (Hrsg.): *Vom Flügeltelegraphen zum Internet. Geschichte der modernen Telekommunikation.* Stuttgart 1998.

Thiele, E. (Hrsg.): *Telefunken nach 100 Jahren: Das Erbe einer deutschen Weltmarke.* Berlin: Nicolai 2003.

TRENKLE, FRITZ: Die ersten 40 Jahre. In: *Die deutschen Funknachrichtenanlagen.* Heidelberg 1990.

TURNER, GERARD L'E.: *The Practice of Science in the 19th Century Teaching and Research Apparatus in the Teyler Museum.* Haarlem: Teyler Museum 1996.

Wilhelm Weber's Werke. Hrsg. von der Königlichen Gesellschaft der Wissenschaften zu Göttingen. Band 1 bis 6. Berlin: Springer 1892–1894.

WERNER, TH. UND G. BEUERMANN: *Die historische Sammlung des I. Physikalischen Institutes der Georg-August-Universität Göttingen.* Ausstellungskatalog anläßlich der 250-Jahrfeier der Georg-August-Universität Göttingen im Jahre 1987. Hrsg. von der Akademie der Wissenschaften, Kommission für historische physikalische Apparate. Göttingen 1986.

WIEDEMANN, GUSTAV: *Die Lehre von der Elektricität.* Braunschweig: Friedrich Vieweg & Sohn, Band 1 (1882), 2 (1883), 3 (1884), 4,1 (1885), 4,2 (1885); 2. umgearbeitete und vermehrte Auflage, zugleich als vierte Auflage der Lehre vom Galvanismus und Elektromagnetismus. Band 1 (1893), Band 4 (1898) [IGN G 1860/1[4]].

WIEDERKEHR, KARL HEINRICH: Aus der Geschichte des Göttinger Magnetischen Vereins und seiner Resultate. In: *Nachrichten der Akademie der Wissenschaften in Göttingen, II Mathematisch Physikalische Klasse* (1964), Nr. 14.

WIEDERKEHR, KARL HEINRICH: *Wilhelm Eduard Weber . Erforscher der Wellenbewegung und der Elektrizität 1804–1891.* Stuttgart: Wissenschaftliche Buchgesellschaft (Große Naturforscher, Band 32) 1967.

Wilhelm Webers Werke, 6 Bände Hrsg. von der Königlichen Gesellschaft der Wissenschaften zu Göttingen. Berlin 1892–1894.

WINKLER, JOHANN HEINRICH: *Die Eigenschaften der Electrischen Materie und des Electrischen Feuers aus verschiedenen neuen Versuchen erkläret, und, nebst etlichen Neuen Maschinen zum Electrisiren.* Leipzig: Bernhard Christoph Breitkopf 1745.

WINKLER, JOHANN HEINRICH: *Essai sur la nature ... de l'électricité.* Paris 1748.

WOLFSCHMIDT, GUDRUN (Hrsg.): *Popularisierung der Naturwissenschaften.* Diepholz/Berlin: Verlag für Geschichte der Naturwissenschaft und der Technik 2002.

ZENNECK, JONATHAN: Heinrich Hertz (1857–1894). Rede bei der Heinrich Hertz-Feier der Universität Bonn am 19. November 1929. In: Deutsches Museum, Abhandlungen und Berichte 1 (1929), Heft 2.

ZENNECK, JONATHAN: *Aus Physik und Technik. Vorträge und Aufsätze.* Stuttgart: Ferdinand Enke 1930.

ZÖLLNER, KARL FRIEDRICH: *Principien einer elektrodynamischen Theorie der Materie. Weber Wilhelm: Abhandlungen zur atomistischen Theorie der Materie.* Band 1, Buch 1. Leipzig: Engelmann 1876. [SUB B/2086:1,1]

Abbildung 2.1:
Heinrich Hertz (1857–1894)
(nach einer Photographie von Rob. Krewaldt in Bonn)
Gesammelte Werke – Heinrich Hertz, Band I (1895), Frontispiz

Heinrich Hertz (1857–1894) – Leben und Werk

Karl Heinrich Wiederkehr

Am 22. Februar 1857 erblickte Heinrich Rudolf Hertz in der Poststraße in Hamburgs Innenstadt das Licht der Welt.[1] Seine Mutter Anna Elisabeth Hertz (1835–1910) war eine geborene P fefferkorn und stammte aus Frankfurt am Main; sein Vater Dr. Gustav Ferdinand Hertz (1827–1914) war ein angesehener Jurist, später sogar Senator der Hansestadt. Der Vater war von jüdischer Herkunft, aber von protestantischer Konfession und hatte es zu gediegenen Wohlstand gebracht. Die außergewöhnliche Begabung von Heinrich fiel früh auf, und die Mutter weckte in dem Jungen das Verlangen, einmal ein bedeutender Mann zu sein. Seine Begabung reichte von der Mathematik bis hin zu den alten Sprachen. Aber auch handwerklich war er äußerst geschickt. Sein Vater kaufte ihm eine Drehbank und Heinrich baute sich damit eine Tangentenbussole. Auch zu Wissenschaftlern der Deutschen Seewarte suchte er als Jugendlicher schon Kontakt. Auf der Gelehrtenschule des Johanneum machte Heinrich Hertz im April 1875 das Abitur.

Sein Berufsziel war zunächst das eines Bauingenieurs, damals ein sicherer Broterwerb – vielleicht, so schrieb er, könnte er auch Physiker werden. Als er während seines Ingenieurstudiums nach München kam und Vorlesungen in Mathematik und Physik an der Universität hörte, entschloß er sich, mit Einwilligung seines Vaters, Physiker zu werden. Das bedeutete aber, daß er auf eine längere finanzielle Unterstützung von seinem Vater angewiesen war. 1878 zog er nach Berlin, dem damaligen Mekka der Physik, wo Hermann von Helmholtz (1821–1894) und Gustav Robert Kirchhoff (1824–1887) lehrten. Dort bearbeitete er sofort eine von der Fakultät gestellte Preisaufgabe und erhielt den Preis.

Helmholtz formulierte 1879 eine Preisaufgabe der Berliner Akademie. Es sollten elektrodynamische Wirkungen in Dielektrika nachgewiesen werden. Helmholtz beabsichtigte damit, die auf dem Festland vorherrschende Elektrodynamik, die von André Marie Ampère (1775–1836), Wilhelm Weber (1804–1891) und Franz Neumann (1798–1895) geprägt worden war, zu Fall zu bringen. Er sympathisierte mit der Faraday-Maxwellschen

[1] Nach einem Vortrag am 21. Juni 2007 im Landesinstitut für Lehrerfortbildung der Stadt Hamburg zur Vernissage der Hertz-Ausstellung.

Abbildung 2.2:
Die Eltern von Heinrich Hertz
Vater: Dr. jur. Gustav Ferdinand Hertz (1827–1914) als Senator und
Mutter: Anna Elisabeth Hertz, geborene Pfefferkorn (1835–1910)

Foto: Gudrun Wolfschmidt im Museum für Kommunikation Frankfurt

Feldtheorie, entwickelte aber eine eigene Elektrodynamik. Bezüglich der gestellten Preisaufgabe erkannte Hertz bald, daß ihm zur Lösung keine geeigneten Mittel zur Verfügung standen. 1880 promovierte er mit dem Thema Über Induktion in rotierenden Kugeln mit der Note „magna cum laude".

Als Mitglied der Physikalischen Gesellschaft in Berlin profilierte sich Hertz mit Vorträgen aus verschiedensten Gebieten. Die Vorträge hatten sowohl Arbeiten von experimenteller als auch von theoretischer Art zum Inhalt; insbesondere bearbeitete er die Elastizität fester Körper – ein äußerst schwieriges Gebiet. 1881 bestimmte er exakt die Härte fester Körper. Für die Abhandlung Über die Berührung fester elastischer Körper (1883) erntete er großes Lob. Mit dieser Arbeit konnte er sich im gleichen Jahr habilitieren.

1880 war Hertz Assistent bei Helmholtz geworden. Seine Untersuchungen über Kathodenstrahlen, in die er viel Mühe und Zeit investierte, waren stark von Helmholtz beeinflusst, der in den Kathodenstrahlen wellenförmige Vorgänge im Äther (wahrscheinlich

Abbildung 2.3:
Heinrich Hertz (1857–1894) als Schüler

Foto: Gudrun Wolfschmidt im Museum für Kommunikation Frankfurt

longitudinale Wellen) sah. Helmholtz war ein Gegner der Weberschen Elektrodynamik; dessen Vorstellungen von materiellen elektrischen Teilchen lehnte er ab. Hertz interpretierte die Kathodenstrahlen als eine Erscheinung, die mit den Entladungsvorgängen in der Kathodenstrahlröhre nichts zu tun hätten – ein grundsätzlicher Irrtum. Auch bei der Deutung seiner letzten Experimente über den Durchgang der Kathodenstrahlen durch dünne Metallplättchen (1891) blieb er bei dieser Auffassung. 1897 entdeckte Joseph John Thomson (1856–1940) das Elektron, das substantielle elektrische Elementarteilchen. Wilhelm Weber und sein Schüler Eduard Riecke (1845–1915) hatten schon vorher den elektrischen Strom als ein Fließen von Elektrizitätsatomen gedeutet. Die Maxwell-Hertzsche Theorie versagte bei der Erklärung individueller Eigenschaften der Materie. Sie musste in den 90er Jahren und um die Jahrhundertwende ergänzt werden durch die Elektronentheorie von Hendrik Antoon Lorentz (1853–1928) und die Elektronentheorie der Metalle von Wilhelm Weber, E. Riecke und Paul Drude (1863–1906).

Im Helmholtzschen Institut hatte Hertz ein eigenes Zimmer, das er sich für die damaligen Verhältnisse luxuriös einrichtete. Das Zimmer diente ihm aber auch als Labor, und er experimentierte viel mit Quecksilber. Dies mag zur Schwächung seines Immunsystems und zu seinem frühen Tod mit beigetragen haben.

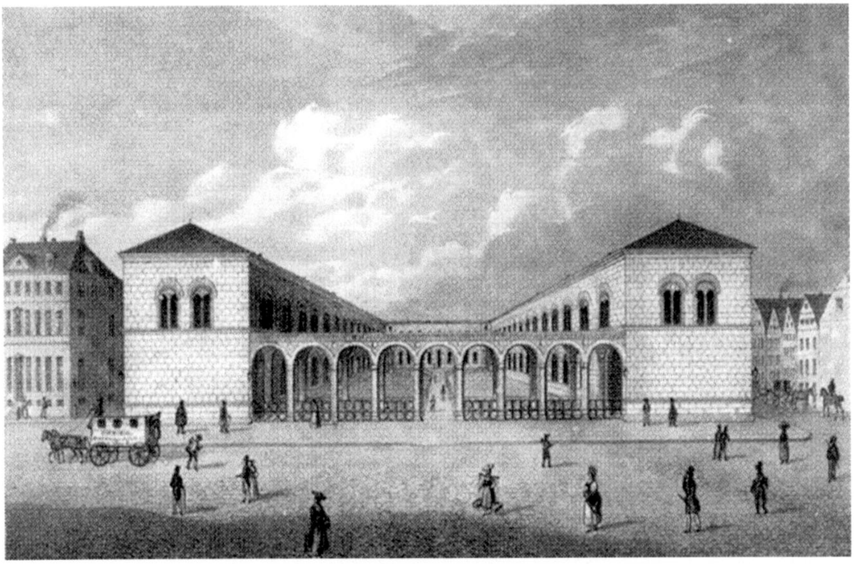

Abbildung 2.4:
Gelehrtenschule Johanneum in Hamburg am Speersort, 1840–1914,
erbaut von Carl Ludwig Wimmel nach einem Entwurf von Franz Gustav Joachim Forsmann

1883 habilitierte sich Hertz in Kiel mit der oben genannten Arbeit und nahm eine Stelle als Privatdozent für Mathematische Physik an der damals relativ kleinen Universität an. Ein Jahr später ernannte man ihn zum Extraordinarius für theoretische Physik.

Aus der Kieler Zeit ragen zwei Arbeiten besonders heraus. Die erste war eine ausgearbeitete Vorlesung – sie sollte später in Buchform erscheinen und hatte den Titel Moderne Anschauungen über die Konstitution der Materie. Die Abhandlung wurde aber von Hertz nie veröffentlicht.; sie fand sich im Nachlaß und wurde im letzten Jahrzehnt von Albrecht Fölsing publiziert. Sie gibt einen Einblick in die philosophisch-metaphysische Grundhaltung von Hertz. So ist für ihn der Begriff Materie nur ein Zeichen. Die zweite Abhandlung (1884) setzt sich mit der auf dem Festland vorherrschenden Elektrodynamik (Fernwirkungstheorien) und der mit ihr konkurrierenden Maxwellschen Theorie (Nahwirkungstheorie) auseinander. Hertz kam zu dem Schluß, daß James Clerk Maxwell (1831–1879) den Vorzug verdient, und er gibt hier schon die beiden ersten Maxwellschen Gleichungen für den Äther, sagen wir besser für den leeren Raum, an, die eine symmetrische Gestalt besitzen. Max Planck (1858–1947) sah darin eine geistige Leistung ersten Ranges.

Glücklich war Hertz in Kiel nicht gewesen, experimentieren konnte er nicht, weil er keinen Zutritt zur physikalischen Sammlung hatte. Mit Freuden nahm er Ende 1884 den

Ruf als Professor für Physik am Polytechnikum in Karlsruhe an, das ein Jahr später zur Technischen Hochschule ernannt wurde. Hier fand er eine vorzügliche Sammlung von Instrumenten vor, die sein Vorgänger Karl Ferdinand Braun (1850–1918) eingerichtet hatte. Wenige Monate später machte er seine bahnbrechenden Experimente zur Entdeckung schneller elektrischer Schwingungen und elektromagnetischer Wellen. Auch revolutionierende theoretische Arbeiten folgten. Dies führte zum endgültigen Sieg der Faraday-Maxwellschen Vorstellungen über eine Nahwirkung und Feldphysik. Auslöser waren die Beobachtungen an den Knochenhauerschen Spulen gewesen, die zur Demonstration der Induktion dienten. Beide übereinander gesetzte Spulen hatten an ihren Enden eine kleine Funkenstrecke mit zwei Kugeln. Hertz erkannte sofort, daß beide Spulen in Resonanz gerieten, angezeigt durch Funkenüberschläge, und hier sehr schnelle elektrische Schwingungen vorlagen. Sie hatten eine sehr viel höhere Frequenz als die von Berend Wilhelm Feddersen (1832–1918) um 1860 entdeckten Schwingungen bei seinen Untersuchungen über die oszillatorische Entladung einer Leidener Flasche.

Hertz baute seinen großen Oszillator, der gewissermaßen ein aufgeklappter Schwingkreis war und an den Enden statt der Kondensatorplatten Kugeln, also Kugelkondensatoren hatte. In der Mitte des linearen Gebildes befand sich eine kleine Funkenstrecke mit zwei kleinen Kugeln. Angeregt wurde der offene Schwingkreis durch einen angeschlossenen Funkeninduktor, bei dessen Spannungsspitzen der Funke an den kleinen Kugeln überschlägt. Es entstehen rasch aufeinander folgende gedämpfte elektrische Schwingungen. Hertz konstruierte Empfängerkreise von rechteckiger und kreisförmiger Art, die ebenfalls eine kleine Funkenstrecke hatten. Sie wurden auf Resonanz eingestellt durch Veränderung der Funkenstrecke. Der Funke wurde mit einer Lupe beobachtet, und dieser stellte für Hertz die einzige Möglichkeit zur Beobachtung der Schwingungsvorgänge dar.

In atemraubendem Tempo folgten Entdeckungen und Veröffentlichungen. Hertz erzeugte elektrische Wellen entlang eines horizontal liegenden Drahtes, wies mittels stehender Wellen und berechneter Kapazität des Schwingkreises die Ausbreitungsgeschwindigkeit nach. Es war der erste Beweis für die Nahwirkung und für die endliche Ausbreitungsgeschwindigkeit elektrischer und magnetischer Erscheinungen. Für die elektromagnetischen Wellen im freien Raum fand Hertz die Lichtgeschwindigkeit, so wie es die Maxwellsche Theorie forderte. Für die Ausbreitungsgeschwindigkeit der Welle entlang eines Drahtes fand Hertz trotz aller Mühe nur 2/3 der Lichtgeschwindigkeit. Grund dafür waren störende Reflexionen im Experimentierraum. Ernst Lecher (1856–1926) und Auguste de la Rive (1801–1873) fanden damals dann doch die Lichtgeschwindigkeit für Drahtwellen. Mit einem Parabolspiegel konzentrierte Hertz die elektromagnetischen Wellen, und mit seinen beiden Dipolen, die in der Mitte auch eine Funkenstrecke besaßen, wies er Reflexion, Brechung in einem Paraffinprisma und die Polarisation der Wellen nach, – und so die Wesensgleichheit mit den Lichtwellen. Elektrizitätslehre und Optik waren zu einem Gebiet verschmolzen. Mit Hilfe seiner schnellen Schwingungen konnte er nun auch die von Helmholtz 1879 gestellte Preisaufgabe lösen – ein später Triumph. Und so nebenbei entdeckte er bei seinen Versuchen den äußeren lichtelektrischen Effekt, hervorgerufen durch das Auftreffen von UV-Licht auf die Kugel einer Funkenstrecke. Eine Deutung dafür konnte er nicht geben.

Abbildung 2.5:
Heinrich Hertz (1857–1894) und seine Ehefrau Elisabeth, geb. Doll
Foto: Gudrun Wolfschmidt im Museum für Kommunikation Frankfurt

Mit einem Schlag war Hertz weltberühmt geworden und bekam die höchsten Ehrungen. Die Karlsruher Jahre waren für ihn die erfolgreichsten und glücklichsten gewesen. Aber auch in privater Hinsicht war ihm dort das Glück hold gewesen, 1886 heiratete er die Tochter eines Kollegen, Elisabeth Doll. Sie stand ihm in selbstloser Weise zur Seite.

Nach dem Tode von Rudolf Clausius (1822–1888), Ordinarius für Physik an der Universität Bonn, wurde Heinrich Hertz 1889 dorthin berufen. Alle Welt hegte große Hoffnungen und auch Hertz selbst hatte weitreichende Pläne. Aber ein unerbittliches Schicksal machte Alles zunichte. Unter großem Leiden beendete er noch seine PRINZIPIEN DER MECHANIK, in der er den Newtonschen Kraftbegriff eliminierte. Der langwierigen Kiefernvereiterung folgte eine Blutvergiftung, am 1. Januar 1894 verstarb Heinrich Hertz in einem Alter von knapp 37 Jahren.

2.1 Literatur

Eine umfangreiche Bibliographie zu Heinrich Hertz findet sich auf der Homepage von Alfred Nordmann
`http://www.philosophie.tu-darmstadt.de/fileadmin/phil/nordmann/Navi_Index/Main/HertzBio/hertz.html`

FÖLSING, ALBRECHT: *Heinrich Hertz. Eine Biografie.* Hamburg: Hoffmann & Campe (1. Auflage) 1997.

BAIRD, DAVIS; HUGHES, R. L. G. AND ALFRED NORDMANN (Hrsg.): *Heinrich Hertz: Classical Physicist, Modern Philosopher.* Dordrecht: Kluwer 1998.

WIEDERKEHR, KARL HEINRICH: *Wilhelm Webers Stellung in der Entwicklung der Elektrizitätslehre.* Dissertation, Hamburg 1960.

WIEDERKEHR, KARL HEINRICH: Über Vorstellungen vom Wesen des elektrischen Stromes bis zum Beginn der Elektronentheorie der Metalle. In: *„Es gibt für Könige keinen besonderen Weg zur Geometrie.“ Festschrift für Karin Reich.* Hrsg. von Gudrun Wolfschmidt. Augsburg: Dr. Erwin Rauner Verlag (Algorismus – Studien zur Geschichte der Mathematik und der Naturwissenschaften; Heft 60) 2007, S. 299–308.

COELHO, RICARDO LOPES: Der Begriff des Bildes bei Hertz. In: *Logos* (Neue Folge) 3 (1996), S. 4.

HOFFMANN, DIETER: Heinrich Hertz and the Berlin School of Physics. In: Baird et al. (1998).

JUNGNICKEL, CHRISTA AND RUSSEL MCCORMMACH: *Intellectual Mastery of Nature: Theoretical Physics from Ohm to Einstein.* Volume 2 of The Now Mighty Theoretical Physics 1870–1925. Chicago: The University of Chicago Press 1986.

KLEIN, PETER: Zur Geschichte der Relativitätstheorie als Protophysik. In: E. JELDEN (Hrsg.): *Prototheorien – Praxis und Erkenntnis?* Leipzig 1995, S. 91–102.

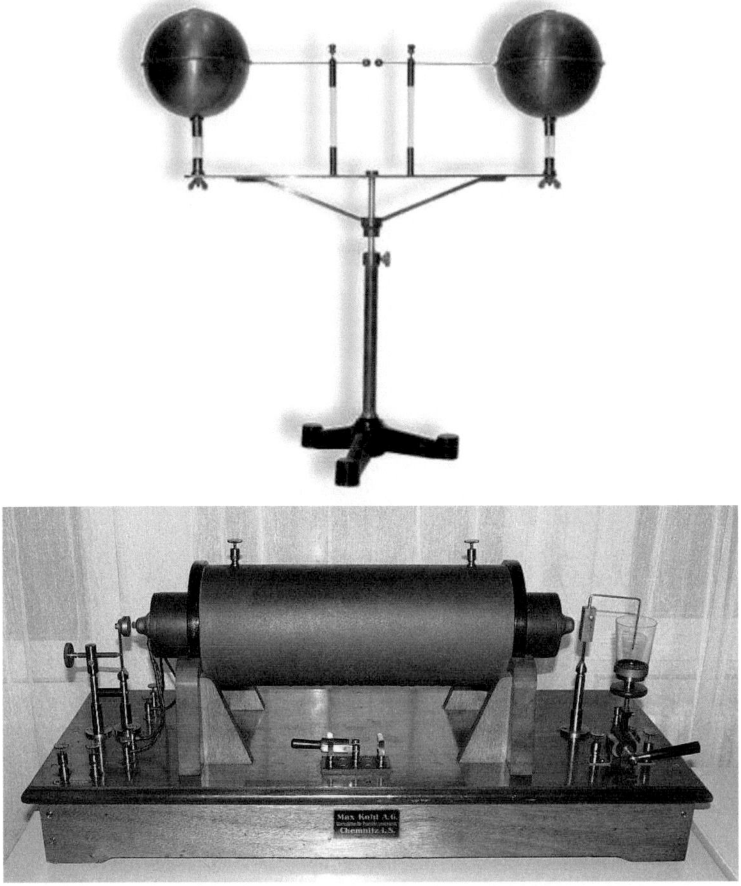

Abbildung 3.1:
Oben:Oszillator (aufgeklappter Schwingkreis)
mit Kugelkondensatoren und Funkenstrecke in der Mitte,
erregt durch einen Funkeninduktor
Unten: Funkeninduktor, Max Kohl, Chemnitz

Foto: Gudrun Wolfschmidt

Die Karlsruher Experimente (1886/88) von Heinrich Hertz

Karl Heinrich Wiederkehr

Die Versuche über schnelle elektrischen Schwingungen und die Erzeugung elektromagnetischer Wellen brachten Hertz Weltruhm. Angeregt dazu wurde er durch eine Beobachtung an den Knochenhauerschen oder Riess'schen Spiralen, die bei Vorlesungen gewöhnlich beim Thema Induktion benutzt wurden. Mit ihnen wurde gezeigt, daß die Entladung einer Leidener Flasche durch eine Spule auch in der zweiten darüber liegenden Spule einen Strom induziert. Dieser macht sich durch einen Funkenüberschlag bemerkbar.

Nach Wegnahme der Leidener Flasche waren die Spulen in Resonanz, die sich durch ein Funkenspiel verriet. Durch seine Berliner experimentellen Arbeiten und auch durch seine theoretischen Arbeiten in Kiel war seine Aufmerksamkeit für die Funken geschärft. Mit den Versuchen über oszillatorische Entladungen einer Leidener Flasche 1862 hatte Berend Wilhelm Feddersen (1832–1918) die Gültigkeit der Thomsonschen Schwingungsformel $T \sim 2\pi\sqrt{LC}$ zum Teil nachgewiesen ($T \sim \sqrt{C}$; C Kapazität, L Induktivität). Hertz war aber sofort klar, daß es sich hier um sehr viel schnellere Schwingungen handelte.

Er entwickelte seinen Kugel-Oszillator. Der Nebenkreis mit Funken, der auf Resonanz abgestimmt wurde, bekam später Kreisform (Kreisdipol). Mit Hilfe eines Mikrometers konnte Hertz die Funkenstrecke in ihrer Länge verändern; es war dies für ihn der einzige Indikator.[1]

Während seiner Versuche bemerkte Hertz, daß der Funkenüberschlag in dem Resonanzkreis durch irgendeine Einwirkung vom Funkeninduktor oder vom Oszillator verändert werden konnte. Durch zahlreiche Versuche mit verschiedensten Stoffen, neben anderem auch mit einem Bergkristallprisma, stellte er fest, daß ultraviolette Strahlen (die von der Funkenstrecke des Primärkreises ausgingen) den Funkenüberschlag früher einsetzen lassen. Die Strahlen müssen auf die Kugel treffen, die mit dem negativen Pol verbunden ist. Damit hatte Hertz den äußeren lichtelektrischen Effekt entdeckt. Eine

[1] Über sehr schnelle Schwingungen. In: *Annalen der Physik* Bd. 31 (1887) und Gesammelte Werke Bd. II: Untersuchungen über die Ausbreitung der elektrischen Kraft. Hrsg. von Heinrich Hertz. Leipzig: Barth 1891, (2. Auflage, hrsg. von Philipp Lenard) 1894, S. 32–58.

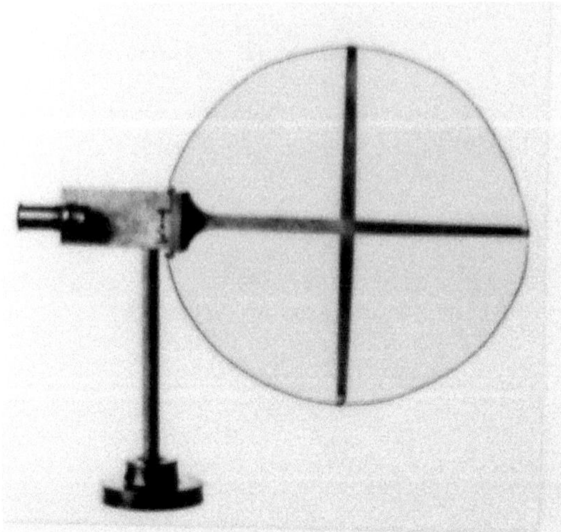

Abbildung 3.2:
Kreisdipol mit verstellbarer Funkenstrecke
und einer Lupe zur Beobachtung des Funkens

Erklärung dazu konnte er nicht geben.[2] Hier führte der Versuch von Wilhelm Hallwachs (1859–1922) 1888 weiter. Durch das UV-Licht werden bei dem Hallwachsversuch aus der negativ aufgeladenen Zinkplatte Elektronen herausgeschlagen.

Vor der Veröffentlichung seiner Arbeiten in den *Annalen der Physik* informierte Hertz immer zuerst Hermann von Helmholtz (1821–1894) in Berlin, der in der Berliner Akademie darüber vortrug (erschienen auch in den Berichten der Berliner Akademie). Mit den von ihm entdeckten schnellen elektrischen Schwingungen war Hertz nun auch in der Lage, eine Lösung der Preisaufgabe von 1879 der Berliner Akademie zu finden. Es sollten elektrodynamische Wirkungen auf Isolatoren, anders ausgedrückt, der Verschiebungsstrom in nicht leitenden Stoffen, nachgewiesen werden.

Hertz benutzte dafür wieder seinen Oszillator, wobei er aber statt der Kugelkondensatoren an den Enden des Oszillators quadratische Platten setzte. Über den Oszillator wurde ein Zinkblech gehalten, in dem Induktionsströme erzeugt wurden. Diese machten sich durch eine Verschiebung der Nullpunktslage am Kreisdipol nach oben bemerkbar. In der Nullpunktslage zeigten sich keine Funken des Resonators. Setzte er einen Block aus Pech oder Paraffin unter den Oszillator, verschob sich die Nullpunktslage beim Re-

[2] Hertz, Heinrich: Über einen Einfluß des ultravioletten Lichtes auf die elektrische Entladung. In: *Annalen der Physik* Bd. 31 (1887) und Gesammelte Werke Bd. II (2. Auflage), S. 69–86.

sonator nach unten. Damit war der Verschiebungsstrom in dem Isolator nachgewiesen. Hertz genoß seinen späten Triumph.[3]

Zu Beginn seiner bahnbrechenden Untersuchungen ging Hertz rein phänomenologisch vor, nicht mit der Absicht, die Maxwellsche Theorie zu bestätigen. Er mußte auch Rücksicht nehmen auf die Theorie seines Lehrers Helmholtz. Aber die Ergebnisse seiner Experimente wiesen eindeutig auf die Gültigkeit der Maxwellschen Theorie hin, die er nun auch theoretisch zu vervollkommnen suchte.

Es folgten noch drei weitere Arbeiten von ihm zu diesem Komplex, die ebenfalls in Bd. 34 der *Annalen der Physik* erschienen, insgesamt also vier Arbeiten in einem Band. Große Mühen hatte er mit seinen Untersuchungen zur Ausbreitungsgeschwindigkeit elektrischer Wellen in einem Draht. Den Oszillator mit den quadratischen Endplatten stellte er waagerecht und koppelte kapazitiv den horizontal liegenden langen Draht. Mit seinem Resonator fand er Knoten und Bäuche einer stehende Welle. Es war der erste Nachweis für die endliche Ausbreitungsgeschwindigkeit eines elektrischen Vorganges und eine erste Bestätigung der Nahwirkungstheorie. Als Fortpflanzungsgeschwindigkeit fand Hertz allerdings nicht die Lichtgeschwindigkeit, wie es die Faraday-Maxwellsche Theorie forderte, sondern nur 2/3 davon.[4]

Ernst Lecher (1856–1926) in Wien sowwie Auguste Arthur de la Rive (1801–1873) und Emile Édouard Sarasin (1843–1917) in Genf wiesen dann die Lichtgeschwindigkeit in den Drähten nach (bekannt als Lechersche Doppelleitung). Hertz begründete später das unrichtige Ergebnis mit Einflüssen aus der Umgebung, wie Reflexionen an den Wänden, Säulen und anderem in dem Versuchsraum.

Aber auch im Luftraum erzeugte Hertz stehende elektromagnetische Wellen durch Reflexion an einer Metallwand. Die von James Clerk Maxwell (1831–1879) vorhergesagten Wellen waren damit nachgewiesen, und die alte Fernwirkungstheorie widerlegt. Als Ausbreitungsgeschwindigkeit fand Hertz hier die Lichtgeschwindigkeit.[5]

Der krönende Abschluß seiner experimentellen Untersuchungen in Karlsruhe waren die mit den Dipolen und Parabolspiegeln.[6] Hertz geht hier zu Dezimeterwellen über. Ein Dipol bestand aus zwei 13 cm langen Messingstäben mit zwei polierten Kugeln für die Funkenstrecke in der Mitte. Zum Sammeln der elektromagnetischen Wellen ließ Hertz Parabolspiegel aus Zinkblech anfertigen, in deren Brennlinie die Dipole gesetzt wurden. Der Funkeninduktor sitzt beim Sender hinter dem Spiegel. Beim Parabolspiegel zum Empfang der Wellen führen vom Dipol zwei Drähte hinter den Spiegel zu einer Funkenstrecke.

---

[3] Über Induktionserscheinungen, hervorgerufen durch die elektrischen Vorgänge in Isolatoren. In: *Annalen der Physik* Bd. 34 (1887) und Gesammelte Werke Bd. II (2. Auflage), S. 102–114.

[4] Über die Ausbreitungsgeschwindigkeit der elektrodynamischen Wirkungen. In: *Annalen der Physik* Bd. 34 (1888) und Gesammelte Werke (2. Auflage), S. 115–132. Siehe hierzu auch die Einleitende Übersicht von Hertz zu Band II seiner Gesammelten Werke, S. 17.

[5] Über elektrodynamische Wellen im Luftraum und deren Reflexion. In: *Annalen der Physik* Bd. 34 (1888) und Gesammelte Werke Bd. II (2. Auflage), S. 133–146.

[6] Über Strahlen der elektrischen Kraft. In: *Annalen der Physik* Bd. 36 (1888) und Gesammelte Werke Bd. II (2. Auflage), S. 183–198.

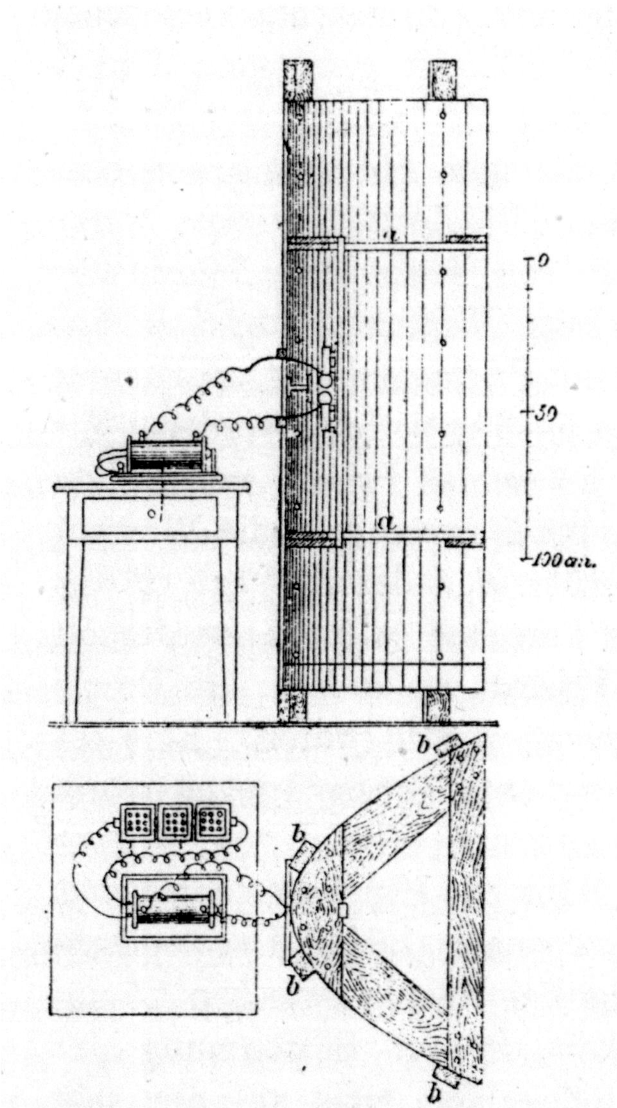

Abbildung 3.3:
Parabolspiegel aus Blech mit horizontalen Holzrahmen und senkrechten Stützen. Der Sendedipol besteht aus zwei Hälften und zwei kleinen polierten Metallkugeln (Funkenstrecke). In den Kugeln enden die beiden Zuleitungen des Funkeninduktors.

Gesammelte Werke, Band II. Hrsg. von Heinrich Hertz. (2. Auflage) (1891), S. 196.

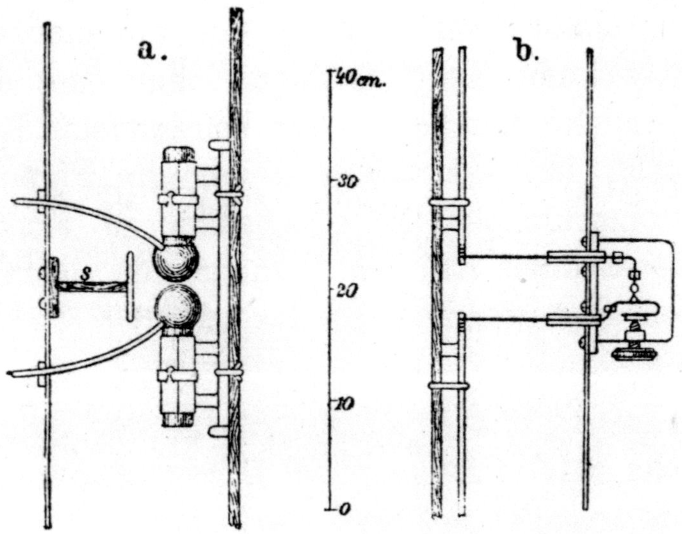

Abbildung 3.4:
Schnitt durch den Parabolspiegel des Senders (links) und des Empfängers (rechts): Von den beiden Hälften des Empfangsdipols führen zwei Leitungen hinter den Parabolspiegel. Die eine Leitung endet an einem kleinen Kügelchen aus Messing, die zweite Leitung ist mit einem Stück einer Uhrfeder verbunden, die eine feine Spitze aus Kupfer trägt. Mittels einer Schraube kann der Abstand zwischen Kügelchen und Spitze verändert werden, um die maximale Funkenstärke zu erreichen.

Gesammelte Werke, Band II. Hrsg. von Heinrich Hertz. (2. Auflage) (1891), S. 197.

Hertz zeigte zunächst wieder die Reflexion der Wellen an einer aufgestellten Zinkwand und stellte wieder Knoten und Bäuche fest. Daraus ergab sich eine Wellenlänge von 66 cm. Hertz konnte die Ausbreitung der Wellen bis auf 16 m nachweisen; sie gingen sogar durch eine Tür hindurch. Mit den beiden Parabolspiegeln und der Zinkwand wurde das Reflexionsgesetz (Einfallswinkel = Reflexionswinkel) gezeigt. Zur Untersuchung der Brechung der elektrischen Strahlen (elektromagnetische Wellen) ließ Hertz ein 30°-Prisma aus Pech herstellen, dessen Gewicht des Prismas „12 Zentner" (600 kg) betrug. Die elektromagnetische Welle wurde wie eine Lichtwelle an einem Glasprisma abgelenkt. Die Brechzahl ergab sich zu 1,69.

Die elektrischen Schwingungen bzw. Wellen laufen stets parallel zu dem Erregerdipol, also in einer Ebene, ähnlich wie die Lichtwellen bei linear polarisierten Licht. Wurde der Empfangsspiegel mit Dipol um 90° gedreht, blieben die Funken aus, d. h. es fand kein Empfang statt. Hertz ließ nun einen Holzrahmen (achteckig) mit parallel laufenden Kupferdrähten bespannen. Das Gitter wurde zwischen Empfänger und Sender gebracht und gedreht. Liefen die Drähte parallel zu den Dipolen, zeigten sich keine Funken im Empfänger. Die Strahlen wurden also abgefangen und reflektiert. Hatten die Kupferdrähte eine senkrechte Lage zu den Dipolen, gingen die Strahlen ungehindert hindurch, – eine abermaliger Nachweis der Polarisation.

Abbildung 3.5:
Drahtgitter zum Nachweis der linearen Polarisation der elektromagnetischen Welle

Diese Versuche, die sich in der Optik wiederfinden, zeigten in eindrucksvoller Weise die Wesensgleichheit optischer und magnetischer Wellen. Der Unterschied liegt nur in der Wellenlänge, die bei den Lichtstrahlen sehr viel kürzer ist. Maxwells elektromagnetische

Lichttheorie war damit bestätigt, der Sieg über die ältere Elektrodynamik endgültig. Es begann eine neue Epoche, Optik und Elektrodynamik waren miteinander verschmolzen.

In der Arbeit „Die Kräfte elektrischer Schwingungen, behandelt nach der Maxwell'schen Theorie“[7] berechnet Hertz, gestützt auf Maxwell, den Verlauf der elektrischen Kraftlinien (elektrische Feldlinien) um einen schwingenden Dipol in verschiedenen Phasen der Schwingung. Er benutzt dabei Polarkoordinaten und veranschaulicht seine Ergebnisse in zeichnerischen Darstellungen. Wie schon erwähnt, ist der Dipol ein offener Schwingkreis, die elektrischen Feldlinien können sich ablösen und in den Raum mit Lichtgeschwindigkeit hinauswandern. Die losgelösten Feldlinien sind geschlossen; sie beginnen und endigen also nicht an elektrischen Ladungen. Im offenen Schwingkreis geschieht, wie beim geschlossenen Schwingkreis, eine stetige Umwandlung von elektrischer und magnetischer Energie. Durch den periodisch sich in seiner Stärke verändernden Strom werden auch magnetische Feldlinien ausgestrahlt. Sie verlaufen kreisförmig um die Achse des Dipols und verändern sich ebenfalls periodisch in ihrer Dichte. Die Wellenlänge ist dabei die gleiche wie bei den elektrischen Feldlinien. Durch die beiden Maxwellschen Gleichungen werden das elektrische und das magnetische Feld miteinander verknüpft.

In weiteren theoretischen Arbeiten von Hertz zur Elektrodynamik (Vervollkommnung der Maxwellschen Theorie) zeigte sich das mathematische Genie, aber auch seine philosophisch-erkenntnistheoretische Grundhaltung, daß sich die Physik auf rein mathematische Beziehungen zwischen physikalischen Größen beschränken sollte.

[7] *Annalen der Physik* Bd. 36 (1889) und Gesammelte Werke Bd. II (2. Auflage), S. 147–170, graphische Darstellungen S. 156 und 157.

Abbildung 4.1:
Büste von Heinrich Hertz vor der Technischen Hochschule Karlsruhe:
Unter der Büste ist folgende Inschrift erkennbar:
„An dieser Stätte entdeckte Heinrich Hertz die elektromagnetischen Wellen in den Jahren 1885 bis 1889."

Meinke 1963, S. 15.

Die Anfänge der Funktechnologie

Jan Gollwitzer (Hof)

4.1 Einleitung

In der heutigen Zeit, die man auch als das moderne Kommunikationszeitalter bezeichnet, hat die schnurlose Datenübertragung unübersehbar einen nicht mehr wegzudenkenden Platz im alltäglichen Leben eingenommen. Ununterbrochen sind daher der Mensch und seine Umwelt einer Vielzahl von elektromagnetischen Wellen geringerer Frequenz als der des sichtbaren Lichtes ausgesetzt, wenngleich noch nicht abschließend geklärt ist, ob in der Tat die entsprechenden Strahlungen dieses Spektralbereiches gesundheitlich vollkommen unbedenklich sind oder ganz im Gegenteil sogar ein nicht zu vernachlässigendes, biologisches Schädigungspotential aufweisen.

Gerade angesichts der immensen Anzahl von Anwendungen der Funktechnologie in allen nur denkbaren Bereichen des privaten und öffentlichen Lebens, wird verstärkt die Frage aufgeworfen, wie diese unglaubliche Mannigfaltigkeit der das tägliche Leben in entscheidender Weise bestimmenden und ggf. auch gefährdenden Technologien auf der Grundlage der Experimente erwachsen konnte, die Heinrich Hertz in den Jahren 1885 bis 1889 in Karlsruhe unternahm (Abb. 4.1), mit dem primären Ziel eine experimentelle Bestätigung der Maxwell'schen Theorie zu erlangen.

Die Beantwortung dieser Frage führt durch die Geschichte der drahtlosen Kommunikation von den ersten Postulaten und Hypothesen bis zu deren experimentellen Realisierung und kommerziellen Nutzung.

4.2 Die Hertz'schen Wellen

Den Grundstein für das Verständnis elektromagnetischer Wellenvorgänge legte James Clerk Maxwell durch seine fundamentale Forderung, dass auch außerhalb von elektrischen Leitern Ströme existieren können, indem er in seinem Werk A TREATISE ON ELECTRICITY AND MAGNETISM postulierte:

> *„One of the chief pecularities of this treatise is the doctrine which it asserts, that the true electric current* $\mathfrak{C}$*, that on which the electromagnetic phenomena*

> *depend, is not the same thing as $\mathfrak{K}$, the current of conduction, but that the time-variation of $\mathfrak{D}$, the electric displacement, must be taken into account in estimating the total movement of electricity, so that we must write, $\mathfrak{C} = \mathfrak{K}+\dot{\mathfrak{D}}$ (Equation of True Currents).*"[1]

Maxwell unterschied dabei erstmals „currents of conduction" und „currents of displacement", d. h. sogenannte Verschiebungsströme, die sich auch in Nichtleitern ausbreiten, entgegen der früheren Auffassung, dass zwar elektrische oder magnetische Felder vorliegen können, jedoch eine Ausbreitung der elektrischen oder magnetischen Kraft unabhängig von Leitern unmöglich sei. Er bezeichnete diese sich im Raum ausbreitenden Störungen elektrischer und magnetischer Felder als elektromagnetische Störungen (*electromagnetic disturbances*) und postulierte, dass sich diese im freien Raum mit der Lichtgeschwindigkeit ausbreiten, was die Vermutung aufoktroyierte, dass auch das Licht selbst eine derartige elektromagnetische Feldstörung sei. Dabei konstruierte er rein theoretisch den wesentlichen Zusammenhang zwischen elektromagnetischen und optischen Größen und initiierte damit erstmals die systematische Ordnung der einzelnen elektromagnetischen Wellenarten nach ihrer Frequenz oder Wellenlänge im elektromagnetischen Spektrum:

> „*On the theory that light is an electromagnetic disturbance, propagated in the same medium through which other electromagnetic actions are transmitted, V must be the velocity of light, a quantity the value of which has been estimated by several methods.* [...] *In other media than air, the velocity V is inversely proportional to the square root of the product of the dielectric and the magnetic inductive capacities. According to the undulatory theory, the velocity of light in different media is inversely proportional to their indices of refraction. There are no transparent media for which the magnetic capacity differs from that of air more than by a very small fraction. Hence the principal part of the difference between these media must depend on their dielectric capacity of a transparent medium should be equal to the square of its index of refraction.*"[2]

Diese Überlegungen spiegeln eine der Grundgleichungen der Physik wieder, und zwar den Zusammenhang von der Ausbreitungsgeschwindigkeit V elektromagnetischer Wellen in Materie, der Lichtgeschwindigkeit c, Brechungsindex n, elektrischer Dielektrizitätszahl ϵ und magnetischer Permeabilität μ:[3]

$$V = \frac{c_0}{n} = \frac{c_0}{\sqrt{\mu \cdot \epsilon}} \tag{4.1}$$

Jedoch soll Maxwell selbst die Möglichkeit bestritten haben, derartige elektromagnetische Wellen experimentell generieren zu können.[4]

[1] zitiert aus Maxwell: *A Treatise on Electricity and Magnetism* (610) in: Maxwell 1873, S. 232–233.

[2] zitiert aus Maxwell: *A Treatise on Electricity and Magnetism.* (786–788) in: Maxwell 1873, S. 387–388.

[3] vgl. (Demtröder 1999), S. 213 und 227.

[4] vgl. Hunt: *The Maxwellians.* Ithaca, London: Cornell University Press 1991, S. 24 zitiert in (Sengupta and Sarkar 2003), S. 13.

Zahlreiche Wissenschaftler waren in der folgenden Zeit bemüht, auf eine experimentelle Bestätigung der Maxwell'schen Theorie zu stoßen, jedoch scheiterten die meisten Bemühungen kläglich. Erst Heinrich Hertz glückte in den Jahren 1885–1889[5] der entscheidende Kunstgriff, elektromagnetische Wellen mit kleineren Frequenzen als denen des sichtbares Lichtes zu generieren, zu transmittieren und zu detektieren.[6] Ihm war aus theoretischen Betrachtungen bekannt, dass die zu generierenden Wellen Schwingungsdauern von lediglich „Hundertmillionteln der Sekunde"[7] besitzen werden und derartige schnelle Schwingungen zwar theoretisch postulierbar waren, jedoch noch keineswegs mit den bisher bekannten experimentellen Methoden realisiert werden konnten:

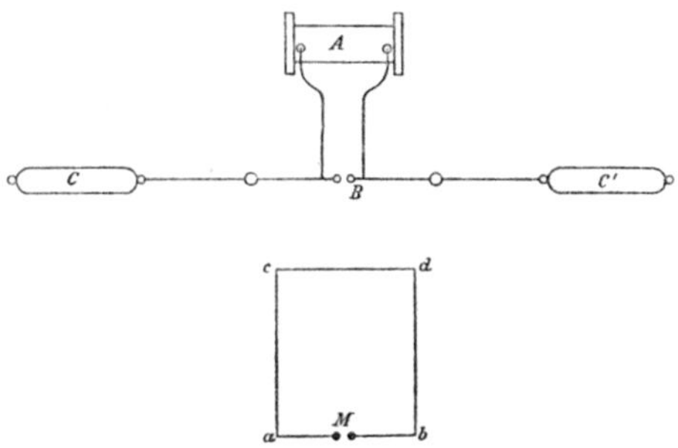

Abbildung 4.2:
Hertz'sche Anordnung von Sender und Empfänger

Hertz 1894, S. 43.

> *„Die elektrischen Oscillationen geöffneter Inductionsapparate haben Schwingungsdauern, welche nach Zehntausendtheilen der Sekunde gemessen werden kann. Etwa hundertmal schneller erfolgen die Schwingungen oscillierender Flaschenentladungen, welche Fedderson beobachtete. Schnellere Schwingungen noch als diese läßt die Theorie als möglich voraussehen in gutleitenden ungeschlossenen Drähten, deren Enden nicht durch grosse Capacitäten belastet sind, ohne dass freilich die Theorie zu entscheiden vermöchte, ob solche Schwingungen je in bemerkbarer Stärke tatsächlich erregt werden können."*[8]

Hertz verwendete auf der Grundlage dieser Vermutung zur Erzeugung von elektromagnetischen Wellen einen offenen Schwingkreis, bei dem, im Gegensatz zu einem geschlossenen Schwingkreis, in dem die Energie zwischen der elektrostatischen Energie

[5] vgl. (Meinke 1963), S. 14–15.

[6] vgl. (Sengupta and Sarkar 2003), S. 17.

[7] vgl. Heinrich Hertz (1887): *Ueber sehr schnelle elektrische Schwingungen.* In: *Wiedemanns Annalen der Physik* **31** bzw. in (Hertz 1894), S. 32.

[8] zitiert aus: Heinrich Hertz (1887): *Ueber sehr schnelle elektrische Schwingungen.* In: *Wiedemanns Annalen der Physik* **31** bzw. in (Hertz 1894), S. 32.

eines Kondensators und der magnetischen Energie einer Spule hin- und herpendelt ohne diese zu verlassen, die elektrischen und magnetischen Feldlinien weit in den umgebenden Raum hinausreichen, sich lösen und abgestrahlt werden können (Abb. 4.2):

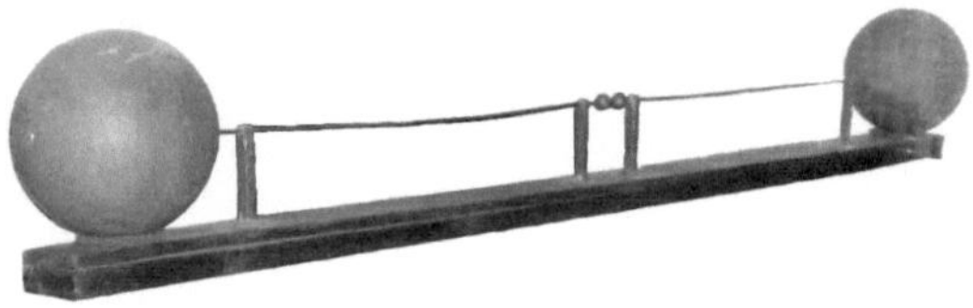

Abbildung 4.3:
Hertz'scher Oszillator mit Endkugeln
zur Vergrößerung der Kapazität von 1886

Foto: Jan Gollwitzer im Deutschen Museum.

> *„Dem inducierenden Strom gab ich die Gestalt einer geraden Linie. [...] Seine Enden wurden durch die Conductoren C und C′ gebildet. Dieselben hatten einen Abstand von 3 m und waren verbunden durch einen 2 mm dicken Kupferdraht, welcher in seiner Mitte den Entlader des Inductoriums aufnahm“*[9]

Als „Conductoren“ fanden bei seinen frühen Experimenten „abgetrennte Conductor[en] einer Elektrisiermaschine“[10] und später auch „zwei Kugeln von 30 cm Durchmesser, von starkem Zinkblech gefertigt“,[11] Anwendung (Abb. 4.3). Zur Einspeisung der erforderlichen hohen Spannung nutzte Hertz „ein grosses Inductorium von Ruhmkorff, von 52 cm Länge und 20 cm Durchmesser, welches mit Quecksilberunterbrecher versehen war und durch sechs grosse Bunsen'sche Elemente erregt wurde“.[12] Denn nur ein sehr starker Induktor konnte den Anforderungen von Hertz gerecht werden:

> *„Sind nämlich oscillatorische Bewegungen in der Leitung C-C′ für die Erzeugung einer kräftigen Inductionswirkung nöthig, so genügt es nicht, dass der Funke in dieser Leitung in außerordentlich kurzer Zeit einsetze, sondern er muss auch den Widerstand der Leitung unter einen gewissen Werth*

[9] zitiert aus: Heinrich Hertz (1887): *Ueber sehr schnelle elektrische Schwingungen.* In: *Wiedemanns Annalen der Physik* **31** bzw. in (Hertz, 1894), S. 43.

[10] zitiert aus: Heinrich Hertz (1887): *Ueber sehr schnelle elektrische Schwingungen.* In: *Wiedemanns Annalen der Physik* **31** bzw. in (Hertz 1894), S. 40–41.

[11] zitiert aus: Heinrich Hertz (1887): *Ueber sehr schnelle elektrische Schwingungen.* In: *Wiedemanns Annalen der Physik* **31** bzw. in (Hertz 1894), S. 46.

[12] zitiert aus: Heinrich Hertz (1887): *Ueber sehr schnelle elektrische Schwingungen.* In: *Wiedemanns Annalen der Physik* **31** bzw. in (Hertz 1894), S. 35.

hinunterbringen und zu diesem Ende darf die Stromdichte vom ersten Augenblick an nicht unterhalb einer bestimmten Grenze liegen. Daher erhalten wir nur eine außerordentlich schwache Inductionswirkung, wenn wir die Conductoren C und C′ statt durch den Ruhmkorff durch eine Elektrisiermaschine auf entgegengesetztes Potential laden und sich entladen lassen; daher ist die Wirkung ebenfalls sehr schwach bei Anwendung eines kleinen Inductoriums oder bei Einschaltung einer zu langen Funkenstrecke; in allen diesen Fällen ist die Bewegung aperiodisch. Hingegen eine kräftige Ruhmkorffentladung führt Schwingungen und damit eine kräftige Wirkung nach aussen herbei, indem sie die folgenden Funktionen übernimmt: Erstens lädt sie die Enden C und C′ der Leitung bis zu einem hohen Potential, zweitens führt sie einen plötzlich einsetzenden Funken herbei, drittens hält sie nach Einleitung der Entladung den Widerstand der Luftstrecke auf einem so niedrigen Werth, dass Schwingungen entstehen können. Ist die Capazität der Leitungsenden sehr gross, sind es etwa die Belegungen einer Batterie, so vermag, wie wir wissen, der Entladungsstrom dieser Capacitäten selber den Widerstand der Funkenstrecke hinreichend herabzusetzen; bei kleinen Capacitäten aber muss diese Function von einer fremden Entladung übernommen werden, und aus diesem Grunde ist unter den Verhältnissen unseres Versuches die Ruhmkorffentladung als Erregerin der Schwingung unentbehrlich.“[13]

Mittels des Funkeninduktors konnte Hertz folglich die Kondensatorelemente auf hohe Spannungen entgegengesetzt aufladen, bis das der Größe der Funkenstrecke entsprechende Funkpotential erreicht war, in der Funkenstrecke ein Spannungsüberschlag entstand und durch die Funkenstrecke eine Entladung der Kondensatorelemente erfolgte, die sich als ozsillatorisch erwies, denn sobald die Entladung beendet ist, unterbleibt bei einer derartigen Anordnung nicht abrupt der Stromfluß, sondern fließt aufgrund von Selbstinduktion des nunmehr zerfallenden magnetischen Feldes im Draht noch in der gleichen Richtung weiter, und läd die Kondensatorzylinder in umgekehrter Richtung auf. Sobald die Kondensatorzylinder wieder, jedoch diesesmal in entgegengesetzter Richtung geladen sind, vollzieht sich selbiger Vorgang erneut, so dass elektrisches und magnetisches Feld stets ineinander überführt werden.

Beim Ausgleich der Ladungen, d. h. beim ausgleichenden Stromfluß über die Funkenstrecke ziehen sich die elektrischen Feldlinien nicht mehr vollständig in den Leiter zurück, sondern werden teilweise als in sich geschlossene Feldlinien in den Raum abgestrahlt. Analoges betrifft auch die Feldlinien des Magnetfeldes, das sich bei Stromfluß durch die Leitungsstücke während des Funkenschlages aufgebaut hat und mit zunehmender Wiederaufladung der Kondensatoren zurückgeführt wird (Abb. 4.4 und 4.5).

Dabei lassen sich Grenzfeldlinien definieren, ab denen die Feldenergie nicht mehr in den Schwingkreis zurückgeführt wird, sondern vollkommen Abstrahlung auftritt. Diese Feldlinien weisen dabei die gleiche Länge auf, wie die Wellenlänge der abgestrahlten

[13] zitiert aus: Heinrich Hertz (1887): *Ueber sehr schnelle elektrische Schwingungen.* In: *Wiedemanns Annalen der Physik* **31** bzw. in (Hertz 1894), S. 42–43.

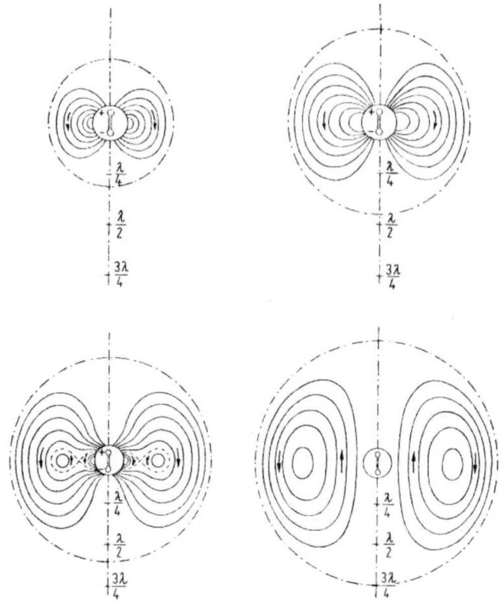

Abbildung 4.4:
Elektrische Feldlinien um einen Hertz'schen Dipol zu verschiedenen Schwingungszeiten in der ersten Hälfte einer Schwingungsperiode ($0 \leq t \leq \frac{1}{2}$ T).

(Gobrecht et al. 1987), S. 486.

Strahlung[14] Wenn man daher den Abstand der Konduktoren des Hertz'schen Dipols gleich der Wellenlänge, d. h. jeweils ein Dipolarm gleich einer halben Wellenlänge, wählt, ergeben sich optimale Abstrahlungseigenschaften. Die Feldlinien der alternierend abgestrahlten elektrischen und magnetischen Felder verlaufen in senkrecht zueinander stehenden Ebenen. In nächster Nähe des Dipols weisen elektrisches und magnetisches Feld eine Phasenverschiebung von 90° auf, in größerer Entfernung sind jedoch beide Felder konphas.[15]

Zum Nachweis der auf diese Weise erzeugten elektromagnetischen Schwingungen nutzte Hertz, auf dem Induktionsprinzip basierend, rechteckige oder ringförmige Leiterschleifen, sogenannte „Schliessungsbögen".[16] unterbrochen durch ein Funkenmikrometer, das

[14] vgl. (Meinke 1963), S. 54–55

[15] vgl. (Gobrecht et al. 1987), S. 487 und 488.

[16] vgl. Heinrich Hertz (1887): *Ueber sehr schnelle elektrische Schwingungen* in *Wiedemanns Annalen der Physik* **31** bzw. in (Hertz 1894), S. 39–40.

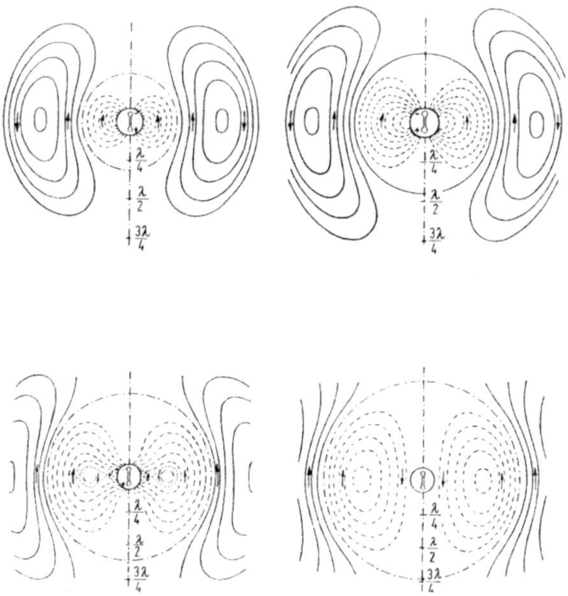

Abbildung 4.5:
Elektrische Feldlinien um einen Hertz'schen Dipol
zu verschiedenen Schwingungszeiten in der zweiten Hälfte
einer Schwingungsperiode ($\frac{1}{2}$ T $\leq$ t $\leq$ T).
(Gobrecht et al. 1987), S. 487.

anhand eines Funkens eine Induktionserscheinung visualisierte (Abb. 4.6 und 4.6), sowie aber auch ungeschlossene Leiter, die in ihrer Form den „primären Stromträgern"[17] ähnelten:

> *„Die inducierte Strombahn war bisher geschlossen, es lag aber nahe, zu vermuthen, dass in einer ungeschlossenen Strombahn die Induction sich nicht weniger würde geltend machen. Es wurde deshalb parallel dem geradlinigen Drahte [...] ein zweiter Kupferdraht isoliert aufgespannt. Der letztere Draht war etwas kürzer als der erste, an seinen Enden waren zwei isolierte Ku-*

[17] vgl. Heinrich Hertz (1887): *Ueber sehr schnelle elektrische Schwingungen.* In: *Wiedemanns Annalen der Physik* **31** bzw. in (Hertz 1894), S. 46.

Abbildung 4.6:
Links: Quadratischer Resonator mir kleiner, einstellbarer Funkenstrecke und Halterung für ein Mikroskop zur Beobachtung der Funken von 1888.
Rechts: Funkenmikrometer mit einstellbarer Funkenstrecke.

Foto: Jan Gollwitzer im Deutschen Museum

> *geln von 10 cm Durchmesser befestigt, in seine Mitte das Funkenmikrometer eingefügt.*"[18]

Mittels dieser Funkendetektoren ließen sich die ausgesandten elektromagnetischen Felder noch in etlichen Metern Entfernung anhand hell aufleuchtender Funken nachweisen. Dabei erkannte Hertz, dass besonders starke Induktionswirkungen auftreten, wenn Erreger und Empfänger optimal aufeinander abgestimmt sind, d. h. Resonanz zeigen:

> *„Lässt man also zwei Stromkreise aufeinander wirken, von welchen man nahezu gleiche Schwingungsdauer voraussetzen darf, und ändert nun die Capazität oder das Selbstpotential und damit die Schwingungsdauer eines derselben continuierlich ab, so muss sich die Resonanz dadurch äussern, dass für bestimmte Werthe dieser Grössen die Inductionswirkung beträchtlich stärker ausfällt, als für die beiderseits benachbarten Werthe.*"[19]

[18] zitiert aus: Heinrich Hertz (1887): *Ueber sehr schnelle elektrische Schwingungen.* In: *Wiedemanns Annalen der Physik* **31** bzw. in (Hertz 1894), S. 44.

[19] zitiert aus: Heinrich Hertz (1887): *Ueber sehr schnelle elektrische Schwingungen.* In: *Wiedemanns Annalen der Physik* **31** bzw. in (Hertz 1894), S. 46.

Durch zweckmäßige Gestaltung der Kondensatorelemente und der Drähte sowie der Funkenstrecke erzeugte Hertz, basierend auf dieser Erkenntnis, extrem schnelle Funkenfolgen beachtlicher Größe im Funkendetektor.

Auf diese Weise wies er nicht nur die prinzipielle Möglichkeit der experimentellen Erzeugung elektromagnetischer Feldstörungen nach, sondern zeigte zudem anhand der von ihm unternommenen Versuche, dass sich diese Wellen hinsichtlich Ausbreitung, Polarisation, Reflexion, Brechung, Beugung und Interferezen ähnlich wie Lichtwellen verhalten und sich mit Lichtgeschwindigkeit ausbreiten, was unwideruflich die Richtigkeit der Maxwell'schen Theorie untermauerte:

> *„Es gelang mir, deutliche Strahlen elektrischer Kraft zu erzeugen und mit denselben die elementaren Versuche anzustellen, welche man mit dem Lichte und der strahlenden Wärme auszuführen gewohnt ist. [...] Mir wenigstens erschienen die [...] Versuche in hohem Grade geeignet, Zweifel an der Identität von Licht, strahlender Wärme und elektrodynamischer Wellenbewegung zu beseitigen.“*[20]

Zweifelsfrei legte Heinrich Hertz mit seinen fundamentalen experimentalen Leistungen den Grundstein für eine neue Ära, das Zeitalter der drahtlosen Kommunikation. So erinnert auch heute noch das Wort „Funk“ in Begriffen drahtloser Übertragungstechniken an die frühe von Heinrich Hertz begründete Geschichte dieser modernen Technologie, wenn gleich mittlerweile bei weitem andere Möglichkeiten Anwendung finden, Wechselströme in einem Leiter mit der gewünschten Frequenz zu generieren, als unter zu Hilfenahme einer Funkenstrecke.[21]

4.3 Frühe drahtlose Kommunikation

Schon lange Zeit bevor die Existenz von elektromagnetischen Schwingungen und Wellen im freien Raum theoretisch postuliert, geschweigedenn experimentell realisiert werden konnte, existierte der sehnliche Wunsch, drahtlos Signale übermitteln zu können, ohne dabei auf Sprache oder Schrift zurückgreifen zu müssen. Und in der Tat gab es schon seit geraumer Zeit etliche Möglichkeiten der „drahtlosen“ Signalübertragung, die jedoch lediglich nur suboptimale Lösungen repräsentierten.

4.3.1 Feuerzeichen der Antike

Bereits im fünften vorchristlichen Jahrhundert erwähnte der griechische Dichter Aischylos, als er in seinem Drama „Agamemnon“ den Fall Trojas beschrieb, den Einsatz von Feuerzeichen zur Nachrichtenübermittlung, die Klytaimnestra vom Untergang Trojas in Kenntnis gesetzt haben sollen:[22]

---

[20] zitiert aus: Heinrich Hertz (1888): *Ueber Strahlen elektrischer Kraft.* In: *Sitzungsberichte der Berliner Akademie der Wissenschaften.* In: *Wiedemanns Annalen der Physik* **36** bzw. in (Hertz 1894), S. 184.

[21] vgl. (Meinke, 1963), S. 28.

[22] Griechischer Text zitiert aus Aischylos: *Agamemnon* (1, Verse 281–295) nach (Smyth 1926). Deutscher Text zitiert aus Aischylos: *Agamemnon* (1, Verse 281–295) nach (Droysen 1832).

Ἥφαιστος Ἴδης λαμπρὸν ἐκπέμπων σέλας.
φρυκτὸς δὲ φρυκτὸν δεῦρ᾽ ἀπ᾽ ἀγγάρου πυρὸς
ἔπεμπεν· Ἴδη μὲν πρὸς Ἑρμαῖον λέπας
Λήμνου· μέγαν δὲ πανὸν ἐκ νήσου τρίτον
Ἀθῷον αἶπος Ζηνὸς ἐξεδὲξατο,
ὑπερτελής τε, πόντον
ὥστε νωτίσαι,
ἰσχὺς πορευτοῦ λαμπάδος πρὸς ἡδονὴν
πεύκη τὸ χρυσοφεγγές, ὥς τις ἥλιος,
σέλας παραγγείλασα Μακίστου σκοπαῖς·
ὁ δ᾽ οὔτι μέλλων οὐδ᾽ ἀφρασμόνως ὕπνῳ
νικώμενος παρῆκεν ἀγγέλου μέρος·
ἑκὰς δὲ φρυκτοῦ φῶς ἐπ᾽ Εὐρίπου ῥοὰς
Μεσσαπίου φύλαξι σημαίνει μολόν.
οἱ δ᾽ ἀντέλαμψαν καὶ παρήγγειλαν πρόσω
γραίας ἐρείκης θωμὸν ἅψαντες πυρί.

Hephaistos, der vom Ida hellen Schein gesandt!
Denn hergeschickt hat in der Feuer Wechselpost
Ein Brand den andren. Ida selbst zum Hermesfels
in Lemnos; von der Insel her zum dritten nahm
Den breiten Lichtstrahl auf des Zeus Athosgebirg
Hochleuchtend, daß der Wanderin Flamme
mächtiger Schein
Weithin der Meerflut Rücken überflog, ein Brand
Der Freude, wars goldstrahlend, einer Sonne gleich,
Zur Warte von Makistos dann das Licht gesand.
Die schürte weiter, säumig nicht noch unbedacht
Vom Schlaf bewältigt, Ihren Botenteil hinaus.
Und wieder fernhin eilend gen Euripos' Flut
Rief auf der Strahl die Wächter auf Messapios.
Die dann entbrannten und entsandten neuen Schein,
Der Graias Haufen Heidekraut anzündete.

Ob man jedoch diesen frühen Ausführungen und insbesondere den angegebenen enormen Reichweiten uneingeschränktes Vertrauen entgegenbringen kann, bedarf sicherlich entsprechender Relativierung.[23] Dennoch kann es als durchaus gesichert erachtet werden, dass man schon in der altgriechischen Antike bemüht war, Nachrichtenübermittlungssysteme zu installieren, um schnellstmögliche Kommunikation entfernter Personengruppen zu ermöglichen, wobei es Flüsse, Meeres- und Landbereiche zu überbrücken galt. Zumal auch zahlreiche weitere antike Schriftsteller mehrfach den Einsatz von Rauch oder Feuerzeichen zur Nachrichtenübermittlung erwähnten. Aus ihren Aufzeichnungen geht unter anderem hervor, dass neben trivialen Booleschen Kodierungen auch schon komplexe Formen des Nachrichtenaustausches existiert haben müssen, wie beispielsweise das von Polybios diskutierte Fackelzeichenalphabet.[24]

4.3.2 Moderne optische Telegraphensysteme

Ab dem 17. Jahrhundert wurden zur Nachrichtenübertragung auf See Signalflaggen und Trommelsignale eingestzt. Ein äußerst interessantes, optisches System aus Signalgalgen entwickelten 1792 die Franzosen Claude und Ignace Urbain Chappe, das sich zur damaligen Zeit großer Beliebtheit erfreute und in diversen Modifikationen in den verschiedensten Ländern zum Einsatz kam.[25]

4.3.3 Weg zur Funktechnologie

Im 19. Jahrhundert wurden diese optischen Telegraphiesysteme noch vor der Entdeckung der Hertz'schen Wellen durch elektrische und magnetische Übertragungsverfahren er-

[23] vgl. (Pfeiffer 1998), S. 7–10.
[24] vgl. (Pfeiffer 1998), S. 10–16.
[25] vgl. (Pfeiffer 1998), S. 17–22.

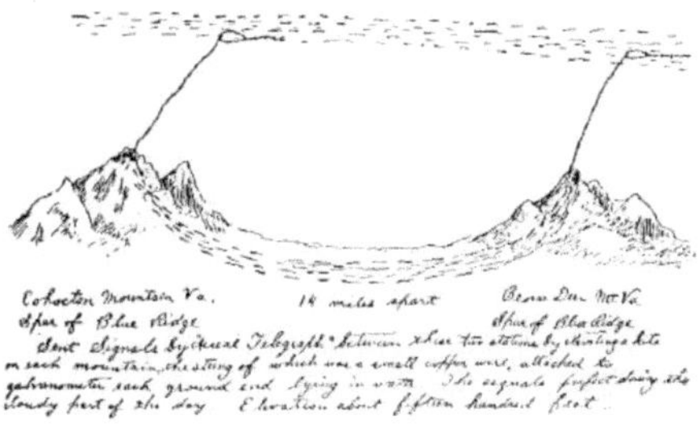

Abbildung 4.7:
Skizze zum Experiment von Mahlon Loomis
(Belrose 2002), S. 39.

gänzt, die jedoch lediglich auf elektrostatischen oder induktiven Effekten basierten oder als Leiter zwar nicht auf Drähte wohl aber auf andere Medien, wie beispielsweise Wasser, zurückgriffen.[26]

Ein solches frühes elektrostatisches System, das zwei durch Drachen gehaltene Leiter nutzte, wobei eine Ladungsänderung des einen Leiters eine Veränderung des anderen Leiters selbst über weite Distanzen hinweg bewirkt haben soll, entwickelte beispielsweise Mahlon Loomis, der in seiner Patentschrift hierzu schrieb:

> „*As in dispensing with the double wire, (which was first used in telegraphing,) and making use of but one, substituting the earth instead of a wire to form one-half of the circuit, so I now dispense with both wires, using the earth as one-half the circuit, and the continuous electrical element far above the earth's surface for the other part of the circuit.*“[27]

Wenngleich diese Angaben von Loomis etwas abenteuerlich anmuten, soll dennoch eine sehr langreichweitige Verbindung von bis zu 22 km im Rahmen einer öffentlichen Vorführung erzielt worden sein (Abb. 4.7)[28].

Samuel Morse zeigte hingegen 1842, dass eine Telegraphie-Verbindung über einen Fluß unter Verwendung von je zwei vis-à-vis in entsprechendem Abstand zueinander an beiden Flußufern installierten, ins Wasser getauchten Metallplatten, möglich war (Abb. 4.8).[29] Ähnliche Systeme wurden ebenso von William Henry Preece 1882 eingesetzt. Zudem verwendete dieser 1892 auch großdimensionierte Leiterrahmen, um durch Induktionsstöße Nachrichten zu übertragen[30].

[26] vg. (Simons 1996), S. 39.
[27] zitiert aus: Loomis: *Improvement in Telegraphing* (US-Patent 129,971) in (Loomis 1872).
[28] vgl. (Belrose 2002), S. 39
[29] vgl. (Simons 1996), S. 39
[30] vgl. (Simons 1996), S. 40

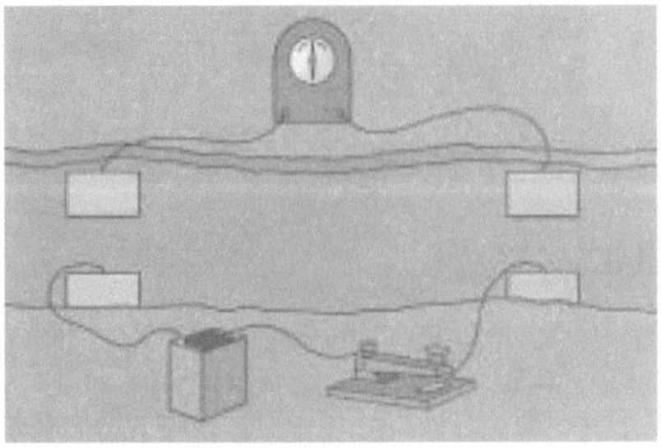

Abbildung 4.8:
Wassertelegraphiesystem nach Morse
(Simons 1996), S. 39.

All diese frühen Kommunikationssysteme verfügten jedoch nur über äußerst geringe Reichweiten, waren meist empfindlich abhängig von äußeren Einflüssen, wie Sicht- und Witterungsverhältnissen, und erwiesen sich daher als keine verläßlichen und stets betriebsbereiten Verfahren. Nichtsdestoweniger haben sich dennoch auch heutzutage einige dieser frühen optischen Systeme in Bereichen, wie dem Eisenbahnbetrieb, der Schiffahrt oder dem Flugverkehr sowie im Kriegswesen erhalten, denkt man nur an die Fahnenzeichen der Flug- oder Schiffslotsen und die Signalgalgen auf Bahnhöfen.

Angesichts dieser fruchtlosen Unterfangen eine adäquate Möglichkeit der weitreichenden, drahtlosen Datenübertragung zu entwickeln, erscheint es keineswegs verwunderlich, dass unmittelbar nach Veröffentlichung der Ergebnisse von Hertz die Tragweite und die möglichen Einsatzgebiete dessen Erfindung bereits bekannt waren, und der Zeitpunkt der Anwendung von Hertz'schen Wellen im Rahmen drahtloser Nachrichtenübermittlungssysteme absehbar war, wie William Crookes 1892 konstatierte:

> *„Whether vibrations of the ether, longer than those which affect us as light, may not be constantly at work around us, we have, until lately, never seriously inquired. But the researches of Lodge in England and of Hertz in Germany give us an almost infinite range of ethereal vibrations or electrical rays, from wave-lengths of thousands of miles down to a few feet. Here is unfolded to us a new and astonishing world – one which it is hard to conceive should contain no possibilities of transmitting and receiving intelligence. Rays of light will not pierce through a wall, nor, as we know only too well, through a London fog. But the electrical vibrations of a yard or more in wave-length of which I have spoken will easily pierce such mediums, which to them will be transparent. Here, then, is revealed the bewildering possibility of telegraphy without wires, posts, cables, or any of our present costly appliances. Granted a few resonable postulates, the whole thing comes well within the realms of possible fulfilment. At the present time experimentalists are able to generate electrical waves of any desired wave-length from a few upwards, and to keep up a*

> *succession of such waves radiating into space in all directions. [...] Also an experimentalist at a distance can receive some, if not all, of these rays on a properly-constituted instrument, and by concerted signals messages in the Morse code can thus pass from one operator to another. [...] Any two friends living within the radius of sensibility of their receiving instruments, having first decided on their special wave length and attuned their respective instruments to mutual receptivity, could thus communicate as long and as often as they pleased by timing the impulses to produce long and short intervals on the ordinary Morse code. [...] Considering that there would be the whole range of waves to choose from, varying from a few feet to several thousand miles, there would be sufficient secrecy. [...] This is no mere dream of a visionary philosopher. All the requisits needed to bring it within the grasp of daily life are well within the possibilities of discovery, and are reasonable and so clearly in the path of researches which are now being actively prosecuted in every capital of Europe that we may any day expect to hear that they have emerged from the realms of speculation into those of sober fact.*"[31]

Jedoch dachte man, was die drahtlose Datenübertragung unter Verwendung der Hertz'schen Wellen anbelangte, ebenfalls nur an Überbrückungen kleinerer Distanzen, da es bereits bekannt war, dass sich jene elektromagnetische Wellen ebenso wie das Licht nur linear ausbreiten und die Krümmung der Erde ein unüberbrückbares geologisches Hindernis darzustellen schien.

4.4 Beginn der modernen Kommunikation

Die ersten realisierten Reichweiten elektromagnetischer Wellen die Hertz bei seinen Experiementen messen konnte, bewegten sich in der Größenordnung weniger Meter, da die Wellen mit steigendem Abstand vom Sender schwächer werden und die von Hertz eingesetzten Detektoren äußerst unempfindlich gegenüber schwachen Wellen waren:

> *„In den Räumen, welche mir zu Gebote standen, konnte ich nunmehr die Funken von einem Ende zum anderen wahrnehmen. Die größte Entfernung, bis zu welcher ich unter Benutzung einer Thüröffnung den Strahl verfolgte, betrug 16 m; nach den Ergebnissen der sogleich zu besprechenden Reflexionsversuche unterliegt es aber keinem Zweifel, dass in offenen Räumen sich mindestens bis zu 20 m müssen Funken erhalten lassen.*"[32]

Jedoch stellte die von Hertz eingesetzte Schaltung zur Detektion der elektromagnetischen Wellen ein äußerst unempfindliches System dar. Von verschiedenen Forschern wurden andere Systeme zur Detektion vorgeschlagen, die jedoch nur eine geringfügige Steigerung

[31] zitiert aus Crookes: *Some Possibilities of Electricity.* In: *The Fortnightly Review* **51**, S. 174–176 aus (Crookes 1892).

[32] zitiert aus: Heinrich Hertz (1888): *Ueber Strahlen elektrischer Kraft.* In: *Sitzungsberichte der Berliner Akademie der Wissenschaften.* In: *Wiedemanns Annalen der Physik* **36** bzw. in (Hertz 1894), S. 188.

der Empfindlichkeit gestatteten. Ludwig Boltzmann gebrauchte beispielsweise 1890 ein Goldblattelektroskop (Abb. 4.9). Weitere Wissenschaftler hingegen nutzten thermische Detektoren zur Registrieung der Hertz'schen Wellen, wie beispielsweise Ignatz Klemencic ein Thermoelement oder Heinrich Rubens ein Bolometer.[33]

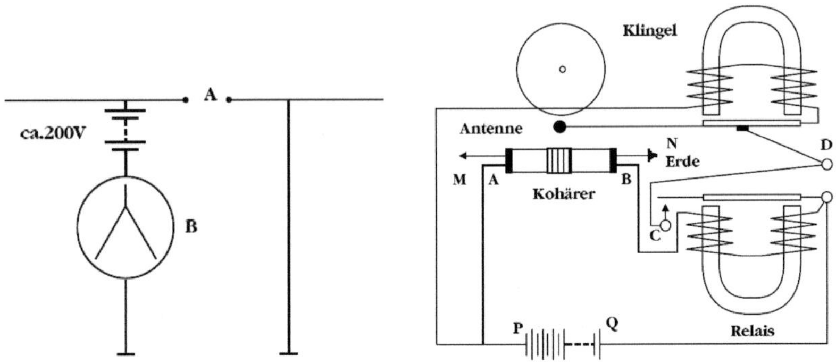

Abbildung 4.9:
Links: Schema eines Goldblattelektroskops als Welleninduktor, wie es bei Boltzmann Anwendung fand.
Rechts: Schaltskizze des Popow'schen Gewitteranzeigers

(Schreier 1997), S. 23 und 25.

4.4.1 Der Kohärer

Ein entscheidender Schritt in Richtung der Anwendbarkeit der Hertz'schen Wellen zur Signalübermittlung beruhte auf der Forschungsarbeit von Branly, der 1890 erkannte, dass, wenn sich pulverige metallische Füllungen lose zwischen zwei Elektroden in einem Glas- oder Ebonitkolben befinden, diese anfänglich auf Grund einer Oxidschicht auf den Partikeloberflächen einen hohen Widerstand von mehreren Megaohm aufweisen, sobald jedoch ein elektrischer Funke in der Umgebung eines derartigen Systems auftrat, der Widerstand abrupt beachtlich sank, und in diesem Zustand des geringen Widerstandes verharrte, bis es nach einer Erschütterung den ursprünglichen Widerstandswert wieder annahm.[34]

Vier Jahre nach jener Entdeckung, gelang es schließlich Oliver Lodge einen auf diesem Effekt basierenden, weitaus empfindlicheren Detektor für die Hertz'schen Wellen als die damals eingestezten Leiterschleifen zu entwickeln, indem er die Branly'sche Röhre optimierte und eine Mechanik integrierte, die automatisiert für Erschütterungen sorgte, um den Detektor stets betriebsbereit zu halten[35]. Mittels dieses Detektors, den Oliver

[33] vgl. (Schreier 1997), S. 22 und 23.
[34] vgl. (Falcon and Castaing 2005), S. 302.
[35] vgl. (Falcon and Castaing 2005), S. 303

Lodge „Coherer“[36] nannte, gelang es 1894, Hertz'sche Wellen noch in einer Distanz von 60 m zum Sender zu detektieren.[37]

Im Gegensatz zu Branly und Lodge, die sich fortan der Erforschung der Mechnanismen der Pulverleitung in der Branly-Röhre widmen und keinerlei Ambitionen zeigten, die neu aufgekommene Technik zu Kommunikationszwecken nutzbar zu machen,[38] richteten Popow und Marconi ihr maßgebliches Augenmerk auf die praktischen Einsatzmöglichkeiten dieser Technik.

Popow nutzte zunächst den Branly-Effekt, um Aufzeichnungen zur Lokalisierung von Gewittern zu erhalten.[39] Zu diesem Zweck modifizierte er den Lodge'schen Kohärer, indem er die Mechanik zur Erschütterung der Branly-Röhre an ihren momentanten Leitungszustand koppelte, und auf diese Weise einen signalgesteuerten Detektor schuf. Er bediente sich dabei einer simplen Türglocke mit einem elektromagnetisch betätigten Klöppel (Abb. 4.9 und 4.10).[40] Sobald nun die Anwesenheit eines Funkens die Branly'sche Röhre in einen gut leitenden Zustand versetzte, schaltete der nun fließende Strom ein Relais, das die Türglocke aktivierte, so dass der Klöppel zunächst auf den Klangkörper traf und einen gut hörbaren Ton erzeugte. Beim Zurückspringen schlug dieser jedoch auf die Branly-Röhre und versetzte dieselbe durch die entsprechende Erschütterung wiederum in den unsprünglichen schlecht leitenden Zustand. Die Integration einer Schreibermechanik[41] in diese Empfängerkonstruktion ermöglichte sogar Langzeitmessungen (Abb. 4.10). Ferner erkannte Popow, dass sich durch Verbinden des einen Ausgangs des Kohärers mit einer Antenne und des anderern Ausgangs mit der Erde atmosphärische Entladungen noch in weiter Entfernung feststellen ließen.[42] Wenngleich diese bahnbrechenden Neuerungen auch im Bereich der drahtlosen Kommunikationstechnik äußerst vielversprechende Anwendungen suggerierten, und Popow selbst sogar am 12. März 1896 in der Physikalischen Gesellschaft zu St. Petersburg die drahtlose Telegraphie mittels elektromagnetischer Wellen vorgeführt haben soll, indem er die Worte „Heinrich Hertz“ übertrug,[43] forcierte er dennoch in den Folgejahren verstärkt die wissenschaftliche Seite dieser Prozesse und intensivierte seine wissenschaftlichen Studien, verkannte dabei aber das immense ökonomische Potential und die unglaubliche Tragweite dieser Technologie.[44] In ähnlicher Weise zeigten auch weitere Wissenschaftler wie Minchin oder Rutherford an der neuen Technik großes Interesse, jedoch meist ausschließlich aus wissenschaftlicher Perspektive.[45]

---

[36] vgl. (Phillips 1998), S. 248.
[37] vgl. (Belrose 2002), S. 39.
[38] vgl. (Falcon and Castaing 2005), S. 303
[39] vgl. (Simons 1996), S. 42.
[40] vgl. (Schreier 1997), S. 25.
[41] vgl. (Gualandi 1995).
[42] vgl. (Belrose 2002), S. 39.
[43] vgl. (Belrose, 2002), S. 40.
[44] vgl. (Howeth 1963), (Chapter II: Birth of Science od Radio and Development of Usable Components, 6. Theories and Developments Following Hertz's Disclosures).
[45] vgl. (Simons 1996), S. 45.

Abbildung 4.10:
Links: Gewitterdetektor nach Popow
Rechts: Gewitterdetektor nach Popov mit integrierter Schreibermechanik
(Gualandi 1995).

4.4.2 Marconi's Siegeszug

Für Marconi hingegen standen die kommerziellen Aspekte der drahtlosen Signalübertragung im Vordergrund, so dass er zielgerichtet an einem lukrativen Einsatz der Hertz'schen Wellen arbeitete. Zunächst vollzog er zwar lediglich die Experimente von Hertz nach, begann aber schon bald, d. h. ab 1895, die Geräte in entscheidender Weise zu optimieren. So ermittelte er beispielsweise bereits 1896 nach mehreren Testreihen eine optimale Zusammensetzung der metallischen Füllung des Kohärers und nahm signifikante schaltungstechnische Verbesserungen in Angriff (Abb. 4.11):

> „*After some experiments I found that a coherer* [...] *consisting of nickel and silver fillings placed in a small gap between two silver plugs in a tube, was remarkably sensitive and reliable. This improvement together with the inclusion of the coherer in a circuit tuned to the wave length of the transmitted radiation, allowed me to gradually extend up to about a mile the distance at which I could affect the receiver. Another* [...] *arrangement which I adopted was to place the coherer in a circuit containing a voltaic cell and a sensitive telegraph relay actuating another circuit, which worked a tapper or trembler and a recording instrument. By means of a Morse telegraphic key placed in one of the circuits of the oscillator or transmitter it was possible to emit long or short successions of electric waves, which would affect the receiver at a distance and accurately reproduce the telegraphic signs transmitted through space by the oscillator.*“[46]

Bereits mit diesen Entwicklungen gelang es Marconi Signale über Strecken von mehreren Kilometern problemlos zu übertragen.[47] Eine weitere richtungsweisende Verbesse-

[46] zitiert aus: Marconi (1909): *Wireless telegraphic communication* in (Marconi, 1909), S. 197.
[47] vgl. (Marconi, 1909), S. 197.

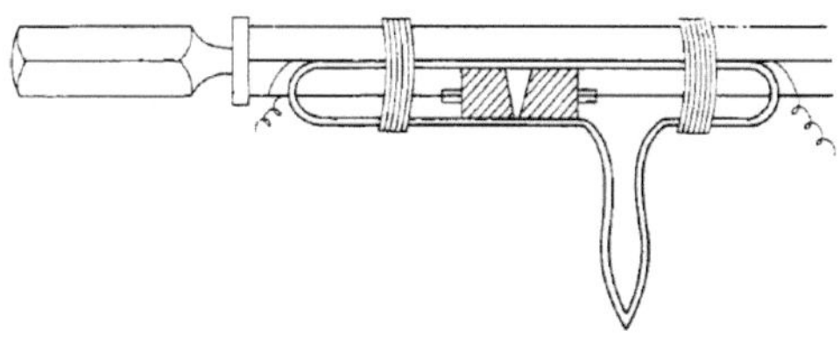

Abbildung 4.11:
Skizze eines von Marconi verwendeten Kohärers
(Marconi, 1909), S. 197.

rung durch Marconi betraf auch die Form der Sender und Empfänger. Dabei ging er in ähnlicher Weise wie Popow vor und behielt nur noch einen Arm des Hertz'schen Dipols bezüglich sowohl des Senders als auch des Empfängers bei und konnektierte den anderen Dipol mit der Erde (Abb. 4.12 und 4.12):

> *„In August 1895 I dicovered a new arrangement which not only greatly increased the distance over which I could communicate, but also seemed to make the transmission independent from the effects of intervening obstacles. This arrangement [...] consisted in connecting one terminal of the Hertzian oscillator, or spark producer, to earth and the other terminal to a wire or capacity area placed at a height above the ground, and in also connecting the receiving end of one terminal of the coherer to earth and the other to an elevated conductor. I than began to examine the relation between the distance at which the transmitter could affect the receiver and the elevation of the capacity areas above the earth, and I very soon definitely ascertained that the higher the wires or capacity areas, the greater the distance over which it was possible to telegraph."*[48]

Durch diese neue Konzeption der Antennen konnten, wenngleich die Beweggründe zu dieser Modifikation aus reiner Empirie entstanden, weit bessere und weitreichendere Übertragungen unternommen werden. Wie aber aus antennentheoretischen Überlegungen folgt, bestimmt in der Tat die Abmessung des Hertzschen Dipols, bzw. in seiner

[48] zitiert aus: Marconi (1909): *Wireless telegraphic communication* in (Marconi 1909), S. 197–198.

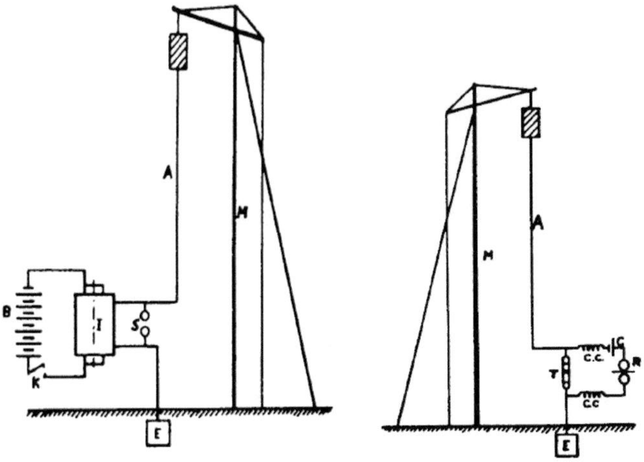

Abbildung 4.12:
Links: Skizze der Marconi'schen Sendeanordnung
Rechts: Skizze der Marconi'schen Empfängeranordnung

(Marconi, 1909), S. 198.

Modifikation des Marconi'schen Monopols, in entscheidender Weise die Abstrahlung der Feldenergie. Durch die Marconi'sche Antennenform reduziert sich die erforderliche Antennenlänge bei gleicher Strahlungseignung um die Hälfte, was zu Antennenformen führte, die dem Idealfall bei weitem näher kamen. In diesem Fall repräsentiert die Erde einen Spiegel, so dass sich nach der Vorstellung der Spiegelladungen die Antenne und Feldlinien spiegelbildlich unterirdisch ergänzen lassen (Abb. 4.13).[49] Eine gute Erdverbindung in der Nähe des Sendemastes kann beispielsweise durch ein eingegrabenes Kupfernetz oder Metallplatten erhalten werden.

Diese von Marconi 1896 patentierten Neuerungen der veränderten Antennenform und des optimierten Kohärers, stellten das erste konkrete Patent auf dem Sektor der drahtlosen Telegraphie mittels Hertz'scher Wellen dar[50] und läuteten damit eine neue Ära der drahtlosen Kommunikation ein. Die Funktechnologie trat auf diese Weise erstmals aus dem wissenschaftlichen Elfenbeinturm als konkret anwendbare Technik mitten in das alltäglich Leben der Menschen und revolutionierte die Vorstellung von Kommunikation und Nachrichtenübermittlung. Mit seinen zahlreichen öffentlichen Vorführungen der neuen Technologien gelang es Marconi das vollständige Augenmerk von Wirtschaft und Industrie auf die Applikationen der Hertz'schen Wellen zu lenken. Gerade die bahn-

[49] vgl. (Meinke, 1963), S. 56.
[50] vgl. (Simons 1996), S. 44.

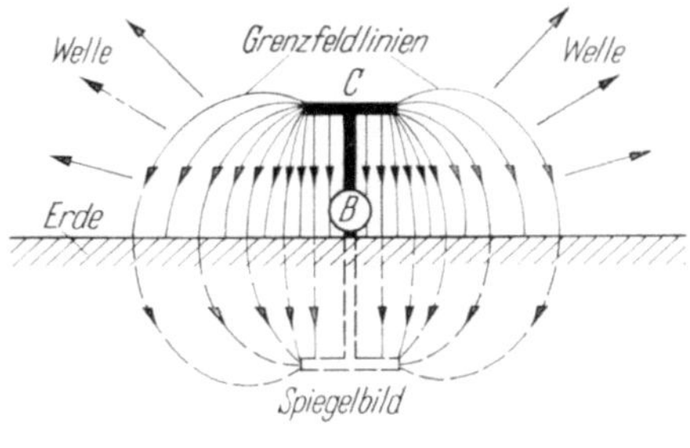

Abbildung 4.13:
Feldlinien um einen Marconi'schen Monopol
(Meinke, 1963), S. 56.

brechenden Versuche, wie die Überbrückung des Bristol-Kanals, d. h. die Überwindung einer Distanz von 15 km im Jahre 1897 und des englischen Kanals zwischen England und Frankreich im Jahre 1899, was eine Reichweite von mehr als 50 km erforderte,[51] sorgten für enormes Medieninteresse an Marconi und seiner Technik und begeisterten die Weltöffentlichkeit. An diesen Vorführungen nahm auch Adolf Slaby interessiert Anteil, um Informationen über die Funktechnologie zu gewinnen und eventuelle verbesserungsfähige Schwachstellen der Marconi'schen Technik aufzuspüren, so dass die neue Thenologie auch in den Dienst des deutschen Kaisers gestellt werden kann, mit dem Slaby regen Kontakt pflegte.[52] Auch William Preece, der wie bereits erwähnt Induktionsstöße zur Signalübertragung über den Bristol-Kanal eingesetzt hatte, begann sich ebenfalls den Möglichkeiten der Funkübertragung zu widmen und die von Marconi geschaffenen Übertäger zu erproben. Die nunmehr realisierten Möglichkeiten dieser Technik sprachen dabei für sich, so dass Preece anerkennend feststellte:

> *„The curious thing about it is that there is no new principle introduced. The first man who taught us how to generate these waves was Hertz, and they have been developed by others, but in making practical use of these waves, Mr. Marconi has invented devices which are highly novel and very beautiful, and when they are patented and can be made public, I think they will be admired by everybody."*[53]

Und in der Tat nutzte Marconi zwar keine neu entdeckten Gesetze oder Geräte, sondern kombinierte das bekannte Wissen in einer äußerst leistungsstarken Form, ganz wie er es in seiner Patentschrift forderte:

[51] vgl. (Meinke 1963), S. 38.
[52] vgl. (Hars 1999), S. 128.
[53] zitiert nach (Simons 1996), S. 46.

> *„My invention relates in great measure to the manner, in which the [...] apparatus is made and connected together.“*[54]

Auf diese Weise begann fortan die von Marconi geschaffene Technik ihren Siegeszug in der ganzen Welt. Er setzte all seine Bemühungen daran, immer längere Reichweiten zu schaffen und immer größere Strecken zu überbrücken. Der Wettlauf um die größte realisierte Reichweite kulminierte schließlich in der ersten, von Marconi bewerkstelligten, transatlantischen Datenübertagung am 12. Dezember 1901, wenngleich die Prozesse der atmosphärichen Reflexion zu dieser Zeit noch unbekannt waren und das Ergebnis Grund zu heftigen Spekulationen über den Verlauf des Ausbreitungsweges Anlaß gaben.[55] Mit diesem Schritt wurde endgültig das Zeitalter der weltweiten drahtlosen Datenübertragung eröffnet. Die wissenschaftliche Anerkennung von Marconis Leistungen fand dagegen im Jahre 1909 seinen Zenit, als er gemeinsam mit Braun den Nobelpreis für Physik erhielt.

4.4.3 Die deutsche Position in der Funktechnologie

Nachdem Braun 1898 rein zufällig begonnen hatte, sich mit der Funktechnik zu beschäftigen, da er zur Begutachtung eines Patentes herangezogen wurde,[56] widmete er sich zunächst der Untersuchung der drahtlosen Telegraphie unter Wasser, was schnell Erfolge zeigte und bereits nach wenigen Monaten zu ersten Patentanmeldungen Brauns auf diesem Gebiet führte[57]:

> *„Die bisherigen Versuche der sogenannten Funkentelegraphie, oder besser gesagt Wellentelegraphie, beruhen auf der Ausdehnung von Wellen im freien Raum, während die vorliegende Erfindung sich auf die Ausbreitung der Wellen in leitenden Flächen bezieht. [...] Man hat bereits versucht [...] Wechselstrom in das Wasser zu senden und aus dem Wasser abzuleiten; dabei war es nothwendig, zwei Punkte verschiedenen Potentials mit einander zu verbinden, und jede Wirkung hörte auf, sobald man zwei Punkte gleichen Potentials in leitende Verbindung setzte. Praktisch gesprochen, eine Drehung der beiden in das Wasser gesenkten Platten um 90° machte die Wirkung verschwinden. [...] Ganz anders aber stellen sich die Verhältnisse, wenn man mit schnellen Schwingungen, wie sie sich bei der Entladung Leydener Flaschen und beim Gebrauch des Righi'schen Gebers zur Erzeugung sogenannter Hertz'scher Schwingungen ergeben, zu thun hat. In diesem Falle ist es nicht nur möglich, auf weitaus größere Entfernungen Zeichen zu übertragen, als in den vorgenannten, sondern es stellt sich dabei das Ergebnis heraus, dass es gleichgültig ist, wie die beiden Aufnahmeplatten im Wasser angeordnet sind.“*[58]

[54] zitiert aus UK-Patent 12039 in (Simons 1996), S. 46.

[55] vgl. (Corazza 1998), S. 310–1311.

[56] vgl. (Hars 1999), S. 130 und 131.

[57] vgl. (Braun 1898b).

[58] zitiert aus Braun (1898): *Telegraphirsystem ohne fortlaufende Leitung* (Patentschrift Nr. 115081 vom 13. Juli 1898) in (Braun 1898b), S. 1.

Bezüglich der Telegraphieversuche über das Wasser berücksichtigte Braun in seiner Patentschrift bereits die Möglichkeit, die Funkenstrecke des Gebers nicht mehr direkt in die Sendeleitung einzubinden (Abb. 4.14), was sich auch im Rahmen der drahtlosen Telegraphie über den Luftraum als vorteilhaft erweisen sollte. Für seine Übertragungsversuche durch die Luft nutzte Braun bevorzugt weit langwelligere elektromagnetische Strahlungen als Hertz oder Marconi, da diese Wellen sich kaum von Objekten in ihrer Ausbreitungsrichtung behindern ließen:

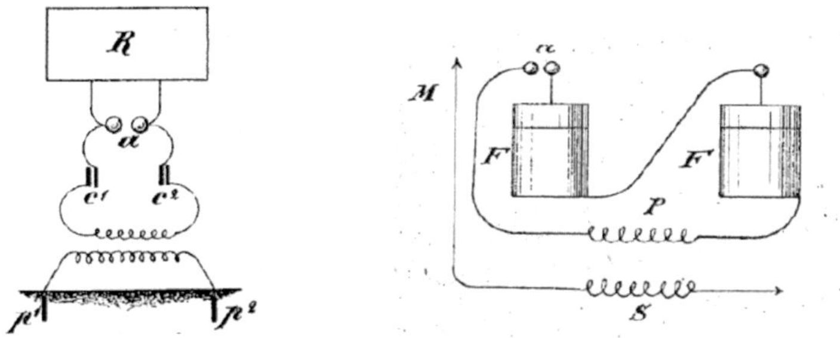

Abbildung 4.14:
Links: Wassertelegraphiesystem nach Braun
mit induktiv an den geschlossenen Schwingkreis angekoppelter Sendeleitung
Rechts: Schema einer Variante des Braun'schen Senders
mit induktiver Ankopplung der Antenne

(Braun, 1898b). (Braun, 1898a).

„Bei [...] Telegraphie mittels Hertz'scher elektromagnetischer Wellen ist es aber wesentliche Bedingung, daß der Empfänger und der Geber sich ununterbrochen in ihrer ganzen Ausdehnung sehen können. In die Gesichtslinie tretende Schiffssegel, Rauch, Bäume, Gebäude u.s.w. schwächen die Wirkung oder lassen sie ganz aufhören. Für die Hertz'schen Schwingungen bedarf es ferner einer ganz bestimmten Funkenlänge, um den Funken «activ» zu machen, welche nicht überschritten werden kann. Es liegt hierin offenbar eine Begrenzung des wirksamen Potentials. Im Gegensatz zu den bisherigen Systemen soll das vorliegende System der Funkentelegraphie [...] diejenigen Wellen [benutzen], welche sich bei Entladung der Leydener Flaschen in Gegenwart von Inductionsspulen ergeben. Es bieten diese Wellen den Vortheil, dass sie keinen so begrenzten Schatten werfen und auch Leiter mäßiger Dicke durchdringen. So zeigten Versuche, daß zwischenstehende Gebäude ebensowenig ein Hindernis wie Bäume und Büsche bildeten. [...] Vor allem bieten die langsameren Schwingungen den Vortheil, daß ihre Energie sowohl durch Vergrößerung der Capacität und durch Verwendung kräftiger Elektricitätsquellen,

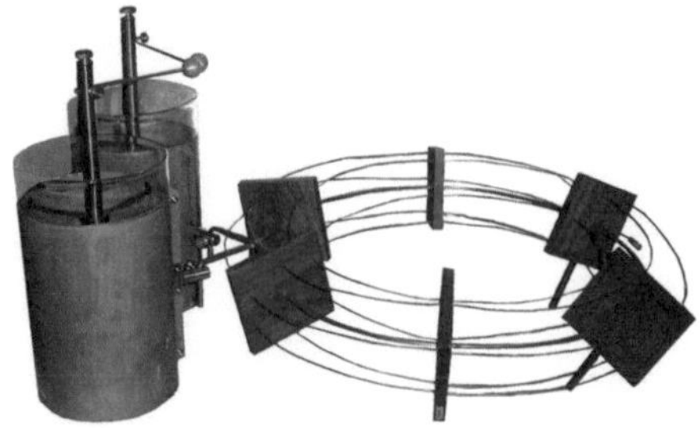

Abbildung 4.15:
Braunsche Senderanordnung von 1898
mit einem Schwingkreis aus zwei Leidener Flaschen,
einer Funkenstrecke und einer Antennen-Kopplungsspule

Foto: Jan Gollwitzer im Deutschen Museum.

> *als auch durch Vergrößerung ihrer Potential-Amplituden (durch Transformation) leicht gesteigert werden können. Versuche haben insbesondere ergeben, daß eine kräftige Wirkung (trotz des nur theilweisen Energieumsatzes) in besonders vollkommener Weise erreicht wird, wenn die Entladung nicht direct, sondern erst nach passender Transformation verwendet wird.*“[59]

Diese von Braun beschriebene Schaltungsweise, der sogenannte Braun'sche Geber (Abb. 4.14 und Abb. 4.15), brachte zahlreiche weitere Vorteile mit sich. Denn neben den langsameren Schwingungen, die zu größeren Wellenlängen der ausgehenden Strahlung führten, mit der sich Hindernisse besser überwinden ließen, erwies es sich als sinnvoll, dass nunmehr die Funkenstrecke sich nicht mehr zwangsläufig in der Antennenleitung befinden mußte, sondern vielmehr die Antenne induktiv an den Schwingkreis gekoppelt werden konnte.

Sollte nämlich die Leistung eines Senders durch Erhöhung der an der Funkenstrecke anliegenden Spannung gesteigert werden, ergaben sich erhöhte Anforderungen an die Isolatoren, da in der Regel die Antennenleitungen mehrere kV führten, und sich gerade bei feuchten Witterungsverhältnissen enorme Sicherheitsrisiken ergaben.[60]

Nachdem Braun bemerkt hatte, dass die Antenne kein passiver Bauteil war, sondern ein wesentliches Element der Funkübertragung darstellt, dessen Konzeption und Abstimmung auf die Erregerelektronik von essentieller Bedeutung für das Gelingen optimaler Übertagungen ist,[61] zog er die Gestaltung der Antennen und deren Kopplung an die entsprechenden Schwingkreise verstärkt ins Kalkül. Jedoch konzentrierte Braun sich bei

[59] zitiert aus Braun (1898): *Schaltungsweise des mit einer Luftleitung verbundenen Gebers für Funkentelegraphie* (Patentschrift Nr. 111578 vom 14. Oktober 1898) in (Braun 1898a), S. 1.

[60] vgl. (Hars 1999), S. 147–149.

[61] vgl. (Hars 1999), S. 138 und 139.

seinen Forschungen fast ausschließlich auf die Verbesserungen der Sender und vernachlässigte dabei nahezu vollkommen die Optimierung von Empfangsanlagen. Erst als am 27. Juni 1901 die „Prof. Braun's Telegraphie G. m. b. H." und die „Siemens & Halske A.-G." die „Gesellschaft für drahtlose Telegraphie, System Prof. Braun und Siemens & Halske m. b. H." mit jeweils hälftiger Beteiligung gründeten, um die wirtschaftliche Position zu kräftigen, konnte dieses Defizit ausgeglichen werden, da im umgekehrten Fall „Siemens & Halske" zwar über weit mehr Erfahrung bezüglich der Empfängeranlagen als der Sender verfügte, und sich daher in der Kooperation beide Betriebe bestmöglich zu ergänzen schienen.[62]

In der Folgezeit nach diesem Zusammenschluß entbrannte regelrecht ein Wettstreit zwischen zwei Kräften im Deutschen Reich. Auf der einen Seite standen die bereits erwähnten Wissenschaftler Adolf Slaby und Georg Graf von Arco, die für die allgemeine Elektrizitätsgesellschaft tätig waren, und auf der anderen Seite Ferdinand Braun für die neu gegründete „Gesellschaft für drahtlose Telegraphie, System Prof. Braun und Siemens & Halske m. b. H.".

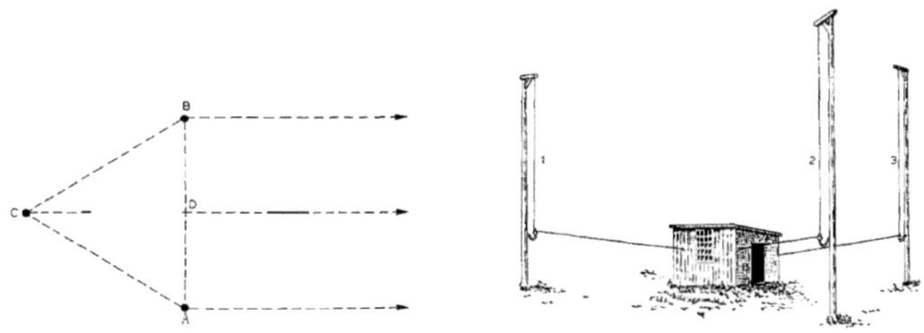

Abbildung 4.16:
Links: Schematische Senderanordnung
zur Gestaltung einer Richtfunkanlage aus drei Sendern
Rechts: Skizze einer Richtfunkanlage aus drei Sendern

(Braun 1909), S. 239 und 240.

Nachdem sich die wissenschaftliche Position in Deutschland zunehmend verschlechterte, da die beiden deutschen Betriebe im gegenseitigen Konkurrenzkampf drohten, aufgerieben zu werden, regte Kaiser Wilhelm II. eine Vereinigung der Kräfte der deutschen Funktechnologie an, insbesondere im Hinblick auf den stets wachsenden Einfluß der übermächtigen Marconi-Gesellschaft und der daraus resultierenden Abhängigkeit, in die sich das Deutsche Reich zunehmend begab.[63] Nach langen, fruchtlosen Verhandlungen, Porzessen und Streitigkeiten kapitulierten schließlich beide Unternehmen vor den Erfordernissen der Zeit und begannen die Kooperation im gemeinsamen, am 27. Mai 1903 gegründeten Unternehemen „Telefunken, Gesellschaft für drahtlose Telegraphie m.b.H."[64]

[62] vgl. (Hars 1999), S. 145.
[63] vgl. (Meinke 1963), S. 39–40.
[64] vgl. (Hars 1999), S. 167.

Auch nach der Gründung dieser neuen Gesellschaft mit dem großen Ziel, gemeinsam die Funktechnologie in Deutschland voranzubringen, anstatt sich gegenseitig zu behindern, war dennoch die Spaltung zwischen den beiden Wissenschaftlern Braun und Slaby durch zahlreiche Patent-Prozesse und gegeneinander abgefasste Pamphlete in der Fachpresse derart groß, dass auch die Gründung der neuen Gesellschaft, deren Name ein Produkt aus den präferierten Bezeichnungen beider Wissenschaftler für die neue Technologie war, kaum eine Besserung des Verhältnisses versprach.

Dennoch führte die Initiative des Kaisers zum erhofften Erfolg, denn die vielen, von Braun, Slaby und Arco entwickelten Techniken vermochten es in ihrer Einheit zu einer enormen Verbesserung der deutschen Position gegenüber des weltführenden Marconi-Konzernes in entscheidender Weise beizutragen, so dass letztendlich im Jahre 1909 von den 1600 bereits installierten Funkeinrichtungen etwa jeweils zu gleichen Teilen 700 von Marconi und von Telefunken gebaut waren.[65]

Von überaus großer Bedeutung für diesen Erfolg waren insbesondere mehrere neue großartige Erfindungen von Braun. So entdeckte er bereits vor der Gründung von Telefunken, dass geneigte Antennen eine Richtwirkung zeigen:

> „*I found in 1902 that an antenna, inclined at somewhat less than* 10° *to the horizon, formed a kind of directional receiver. The receptivity showed a clearly defined maximum for waves passing through the vertical plane in which the antenna was situated.*“[66]

Neben der Verwendung von Parabolspiegeln, wie sie schon bei Hertz Verwendung fanden, konstruierte Braun Richtsender aus verschiedenen in definiertem Abstand angeordneten und mit fester Phasenbeziehung zueinander beschalteten Antennen (Abb. 4.16 und Abb. 4.16):

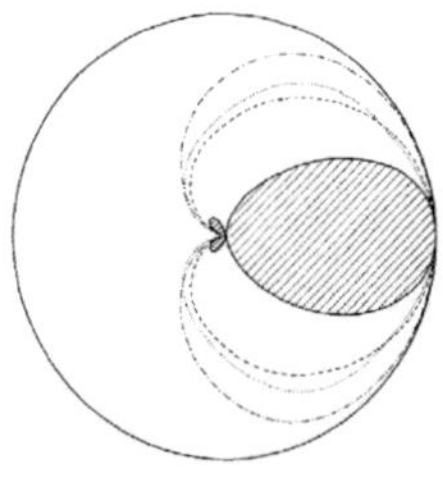

Abbildung 4.17:
Richtcharakteristik einer Richtfunkanlage von Braun

(Braun 1909), S. 240.

[65] vgl. (Meinke 1963), S. 40.

[66] zitiert aus Braun (1909): *Electrical oscillations and wireless telegraphy* (Braun 1909), S. 239.

„It is assumed that the antennae A and B, located at the corners of an equilateral triangle, are equal in phase, but are delayed by a quarter of a cycle of oscillation relative to antenna C, which is in the third corner. The height CD of the triangle is to be a quarter wavelength. The radiation will then prefer the direction CD.“[67]

Auf diesem Gedanken basierend, ließen sich bei entsprechender Amplitudenwahl der von den drei Antennen emittierten Strahlungen die Wellenzüge dergestalt superponieren, dass in Richtung DC vollständige Auslöschung und in Richtung CD reine Verstärkung beobachtet werden konnte. Eine im Jahr 1905 experimentell ermittelte Verteilung der Signalintensität belegte schließlich die theoretische Vermutung, so dass sich schon zur damaligen Zeit konkrete Richtcharakteristiken realisieren ließen (Abb. 4.17). Die damit erhaltene Möglichkeit, die Sendeleistung nur in diejenigen Richtungen abzustrahlen, in denen sich die Empfänger befanden, befähigte zu Einsparungen an Sendeleistung bzw. der erhöhten Leistungsabstrahlung in der gewünschten Vorzugsrichtung bei sonst gleichen Aufwendungen.

Ebenso ermöglichte eine durch Braun 1903 bewerkstelligte, schaltungstechnische Veränderung des Schwingkreises eine Steigerung der Sendeleistung ohne Erhöhung der Spannung an den einzelnen Funkenstrecken. Diese Schwingkreisvariante aus einer Kombination mehrerer Induktivitäten, Kapazitäten und Funkenstrecken bezeichnete Braun auch als „Energieschaltung“[68] (Abb. 4.18).

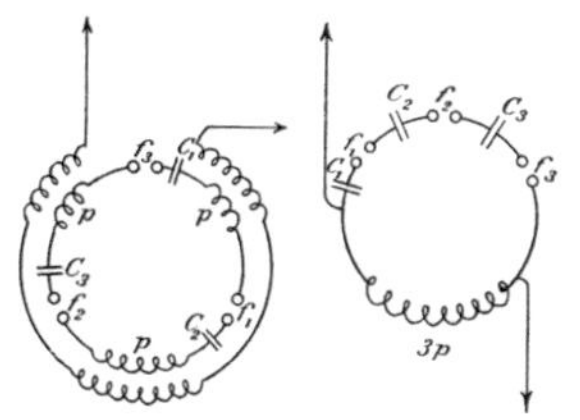

Abbildung 4.18:
Varianten der Energieschaltung von Ferdinand Braun
(Hars 1999), S. 168.

Desweiteren glückte ihm bezüglich des Empfängers eine besonders hervorzuhebende Verbesserung. Bereits 1874 hatte Braun bei der Untersuchung der elektrischen Leitfähigkeit natürlicher Metallsulfidkristalle den Effekt der „unipolaren Electricitätsleitung“[69] entdeckt. Als er eine Drahtspitze gegen einen derartigen Kristall presste und diese Konstruktion in einen Stromkreis integrierte (Abb. 4.19), konstatierte er eine von der Stromrichtung abhängige Stromstärke und entdeckte auf diese Weise den Gleichrichtereffekt

[67] zitiert aus Braun (1909): *Electrical oscillations and wireless telegraphy* (Braun 1909), S. 239.
[68] vgl. (Hars 1999), S. 168.
[69] vgl. (Hars 1999), S. 50

an Halbleitern, auch wenn er zu dieser Zeit noch keine befriedigende Erklärung abgeben konnte.[70]

1906 entsann sich Braun der einstigen Entdeckung, kombinierte den sogenannten „Kristalldetektor“ mit einem Fernhörer zu einer Detektorschaltung und konnte auf diese Weise den jahrelang eingesetzten und äußerst ungünstig handhabbaren Kohärer ablösen.[71] Wurde ein Signal empfangen, so führten die gleichgerichteten gedämpften Schwingungsströme zu charakteristischen Lauten. Besondere Bedeutung erlangte diese Schaltung von Braun jedoch erst zu Beginn der Rundfunkzeit, als es hierdurch ermöglicht wurde, die modulierten Schwingungen gleichzurichten und mittels eines Lautsprechers hörbar zu machen.[72]

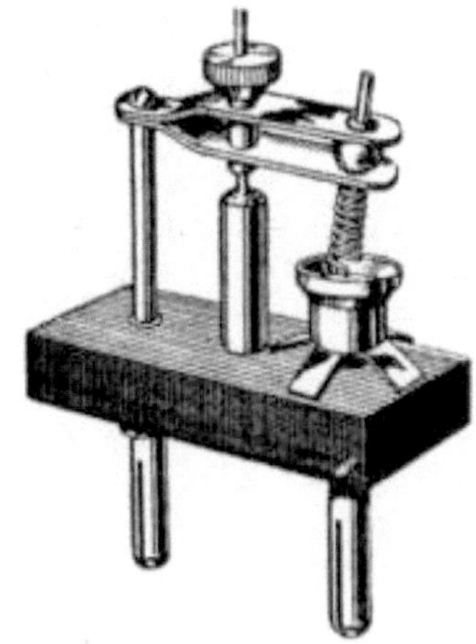

Abbildung 4.19:
Kristalldetektor nach Braun
(Schreier 1997), S. 32.

4.5 Die Geburtsstunde des Radios

Wenngleich Marconi, Braun und Slaby es zunächst für ausreichend ansahen, die drahtlose Technologie rein zur Übertragung von Morsezeichen einzusetzen, eiferte Fessenden danach, auch Sprache und Musik übetragen zu können.[73]

[70] vgl. (Schreier 1997), S. 31.
[71] vgl. (Meinke 1963), S. 90.
[72] vgl. (Schreier 1997), S. 31.
[73] vgl. (Belrose 2002), S. 40.

Den Anfang nahmen Reginald Aubrey Fessendens Bemühungen, als dieser 1899 beim Experimentieren mit einem Telegraphieempfänger, während der Übertragung eines langen Morsezeichens das Brummen des Wehnelt-Unterbrechers wahrnahm, der zur Steuerung der Induktionsspule des Senders eingesetzt wurde.

Er vermutete, dass, wenn Funkenfolgen in der Funkenstrecke über der Hörgrenze verwendet werden würden, man die Amplitude des zu übertragenden Signales durch Sprache und Klang modulieren könne, so dass drahtlose Tonübertragung ermöglicht wird. Und in der Tat glückte Fessenden im Dezember des nachfolgenden Jahres mittels eines von Kintner und Brashear konstruierten Unterbrechers, der 10000 Unterbrechungen pro Sekunde erzeugte, und damit für extrem schnelle Funkenfolgen sorgte, die erste drahtlose Sprachübertragung über eine Strecke von 1,6 km, indem er ein Mikrofon in die Antennenleitung eines nach Marconi gestalteten Senders und einen Lautsprecher in die Empfängerschaltung einfügte (Abb. 4.20) und sprach:[74]

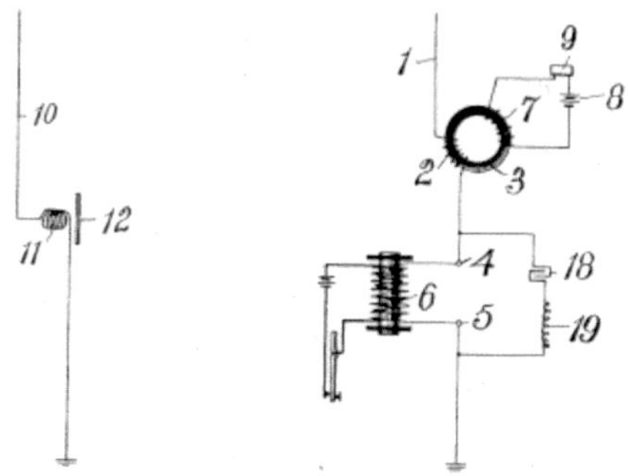

Abbildung 4.20:
Schaltplan für die Übertragung von Sprache nach Fessenden
(Fessenden, 1902b).

> „*Hello test, one, two, three, four. Is it snowing where you are Mr. Thiessen? If it is telegraph back and let me know.*“[75]

Als Thiessen seine Antwort auf diese von Fessenden gestellte Frage telegraphierte, war es offensichtlich, dass ein weiterer Meilenstein in der Geschichte der drahtlosen Datenübertragung mit der Geburtsstunde des Radios erreicht war. Jedoch wurde die Sprachübertragung durch das laute und unregelmäßige Rauschen der Funken, die noch weiterhin zur Erzeugung der Schwingungen eingesetzt wurden, gestört[76] Es war daher wünschenswert, eine Methode zur Erregung von gleichmäßigen Dauerschwingungen

[74] vgl. (Belrose, 2002), S. 41.
[75] zitiert aus (Belrose 2002), S. 41.
[76] vgl. (Belrose, 2002), S. 42.

einzusetzen, um auf die ständigen Funkenentladungen der „Knallfunkensender“oder „tönenden Funkensender“verzichten zu können.

4.5.1 Lichtbogensender

Bereits 1903 verwendete Fessenden bei seinen Sprachübertragungsversuchen eine von Elihu Thomson 1892 entdeckte Methode zur Generation von hochfrequenten Wechselströmen (Abb. 4.21) aus einer anliegenden Gleichspannung, wozu der Erfinder selbst bemerkte:

> *„My Invention is applicable particularly to obtaining currents of and effects of high frequency alternations from continuous current lines or sources. The frequencies obtained can be varied. Thus from a five hundred volt supply circuit I may obtain alternating current effects the frequency being, say, ten thousand, twenty thousand, thirty thousand, fifty thousand per second, or more.“*[77]

Zentrales Element dieser Schaltung ist ein Lichtbogen, der die Funkenstrecke ersetzt und parallel zu einer in Reihe geschalteten Induktivität und Kapazität angeordnet eine überaus wichtige Funktion in dem auf diese Weise aufgebauten Schwingkreis übernimmt. Wird nämlich der Luftraum zwischen den Elektroden des Lichtbogens durch einen einmaligen Zündvorgang leitend, leitet dieser immer besser, je höher die Temperatur des Luftraumes ist. Je stärker folglich der Strom über die Lichtbogenstrecke ausfällt, um so mehr erwärmt sich der Luftraum und umso besser können die Ladungen über die Lichtbogenstrecke ausgetauscht werden, so dass die an der Lichtbogenstrecke anliegende Spannung sinkt. Auf diese Weise verhält sich ein Lichtbogen in umgekehrter Weise wie ein Ohm'scher Widerstand und stellt folglich einen „negativen Widerstand“ dar. Einer kleinen anliegenden Spannung entspricht daher ein großer Stromfluß durch den Lichtbogen und einer großen Spannung ein kleiner Stromfluß. Folglich werden große Spannungen vergrößert und kleine hingegen verkleinert, so dass die Maxima der elektomagnetischen Schwingung im Schwingkreis auf den absoluten Maximalwert erhöht und die Minima bis zum absoluten Minimum erniedrigt werden, woraus eine ungedämpfte elektromagnetische Schwingung resultiert (Abb. 4.21).

Eine Gleichspannungsquelle lieferte dabei über eine Drossel dem Schwingkreis die erforderliche Energie nach, die jener zum Ausführen der ungedämpften Schwingungen benötigt.

Um jedoch Schwingungen mit hoher Frequenz erzeugen zu können, muss der Lichtbogen schnell reaktionsfähig bleiben, was nur dann gewährleistet ist, wenn sich die Temperatur der Lichtbogenstrecke schnell verändern kann. Daher entwickelte Poulsen spezielle Kühlungsmaßnahmen, um die entstehende Wärme zügig abzuführen.[78] Zudem verwendete er 1904 unsymmetrische Elektroden, wobei die negative aus einem Stoff mit starker Elektronenemission, wie beispielsweise Kohle, der Schaltung Duddells aus dem Jahre

[77] zitiert aus (Thomson 1893).

[78] vgl. (Meinke 1963), S. 46.

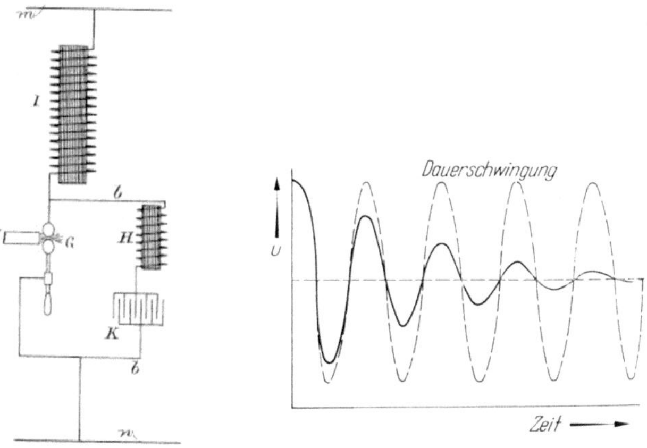

Abbildung 4.21:
Links: Hochfrequenzerzeuger nach Thomson
Rechts: Gedämpfte und ungedämpfte Schwingung

(Thomson 1893). (Meinke 1963), S. 46.

1899 folgend, und die positive aus einem Stoff mit geringer Elektronenemission, wie gekühltes Kupfer, herstellte, und ließ den Lichtbogen in Wasserstoff-haltiger Atmosphäre unter dem Einfluß eines Magnetfeldes brennen.[79] Trotz all dieser Bemühungen konnte dennoch die maximal erzielbare Frequenz eines derartigen Generators aufgrund der unvermeidbaren Wärmeträgheit nicht beliebig gesteigert werden, so dass sie auf den unteren MHz-Bereich beschränkt blieb. Es war aber mit den Poulsen'schen Modifikationen möglich geworden, Anlagen mit Sendeleistungen der Größenordnung von 1000 kW zu realisieren (Abb. 4.22).[80]

Durch die Verwendung von Lichtbogenoszillatoren anstelle der Funkenstrecke konnte die Sprachübertragung zwar erheblich verbessert, wenn auch nicht von den unerwünschten Nebengeräuschen vollständig befreit werden.[81]

4.5.2 Maschinensender

Erst der Einsatz von Wechselstrommaschinen als Sender (Abb. 4.23), die in der Lage waren, hinreichend hohe Frequenzen von 50 kHz und mehr zu generieren, befähigte 1906 dazu, auf relativ unkomplizierte Weise geeignete, zusammenhängende Wellen zu erzeugen und die gewüschten Ergebnisse zu erzielen, wie Zenneck Jahre später anerkennend feststellte:

[79] vgl. (Zenneck 1952), S. 414.
[80] vgl. (Zenneck 1952), S. 414.
[81] vgl. (Belrose 2002), S. 43.

Abbildung 4.22:
Poulsen-Lichtbogen-Sender mit einer Leistung von 2 kW
aus einer Schiffsstation von 1915

Foto: Jan Gollwitzer im Deutschen Museum.

> *„Fessenden hat schon [...] davon gesprochen, daß er ungedämpfte Wellen von großer Wellenlänge verwenden wollte. Er hat auch nach einem Konstrukteur gesucht, der imstande sein sollte, eine brauchbare Hochfrequenzmaschine zu bauen. Er fand ihn in E. F. W. Alexanderson bei der General Electric Co., der unter Verwendung von Konstruktionsgedanken Teslas, insbesondere der sog. Tesla-Wicklung, nach mannigfachen Versuchen ein elektrotechnisches Kunstwerk geschaffen hat: einen Generator, der eine Frequenz von 50.000/sec unmittelbar in die Antenne lieferte und tatsächlich lange Zeit in Gebrauch war [...]. Die technischen Schwierigkeiten für so hohe Frequenzen sind ungeheure. Sehr hohe Frequenzen sind nur durch extrem hohe Drehzahlen und äußerst feine Einteilung des Rotors und Stators und ein brauchbarer Wirkungsgrad nur durch ungeheuer geringen Abstand zwischen Rotor und Stator zu erreichen [...]. Es hat meines Wissens seitdem niemand gewagt, Alexanderson die Weltmeisterschaft auf dem Gebiet der Hochfrequenzmaschinen streitig zu machen.“*[82]

Zur Sprach-Modulation des kontinuierlichen Trägersignals nutzte Fessenden wie schon bei seinen Experimenten zuvor ein in die Antennenleitung eingeschaltetes Mikrofon.

[82] zitiert aus (Zenneck 1952): *Aus der Kindheit der drahtlosen Telegraphie.* S. 412 und 413.

Abbildung 4.23:
Maschinensender aus der Sendestation Nauen
Foto: Jan Gollwitzer im Deutschen Museum.

Nach dem erfolgreichen Test seiner Technik im November 1906 im Rahmen einer transatlantischen Verbindung, präsentierte er schließlich am 24.Dezember 1906 seine Entwicklung der Öffentlichkeit, indem er die erste Rundfunksendung in Form einer Ansprache und Musikauswahl anläßlich des Weihnachtsfestes an alle mit Fessenden-Empfängern ausgestattenen Schiffe übermittelte.[83] Von nun an war es offenkundig, dass die Hertz'schen Wellen zu weit mehr Anwendung finden können als zur simplen Übertagung von Morsezeichen, und in der Tat überschlugen sich in den nachfolgenden Jahren und Jahrzehnten die Entwicklungen auf dem Gebiet der drahtlosen Kommunikations- und Informationstechnologie.

4.5.3 Frequenzvervielfachung

Häufig fanden neben den äußerst anspruchsvoll gearbeiteten Hochfrequenzmaschinen, die enorm hohe Anforderungen an die mechanischen Komponenten der Generatoren stellten, auch Maschinensender Anwendung, die lediglich die Erzeugung geringerer Frequenzen ermöglichten. Jedoch wurden diese Schwingungserzeuger durch den von Zenneck geschaffenen Frequenzvervielfältiger ausgestattet, um anspruchsvolleren Aufgaben zu genügen:

> *„Mit der Maschine unmittelbar wird eine geringerer Frequenz erzeugt, sie wird aber nachher durch ruhende Frequenzwandler vervielfacht. Zur Ausführung dieses Gedankens hatte ich elektrische Gleichrichter verwendet. Später wurde derselbe Zweck von den verschiedensten Seiten [...] durch Ausnützung der magnetischen Eigenschaften von Eisen in günstigerer Weise erreicht.“*[84]

[83] vgl. (Belrose 2002), S. 43–44.

[84] zitiert aus Zenneck (1952): *Aus der Kindheit der drahtlosen Telegraphie* (Zenneck 1952), S. 413.

Mittels dieser Technik konnte eine von der AEG gebaute Hochfrequenzmaschine, die eine Frequenz von 8 kHz erbrachte, nach zweistufiger Frequenzverdopplung, Schwingungen mit Frequenzen von 32 kHz bereitstellen.[85]

Dennoch vermocht es auch diese Technik nicht, den allgemeinen großen Nachteil der Maschinensender zu beseitigen, die in der damaligen Sendetechnologie dominierten, welcher in der limitierten, maximal erreichbaren Frequenz von mehreren Hundert kHz aufgrund der großen mechanischen Beanspruchung bestand, zumal im Laufe der Zeit immer höhere Frequenzen angestrebt wurden, da sich herausstellte, dass sich bei Kurzwellen, d. h. Frequenzen im Bereich von 10 MHz unter wesentlich geringerem Aufwand bei weitem bessere Erfolge im Transozeanverkehr erzielen ließen.[86]

4.5.4 Empfängermodifikationen

Die zahlreichen weiterentwickelten Sendevorichtungen ließen alle bisher gebräuchlichen Empfängerkonstruktionen als nicht mehr zeitgemäß oder sogar vollkommen unbrauchbar erscheinen. Der Kohärer in all seinen diversen Modifikationen erwies sich schon längst nicht mehr als der erwünschte Detektor der Wahl und der Braun'sche Kristalldetektor fand erst im Jahre 1906, d. h. vier Jahre nach den ersten Versuchen Fessendens zur drahtlosen Sprach und Tonübertragung, Anwendung in dieser Technologie, so dass zwangsläufig Fessendens eigener Erfindungsreichtum mehr als nur gefragt wurde, um adäquate Empfänger für das von ihm verfolgte große Ziel, der Erfindung des Radios, zu schaffen. Zunächst nutzte er bei seinen Übertragungsversuchen thermische Detektoren, wie es zwar eine weit verbreitete Praxis war, jedoch optimierte er diese Art des Detektors:

> *„I am aware that Hertzian waves have been previously detected by means of a bolometer and that there is a superficial analogy between a bolometer and my improved receiver; but whereas a bolometer is specifically defined* [...] *as a construction arranged so as to have large radiating or absorbing surface in proportion to its mass, and hence consists of metal strips rolled out to a large thin sheet, so as to have large surface as possible* [...] *to assist radiating or absorbing, in my case I do exactly the opposite* [...].“[87]

Und in der Tat ging Fessenden bei der Konstruktion seines thermischen Detektors einen vollkommen anderen Weg, indem er auf eine äußerst kleine Ausdehnung und eine geringe Wärmekapazität der verwendeten Drähte Wert legte, um die Effekte der Wärmeträgheit des Systems zu minimieren. Einen bei weitem besseren Detektor entwickelte er jedoch im Jahr nach dieser Erfindung. Im Bestreben die Metalle eines thermischen Detektors durch eine Elektrolytlösung zu ersetzten, erfand Fessenden den elektrolytischen Detektor (Abb. 4.24),[88] auch wenn er zur damaligen Zeit die zugrundeliegenden Prozesse

[85] vgl. (Zenneck 1952), S. 413.
[86] vgl. (Meinke 1963), S. 43.
[87] zitiert aus (Fessenden 1902a), S. 2.
[88] vgl. (Fessenden 1903).

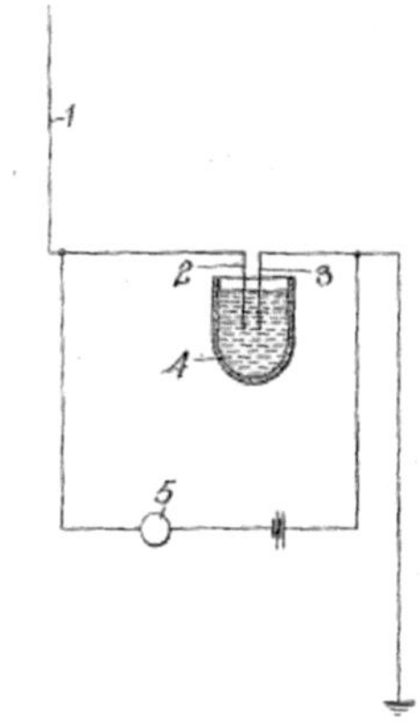

Abbildung 4.24:
Elektrolytischer Detektor nach Fessenden
(Fessenden 1903).

ebenfalls auf Wärmeeinwirkung zurückführte und daher fehlinterpretierte.[89] Ein elektrolytischer Detektor verfügt über zwei Elektroden, meist aus Platin, die in eine Elektrolytlösung eintauchen. Aufgrund der unsymmetrischen Strom-Spannungs-Charakteristik (Abb. 4.25 und Abb. 4.26) konnte ein derartiges Sytem folglich als eine Art Gleichrichter in die Detektorschaltung integriert werden.[90]

Eine große Leistung vollbrachte Fessenden mit der 1902 zum Patent angemeldeten „Heterodyn"-Methode für den Empfang ungedämpfter Wellen. Bei dieser Methode verwendete er in der Empfängerstation einen lokalen ungedämpften Hilfsgenerator, dessen Frequenz von der zu empfangenden Frequenz nur wenig differiert. Fessenden verwendete in seiner Schaltung ein Telefon mit einer festen Platte und einer Membran, auf denen sich jeweils eine flache Spule aus einem sehr dünnen Draht befanden. Eine Spule konnektierte er mit der Empfangsantenne, die andere mit dem Ausgang des Hilfsgenerators. Auf diese Weise resultierte auf die Membran eine Kraftkomponente, deren Frequenz gleich der Differenz der beiden eingekoppelten Frequenzen ist. Durch Verändern der Frequenz des lokalen Generators war es daher möglich, nicht nur einen gut hörbaren Ton im Empfangsfall zu erhalten, sondern auch die Tonhöhe bestmöglich anzupassen.[91] Auf diese Weise schuf Fessenden die optimalen Voraussetzungen für den Empfang von Sprache und Klang, anstelle der monotonen Morsezeichen.

[89] vgl. (Belrose 2002), S. 41.
[90] vgl. (Zenneck 1952), S. 415.
[91] vgl. (Zenneck 1952) S. 415.

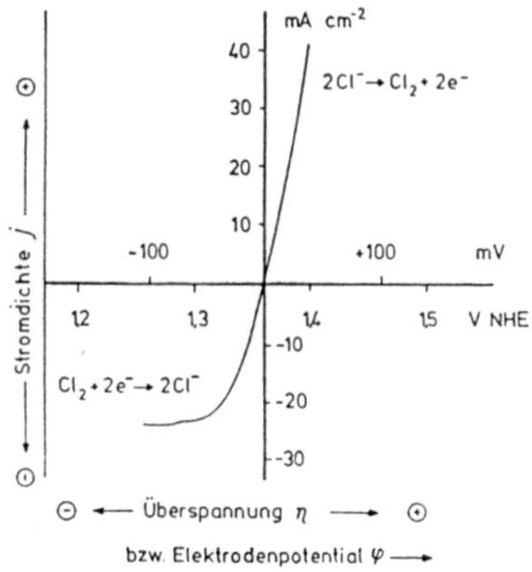

Abbildung 4.25:
Strom-Potential- bzw. Strom-Überspannungs-Charakteristik
einer chlorbespülten Platinelektrode in HCl_{aq}

(Hamann und Vielstich 1998), S. 149.

4.6 Die Ära der Röhrentechnik

Größere Fortschritte in der Funktechnologie, sowohl hinsichtlich der Empfänger als auch bezüglich der Sender konnten erst ab 1910 durch die neu aufgekommenen, steuerbaren Elektronenröhren ermöglicht werden,[92] deren Einsatz lange Zeit die Sendertechnik beherrschen sollte. Sie vermochten es nicht nur die Maschinensender abzulösen sondern verwiesen gleichzeitig auch alle bisherigen Empfängertechnologien auf ihren Platz.

4.6.1 Die Dioden

Als Edison 1880 versuchte, eine Schwärzung des Glaskolbens von Glühlampen aufgrund eines sich ausbildenden Kohlenstoffniederschlages, emittiert vom Filament, zu vermindern und zu diesem Zweck eine Metallplatte zwischen Glühdraht und Glaskolben positionierte[93] (Abb. 4.27), stellte er beim Experimentieren mit dieser Anordnung fest, dass, wenn eine positive Spannung an der Metallplatte anlag, ein Stromfluß zwischen Glühdraht und Platte nachgewiesen werden konnte, jedoch jener unterblieb, wenn an die Metallplatte eine negative Spannung angelegt wurde (Abb. 4.27):

> *„I have discovered that if a conducting substance is interposed anywhere in the vacuous space within the globe of an incandescent electric lamp, and said*

[92] vgl. (Meinke, 1963), S. 48
[93] vgl. (Johnson 1960), S. 765.

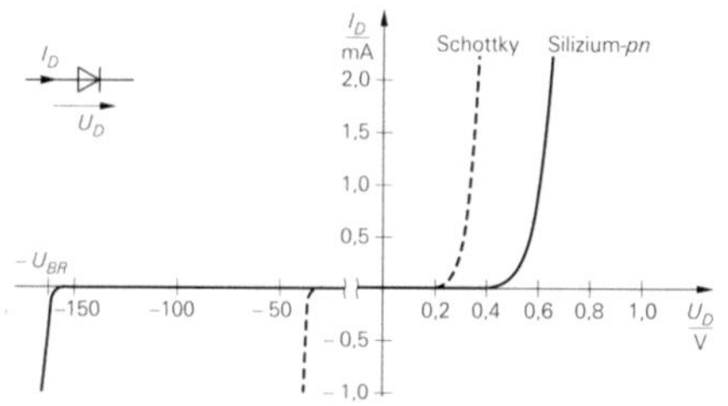

Abbildung 4.26:
Strom-Spannungs-Kennlinie einer Diode
(Tietze und Schenk 1999), S. 5.

> *conducting substance is connected outside of the lamp with one terminal, preferably the positive one, of the incandescent conductor, a portion of the current will, when the lamp is in operation, pass through the shunt-circuit thus formed, which shunt includes a portion of the vacuous space within the lamp.*“[94]

Obwohl unmittelbar nach öffentlicher Präsentation dieses merkwürdigen Effektes das allgemeine Interesse an Edison's „Electrical Indicator“ enorm hoch war, verkannte er selbst aber die kommerziellen Einsatzgebiete dieses Effektes und verfolgte mögliche Anwendungen dieser Technik nicht weiter,[95] zumal auch, da von wissenschaftlicher Seite die diesem Prozess zugrundeliegende Fakten noch nicht bekannt waren, weil die Elektronen erst im Jahre 1897, d. h. dreizehn Jahre nach der entsprechenden Patentanmeldung Edisons, von Joseph John Thomson entdeckt werden sollten.[96]

Ebenso vermochten viele weitere Autoritäten der Elektrotechnik zur damaligen Zeit dieses Novum noch nicht korrekt zu interpretieren und all ihre Erklärungsversuche endeten stets in einer Aporie, wie man einer Bemerkung von E. J. Houston entnehmen kann:

> *„It may be electricity flowing through empty space, which I don't think probable.*“[97]

Andere Wissenschaftler, wie William Henry Preece, vermuteten im sogenannten „Edison Effect“[98] einen äußerst wichtigen und für die Elektrotechnik nützlichen Sinn, scheiterten aber im Transfer der sich andeutenden physikalischen Gesetzmäßigkeiten in den Sektor der technischen Anwendbarkeit:

[94] zitiert aus Edison (1884): *Electrical Indicator* (US Patent 307,031) (Edison 1884), S. 1.
[95] vgl. (Meinke 1963), S. 47.
[96] vgl. (Griffiths, 1997).
[97] zitiert aus Houston (1884): *Notes on phenomena in incandescent lamps.* In: *Transactions of the American Institute od Electrical Engineers* zitiert in (Johnson 1960), S. 768.
[98] vgl. (Preece 1885), S. 229.

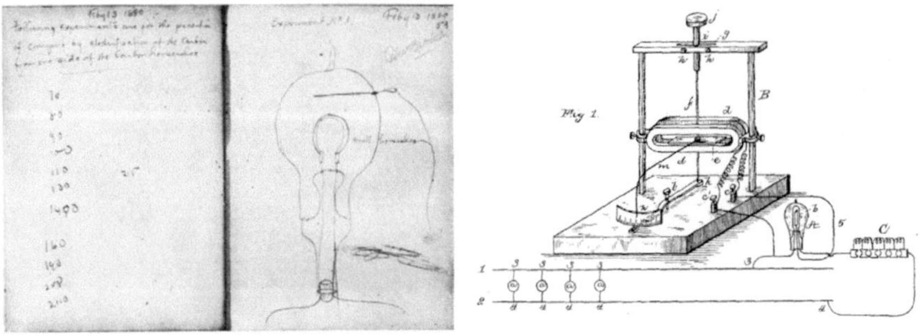

Abbildung 4.27:
Links: Notizbucheintrag von Edison über die Vermeidung von Kohlenstoffniederschlägen auf dem Glaskolben
Rechts: Schematischer Aufbau von Edisons „Electrical Indicator"

(Johnson 1960), S. 766. (Edison 1884).

> *„I feel puzzeld in reference to it, and I feel that it is one of those things that wants to be very carefully and cautiously examined."*[99]

Das merkwürdige Verhalten des Stromflusses im Vakuum erweckte auch die Aufmerksamkeit von John Ambrose Fleming, der zu jener Zeit als „Electrical Advisor" der Edison Electric Light Company of London tätig war. 1885 begann er, erste Forschungsergebnisse zu veröffentlichen und gelangte nach fünf Jahren der Forschung zu der Erkenntnis, dass sich ein derartiges System zur Gleichrichtung von Wechselströmen einsetzen läßt:

> *„When the lamp is actuated by an alternating current a continuous current is found flowing through a galvanometer, connected between the insulated plate and either terminal of the lamp. The direction of the current through the galvanometer is such as to show that negative electricity is flowing from the plate through the galvanometer to the lamp terminal."*[100]

Mit dieser Erkenntnis war die Diode geboren, die Fleming später auf Grund der Eigenschaft Strom nur in einer Richtung fließen zu lassen „Fleming valve" nannte. Jedoch existierte zu jener Zeit noch keine Anwendung für diesen Effekt. Erst 1905, d. h. 15 Jahre später, als im Rahmen drahtloser Übertagungsversuche Gleichrichter erforderlich wurden, die eine bei weitem leistungsstärkere Lösung zur Detektion elektromagnetischer Wellen darstellten als der Kohärer, entsann sich Fleming seiner einstigen Entdeckung und ließ sie patentieren, wobei er jene inzwischen durch diverse Modifikationen optimiert hatte (Abb. 4.28):

[99] zitiert aus Johnson (1960): *Contribution of Thomas A. Edison to Thermionics* (Johnson 1960), S. 769.

[100] zitiert aus Fleming: *On Electric Discharge between Electrodes at different Temperatures in Air and High Vacua* (Fleming 1890), S. 118.

„I have discovered that if two condutors are inclosed in a vessel in which a good vacuum is made, one being heated to a high temperature, the space between the hot and cold conductors possesses a unilateral electric conductivity, and negative electricity can pass from the hot conductor to the cold conductor, but not in the reverse direction. As the hot conductor should be heated to a very high temperature – say near the melting-point of platinum (1,700° centigrade) – it should be of carbon, preferable in the form of a filament such as is used in any ordinary incandescent electric lamp. The cold conductor may be of many materials; but I prefer a bright metal, such as platinum or aluminium or else carbon. The two conductors are incolsed in a glass bulb similar to that of an incandescent lamp, and I generally heat the carbon filament to a high state of incandescence by a continuous electric current, the electrical connection to the filament and the cold conductor being made by platinum wires, sealed air-tight through the glass.“[101]

Ebenfalls wies Fleming explizit in seiner Patentschrift auf das mögliche Einsatzgebiet seiner Erfindung in der Funktechnologie hin (Abb. 4.28):

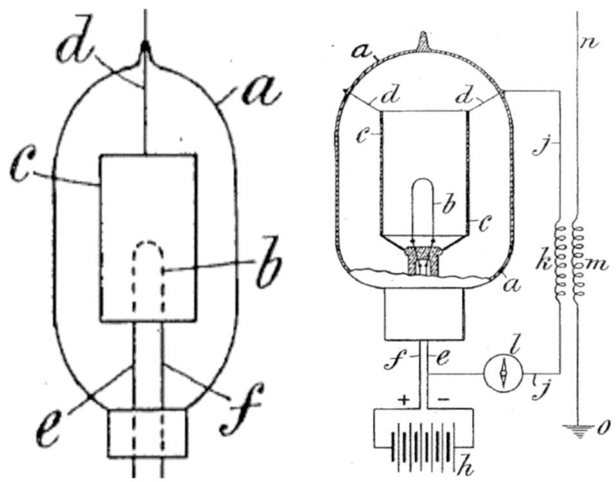

Abbildung 4.28:
Links: Skizze der Fleming'schen Diode
Rechts: Einsatz der Fleming'schen Diode in der Funktechnologie
(Fleming 1905).

[101] zitiert aus Fleming (1905): *Instrument for converting alternating electric currents into continous currents* (Fleming 1905), S. 1.

„The arrangement described above operates as an electric valve and permits negative electricity to flow from the hot carbon [...] to the metal cylinder [...], but not in the reverse direction, so that the alternations induced in the coil [...] by the Hertzian waves received by the aerial wire [...] are rectified or transformed into a more or less continuous current capable of actuating the galvanometer [...] by which the signals can be read.“[102]

Durch den Einzug der Hochvakuumdioden, die äußerst zuverlässig und konstant arbeiteten, in die Elektrotechnik, wurde schließlich auch der relativ unzuverlässig arbeitende Braun'sche Kristalldetektor abgelöst.

4.6.2 Die Triode

Die von Fleming geschaffende Form eines Gleichrichters suggerierte regelrecht die Möglichkeit, Versuche zu unternehmen, den Elektronenstrom durch die Diode von außen zu beeinflußen, bzw. dergestalt zu steuern, dass sich schwache Ströme verstärken lassen. Der entscheidene Schritt in diesen Bemühnungen gelang etwa zeitgleich Lee de Forest und Robert von Lieben mit der Erfindung der Triode. Lee De Forest modifizierte dabei die Fleming'sche Diode, indem er eine dritte Elektrode zur Steuerung des Elektronenstromes integrierte (Abb. 4.29):

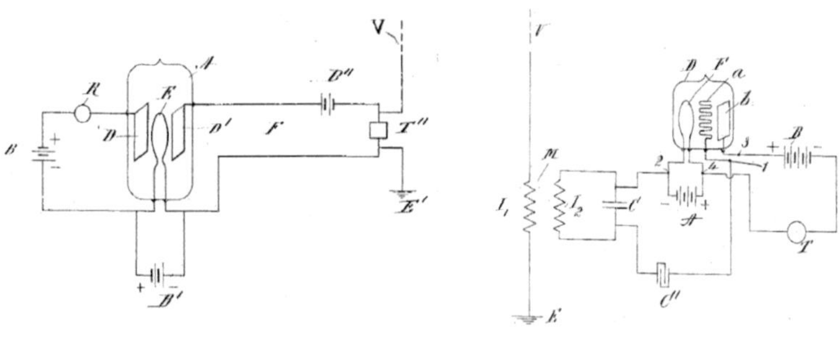

Abbildung 4.29:
Links: Triodenschaltung nach De Forest
Rechts: Schema zum Einsatz der De Forest'schen Triode in der Funktechnik
(Forest 1907). (Forest 1908).

„I claim [...] in a device for amplifying electrical currents, an evacuated vessel, a heated electrode and two non-heated electrodes sealed within said vessel, the non-heated electrodes being unequally spaced with respect to said

102 zitiert aus Fleming (1905): *Instrument for converting alternating electric currents into continous currents* (Fleming 1905), S. 1.

heated electrode, a local receiving-circuit including said heated electrode and that one of the non-heated electrodes which has the greater separation from the heated electrode, and means for passing the current to be amplified between the heated electrode and the other non-heated electrode."[103]

Im darauffolgenden Jahr spezifizierte Lee De Forest sein ursprüngliches Patent explizit bezüglich der Anwendung in der drahtlosen Kommunikation durch Kapazitive Kopplung der Röhrenschaltung an einen Schwingkreis, der seinerseits wiederum induktiv an eine Antenne gekoppelt ist (Abb. 4.29). Diese als „Audion"[104] bekanntgewordene Detektorschaltung fand in den nachfolgenden Jahren gerade in Amerika und Großbritannien weite Verbreitung. Im Deutsch-sprachigen Raum hingegen setzte sich das noch vor der Offenlegungsschrift von Lee De Forest patentierte „Kathodenstrahlenrelais"[105] von Robert von Lieben durch (Abb. 4.30), der seine Erfindung auf folgende Weise charakterisierte:

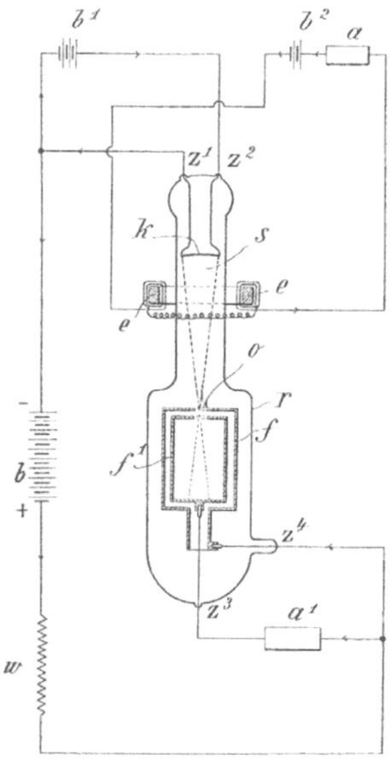

Abbildung 4.30:
Kathodenstrahlenrelais von Lieben
(von Lieben 1906).

„Die vorliegende Erfindung bezweckt, mittels Stromschwankungen kleiner Energie solche von großer Energie auszulösen, wobei Frequenz und Kurvenform

[103] zitiert aus (Forest 1907).
[104] vgl. (Forest 1908), S. 1.
[105] vgl. Lieben 1906.

der ausgelösten Stromschwankungen denen der auslösenden entsprechen. [...] Insbesondere für manche Probleme der Telephonie (Übertragung der Sprache auf große Entfernungen, Kabeltelephonie, drahtlose Telephonie, Verstärkung der Sprach- und Musikübertragung usw.) kann die Anwendung dieses Relais von Vorteil sein; ferner auch für manches Problem der Fernphotographie, Phonographie usw."[106]

Aufbau, Wirkungsprinzip und Einsatzmöglichkeiten dieser Verstärkerröhre gleichen dabei, wie man aus der Patentschrift von Liebens ersieht, der von De Forest in seinem „Audion"-Patent im darauffolgenden Jahr beschriebenen Anordnung:

„*Die [...] erzeugten Kathodenstrahlen besitzen geringe Geschwindigkeit und werden daher schon von schwachen magnetischen oder elektrischen Feldern stark abgelenkt. Diese Kathodenstrahlen befinden sich hier in dem zu beeinflussenden Stromkreise und werden durch die schwachen Stromschwankungen eines zweiten unabhängigen Stromkreises magnetsich oder elektrisch verschieden stark abgelenkt. Diese Ablenkungen bewirken nun durch die Wahl der [...] beschriebenen Anordnung die gewünschten starken Schwankungen, die im Stromkreis der Kathodenröhre erfolgen.*"[107]

Lieben arbeitete zusammen mit Eugen Reiß und Siegmund Strauss in den nachfolgenden Jahren an Weiterentwicklungen seiner Technik. So erkannte er, dass die Integration einer Dampffüllung „zur Erhöhung der Lebensdauer, Gleichmäßigkeit und Ökonomie von Entladungsröhren mit glühender Kathode"[108] beiträgt. Aber auch von anderen Seiten wurden die Lieben-Röhren optimiert. Beispielsweise verbesserte die AEG den Aufbau der Röhre und schuf auf diesem Wege die allgemein bekannte Bauform der Triodenröhre (Abb. 4.31)[109] Die „Gesellschaft für drahtlose Telegraphie" versah zudem die Triodenröhre mit einer Wärmeregulierungsvorrichtung, um die Arbeitstemperatur konstant zu halten und damit eine gleichmäßige Arbeitsweise zu erzielen und der Zerstörung des Glühfadens oder Oxidüberzuges entgegenzuwirken (Abb. 4.32)[110]

Als Lee De Forest, den verstärkten Einsatz der Lieben'schen Röhren im Bereich der Funktechnologie bemerkte, beanspruchte er für seine Erfindung die Priorität:

„*Der Apparat von Lieben und Reiß in seiner gegenwärtigen und für die Praxis bestimmten Form unterscheidet sich in keinem wesentlichen Stück von der mir im Jahre 1907 in den Vereinigten Staten patentierten Form [...] es wurde erfunden und patentiert jahrelang ehe die Arbeit von Lieben und Reiß angefangen wurde.*"[111]

[106] zitiert aus (von Lieben 1906), S. 1.
[107] zitiert aus (von Lieben 1906), S. 1.
[108] zitiert aus (von Lieben et al., 1911), S. 2.
[109] vgl. (AEG 1912).
[110] vgl. (Gesellschaft für drahtlose Telegraphie m. b. H. 1914).
[111] zitiert aus (Forest 1914), S. 716.

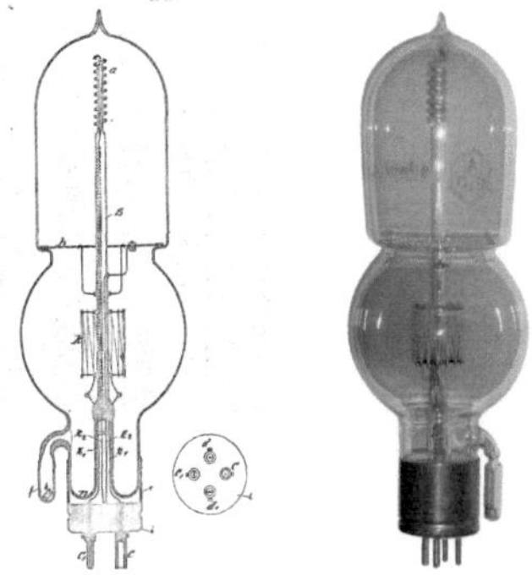

Abbildung 4.31:
Relais-Röhre nach Robert von Lieben (Lieben'sche Röhre):
Links: Schematischer Aufbau einer Lieben'schen Röhre
Rechts: Fotografie einer Lieben'schen Röhre von 1913
(AEG, 1912). Foto Jan Gollwitzer im Deutschen Museum.

Jedoch ist diese Stellungnahme von De Forest nur teilweise korrekt, denn zwar begann Lieben erst die Zusammenarbeit mit Reiß nach der Veröffentlichung De Forests, wohl aber fußt die Lieben'sche Röhre ihrem Prinzip nach auf einer Entdeckung von Lieben, welche bereits sieben Monate vor der ersten Offenlegungsschrift von De Forest auf diesem Gebiet zum Patent angemeldet wurde, mit dem Patentanspruch:

> *„Kathodenstrahlenrelais für Stromwellen bis zu den höchsten Frequenzen, dadurch gekennzeichnet, daß langsame Kathodenstrahlen, in bekannter Weise von einer mit glühendem Metalloxyd bedeckten Hohlspiegelkathode ausgehend, durch die zu verstärkenden Stromwellen derart beeinflußt werden, daß sie in ihrem Stromkreise Wellen gleicher Frequenz, aber höherer Amplitude hervorrufen.“*[112]

So scheinen Patentstreitigkeiten die gesamte Geschichte der Funktechnologie zu begleiten, sei es der Konflikt zwischen Marconi, Tesla, Fessenden und Bose oder der zwischen Braun und Slaby sowie zwischen De Forest und von Lieben, wenngleich das Streben nach Erfolg diese Wissenschaftler zu immer neuen Höchstleistungen veranlaßte. Viele Wissenschaftler konnten nachdem andere ihre Ideen fortführten ihre Verärgerung über die eigene Nachlässigkeit und fehlende Courage nicht verbergen, wie zum Beispiel Lodge nach den großen Erfolgen von Marconi in Hinblick auf die Reichweite der Hertz'schen Wellen sein eigenes fehlendes Engagement kritisierte:

[112] zitiert aus (von Lieben 1906), S. 2.

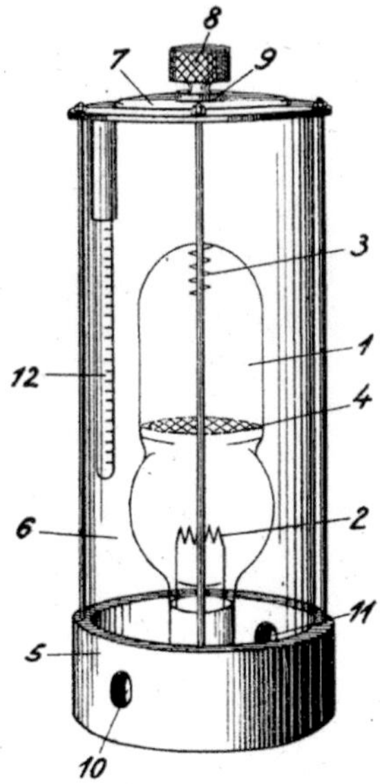

Abbildung 4.32:
Kathodenstrahlröhre in einer Temperiervorrichtung
(Gesellschaft für drahtlose Telegraphie m. b. H. 1914).

„stupidly enough, no attemt was made to apply any put the feeblest power so as to test how far the disturbance really could be detected.“[113]

Ebenso konnte es auch Fleming nicht verkraften, die doch so offensichtliche Wandlung einer Diode zur Triode nicht selbst erkannt zu haben:

> *„I greatly blamed myself at the time for not foreseeing this simple method of electrostatic control of the electron current of my valve, thus converting a simple rectifying into an amplifying device.“*[114]

In den verschiedensten Schaltungsmöglichkeiten fanden die Trioden in den nachfolgenden Jahren weit verbreiteten Einsatz und ascendentierten zum Nonplusultra der Funktechnologie. Unter anderem zeigten rückgepoppelte Schaltungsweisen, wie die von Alexander Meißner, ein besonders vielversprechendes Resultat (Abb. 4.33), dessen patentrechtliche Priorität sich gegenüber anderen durchzusetzen vermochte.[115]

[113] zitiert aus (Simons 1996), S. 45.
[114] zitiert aus Fleming (1934): *On the history and development of the thermionic valve* (Fleming 1934), S. 46.
[115] vgl. (Einstein 1920).

Die Röhren wurden immer weiter perfektioniert und schaltungstechnische Komponenten weitgehend integriert, wie beispielsweise durch Manfred von Ardenne, bis schließlich der Ära der Röhrentechnik durch das rapiede Wachstum der Halbleitertechnologie und die daraus resultierenden Erfindungen der Halbleiter-Diode und des Transitors ein Ende gesetzt wurde.

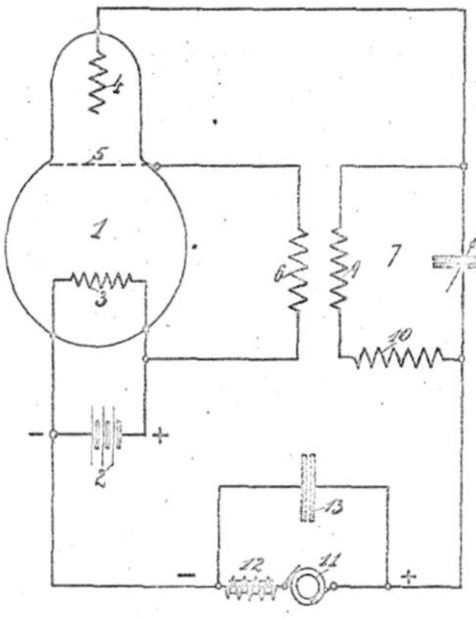

Abbildung 4.33:
Meißner'sche Rückkopplungsschaltung von Triode und Schwingkreis
(Gesellschaft für drahtlose Telegraphie m. b. H. 1913).

Zwar exitierten zu dieser Zeit schon mannigfaltige Anwendungen der Funktechnologie, wie beispielsweise Radio, Telegraphie und RADAR,[116] das in seiner rudimentären Form bereits 1904 von Christian Hülsmeyer patentiert wurde.[117] Jedoch läßt sich Summa Summarum konstatieren, dass erst mit dem Aufkommen von Halbleiterdiode und des Transistors die technischen Einsatzmöglichkeiten der Funktechnologie regelrecht explosionsartig expandierten, was sicherlich in engem Zusammenhang mit der nun möglichen Miniaturisierung der Technik und der relativ preiswerten Verfügbarkeit einzelner Komponenten zu sehen ist. Und damit endet auch die Geschichte der frühen Anfänge der Funktechnologie, ohne die ein Verständnis der modernen Kommunikationsmöglichkeiten und Anwendungen dieser Technik wohl kaum verständlich oder begreifbar wäre.

4.7 Schluss

Betrachtet man die Umwelt, so erkennt man, als festen, omnipräsenten Bestandteil des alltäglichen Lebens, zahlreiche Antennen, alle samt mit dem gemeinsamen Ziel Kommunikation und Datenübertragung zu ermöglichen. Auf diese Weise verfällt man leicht

[116] Kurzform für „radio detecting and rangeing“.
[117] vgl. (Hülsmeyer 1904).

in ein Wundern oder auch Bewundern dieser Technik, die unser alltägliches Leben aufs Neue prägt. Ob diese Technik sich jedoch in der Tat als segensreich oder im Gegensatz als todbringend erweisen wird, entzieht sich noch unserer Kenntnis und unterliegt den heftigsten und zum Teil auch äußerst kontroversen Diskussionen in Wissenschaft und Öffentlichkeit. Die derzeit eingesetzten, oft futuristisch und merkwürdig anmutenden Antennenkonstruktionen sind jedoch dabei nichts vollkommen Abwegiges, Unverständliches oder Komplexes, sondern vielmehr liegt die Antwort auf die Frage nach der Funktionalität der modernen Funktechnik hinter uns – in der Geschichte der Anfänge der Funktechnologie. Selbstverständlich bestimmen Neuentwicklungen stets den Erfolg und die Bedeutung einer Technik, jedoch bleiben die Prinzipien unverändert im physikalischen Fundament bestehen, d. h. in diesem Fall dem Fundament, das Maxwell, Hertz und Braun in entscheidender Weise prägten. Denn blickt man in das Innere einer modernen Mobilfunksektorantenne, so erkennt man keine hochtechnisierten Schaltungen oder unverständlichen Elemente, sondern vielmehr die Früchte der einstigen Forschung von Hertz und Braun – mehrere in konkretem Anstand angeordnete Stabdipole, deren Schwingungen mit definierter Phasenverschiebung erfolgen, um die entsprechende Richtcharakteristik einer derartigen Antenne zu realisieren.

4.8 Literatur

AEG, Allgemeine Elektricitäts-Gesellschaft (1912): Entladungsröhre mit glühender Kathode und eingeschlossenem, dampflieferndem Körper. In: *Kaiserliches Patentamt* (Patentschrift Nr. 264554, Klasse 21g, Gruppe 20).

Belrose, John S. (2002): Reginald Aubrey Fressenden and the birth of wireless telephony. In: *IEEE Antennas and Propagation Magazine* **44** (2), pp. 38–47.

Braun, Ferdinand (1898a): Schaltungsweise des mit einer Luftleitung verbundenen Gebers für Funkentelegraphie. In: Kaiserliches Patentamt (Patentschrift Nr. 111578, Klasse 21).

Braun, Ferdinand (1898b): Telegraphirsystem ohne fortlaufende Leitung. In: *Kaiserliches Patentamt* (Patentschrift Nr. 115081, Klasse 21a).

Braun, Karl Ferdinand (1909): *Electrical oscillations and wireless telegraphy. Nobel Lecture, December 11, 1909.* Internet: `http://nobelprize.org/nobel_prizes/physics/laureates/1909/braunlecture.html` (accessed: 05.08.2006). Pp. 226–245 (engl.) in: (Nobel Lectures, 1967).

Corazza, Gian Carlo (1998): Marconi's History. In: *Proceedings of the IEEE* **86** (7), pp. 1307–1311.

Crookes, William (1892): Some Possibilities of Electricity. In: *The Fortnightly Review* **51**, pp. 173–181.

Demtröder, Wolfgang (1999): *Experimentalphysik 2: Elektrizität und Optik.* 2., überarb. und erw. Auflage. Berlin, Heidelberg, New York, Barcelona, Hongkong, London, Mailand, Paris, Singapur, Tokio: Springer-Verlag, 1999. ISBN: 3540651969 (dt.) [1. Auflage: 1995 (dt.).]

DROYSEN, JOHANN GUSTAV (Hrsg.) (1832): *Des Aischylos Werke.* Internet: http://gutenberg.spiegel.de/autoren/aischylo.htm. Berlin: Bethge Verlag 1832 (dt.).

EDISON, THOMAS ALVA (1884): Electrical Indicator. In: *United States Patent Office Full-Text and Image Database* (Patent number 307,031).

EINSTEIN, ALBERT (1920): *Privat-Gutachten für Telefunken über die Patente von Meissner und Kühn.* Internet: http://www.alberteinstein.info/PDFs/CP7Doc48_pp365-367.pdf (accessed: 06.10.2006). Kapitel 48, S. 365–367 (dt.) in: (Janssen et al. 2002).

FALCON, ERIC AND BERNARD CASTAING (2005): Electrical conductivity in granular media and Branly's coherer: A simple experiment. In: *American Journal of Physics* **73** (4), pp. 302–307.

FESSENDEN, REGINALD ABREY (1902a): Current-actuated wave-responsive device. In: *United States Patent Office Full-Text and Image Database* (Patent number 706,744).

FESSENDEN, REGINALD ABREY (1903): Receiver for Electromagnetic Waves. In: *United States Patent Office Full-Text and Image Database* (Patent number 727,331).

FESSENDEN, REGINALD AUBREY (1902b): Apparatus for Signaling by Electromagnetic Waves. In: *United States Patent Office Full-Text and Image Database* (Patent number 706,747).

FLEMING, JOHN AMBROSE (1890): On Electric Discharge between Electrodes at different Temperatures in Air and in High Vacua. In: *Proceedings of the Royal Society of London* **47** (287), pp. 118–126.

FLEMING, JOHN AMBROSE (1905): Instrument for converting alternating electric currents into continuous currents. In: *United States Patent Office Full-Text and Image Database* (Patent number 803,684).

FLEMING, JOHN AMBROSE (1934): On the history and development of the thermionic valve. In: *Journal of Scientific Instruments* **11** (2), pp. 44–49.

FOREST, LEE DE (1907): Device for amplifying feeble electrical currents. In: *United States Patent Office Full-Text and Image Database* (Patent number 841,387).

FOREST, LEE DE (1908): Space telegraphy. In: *United States Patent Office Full-Text and Image Database* (Patent number 879,532).

FOREST, LEE DE (1914): Das Gasrelais von Lieben und Reiß. In: *Die Naturwissenschaften* **2** (29), S. 716. (Übersetzt aus dem Englischen).

GESELLSCHAFT FÜR DRAHTLOSE TELEGRAPHIE M. B. H. (1913): Einrichtung zur Erzeugung elektrischer Schwingungen. In: *Deutsches Reich – Reichspatentamt* (Patentschrift Nr. 291604, Klasse 21a, Gruppe 66).

GESELLSCHAFT FÜR DRAHTLOSE TELEGRAPHIE M. B. H. (1914): Anordnung für Kathodenstrahlröhren, die als Verstärkungsrelais wirken. In: *Deutsches Reich – Reichspatentamt* (Patentschrift Nr. 293460, Klasse 21g, Gruppe 4).

GOBRECHT, HEINRICH; GOBRECHT, JENS H. UND KLAUS H. GOBRECHT (1987): *Elektrizität und Magnetismus.* Begründet durch Ludwig Bergmann und Clemens Schaefer. Band 2 der Reihe Bergmann, Schäfer: Lehrbuch der Experimentalphysik. 7., neubearbeitete und erweiterte Auflage. Berlin, New York: Walter de Gruyter & Co., 1987. ISBN: 3110102617 (dt.). [1. Auflage: Ludwig Bergmann und Clemens Schaefer: *Elektrizitätslehre.* Band 2 der Reihe Lehrbuch der Experimentalphysik zum Gebrauch bei akademischen Vorlesungen und zum Selbststudium. Berlin, New York: Walter de Gruyter GmbH & Co., 1950 (dt.).]

Griffiths, Iwan W. (1997): J. J. Thomson – the Centenary of His Discovery of the Electron and of His Invention of Mass Spectrometry. In: *Rapid Communications in Mass Spectrometry* **11** (1), pp. 2–16.

Gualandi, Loduvico (1995): *La Vexata Quaestio della priorità Marconi – Popov: Un'annosa diatriba.* Internet: `http://www.radiomarconi.com/marconi/popov/pag01.htm` (accessed: 06.10.2006), (ital.).

Hamann, Carl H. und Wolf Vielstich (1998): *Elektrochemie.* 3., völlig überarbeitete und erweiterte Auflage. Weinheim, New York, Chichester, Brisbane, Singapore, Toronto: WILEY-VCH Verlag GmbH, 1998. ISBN: 352727894X (dt.). [1. Auflage: Weinheim: Verlag Chemie, 1975 (dt.).]

Hars, Florian (1999): *Ferdinand Braun (1850–1918): ein wilhelminischer Physiker.* Diepholz, Berlin: Verlag für Geschichte der Naurwissenschaften und der Technik 1999. ISBN: 3928186396 (dt.).

Hertz, Heinrich (1894): *Untersuchungen über die Ausbreitung der elektrischen Kraft.* Internet: `http://gallica.bnc.fr/` (accessed: 29.07.2006).
Band II der Reihe Gesammelte Werke von Heinrich Hertz. 2. Auflage. Leipzig: Johann Ambrosius Barth (Arthur Meiner), 1894 (dt.). [1. Auflage: Leipzig: Johann Ambrosius Barth, 1892 (dt.).]

Howeth, Linwood S. (1963): *History of Communication-Electronics in the United States Navy.* With an introduction by Chester W. Nimitz. Under the auspices of Bureau of Ships and Office of Naval History.
Internet: `http://earlyradiohistory.us/1963hw.htm` (accessed: 27.09.2006).
Washington: United States Government Printing Office, 1963 (engl.).

Hülsmeyer, Christian (1904): Verfahren, um entfernte metallische Gegenstände mittels elektrischer Wellen einem Beobachter zu melden. In: *Kaiserliches Patentamt* (Patentschrift Nr. 165546, Klasse 74d).

Janssen, Michel; Schulmann, Robert; Illy, József; Lehner, Christoph und Diana Kormos Buchwald (Hrsg.) (2002): *The Collected Papers of Albert Einstein.* Princeton: Princeton University Press 2002. ISBN: 0691057176.

Johnson, John Bertrand (1960): Contribution of Thomas A. Edison to Thermionics. In: *American Journal of Physics* **28** (9), pp. 763–773.

Lieben, Robert von (1906): Kathodenstrahlenrelais. In: *Kaiserliches Patentamt* (Patentschrift Nr. 179807, Klasse 21g, Gruppe 4).

Lieben, Robert von; Reisz, Eugen und Siegmund Strauss (1911): Verfahren zur Erhöhung der Lebensdauer, Gleichmäßigkeit und Ökonomie von Entladungsröhren mit glühender Kathode. In: *Kaiserliches Patentamt* (Patentschrift Nr. 254588, Klasse 21g, Gruppe 4).

Loomis, Mahlon (1872): Improvement in Telegraphing. In: *United States Patent Office Full-Text and Image Database* (Patent number 129,971).

Marconi, Guglielmo (1909): *Wireless telegraphic communication. Nobel Lecture, December 11, 1909.* Internet:
http://nobelprize.org/nobel_prizes/physics/laureates/1909/marconilecture.html (accessed: 05.08.2006). Pp. 196–222 (engl.) in: (Nobel Lectures, 1967).

Maxwell, James Clerk (1873): *A Treatise on Electricity and Magnetism.* Internet: http://www.archive.org (accessed: 14.08.2006). Volume II. London: MacMillan and Co. – Publishers to the University of Oxford 1873 (engl.).

Meinke, Hans Heinrich (1963): *Elektromagnetische Wellen: Eine unsichtbare Welt.* Band 84 der Reihe Verständliche Wissenschaft. Berlin, Göttingen, Heidelberg: Springer-Verlag OHG 1963 (dt.).

Nobel Lectures (1967): *Physics 1901–1921.* Amsterdam: Elsevier Publishing Company 1967 (engl.).

Pfeiffer, Thies (1998): *Die Entwicklung der Telegraphie.* Internet: http://thies.agentensysteme.de/wp-content/my-files/telegraphie.pdf (accessed: 06.10.2006) (dt.).

Phillips, V. J. (1998): The „Italian Navy Coherer“ Affair: A Turn-of-the-Century Scandal. In: *Proceedings of the IEEE* **86** (1), pp. 248–258.

Preece, William Henry (1885): On a Peculiar Behaviour of Glow-Lamps when raised to High Incandescence. In: *Proceedings of the Royal Society of London* 38 (236), pp. 219–230.

Schreier, Wolfgang (1997): Die Entstehung der Funktechnik. Internet: http://www.deutsches-museum.de/bildung/veroeff/publik1.htm (accessed: 04.10.2006). *Technikgeschichte* 2. Auflage. München: Deutsches Museum 1997. ISBN: 392418335X (dt.). [1. Auflage: 1995 (dt.).]

Sengupta, Dipak L. and Tapan K. Sarkar (2003): Maxwell, Hertz, the Maxwellians, and the Early History of Electromagnetic Waves. In: *IEEE Antennas and Propagation Magazine* **45** (2), pp. 13–19.

Simons, R. W. (1996): Guglielmo Marconi and Early Systems of Wireless Communication. In: *GEC Review* **11** (1), pp. 37–55.

Smyth, Herbert Weier (Hrsg.) (1926): *Aeschylus: Agamemnon.* Internet: http://www.perseus.tufts.edu (accessed: 06.10.2006). Volume 2 of Aeschylus. Cambridge, London: Harvard University Press, William Heinemann Ltd. 1926. ISBN: 0674991613 (engl.).

Thomson, Elihu (1893): Method of and Means for Producing Alternating Currents. In: *United States Patent Office Full-Text and Image Database* (Patent number 500,630).

Tietze, Ulrich und Christoph Schenk (1999): *Halbleiter-Schaltungstechnik.* Unter Mitarbeit von Eberhardt Gramm. 11., völlig neu bearbeitete und erweiterte Auflage. Berlin, Heidelberg, New York, Barcelona, Hongkong, London, Mailand, Paris, Singapur, Tokyo: Springer-Verlag 1999. ISBN: 3540641920 (dt.).

Zenneck, Jonathan (1952): Aus der Kindheit der drahtlosen Telegraphie. In: *Die Naturwissenschaften* **39** (18), S. 409–418.

Abbildung 5.1:
Schiffsradaranlage (Drehantenne), ATLAS Elektronik, Bremen
Funk- und Kommunikationsanlagen von ATLAS verbinden Marineschiffe und landgestützte Einrichtungen zu einem netzwerkbasierten Umfeld.

Foto: Gudrun Wolfschmidt im Museum Tamm, Hamburg

100 Jahre drahtlose Seefunktelegrafie – Anfang und Ende einer spannenden Zeit in der Kommunikation

Hans Blank

5.1 Einleitung

Telegrafie ist jede Form der Kommunikation über lange Strecken, bei der Informationen mit Hilfe von Zeichen oder Tönen übertragen werden. Diese Abwicklung wurde in der Seefahrt über fast 100 Jahre praktiziert. Die Geschichte der drahtlosen Telegrafie in der Seefahrt beginnt kurz nachdem Heinrich Hertz 1886 der experimentelle Nachweis der elektromagnetischen Wellen gelungen war und endete mit der Einführung der Satellitenübertragung.

Die theoretischen Voraussetzungen für die Entdeckung der Wellen hat Maxwell mit seinen grundlegenden Arbeiten 1873 über die Elektrodynamik gelegt. Vor der Entdeckung der Wellen haben Forscher bereits über die drahtlose Übertragung von Signalen nachgedacht. Bekannt geworden sind u. a. Joseph Henry (1797–1837), einer der größten amerikanischen Wissenschaftler nach Benjamin Franklin (1706–1790) und Sir William Henry Preece (1834–1913), Chefingenieur der englischen Post. Joseph Henry hat 1842 festgestellt, dass sich bei der Entladung von Leidener Flaschen die in einiger Entfernung angeordneten Stahlnägel magnetisieren lassen, und Preece hielt bereits 1893 auf dem Elektriker-Kongress in Chicago einen Vortrag über die Signalübertragung mithilfe elektromagnetischer Wellen. Er konnte im selben Jahr in parallel verlegten Kabeln, deren Enden geerdet waren, Signalübertragungen nachweisen, indem er durch das eine Kabel einen Stromimpuls schickte, der in dem anderen Kabel einen Spannungsimpuls erzeugte.

Während Heinrich Hertz und viele andere Wissenschaftler die physikalischen Grundlagen erforschten, hatte Marconi als erster die kommerziellen Möglichkeiten dieser Entdeckung erkannt und gezielt die technische Umsetzung vorangetrieben.

5.2 Entdeckung der elektromagnetischen Wellen

Die theoretischen Vorgaben für Arbeiten von Heinrich Hertz hatte James Clerk Maxwell (1831–1879) 1873 mit seinem Werk Treatise on Electricity and Magnetism gelegt, in dem er die vier Gleichungen (Maxwellsche Gleichungen) der Elektrodynamik formulierte.

5.2.1 Heinrich Hertz (1857–1894)

Heinrich Hertz wurde am 22. Februar 1857 in Hamburg geboren. Er studierte ab 1876 in Dresden Architektur und Bauwesen und ab 1877 und 1878 in München und Berlin Mathematik und Physik. 1880 promovierte er bei Hermann von Helmholtz in Berlin und arbeitete bei ihm als Assistent. 1883 habilitierte sich Hertz in Kiel, lehrte dort als Privatdozent theoretische Physik. Von der Universität Karlsruhe bekam er 1883 einen Ruf als ordentlicher Professor und wies dort 1886 experimentell die elektromagnetischen Wellen nach. Im Alter von 36 Jahren starb Hertz in Bonn.

Abbildung 5.2:
Versuchsgeräte von Heinrich Hertz

Den Nachweis von elektromagnetischen Wellen gelang 1886 Heinrich Hertz, indem er mit einer Funkenstrecke und einer rechteckigen „Sendeantenne“ (Abb. 5.2) Hochfrequenzschwingungen erzeugte und diese in einer „Empfangsantenne“ durch Funkenentladungen nachweisen konnte. Bei diesen Versuchen benutzte er den von Rühmkorff (1803–1870) entwickelten Funkeninduktor, dem damaligen Standardgerät zur Erzeugung von Hochspannung. Hertz erzeugte mit seinen Experimenten Frequenzen von bis zu 500 MHz, die sich aus den Maßen der Sende- und Empfangsantenne ergaben. Nach seiner Entdeckung entwickelte sich die drahtlose Kommunikation, die mit der drahtlosen Telegrafie begann und sich mit Rundfunk, Fernsehen, Satelliten- und Mobilfunk fortsetzte.

In weiteren Arbeiten zwischen 1886 und 1888 wies Hertz die Reflexion und Polarisation von elektrischen Wellen nach, die Voraussetzungen auch für die Radartechnik waren. Welche Entwicklungsmöglichkeiten und Auswirkungen seine Entdeckung auf die Technik haben würde, hat Hertz jedoch nicht erkannt, denn die Frage eines Ingenieurs Huber aus München, ob seine Entdeckung für die Telegrafie verwendet werden könne, hat Hertz verneint. Die weitere Entwicklung hat Hertz jedoch widerlegt.

Nachdem Hertz seine Ergebnisse veröffentlicht hatte, vollzogen viele Wissenschaftler seine Versuche nach. Hierunter waren bekannte Namen wie Slaby und Garbasso in Berlin, Branly in Paris, Lodge in London, Bose in Kalkutta, Popow in Petersburg und Rhigi in Italien. Die Forscher beschäftigten sich mit der Materie, um die physikalischen Grundlagen zu erforschen. Die kommerziellen Einsatzmöglichkeiten dieser neuen Technik zu erkennen, war Marconi vorbehalten.

5.3 Technische Entwicklung

Hertz konnte mit seinen Versuchen elektromagnetische Wellen nur durch die Erzeugung eines Funkens in der „Empfangsantenne“ nachweisen. Für die weitere Entwicklung waren daher Bauteile erforderlich, mit denen Empfangsgeräte zum Erkennen von Zeichen gebaut werden konnten. Diese Voraussetzungen haben Branly (1844–1940), Lodge (1851–1940) und Popow (1859–1906) geschaffen. Das erste Gerät zum Nachweis von elektromagnetischen Wellen entwickelte 1890 der französische Physiker Édouard Branly. Seit längerem beschäftigte er sich mit der Leitfähigkeit von Metallen. Dabei stellte er fest, dass Metallpulver in elektromagnetischen Feldern leitend wird. Diese Eigenschaft hatte 1838 bereits Munck af Rosenschöld[1] bei Funkenentladungen festgestellt. Branly füllte Metallpulver in ein Glasröhrchen zwischen zwei Kontakte und konnte elektromagnetische Wellen durch die Änderung der Leitfähigkeit nachweisen. Als Metallpulver wurden Eisen, Nickel, Chrompulver o. ä. Metalle verwendet. Die Leitfähigkeit wird solange aufrechterhalten bis eine Erschütterung des Metallpulvers den nichtleitenden Zustand wieder herstellt. Diese Eigenschaft wurde später verwendet, um die Empfänger für neue zu empfangende Zeichen freizuschalten. Sir Oliver Lodge, Professor an der Universität Liverpool, verbesserte das Gerät von Branly und nannte es „coherer“[2] (Kohärer). In Deutschland wurde der Begriff „Fritter“ eingeführt.

Alexander Stephanowitsch Popow (1859–1905), Physiker in Leningrad, setzte als erster die Ergebnisse der Forschungen in die Praxis um und entwickelte 1895 einen Empfänger (Abb. 5.3), mit dem elektrische Entladungen in der Atmosphäre, also Blitze, akustisch nachgewiesen werden konnten. Er verband einen nicht geerdeten längeren Draht mit einem Fritter und einer elektrischen Glocke, die bei einem Blitzschlag anschlug. Um den Fritter wieder in den nichtleitenden Zustand zu versetzten, schlug beim Zurückfedern der

[1] Braun, Ferdinand (1901): Drahtlose Telegraphie durch Wasser und Luft, S. 58, Anmerkung 2.
[2] „cohere“ engl., cohaerere lat.: zusammenhängen.

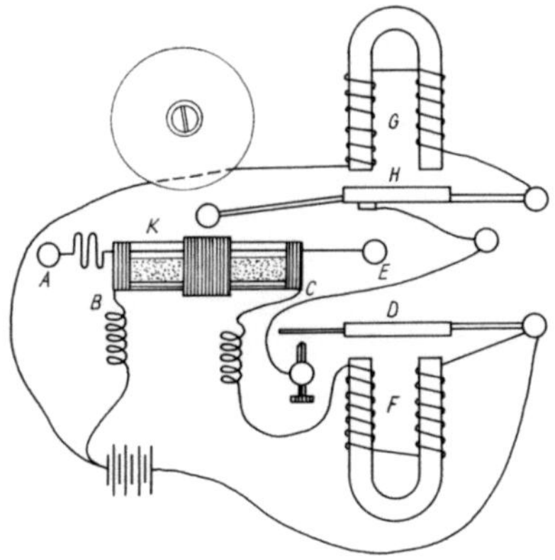

Abbildung 5.3:
Alexander Stepanowitsch Popow (1859–1905) – Blitzerkennung
Vierus 1999.

Klöppel gegen den Fritter. Das Metallpulver kehrte darauf durch die Erschütterung in den ursprünglichen nichtleitenden Zustand zurück. Popow veröffentlichte seine Erfindung im Januar 1896 in dem *Journal der Russischen Physikalischen Gesellschaft.* Sein Beitrag schloss mit dem Satz:

> *„Zusammenfassend möchte ich die Hoffnung zum Ausdruck bringen, dass mein Apparat, wenn er weiterentwickelt wird, sich für die Übertragung elektrischer Signale über Entfernungen mithilfe schneller elektrischer Oszillationen eignet, sobald wie eine Quelle für solche Entladungen entdeckt sein wird, die die notwendige Energie liefert.“*[3]

Mit diesem Zitat hat Popow mehr Weitsicht als Heinrich Hertz bewiesen.

5.3.1 Guglielmo Marconi (1874 – 1937)

Marconi war der erste, der die kommerziellen Möglichkeiten dieser neuen Technologie erkannte und die Entwicklung energisch vorantrieb. Er wurde am 25. April 1874 in Bologna geboren. Seine schulische Ausbildung erhielt er nicht an öffentlichen Schulen, sondern seine Mutter, die einer irischen Whiskey-Dynastie entstammte, ließ ihn von Privatlehrern in Italien und in England unterrichten. In England kam er durch das Lesen von Fachzeitschriften in Kontakt mit den Veröffentlichungen von Righi, Lodge, Popow. Nach Beendigung des Schulbesuchs studierte er Physik an den Universitäten Bologna

[3] Vierus, Dieter (1999): CQD SOS Mayday – Vom Knallfunkensender zum Satellitenfunk, S. 12.

und Florenz. Er besuchte die Vorlesungen von Professor Righi. die sein Interesse für die elektromagnetischen Wellen weckten. Während einer Ferienreise in den Alpen las er die Veröffentlichung von Heinrich Hertz über den experimentellen Nachweis der elektrischen Wellen. Daraufhin nahm er ab 1894 im Garten der Villa Grieffene (Bologna) seines Vaters Übertragungsversuche mit elektromagnetischen Wellen auf.

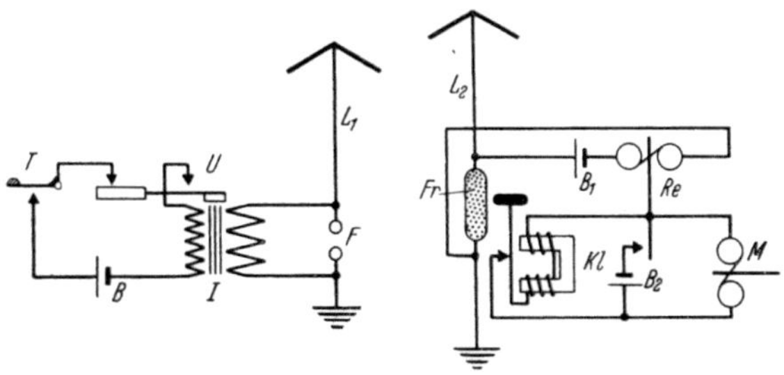

Abbildung 5.4:
Marconi Sender und Empfänger

Möller 1940.

Er entwickelte allerdings keine neuen Geräte, sondern übernahm die bekannten Versuchsanordnungen von Rhigi, Popow u. a. und verbesserte sie. Er schaltete die Kugeln des Righi-Oszillators, die Antennenanordnung von Popow und den Fritter von Branly bzw. Lodge zu einem Sende- und Empfängersystem zusammen (Abb. 5.4). Die Funkenstrecke wurde von einem Rühmkorffschen Funkeninduktor, dem damaligen Standardgerät für Hochspannungserzeugung, gespeist. Zum Aufzeichnen der übertragenen Zeichen benutzte Marconi einen Siphon-Schreiber (Abb. 5.5), den er in Reihe mit einem Fritter schaltete. Im Laufe seiner Versuche verbesserte Marconi die Anordnungen und erreichte damit größere Übertragungsreichweiten. Während Popow einen in der Luft hängenden Draht als Antenne benutzte, kam Marconi nach vielen Versuchen auf die Idee, sie zu erden. Auf Anhieb erreichte er mit den geerdeten Antennen eine bis dahin nicht erreichte Übertragung von 2,4 km. Mit dieser Konfiguration kann Marconi als Erfinder der Antenne bezeichnet werden. Bei all diesen Versuchen ist zu beachten, dass die theoretischen Grundlagen für die Ausbreitung elektromagnetischer Wellen zur damaligen Zeit nicht bekannt waren, deshalb wurden alle Verbesserungen nach der Methode „Try and Error“ erzielt.

Im Jahre 1985 bot Marconi der italienischen Regierung eine Demonstration seiner Geräte an, die nach längerer Bedenkzeit ihr Desinteresse erklärte. Daraufhin beschloss Marconi auf Ratschlag seiner Familie, mit seinen Geräten 1895 (21jährig) nach London zu reisen. England hatte zu jener Zeit die mächtigste Flotte der Welt, und Marconi sah bei der Marine die größten Chancen, seine Anlagen dort einzusetzen.

In London lernte Marconi den Chefingenieur der englischen Post, William Henry Preece (1834–1913), kennen, der sich seit langem mit drahtloser Übertragung von Signalen

Abbildung 5.5:
Siphon-Modell (späteres Modell) –
(Marconi siphon recorder, undulator)

http://faradic.net/ gsraven/fons_images/Page_12/4.html

beschäftigte. Außerdem fand eine Kontaktaufnahme zum Kriegsministerium statt, das sich für seine Geräte interessierte. Preece veranlasste Marconi eine Spezifikation über sein System anzufertigen, die dieser am 2. Juni 1896 als Patent in London einreichte. Am 2.7.1897 wurde das Patent erteilt.

Nachdem Marconi das Interesse von Preece und dem Kriegsministerium geweckt hatte, fand im Juni 1896 in London die erste Vorführung zwischen zwei Postgebäuden statt. Bei weiteren Demonstrationen für Post und Marine wurden sehr bald 2,8 km überbrückt. Am 12.12.1896 hielt Preece einen Vortrag über Marconis Experimente, bei dem Marconi mit seinen Versuchen assistierte. Der Vortrag fand in der Presse ein sensationelles Echo, und Marconi wurde als der Erfinder des drahtlosen Funks gefeiert. Diese Zuschreibung wurde von vielen Wissenschaftlern jedoch scharf kritisiert. Marconi ließ sich von dieser Kritik jedoch nicht beirren und erreichte durch weitere Verbesserungen im März 1897 eine Reichweite von 7,2 km. Ein großer Erfolg war am 13. Mai 1897 die erste Überbrückung eines Wasserweges, des Bristol-Kanals, von Lavernock Point zur Insel Flatholm (5,2 km) und kurz darauf nach Brean Down (14 km). Nach Ende der Bristol-Kanal-Versuche trug Preece vor der Royal Institution von London die Ergebnisse vor und schloss mit den Worten: *„Marconi hat ein neues Telegrafiesystem geschaffen“*

Als Beobachter an der Demonstration am Bristol-Kanal nahm auf Einladung von Preece der deutsche Physiker Karl Heinrich Slaby (1849–1913)[4] teil, der sich in Deutschland mit der Erforschung der elektromagnetischen Wellen beschäftigte. Preece hatte Marconi, der die Teilnahme der Öffentlichkeit an seinen Versuchen ablehnte, über die Einladung nicht informiert. Die Teilnahme von Slaby war die Initialzündung für die Entwicklung der drahtlosen Telegrafie in Deutschland.

Am 23. und 24. Dezember 1898 stelle Marconi eine Verbindung zwischen der Küste und dem englischen Feuerschiff „East Goodwin“ (19,2 km) her. Von diesem Feuerschiff wurde zum ersten Mal über eine drahtlose Verbindung Hilfe für ein in Seenot geratenes

[4] Slaby war Professor an der Technischen Hochschule in Charlottenburg.

Abbildung 5.6:
Feuerschiff East Goodwin

Vierus 1999.

Schiff herbeigerufen. Der englische Kanal (51 km) wurde am 27.3.1899 überbrückt und nach weiteren Reichweitenerfolgen – 1901: über 300 km von der Insel Wight nach Lizard in Cornwall – fand am 12.12.1901 die erste drahtlose Übertragung über den Atlantik von Poldhu/Cornwall nach St. John, Neufundland (Kanada) über eine Entfernung von 2500 km statt. Die Sendeleistung in Poldhu betrug 15 kW und gesendet wurde wahrscheinlich auf 850 kHz. Marconi hat sich über diese Daten ausgeschwiegen.

1897 gründete Marconi für die Herstellung und den Vertrieb seiner Anlagen die „Wireless Telegraph and Signal Company“, die später in „Marconi Wireless Telegraph Company“ umbenannt wurde. In den Anfangsjahren hatte die Firma wegen der geringen Nachfrage keinen großen Erfolg. Einige Geräte wurden 1898 an die britische Armee verkauft, die diese im Burenkrieg in Afrika einsetzte, allerdings mit großen Schwierigkeiten, denn infolge der atmosphärischen Störungen[5] kam es häufig zu Übertragungsschwierigkeiten. Ein erster Lichtblick war 1900 ein Vertrag mit der britischen Marine über die Lieferung und Wartung von Geräten sowie die Bereitstellung von Betriebspersonal. Damit wurde die Firma auf eine sichere Grundlage gestellt. Der Erfolg setzte sich Ende 1901 fort, als Marconi einen Vertrag mit Lloyds, London, abschloss, in dem vereinbart wurde, dass alle Reedereien, die Lloyds weltweites Schiffsagenturnetz in Anspruch nehmen, auf ihren Schiffen nur Marconi-Geräte einzusetzen haben und nur mit anderen Schiffen gleicher Ausrüstung telegrafische Nachrichten austauschen dürfen. Damit errichtete Marconi ein Monopol, mit dem er die anderen Hersteller von drahtlosen Anlagen vom Markt fern halten wollte. Lloyds hatte vor Abschluss des Vertrages einen Vergleich zwischen den Marconi- und Braun-Systemen angestellt, jedoch Marconi den Vorzug gegeben. Die

[5] Der Fritter war zu empfindlich.

Abbildung 5.7:
Erste transatlantische Übertragung Marconis von Poldhu, Cornwall, nach St. John, Neufundland (Kanada) am 12. Dezember 1901

Foto: Gudrun Wolfschmidt im New England Wireless and Steam Museum

Braun-Geräte hatten zwar gegenüber den Marconi-Geräten technische Vorteile, diese waren aber einfacher aufgebaut und leichter zu bedienten.

In der Folgezeit kam es infolge des Monopolanspruches zu diversen Patentstreitigkeiten zwischen Marconi und den auf den Markt drängenden Firmen Siemens/Braun und AEG bzw. ab 1903 mit Telefunken, eine Gründung von AEG und Siemens/Braun.

5.3.2 Entwicklung in Deutschland

In Deutschland ist die technische Entwicklung der drahtlosen Telegrafie mit den Namen Adolf Heinrich Slaby (1849 – 1913), seinem Mitarbeiter Georg von Arco (1869–1940) und Karl Ferdinand Braun (1850–1918) eng verbunden.

Adolf Heinrich Slaby

Slaby war Professor an der Technischen Hochschule in Charlottenburg. Er studierte Mathematik und Maschinenbau, hatte sich jedoch früh der Elektrotechnik zugewandt. Nach der Einladung von Preece, der ersten drahtlosen Verbindung über den Bristol-Kanal beizuwohnen, wiederholte Slaby die marconischen Versuche in Potsdam. Nach einem Bericht über die Marconi-Demonstration an Kaiser Wilhelm II. bekam er die Erlaubnis, über den Potsdamer See von der Glienecker Brücke zur Pfaueninsel Sende- und Empfangsgeräte aufzubauen. Auf Anordnung des Kaisers bekam Slaby die Unterstützung des Heeres und der Zeppelineinheiten. Die Ergebnisse der ersten Übertragungsversuche waren jedoch enttäuschend. Die Empfangssignale wurden durch atmosphärische Störungen stark gestört, weil die Fritter zu empfindlich reagierten. Nachdem sich die Ursache in der zu feinen Körnung des Metallpulvers herausgestellt hatte, wurde der Empfang durch eine gröbere Zusammensetzung besser.

Abbildung 5.8:
Drahenantenne in St. John

Pichler, Franz: Drahtlos über den Atlantik –
Erste Telegraphie-Funkübertragung durch Guglielmo Marconi vor 100 Jahren.
http://pluslucis.univie.ac.at/PlusLucis/021/s18_21.pdf.

Einen wesentlichen Anteil an den Entwicklungen von Slaby hatte Georg von Arco (1869–1940), der bei Slaby Maschinenbau und Elektrotechnik studierte. Slaby erkannte früh die Ingenieurfähigkeiten Arcos und beschäftigte ihn mit seinen elektromagnetischen Wellenversuchen. Hierbei erwies Arco sich als fähiger Ingenieur, der die Sende- und Empfangsanlagen mit seinen Ideen weiterentwickelte. Es wurde deshalb sehr schnell von dem Slaby/Arco-System gesprochen. Durch Änderungen an den Schaltungen konnte von Arco Verbesserungen erzielen. Um das Prellen des Klöppels zu minimieren und damit die Empfangsgeschwindigkeit zu erhöhen, wurde das zugehörige Empfangsrelais nicht im Arbeits-, sondern im Ruhestrombetrieb geschaltet. Die Empfangsspannung des Fritters wurde erhöht, indem er in den Spannungsbauch einer waagerechten Antenne, die am Fuß der senkrechten Antenne angeschlossen war, geschaltet wurde.

Ein Nachteil der ersten Systeme war, dass sie durch die langen Funkenstrecken sehr breitbandig waren und die Sende- und Empfangskreise nur sehr ungenau aufeinander abgestimmt werden konnten. Damit wurde nur ein Teil der aufgebrachten Energie zur Signalübertragung eingesetzt. Da es noch keine Messgeräte zur Abstimmung der Sende und Empfangsgeräte gab, wurde die Abstimmung der Sender und Empfänger durch Veränderung der Funkenstrecken vorgenommen. Durch parallel zu den Funkenstrecken

Abbildung 5.9:
Links: Adolf Heinrich Slaby (1849–1913)
Rechts: Georg Graf von Arco (1869–1940)

Links: `http://www.nue.tu-berlin.de/geschichte/slaby.htm`.
Rechts: Fuchs 2004.

geschalteten Kondensatoren (Leidener Flaschen) konnten Slaby und Arco Fortschritte in der Abstimmung erreichen. Diese Schaltung in Verbindung der waagerechten Antennenschaltung reichten sie als Patent ein.

Im Oktober 1897 konnte Slaby auf einem militärischen Gelände bei Berlin 21 km und im Sommer 1898 bereits 63 km von Berlin nach Jüterbog überbrücken. Dabei wurden die Antennen von Zeppelinen in eine Höhe von 200 m gezogen.

Neben dem Heer und der Zeppelineinheit interessierte sich auch die Marine für das Slaby/Arco-System. Im Sommer 1899 fanden auf der Kieler Förde Versuche mit den Kriegsschiffen „Friedrich Carl“ und „Vieneta“ statt. Durch Veränderungen der Sendeanlagen gelang es Arco, der die Versuche leitete, eine Entfernung von anfangs 20 km und nach Überarbeitung der Anlagen bis zu 36 km überbrücken. Zu dieser Zeit war Marconi mit 51 km jedoch in seiner Entwicklung wesentlich weiter.

Karl Ferdinand Braun

Ferdinand Braun kam erst relativ spät in Berührung mit der drahtlosen Telegrafie. Nach dem Studium der Mathematik und Physik in Marburg und Berlin wurde er über verschiedene Stationen 1895 Professor in Straßburg. Durch einen Zufall kam er mit der drahtlosen Telegrafie in Berührung. Der Kölner Schokoladenunternehmer Ludwig Stollwerk (1857–1922) suchte den Rat Brauns bei fehlgeschlagenen Experimenten mit der drahtlosen Telegrafie. Stollwerk war Teilhaber einer Firma, die sich erfolglos am Genfer See mit dieser Technik beschäftigte. Braun stellte schnell Fehler an den Geräten

Abbildung 5.10:
Links: Slaby Sender 1899
Rechts: Slaby Empfänger

Vierus 1999.

fest, die den Marconi-Schaltungen nur sehr ungenau nachempfunden waren. Mit Brauns Vorschlägen konnten schnell die ersten Erfolge erzielt werden.

Braun fand Interesse an der drahtlosen Telegrafie und experimentierte mit seinen Assistenten Mathias Cantor (1861–1916) und Jonathan Zenneck (1871–1959) zuerst mit Übertragungen im Wasser, die mit einem Patent „Telegraphiesystem ohne fortlaufenden Draht" am 12.7.1898 zum Erfolg führten. Parallel dazu führten sie Versuche in der „Atmosphäre" aus. Braun erkannte früh die Schwächen der bisher gebauten Anlagen und stellte fest, dass die Länge der Sende- und Empfangsantennen maßgeblich für die zu erreichenden Übertragungsreichweiten ist und eine Vergrößerung der Antennen durch Metallflächen, wie Marconi sie zuerst benutzte, keinen Einfluss hat. Auch die Funkenstrecken dürfen nur eine bestimmte Länge haben, um die aufgebrachte Energie maximal abstrahlen zu können. Ferner äußerte Braun:

> *„Ferner sind schnell verklingende Schwingungen nicht geeignet, um eine andere wichtige Aufgabe zu lösen. ... Schwach gedämpfte Schwingungen sind die Grundbedingungen für eine gut ausgesprochene Empfängerabstimmung."*[6]

Während Marconi und Slaby/Arco die Funkenstrecke in den Antennenkreis schalteten, sodass die Kapazität und Induktivität durch die Antenne gebildet wurde, koppelte Braun den primären Funkenstreckenkreis induktiv an die Sekundarinduktivität in der Antenne an (Abb. 5.13). Die Abstimmung der Frequenz wurde mit den Induktivitäten und den parallel geschalteten Kapazitäten der Leidener Flaschen durchgeführt. Diese Anordnung

[6] Braun (1901).

Abbildung 5.11:
Slaby Schiffstation, 1900
Fuchs 2004.

führte zu weniger gedämpften Schwingungen, und die Antennenkreise konnten besser abgestimmt werden.

Aufgrund der Erfolge von Braun erweiterte Stollwerk die Firma durch weitere Finanzgeber, wahrscheinlich auch Braun, und nannte die Firma 1899 in „Funkentelegraphie GmbH Köln“ um. Mitinhaber war auch der Reeder der Hamburg-Manila-Linie, Georg Wilhelm Bargmann (1869–1914). Mit Bargmann war damit die Verbindung zur Seefahrt hergestellt, der mit den anderen Geldgebern an einen Einsatz in der Schifffahrt dachte. Die weiteren Versuche von Braun, Cantor und Zenneck[7] wurden an der Elbmündung bei Cuxhaven und dem Seegebiet bis Helgoland ab Sommer 1899 fortgesetzt. Der Hamburger Senat stellte dort alle Örtlichkeiten wie Seezeichen, Leuchttürme und Feuerschiffe für die Versuche zur Verfügung.

Gegenüber den „Laborversuchen“ in Straßburg waren an der Nordsee die Versuche weitaus anspruchsvoller, und Braun und seine Mitarbeiter mussten mit den schwierigen

[7] In Cuxhaven gibt es einen Gedenkstein für Zenneck.

Abbildung 5.12:
Karl Ferdinand Braun (1850–1918)

Foto: Gudrun Wolfschmidt im New England Wireless and Steam Museum

Wetterbedingungen kämpfen. Nicht vorhergesehene Windstärken und die Korrosion der salzigen Luft führten zur Zerstörung der Antennen. Entsprechend wettertauglich mussten die Geräte für den rauen Betrieb umkonstruiert werden.

Im Frühjahr 1899 fanden Versuche zwischen der Kugelbake und dem Cuxhavener Leuchtturm (4 km) statt, im Juni konnte Braun Verbindungen von der Kugelbake zur Insel Neuwerk und um die Jahreswende 1899/1900 von dort zu den Feuerschiffen in der Elbmündung herstellen. Für Schiff-Landversuche, bei denen schnell bis zu 30 km überbrückt werden konnten, stand das Seebäderschiff „Silvana" zur Verfügung. Am 25. September 1900 gab es die erste Funkverbindung zwischen Helgoland und Cuxhaven und die Firma rüstete die vier Feuerschiffe mit drahtlosen Anlagen aus. Bereits im Oktober 1899 beobachtete die Marine Brauns Versuche und im April 1900 zeigte das Torpedo-Versuchskommando Interesse an Brauns Systemen. Braun reagierte jedoch zurückhaltend, da er seine Anlagen noch nicht als vorführungsreif ansah, sodass er sich erst im Herbst 1901 bereit fand, für Demonstrationen auf einem Schiff des Torpedo-Versuchkommandos Anlagen zur Verfügung zu stellen. Die Marine war über Brauns Zurückhaltung enttäuscht und es entstand bei ihr die Meinung, seine Anlagen wären nicht auf dem Entwwicklungsstand der anderen Systeme, denn Slaby/Arco hatten zur gleichen Zeit bereits ca. 20 Schiffsanlagen produziert. Anfang 1902 waren jedoch die Arco/Slaby- und Braun-Anlagen technisch gleichwertig.

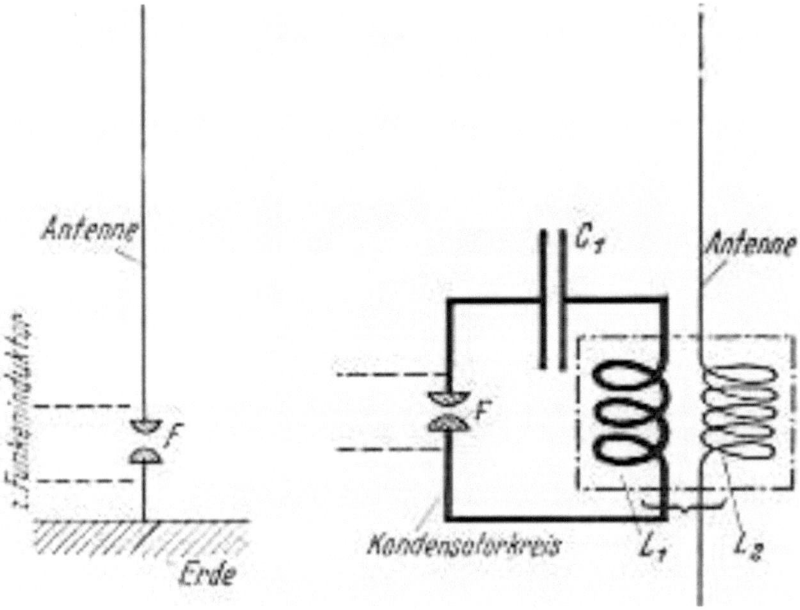

Abbildung 5.13:
Links: Sender von Guglielmo Marconi (1874–1937),
Rechts: Sender von Karl Ferdinand Braun (1850–1918)

http://www.seefunknetz.de/zenneck.htm.

Um die Fortführung der erfolgreichen Versuche auf eine breitere finanzielle Basis zu stellen, ging 1901 die im Juni 1899 von der „Funkentelegraphie Köln GmbH“ in „Prof. Braun Telegraphie GmbH“ umbenannte Firma mit „Siemens & Halske“ eine Verbindung zu der „Braun-Siemens GmbH“ ein. 1909 wurde Braun und Marconi für ihre Arbeiten zur drahtlosen Telegrafie der Nobelpreis verliehen.

5.3.3 Technische Sende- und Empfangseinrichtungen

Empfänger

Die ersten Empfangseinrichtungen bestanden aus Antenne und Fritter sowie angeschlossenem Drucker. Der Fritter reagierte jedoch auch auf atmosphärische Störungen und musste mechanisch wieder in den Empfangszustand versetzt werden. Verbesserungen brachte der von Wilhelm Schlömilch (1870–1939) und gleichzeitig von Reginald Audrey Fessenden entwickelte Detektor. Die Wirkungsweise beruht auf der Gleichrichterwirkung von Kristallen, die Ferdinand Braun bereits 1891 entdeckt hatte. Dieser hatte bereits früh auf die Verwendung von Kristallen als Detektoren hingewiesen, jedoch kamen ihm Schlömilch, Fessenden bei der Realisierung zuvor.

Der Detektor besteht aus einem Kristall und einer Metallspitze, die mit einem bestimmen Druck an der richtigen Stelle in den Kristall gedrückt werden muss, um den besten Effekt zu erzielen. Im Gegensatz zum Fritter konnte jedoch wegen der Hochohmigkeit des Detektors kein Drucker angeschlossen werden, sodass auf den Hörempfang mit Kopfhörern gewechselt werden musste. Allerdings waren höhere Übertragungsgeschwindigkeiten möglich, da der Empfang eines neuen Zeichens sofort möglich war und nicht erst durch das mechanische Rücksetzen des Fritters in den nichtleitenden Zustand. Der Detektor reagiert als „Halbleiter“ verzögerungsfrei.

Bis zur Einführung der Elektronenröhre waren daher Fritter, Detektor und ein von Marconi entwickelter „Marconidetektor“, der über magnetische Spulen und ein umlaufendes Stahlband hörbare Empfangssignale erzeugte, die Geräte für Empfangseinrichtungen.

Mit der Entwicklung der Elektronenröhren begann eine neue Entwicklung. Es konnten empfindlichere und selektivere Empfänger und mit Senderöhren ungedämpfte Wellen erzeugt werden. In der Folge wurden die Leistungen und Eigenschaften der Senderöhren verbessert, so dass neben den bisher genutzten Lang- und Mittelwellen auch die Kurzwellen benutzt werden konnten, mit denen bei geringerer Leistung größere Reichweiten erzielt werden können.

Entwicklung der Röhren

In der zweiten Hälfte des 19. Jahrhunderts wurde mit der Kathodenstrahlforschung die Grundlage für die Elektronenröhren gelegt. Bis zur Entwicklung der geheizten Kathode mussten durch hohe Spannung von mehreren tausend Volt an der Anode die Elektronen aus der Kathode herausgerissen und beschleunigt werden. 1903 entdeckt Arthur Wehnelt (1871–1944) die Emission von Elektronen[8] aus Erdalkalioxiden bei hohen Temperaturen. Er entwickelte 1903 eine Vakuum-Glasröhre mit einem beheizbaren, von Kalziumoxid ummantelten Platindraht und einem Metallzylinder als Anode.[9] Durch Anlegen einer niedrigen Spannung von ca. 100 V konnte er einen Elektronenstrom erzeugen und eine Gleichrichterwirkung nachweisen. Hiermit wurde die Entwicklung der Elektronenröhre mit Verstärkereigenschaften angestoßen.

Neben Wehnelt forschten auch andere Wissenschaftlern auf diesem Gebiet. Der englische Physiker John Ambosse Fleming (1849–1945) wurde 1899 Berater der Marconi-Gesellschaft. Er beschäftige sich seit längerem ohne größeren Erfolg mit chemischen Gleichrichtern. Bei diesen Arbeiten erinnerte er sich an einen Gleichrichtereffekt in Edisons Glühlampen.[10] Er installierte einen Wehnelt-Zylinder in eine Vakuumglasröhre und

[8] 1897 entdeckte Joseph John Thomson das Elektron.

[9] In der weiteren Entwicklung wurde die Kathode in die Mitte des Metallzylinders angeordnet. Diese Anordnung ist als Wehnelt-Zylinder bekannt.

[10] 1882 stelle Edison fest, dass sich bei den Glühlampen innerhalb kurzer Zeit auf dem Glaskolben eine dunkle Schicht bildete, von der Fleming annahm, sie bestehe aus Kohlepartikelchen des Glühkohlefadens. Er befestigte innerhalb des Glaskolbens eine Metallfolie an der Schicht und konnte einen Strom von dem Glühfaden zur Folie festellen.

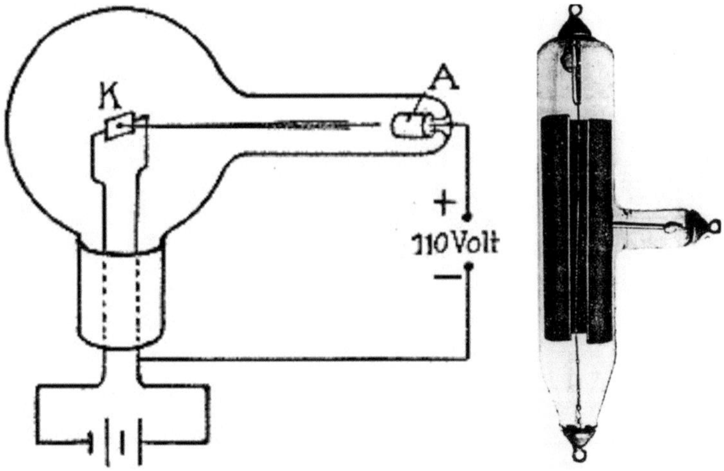

Abbildung 5.14:
Links: Wehnelt-Röhre
Rechts: Wehnelt-Zylinder

http://www.seefunknetz.de.

stellte am 16.11.1904 die erste funktionsfähige Elektronen-Diode her. Marconi sah dieses Bauelement als Detektorersatz und begann mit der Produktion. Ein großer Erfolg war ihm jedoch nicht beschieden, denn mit der Entwicklung von steuerbaren Röhren wurde die Empfänger- und Sendertechnik neu gestaltet.

Es war bekannt, dass der Elektronenstrom in den Röhren durch magnetische und elektrische Felder abgelenkt werden kann. Robert von Lieben (1878–1913) konstruierte eine Röhre, bei der mit einem magnetischen Feld der Elektronenstrom gesteuert werden konnte. Auch wenn Lieben kein drittes Gitter in der Röhre anordnete, kann er dennoch als Erfinder der Triode gelten. Am 4.3.1906 wurde seine Entwicklung patentiert.

Als erster entwickelte der Amerikaner Lee de Forest (1873–1961) eine Röhre mit drei Gittern. Mit diesen Röhren konnten trennscharfe Verstärker für Empfangssignale gebaut werden. 1911 entwickelte Otto von Bronk (1872–1951) den ersten Hochfrequenzverstärker, und der österreichische Physiker Alexander Meißner (1883–1958), angestellt bei Telefunken in Berlin, erfand dort den Rückkopplungsverstärker, bei dem die verstärkten Signale phasengleich dem Gitter wieder zugeführt und damit größere Verstärkungen erreicht werden.

Sendertechnik

Mit den bis zu 300 mm langen Funkenstrecken konnten nur gedämpfte und breitbandige Wellen erzeugt werden. Wegen des lauten Knalls beim Funkenüberschlag wurden die Sen-

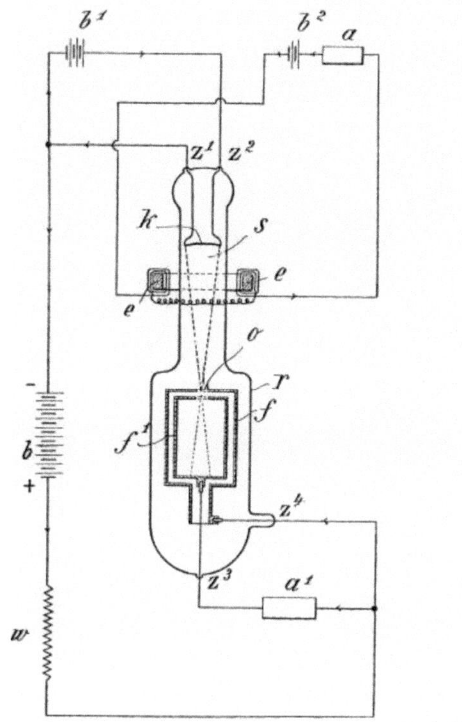

Abbildung 5.15:
Robert von Lieben Röhre
Patentschrift Nr. 179807.

der „Knallfunkensender“ genannt. Braun erkannte sehr schnell, dass nur mit schwach- bzw. ungedämpften Wellen eine Erhöhung der Reichweite zu erreichen war. Mit der induktiven Kopplung der Funkenstrecke an die Antenne konnte er die Dämpfung verringern und dadurch die abgestrahlte Energie erhöhen, allerdings mit dem Nachteil einer Zweiwelligkeit des Frequenzbandes. Eine Weiterentwicklung war der Löschfunkensender von Max Wien, mit dem die Zweiwelligkeit der Braunschen Konzeption vermieden wurde. Mit diesem Sender war die Entwicklung der gedämpften Funkensender weitgehend abgeschlossen.

Max Wien (1866–1938), ein deutscher Physiker, sah für die Entwicklung der drahtlosen Telegrafie, wie andere auch, die Bestimmung der Resonanzfrequenz als einen wesentlichen Teil für die Umwandlung der aufgewandten Energie in Sendeleistung an. Bereits im Januar 1903 schrieb Arco in der *Elektrotechnischen Zeitschrift*:

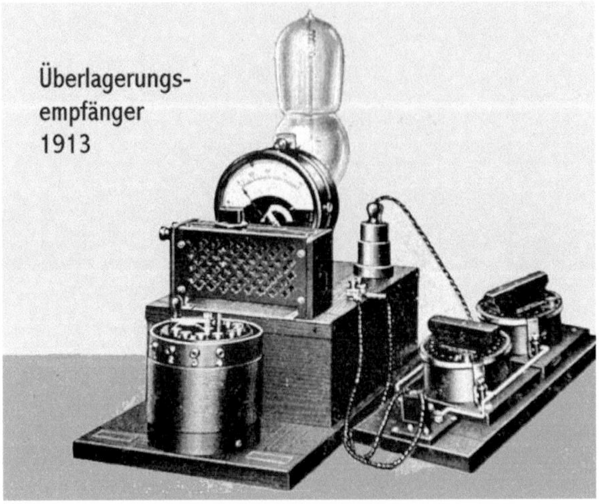

Abbildung 5.16:
Meißner Verstärker, 1913

Vierus 1999.

> *„Alle Fachleute sind sich heute darüber einig, dass der bedeutende Fortschritt in Entwicklung der Funkentelegrafie ... die richtige Anwendung des Gesetzes der elektrischen Resonanz ist.“*[11]

Max Wien analysierte die durch Funkenstrecken erzeugten Frequenzen und stellte die Abhängigkeit der Frequenzbandbreite von der Länge der Funkenstrecke fest. Die Funkenstrecken der bis dahin eingesetzten Sender betrugen bis zu 300 mm und hatten deshalb einen kleinen Wirkungsgrad. Wien erkannte, dass mit der Ionisation der Luft eine Erhöhung der Leitfähigkeit einherging und während dieser Zeit die Energie von der Antenne abgestrahlt und die meiste Energie während des Funkenüberschlags vernichtet wird. Es musste daher das Ziel sein, den Funken so schnell wie möglich zu löschen. Dies gelang durch eine entsprechende mechanische Ausbildung der Funkenstrecke. Durch die Hintereinanderschaltung von mehreren kleinen Funkenstrecken konnte die Energie mit einem besseren Wirkungsgrad abgestrahlt und die Zweiwelligkeit der Braunschen Sender vermieden werden. Die nicht so stark gedämpften Wellen ermöglichten eine höhere Übertragungsgeschwindigkeit. Telefunken entwickelte dieses Verfahren zur Produktionsreife und vertrieb dieses Gerät als Tonfunkensender, weil durch die schnelle Funkenfolge ein singender Ton von ca. 1000 Hz erzeugt wurde.

1903 entwickelte der dänische Physiker Vlademir Poulsen (1869–1942) einen Funkensender für einen CW-Betrieb.[12] Die ungedämpften Wellen wurden durch eine nicht verlö-

[11] Arco (1903), S. 6.

[12] CW – continous wave.

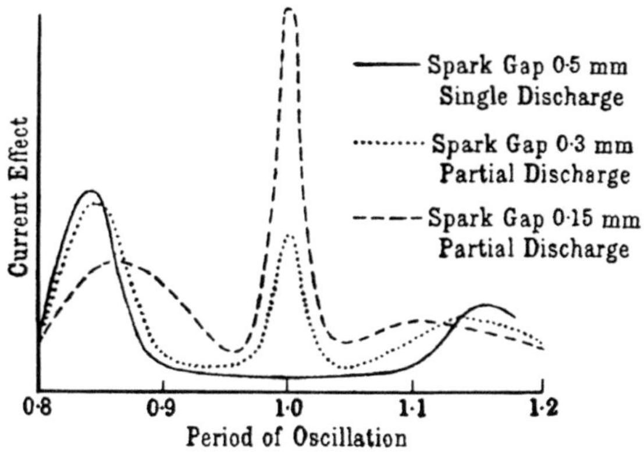

Abbildung 5.17:
Bandbreite vs. Funkenstrecke

schende wasserstoffgekühlte Funkenstrecke erreicht. Mit den ungedämpften Wellen war jetzt eine Sprachübertragung möglich. Diese Sender wurden aufgrund ihrer Größe überwiegend in landgestützten Stationen und auf Fahrgastschiffen für Sprachübermittlung eingesetzt.

Die weitere Röhrenentwicklung verdrängte langsam die Funkensender. Ende des Ersten Weltkrieges wurden Senderröhren mit Leistungen bis zu 200 W eingesetzt. Diese Leistungen waren durch den Übergang von gasgefüllten auf Hochvakuumröhren möglich.

5.4 Telegrafie im Seefunk

Marconi erkannte nicht nur als erster die die kommerziellen Möglichkeiten der drahtlosen Telegrafie, sondern konzipierte auch ein neues Vermarktungskonzept, indem er nicht nur die Anlagen verkaufte, sondern den Kunden eine Rundumbetreuung anbot. Er wartete und reparierte nicht nur die Geräte, sondern stellte auch eigenes Personal zur Bedienung der Anlagen auf den Schiffen und Küstenfunkstationen zur Verfügung. Bereits 1899, also drei Jahre nach seiner Ankunft in London, rüstete Marconi die Schiffe der Great Railway Co. aus, die zwischen Harwich und dem Kontinent verkehrten, und richtete auf beiden Seiten des Kanals als Gegenstellen Küstenfunkstationen ein.

Um 1900 hatten die Anlagen ihr Versuchsstadium überwunden und die Reedereien sahen wohl die Vorteile, wenn die Schiffe ihre Ankunft mit der drahtlosen Telegrafie den Zielhäfen früh mitteilen könnten. Allerdings waren die Frachtraten vor dem Ersten Weltkrieg wegen eines Überangebots an Frachtraum so niedrig, dass die Reeder diese Investition scheuten. Die deutschen Reeder forderten deshalb aus Wettbewerbsgründen

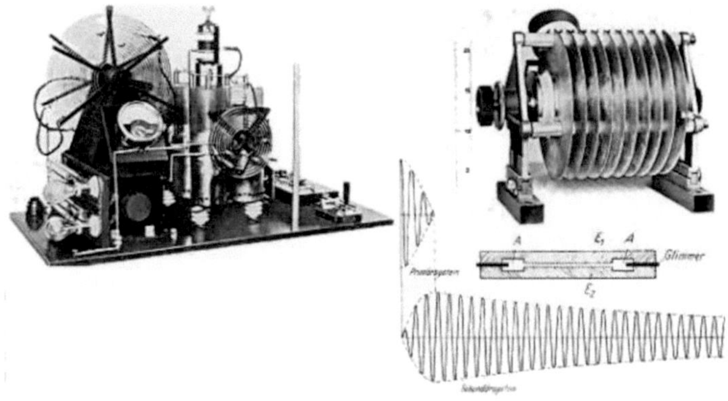

Abbildung 5.18:
Löschfunkensender, Funkenstrecke und Wellenverlauf
`http://www.seefunknetz.de/.`

eine internationale Ausrüstungspflicht oder die Senkung der Versicherungsbeiträge für Schiffe mit Funkanlagen. Bis zu einer generellen Ausrüstungspflicht wurden deshalb in erster Linie die Fahrgastschiffe ausgerüstet, auch weil die begüterten Fahrgäste den neuen drahtlosen Telegrammdienst begeistert nutzten.

In Deutschland rüstete im Jahre 1900 der Norddeutsche Lloyd das Feuerschiff „Borkum Riff" und den Leuchtturm auf Borkum mit Marconianlagen aus. Die Küstenfunkstelle auf Borkum soll die erste Küstenfunkstelle der Welt gewesen sein. Sichtete das Feuerschiff „Borkum Riff" ein Lloyd-Schiff, so meldete es drahtlos die Position an den Leuchtturm auf Borkum, der diese dann über Kabel nach Bremerhaven telegrafierte. Kurze Zeit später wurde als erstes deutsches Schiff die „Kaiser Wilhelm der Große" mit einer Marconi-Anlage ausgerüstet. In Bremerhaven wurde eine Landstation eingerichtet, sodass dieses Schiff seine Ankunft unter Umgehung der Borkum-Küstenfunkstelle melden konnte.

Die zweite große deutsche Reederei HAPAG rüstete 1901 ihr erstes Schiff, die „Deutschland", mit einer AEG-Slaby/Arco-Anlage aus, die jedoch 1903 durch eine Marconianlage ersetzt wurde, mit der eine Entfernung von 112 km überbrückt werden konnte. Die Umrüstung geschah aufgrund des Marconi-Monopols, nach dem Telegramme nur zwischen Marconistationen ausgetauscht werden durften.

Neben der Ausrüstung der Seeschiffe mit Funkanlagen wurden an den Küsten in Europa und Übersee Küstenfunkstellen aufgebaut, die überwiegend mit Marconistationen ausgerüstet waren, womit das Marconi-Monopol gefestigt wurde. Die Regierung der USA versuchte schon früh das Monopol zu brechen und rüsteten ihre Küsten- und Seefunkstellen mit Anlagen anderer Hersteller aus. Alle Seefahrtnationen hatten ein Interesse an einem uneingeschränkten Funkverkehr, um damit auch ihre nationalen Firmen auf dem neuen Markt unterstützen zu können. Deshalb schlug die deutsche Regierung 1903 die Einberufung einer internationalen Konferenz vor, auf der die Regularien des drahtlosen

Abbildung 5.19:
Küstenfunkstelle Borkum

`http://rundfunk-nostalgie.de/seefunk.html.`

Funkverkehrs, insbesondere des uneingeschränkten Funkverkehrs zwischen allen Stationen, vereinbart werden sollten. Im gleichen Jahr fand daraufhin in Berlin eine Vorkonferenz zu der 1. Funkkonferenz statt. Diese fand jedoch wegen des Russisch-Japanischen Krieges erst 1906 in Berlin statt. Auf deutscher Seite wurde der Artikel 3 des Vertrages im Kampf gegen Marconi gefeiert. Der Artikel 3 legte fest:

> *„Die Küstenstationen und die Bordstationen sind ohne Unterschied des von ihnen benutzten funkentelegraphischen Systems zum wechselseitigen Austausch der Funkentelegramme verpflichtet.“*[13]

Im Weiteren wurden für den Seefunkverkehr die Frequenzen zwischen 500 und 600 kHz und für große Reichweiten Frequenzen unter von 185 kHz festgelegt.

Bis auf Italien und England wurde der Vertrag von allen teilnehmenden Staaten anschließend ratifiziert. Deshalb dauerte es noch einige Jahre, bis das Marconi-Monopol beseitigt war und die deutschen Firmen mit Marconi gleichziehen konnten.

Die Geschäftsbereiche der drahtlosen Telegrafie von Siemens/Braun und AEG waren zuerst hauptsächlich auf die Ausrüstung von Marine und Heer gerichtet. 1904 waren die Flotten von Deutschland, Österreich, Ungarn, USA, Schweden, Dänemark, Norwegen, Spanien und Russland ihre Kunden. Da AEG und Siemens ihre Entwicklungen

[13] Friedewald (1999): Die „Tönenden Funken“, S. 76.

patentieren ließen, kam es zwischen den beiden Firmen immer wieder zu Patentstreitigkeiten, die heftig vor Gericht ausgetragen wurden und auch von persönlichen Eitelkeiten zwischen Slaby und Braun herrührten, wer denn nun die Priorität bestimmter Erfindungen habe. Um diesen Streitereien ein Ende zu bereiten, gründeten Siemens und AEG am 23. März 1903 auf Anregung von Kaiser Wilhelm II. die „Telefunken AG", die die Funkaktivitäten beider Firmen bündelte und eine Verschmelzung der Siemens/Braun- und AEG-Slaby/Arco-Systeme durchführte. Telefunken war bis in die 1990er Jahre auf dem Gebiet der Telekommunikation im professionellen und Konsumerbereich tätig.

Abbildung 5.20:
Schnelldampfer „Kaiser Wilhelm der Große" vom Norddeutschen Lloyd
`http://www.seefunknetz.de/`.

Nachdem abzusehen war, dass der Bedarf der deutschen und ausländischen Streitkräfte gedeckt sein würde, begann Telefunken seinen Geschäftsbereich auf die zivile drahtlose Telegrafie auszudehnen. Die ersten Telegrafieanlagen wurden in stationäre Anlagen in Deutschland, Europa, USA und Übersee eingebaut. Bereits 1903 hatte Telefunken 163 Systeme ausgeliefert. Im Gegensatz zu Marconi sah sich Telefunken jedoch nur als Lieferant von Systemen und nicht als Rundumbetreuer. Für den Aufbau der Anlagen wurde vor Ort Fach- und Hilfspersonal eingestellt, das von Telefunken-Ingenieuren geleitet wurde. Betriebspersonal mussten die Kunden selbst beschäftigen und wurden nicht von Telefunken gestellt.

Mit dem Eindringen in den zivilen Markt, eskalierte der Streit zwischen Telefunken und Marconi. Beide Firmen waren zu diesem Zeitpunkt die größten Anbieter von Telegrafieanlagen. Sie deckten bis 1914 ca. 70% der installierten Anlagen ab. Durch die monopolartige Stellung Marconis hatten auch die beiden größten deutschen Reedereien HAPAG und der Norddeutsche Lloyd langfristige Verträge mit Marconi abgeschlossen, die teilweise bis 1914/17 liefen.

Das Marconi-Monopol begann 1910 zu wanken, als die englische Postbehörde alle englischen Küstenfunkstationen kaufte und sie für den öffentlichen Funkverkehr entsprechend

Abbildung 5.21:
Telefunken-Hilfsarbeiter in der Südsee
Telefunken-Hausmitteilungen, 1911–1923.

des Funktelegraphenvertrages von 1906 freigab. Die Deutsche Reichspost unterstützte Telefunken, indem sie die Ausrüstung der deutschen Schiffe mit Telefunken-Anlagen unterstützte. Durch den Druck der staatlichen Stellen war das Marconi-Monopol nicht mehr zu halten. Um den Streitigkeiten zwischen Marconi und Telefunken ein Ende zu setzen, gründeten AEG, Siemens & Halske, Telefunken und eine belgische Tochterfirma von Marconi 1911 die „Betriebsgesellschaft für drahtlose Telegraphie DEBEG“. Die Aufgabe von DEBEG waren die Planung, Beschaffung und Betreiben von Funkgeräten, die Ausbildung von Funkoffizieren und die Betreuung von Marconi- und Telefunken-Anlagen. Die Verträge von Marconi und Telefunken wurden auf die DEBEG übertragen, sodass diese mit der Betreuung von 80 Marconi- und Telefunken-Anlagen starten konnte. Die deutschen Schiffe konnten jetzt uneingeschränkt mit allen Gegenstellen verkehren.

Im Laufe der Jahre steigerte sich der Erfolg von Telefunken. Anhand der Anzahl der Ausrüstung der Stationen mit beiden Systemen ist der Erfolg der deutschen Systeme zu erkennen. Während 1909 Marconi 67% und Telefunken 10% der Schiffsstationen (weltweit 240) ausgerüstet hatten, war das Verhältnis 1914 (weltweit 3902 Schiffsstationen) mit 39% zu 33% fast ausgeglichen. Der Umsatz/Gewinn von Telefunken verbesserte sich in diesem Zeitraum von 1.602.385/0 RM auf 9.508.817/750.000 RM.

Ab 1912 wurde in Deutschland über eine generelle Ausrüstungspflicht diskutiert, auch wenn dies höhere Kosten für die Reedereien zur Folge haben würde. Durch Schiffsverluste, die Titanic war der spektakulärste Seenotfall am 14.4.1912, wurden die Regierungen der seefahrenden Staaten so sensibilisierst, dass auf der 2. Internationalen Funkkonferenz 1912 in London der Vertrag zum Schutze des menschlichen Lebens auf See, der „Schiffssicherheitsvertrag“, abgeschlossen wurde. In ihm wurde Ausrüstungspflicht, Hörbereit-

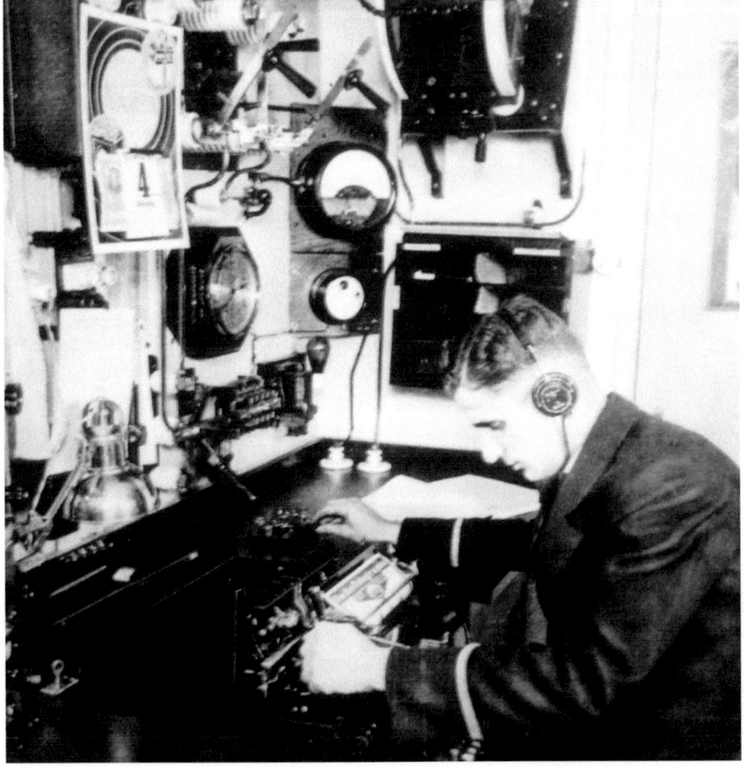

Abbildung 5.22:
Funker beim Morsen an einer DEBEG-Seefunkanlage
Foto: Gudrun Wolfschmidt im Museum für Kommunikation.

schaft, die Spezifikationen der Funkanlagen und die Qualifikation der Funker festgelegt. Die Funkausrüstungspflicht für Schiffe mit mehr als 50 Mann Besatzung bzw. mehr als 12 Fahrgästen wurde vorgeschrieben.[14] Eine internationale Seenotfrequenz von 500 kHz wurde festgelegt, auf der jede Station in der Lage sein musste, senden und empfangen zu können. Auf dieser Frequenz waren jede Stunde zwei mal zwei Minuten Funkstille für den Empfang von leisen Seenotzeichen zu gewährleisten. Außerdem wurde auf Vorschlag Deutschlands das Seenotzeichen „SOS“ vereinbart. Marconi hatte zu Beginn der drahtlosen Telegrafie für seine Schiffe das Zeichen „CQD“ verwendet. Es dauerte also noch eine geraume Zeit, bis „SOS“ zum alleinigen Seenotzeichen eingeführt war.[15]

1907 begann in Deutschland der Aufbau der Küstenfunkstellen. In Deutschland betrieb Marconi – wie beschrieben – eine Anlage auf Borkum. Nach einem Vorfall, der wahrscheinlich nicht stattgefunden hat, sollte Kaiser Wilhelm II. von dem HAPAG-Schiff „Hamburg“, das mit Slaby/Arco-Anlagen ausgerüstet war, die Ankunft des Schiffes über die Marconi-Küstenfunkstelle auf Borkum telegrafiert werden. Die Übermittlung wurde jedoch von Borkum verweigert. Daraufhin soll der Kaiser den Aufbau einer deutschen Küstenfunkstelle angeordnet haben. Am 1. Juni 1907 nahm die „Funktelegraphenstation Norddeich“ in Norden (gegenüber von Norderney) den Betrieb für den öffentlichen Seefunkverkehr auf. Norddeich Radio sendete damals auf 150 kHz, also Langwelle. Mit ihrer Leistung stand Norddeich Radio auf einem der vorderen Plätze in Europa.

Mit Beginn des Ersten Weltkrieges waren alle deutschen Kriegsschiffe, das Heer und die Zeppelinflotte mit drahtlosen Sende- und Empfangseinrichtungen ausgerüstet. Das Heer hatte nicht nur stationäre Einrichtungen, sondern auch mobile Stationen im Einsatz, die in Pferdezügen eingebaut waren und transportable Geräte an der vordersten Front. Durch den Stellungskrieg in Frankreich wurde ein dichtes Netz für drahtlose Telegrafie aufgebaut.

Nach Ende des Ersten Weltkrieges hielten die Röhren verstärkt Eingang in die zivilen Anlagen. In den 1920er Jahren wurden deshalb die Funkensender, Fritter- und Detektorempfänger langsam zurückdrängt. Mit den Röhrengeräten konnte der aus technischen Gründen bisher nicht zugängliche Kurzwellenbereich genutzt werden. Die Einführung der Kurzwelle in der drahtlosen Telegrafie ist wohl Marconi zuzuschreiben. 1920 hatte Marconi eine Anfrage der italienischen Marine, Funkstationen für niedrige Reichweiten und geringe Leistungen zu entwickeln, mit denen zwischen den Schiffen kommuniziert werden sollte. Marconi experimentierte daraufhin mit Frequenzen von 20 MHz und Leistungen von 700 W. Damit erreichte er die geforderte Reichweite von 150 km. Weitere Messungen ergaben Reichweiten, die bei der kleinen Leistung nicht erwartet worden waren. Erklären konnte Marconi sich dieses Phänomen nicht, denn die bereits 1902 von Heaviside erahnte leitende Schicht (Heaviside-Schicht), die elektromagnetische Wellen höherer Frequenzen reflektiert und damit Verbindungen um den Erdball ermöglichen, wurde nicht als Ursache erkannt. Marconi installierte dann 1920 in seiner Atlantikstation Poldhu eine Kurzwellenanlage mit einer Leistung von 17 kW und einer Frequenz von

[14] Die USA waren Vorreiter dieser Pflicht. Bereits 1911 wurden amerikanische Reedereien verpflichetet, ihre Schiffe mit mehr als 50 Mann Besatzung mit Funkstationen auszurüsten.

[15] Vierus (1999).

30 MHz, mit der er Verbindungen nach New York, Kanada und Sydney herstellen konnte. Weiter Versuche über die Ausbreitungsbedingungen in Abhängigkeit von Frequenz, Leistung und der Tageszeit folgten. Darauf aufbauend schlug Marconi der englischen Regierung vor, das von ihm zu liefernde Funknetz zu den Kolonien nicht mehr mit Lang-, sondern mit Kurzwellen aufzubauen. Nach erfolgreichen Versuchen wurde die Konzeption geändert und Kurzwellenstationen aufgebaut. 1924 wurde das „World-Wide-Imperial Wireless"-Netz in Betrieb genommen. Die Anlagen arbeiten im Frequenzbereich von 12 bis 18 MHz.

Das erste deutsche Schiff, das mit einer Kurzwellenanlage ausgerüstet wurde, war 1927 das Fahrgastschiff „Cap Polonia". Durch die immer stärkere Belegung der Frequenzbereiche durch Rundfunkanstalten und Landdienste fand 1927 eine internationale Rundfunkkonferenz statt, auf der dem Seefunk die Frequenzen im Lang-, Mittelwellen- und Kurzwellenbereich zugeteilt wurden. Den Küstenfunkstationen wurden drei, den Schiffsstationen vier Zeichen des Alphabets zugeordnet. Deutschland bekam die Kennzeichen von DAA bis DZZ zugeteilt, die nach dem Zweiten Weltkrieg auf DAA bis DRZ verkürzt wurden.

Abbildung 5.23:
Morsetasten aus acht Jahrzehnten
75 Jahre Norddeich-Radio: 1907–1982.

Ohne Morsetasten ist die drahtlose Telegrafie nicht denkbar. 1935 erhielt Joseph Junker in Berlin ein Patent für eine Morsetaste, bei der Hubhöhe und Federdruck durch Stellschrauben einstellbar sind.[16] Dieses Gerät wurde ein Standardgerät in der deutschen Seefahrt.

Mit der Ausrüstung der Schiffe mit drahtlosen Telegrafieanlagen und dem Ausbau von Küstenfunkstellen wurden für die Schifffahrt Dienste eingeführt, die für die Sicherheit auf See und für die Fahrgäste von Fahrgastschiffen von Interesse waren. Bereits 1906 wurden Schiffszeitungen versendet. Die „Hamburg" der HAPAG-Line empfing am 29.10.1906 *The Atlantic Daily News No. 1* von der Polhu-Station der Marconi Company mit einer bemerkenswerten Eintragung: *„The passengers of the 1st and 2nd class are requested*

[16] Patentschrift Nr. 613176 vom 14.5.1935.

Abbildung 5.24:
Morsetaste, Firma Joseph Junker GmbH (* 1926), Berlin
(Morsetasten und -Geräte, Fernmeldetechnik);
seit 1946 Bad Honnef am Rhein

Foto: Hans Blank

not to throw money or eatables to steerage passengers, thereby creating disturbance and annoyance.“[17]

1909 wurde von der deutschen Reichstelegraphenverwaltung ein Zeitsignaldienst in Betrieb genommen. Damit konnten die Schiffe ihre Chronometer mit der absoluten Zeit vergleichen und die Längenposition genauer bestimmen. Fast gleichzeitig wurde der französische Zeitsignaldienst auf dem Eiffelturm aufgenommen. Damit konnten Schiffe diesen Dienst auch im Mittelmeer und Nordatlantik in Anspruch nehmen. Weiter Stationen folgten.

Wettermeldungen sind gerade für die Schifffahrt wichtig. Am 1.11.1911 nahm Norddeich Radio diesen Dienst auf. Die Wetterdaten wurden den Schiffen kodiert übermittelt, nach denen dann Wetterkarten gezeichnet werden konnten. Für diesen Dienst wurden auch die Schiffe mit einbezogen. Diese sendeten täglich die Wetterdaten an ihre Heimatstationen, die dann dort von den meteorologischen Diensten eingepflegt wurden.

Vor dem Ersten Weltkrieg wurde auch ein nautischer Dienst eingerichtet, mit dem die für die Sicherheit der Schiffe relevanten Daten, wie treibende Schiffstrümmer, verlegte Seezeichen, Eisberge usw., übermittelt wurden. Mit der Aufnahme des Medizindienstes um 1931 wurde die funkärztliche Beratung eingeführt. Eines der ersten Krankenhäuser, die diesen Dienst anboten, war das Krankenhaus Cuxhaven (Medico Cuxhaven). Für eine Beratung muss dem Krankenhaus ein möglichst genauer Bericht übermitteln werden, nach denen dem für die medizinische Versorgung zuständigen Offizier die erforderlichen Maßnahmen übermittelt werden. Mithilfe der Satellitentechnik ist die Übermittlung von Daten wie EKG usw. heute natürlich sehr viel umfangreicher.

[17] Wireless News received by Special Marconigrams direct form Poldhu. *The Atlantic Daily News* (29.10.1906), No. 1, Absatz 1.

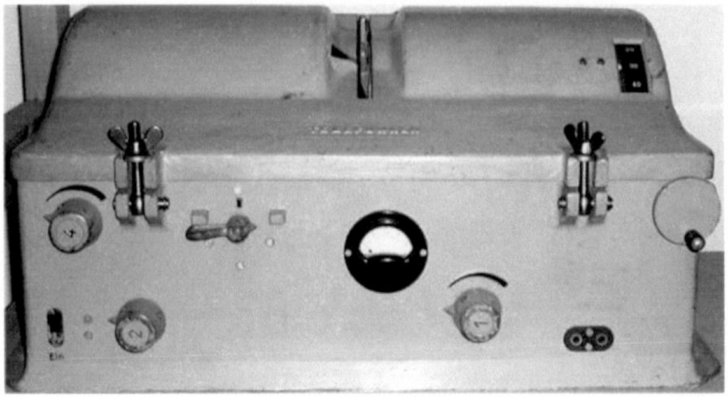

Abbildung 5.25:
Allwellenempfänger E 381 H, Telefunken, 1933
http://www.seefunknetz.de/.

Mit Beginn des Zweiten Weltkrieges wurde der Funkverkehr mit den Schiffen am 26.08.1939 von Norddeich Radio eingestellt. Die Station wurde dem Marinekommando unterstellt. Nach Ende des Krieges wurde Norddeich Radio 1945 von den englischen Besatzungstruppen besetzt und 1946 für den Peilfunkdienst wieder in deutsche Hände übergeben. Erst 1948 nahm Norddeich Radio den Seefunkdienst wieder auf.

Die Nachkriegsordnung hatte auch Auswirkungen auf den Seefunkdienst. 1947 wurden neue Frequenzpläne für den Seefunk festgelegt und 1948 eine Internationale Konferenz zum Schutz des menschlichen Lebens auf See abgehalten, auf der im Schiffssicherheitsvertrag neue Ausrüstungspflichten für Schiffe festgelegt wurden.

Das Ende der drahtlosen Telegrafie begann mit der Satellitentechnik. Am 10. Juli 1962 wurde der amerikanische Satellit „Telestar" in Betrieb genommen, mit dem eine internationale Kommunikation möglich wurde. Ab 1970 begannen die Überlegungen, die Kommunikation in der Seefahrt mithilfe der Satellitenkommunikation durchzuführen. 1975 fand eine Konferenz statt, auf der vereinbart wurde, eine internationale Organisation für diesen Zweck aufzubauen. Am 16. Juli 1979 wurde die „Internationale Maritime Satellite Organization INMASAT" gegründet, die die Organisation des neuen Seefunkdienstes erarbeiten sollte. Hierzu gehörte vor allem die Durchführung des Seenotdienstes, die mit diesem System global abgewickelt werden kann, im Gegensatz zur drahtlosen Telegrafie, bei der die nächstgelegene Küstenfunkstelle die Leitung übernimmt. Das Ergebnis war das Global Maritime Distress and Safety System „GMDSS", das 1992 eingeführt wurde und 7 Jahre mit dem alten System parallel lief.

Bereits seit 1976 standen Satelliten für die Kommunikation zur Verfügung. Am 1. Februar 1982 nahm INMARSAT den Funkverkehr über Satellit auf. Die Umrüstung der Schiffe auf die neue Technik begann und Ende 1982 waren weltweit über 8000 Schiffe mit Satellitenanlagen ausgerüstet. Die Kommunikation wurde damit nicht mehr telegrafisch, sondern auf der Basis moderner Technik vorgenommen. Hierzu gehören Sende- und

Abbildung 5.26:
Schiffssender, DEBEG, Telefunken, 1960

`http://www.seefunknetz.de/.`

Empfangsgeräte, wie sie an Land eingesetzt werden, die von dem nautischen Personal mitbedient werden. Damit wurde der Funker an Bord nicht mehr gebraucht.

1993 beginnt die Einstellung der drahtlosen Telegrafie auf Mittelwelle und 1996 auf Kurzwelle. Mit der Abschaltung der Telefonie über Mittel- und Kurzwelle wurden die Küstenfunkstellen Ende 1998 geschlossen. Mit der Aufnahme der Satellitentechnik am 1. Februar 1999 endete das Zeitalter der drahtlosen Telegrafie in der Seeschifffahrt.

5.5 Archivmaterial

75 Jahre AEG: [anläßlich des 75-jährigen Bestehens der AEG] / Allgemeine Electricitäts-Gesellschaft. Berlin, Frankfurt am Main 1958.

75 Jahre Norddeich Radio 1907–1982. Norddeich-Radio <Utlandshörn>. Hrsg. von der Oberpostdirektion. Hamburg 1982. [SUB – Staats- und Universitaetsbibliothek, Signatur: B/27830]

Telefunken-Hausmitteilungen. Berlin: Telefunken-Gesellschaft für Drahtlose Telegraphie 1911–1923, 1938–1939. [SUB – Staats- und Universitaetsbibliothek, Signatur: Y/3175]

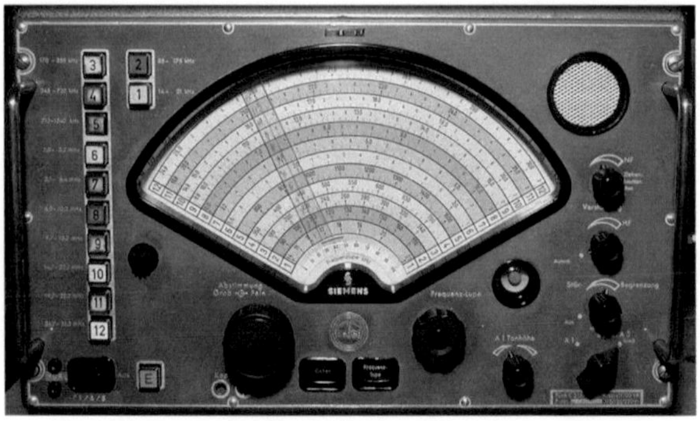

Abbildung 5.27:
Empfänger, Siemens E 566, Siemens & Halske, Berlin, 1960

http://www.seefunknetz.de/.

75 Jahre Telefunken; Festschrift. Berlin 1978.

DEBEG 1911–1971; Firmenzeitschrift. Hamburg: Hansisches Druck- und Verlagshaus 1971.

Handbook for Wireless Operators. Working installations licensed by her Majesty's Postmaster General. London: Her Majesty's Stationery Office 1954 (Reprinted 1955).

5.6 Literatur

Arco, Georg von: Über ein neues Verfahren zur Abstimmung funkentelegraphischer Stationen mit Hülfe des Multiplikators. In: *Elektrotechnische Zeitschrift* **24** (1903), H. 1, S. 6–12.

Baker, William John: *A History of the Marconi Company.* London: Routledge 1996.

Beauchamp, Kenneth: *A History of Telegraphy.* London: Institution of Electrical Engineers (History of Technology; 26) 2001.

Braun, Andreas: *Seefunk (SRC) mit Fragen und Antwortenkatalog.* Vorbereitung auf die Prüfung für das Beschränkt Gültige Funkbetriebszeugnis Short Range Certificate (SRC). Hamburg: Dt. Segler Verlg (DSV) 2004.

Braun, Ferdinand: *Drahtlose Telegraphie durch Wasser und Luft.* Leipzig: Verlag Veit & Comp. 1901.

Briggs, Asa: *The Golden Age of Wireless.* London: Oxford University Press (The history of broadcasting in the United Kingdom; Vol. 2) 1965.

Friedewald, Michael: *Die „Tönenden Funken“ Geschichte eines frühen, drahtlosen Kommunikationssystems, 1905–1914.* Berlin, Diepholz: Verlag für Geschichte der Naturwissenschaften und der Technik (Aachener Beiträge zur Wissenschafts- und Technikgeschichte des 20. Jahrhunderts, Band 2) 1999.

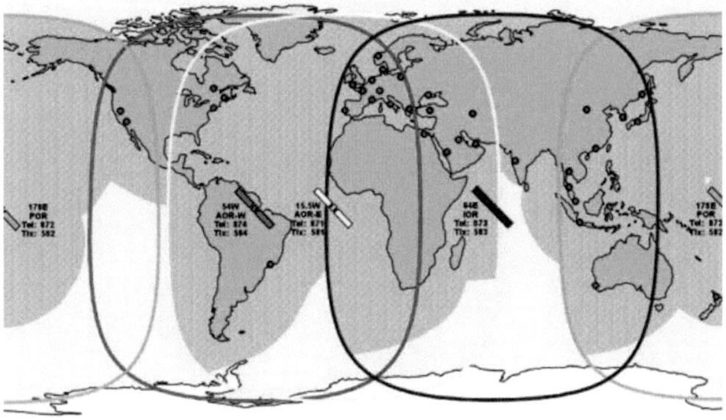

Abbildung 5.28:
INMARSAT-Satelliten

Braun 2004.

FUCHS, MARGOT: *Georg von Arco (1869–1940) – Ingenieur, Pazifist, Technischer Direktor von Telefunken. Eine Erfinderbiographie.* Berlin, Diepholz: Verlag für Geschichte der Naturwissenschaften und der Technik 2004.

FÜRST, ARTUR: *Telegraphie und Telephonie: der Verkehr im Draht und im Äther.* (Das Wellenreich der Technik I/IV) Berlin 1923. Neu hrsg. von Kurt Mauel. Düsseldorf: VDI-Verlag (Klassiker der Technik) 1985.

LEHMANN, HANS: *Internationaler Seefunkdienst. Die Entwicklung im Elbe-Weser-Raum.* Ein Beitrag zur Heimatkunde. Cuxhaven: Verlagsgesellschaft Cuxhaven MBH& Co. (Veröffentlichung des Stadtarchivs Cuxhaven) 1983, vgl.
`http://www.seefunknetz.de/dac.htm`

MÖLLER, HANS GEORG (bearb.); NICOLAI VON KORSHENEWSKY UND WILHELM T. RUNGE (Hrsg.): : *Grundlagen und mathematische Hilfsmittel der Hochfrequenztechnik.* Berlin: Julius Springer (Lehrbuch der drahtlosen Nachrichtentechnik; Band 1) 1940.

SARKAR, TAPAN K.; MAILLOUX, ROBERT; OLINER, ARTHUR A.; SALAZAR-PALMA, MAGDALENA UND DIPAK L. SENGUPTA: *History of Wireless.* Hoboken, NJ: Wiley-Interscience 2006.

VIERUS, DIETER: *CQD SOS Mayday: Vom Knallfunkensender zum Satellitenfunk, 100 Jahre Geschichte des Seefunks.* Hamburg: Dt. Segler Verlg (DSV) 1999.

Abbildung 6.1:
Alte Post (ehemaliger optischer Telegraph) und Heinrich-Hertz-Turm in Hamburg

Von Hertz bis Handy

Entwicklung der Kommunikation

JOHANNEUM

1529

Ausstellung in der Gelehrtenschule des Johanneums

Maria-Louisen-Straße 114
22301 Hamburg-Winterhude

Konzeption:
Prof. Gudrun Wolfschmidt und PD Karl-Heinrich Wiederkehr,
Schwerpunkt Geschichte der Naturwissenschaften,
Universität Hamburg

6. Dezember 2007 bis 15. Januar 2008
Führungen auf Anfrage

http://www.math.uni-hamburg.de/
spag/ign/events/hertz-exh.htm

Heinrich Hertz (1857-1894) - Leben und Werk

Vater in Senatorentracht

Wohnhaus der Familie Hertz: Magdalenenstr. 3 in Hamburg-Harvestehude, wo Hertz ab 1860 wohnte

1857 – Geburt von Heinrich Hertz

Am 22. Februar wurde Heinrich Hertz in Hamburg geboren. Sein Vater, der Advokat Dr. Gustav Ferdinand Hertz (1827-1914), ab 1877 Richter, war von 1887 bis 1904 Senator in Hamburg. Die Mutter Anna Elisabeth Hertz, geb. Pfefferkorn (1835-1910) Tochter eines Garnisonsarztes, weckte früh in Heinrich den Wunsch, in bedeutender Wissenschaftler oder Ingenieur zu werden. Der Vater förderte die technisch-handwerklichen und naturwissenschaftlichen Interessen seines Sohnes. So erhielt der junge Heinrich Hertz eine Drehbank und stellte eigene Instrumente her, z.B. eine Tangentenbussole. Heinrich hatte drei drei jüngere Brüder Gustav, Rudolf und Otto, sowie eine Schwester.

Schulbildung von Heinrich Hertz

1863 bis 1872 Besuch einer privaten Bürgerschule in Hamburg und danach Privatunterricht. Hertz war hochbegabt und vielseitig; er erhielt beste Zensuren. Um Abitur zu machen trat Hertz 1874 in die Prima der Gelehrtenschule des Johanneums zu Hamburg ein. 1875 bekam er sein Zeugnis der Reife (Abitur).

1886 Heirat von Heinrich Hertz mit Elisabeth, geb. Doll

Die folgenden Jahre waren nicht nur die beruflich fruchtbarsten, auch privat waren sie für Hertz die glücklichsten Jahre. Seine Frau unterstützte ihn bei der Abfassung der schriftlichen Arbeiten und gelegentlich sogar beim Experimentieren. Mit ihr hatte er zwei Töchter: Johanny und Mathilde.

Praktikum zur Vorbereitung als Bauingenieur in Frankfurt am Main. 1876 Studium des Bauingenieurwesens am Polytechnikum in Dresden

1878 – Studium in Berlin; 1880 Dissertation

Ab 1878 arbeitete Hertz in Berlin im Labor von Hermann von Helmholtz (1821-1894). Hertz gewann die Universitäts-Preisaufgabe über ein Thema zur elektrischen Leitung. 1880 beendete Hertz seine Dissertation „Über die Induktion in rotierenden Kugeln" und wurde mit „magna cum laude" promoviert und wurde Assistent bei Helmholtz.

Ueber die Induction in rotirenden Kugeln.
INAUGURAL-DISSERTATION
Heinrich Hertz
BERLIN.

1877 – Studium in München

Nach einem Militärjahr setzte Hertz sein Studium 1877 in München fort. Er wechselte an die Universität, um Physik zu studieren.

1883/84 – Privatdozent und Extraordinarius für Theoretische Physik an der Universität Kiel

1883 habilitierte sich Hertz in Kiel mit der Abhandlung „Über die Berührung fester elastischer Körper" und trat eine Stelle als Privatdozent an.
1884 erhielt Hertz das Extraordinariat für Theoretische Physik. Hertz beschäftigte sich mit den Theorien der Elektrodynamik. Seine Vorlesung „Moderne Anschauung über die Konstitution der Materie" behandelt die Konflikte zwischen den verschiedenen Auffassungen und Vorstellungen der Materie und ihre Widersprüche.

Heinrich Hertz als Extraordinarius im Kreise seiner Kollegen in Kiel, 1884

1885 Professor an der Technischen Hochschule in Karlsruhe

Hertz hatte sich für Karlsruhe entschieden, weil ihm dort, im Gegensatz zu Kiel, ein eigenes, gut eingerichtetes Labor für experimentelle Arbeiten zur Verfügung stand. Für die Ausarbeitung der Antrittsvorlesung „Der Energiehaushalt der Erde" hielt sich Hertz einige Tage in der Seewarte in Hamburg auf und nutzte die umfangreiche Bibliothek und den Rat der dortigen Wissenschaftler. 1886/88 widmete er sich in Karlsruhe seinen berühmten Experimenten zur Erzeugung schneller elektrischer Schwingungen, die zur Entdeckung der von James Maxwell vorausgesagten elektromagnetischen Wellen führten – das war ein Sieg der Maxwellschen Theorie.

1889 – Professor an der Universität Bonn

Schon während seiner letzten Experimente in Karlsruhe erhielt Hertz mehrere Angebote für eine Stelle an Universitäten. Hertz entschied sich für Bonn, weil er weiter experimentieren wollte. Im Januar trat Hertz die Stelle in Bonn an, als Nachfolger von Rudolf Clausius (1822-1888), einer der Großen der theoretischen Physik, insbesondere in der Thermodynamik. Mit der Physikalischen Sammlung war es allerdings schlecht bestellt, das ganze Institut mußte zum Teil neu gebaut werden, und dies kostete viel Kraft und Zeit. In jenen Jahren wurde Hertz mit Ehrungen überhäuft und mit den damals höchsten Preisen ausgezeichnet.

Gustav Hertz (1887-1975) - Franck-Hertz-Elektronenstoß-Versuch

Gustav Hertz ist der Neffe von Heinrich Hertz und wurde ebenfalls in Hamburg geboren. Zusammen mit James Franck (1882-1964) konzipierte er 1914 Elektronenstoßversuche in Berlin. Für diese Experimente, die eindrucksvoll das Bohrsche Atommodell bestätigten, erhielten sie 1925 den Nobelpreis für Physik.

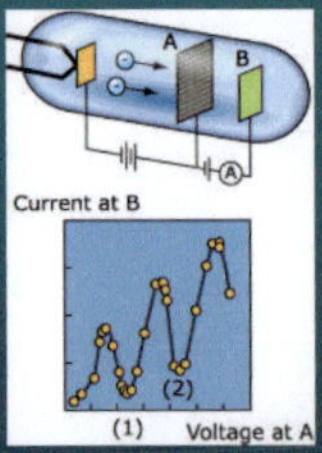

Photoeffekt – Hallwachs-Effekt

Wilhelm Hallwachs (1859-1922) entdeckte 1888 nach vorherigen Versuchen von Heinrich Hertz den äußeren lichtelektrischen Effekt oder Hallwachs-Effekt, auf dem die Wirkung von Photozellen beruht. Eine negativ geladene Zinkplatte wird durch eine Bogenlampe angestrahlt. Der starke Anteil an ultraviolettem Licht im Lichtbogen entlädt die Zinkplatte.

Die Entladung wird mit einem Blättchen-Elektroskop oder Elektrometer nachgewiesen.

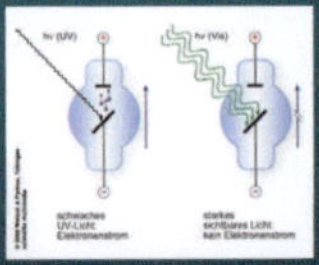

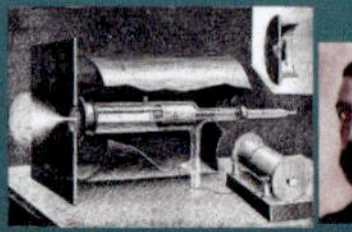

1891 – Kathodenstrahlen

1891 Die letzte experimentelle Veröffentlichung von Hertz behandelte die Kathodenstrahlen und ihren Durchgang durch dünne Metallschichten. Sein Assistent Philipp Lenard (1862-1947) hatte diese Arbeit weitergeführt und die nach ihm benannte Röhre geschaffen. Bei der Deutung der Kathodenstrahlen irrte Hertz allerdings, als er sie dahingehend interpretierte, daß sie dem Licht ähnlich seien. Die Kathodenstrahlen sind aber schnell fliegende Elektronen.

Relief-Medaillon Heinrich Hertz im Rathaus

Heinrich Hertz wurde geehrt durch die Anbringung eines Medaillons in der Rathausdiele (1897) - neben den Naturwissenschaftlern Karl Rümker (1788-1862), Johann Franz Encke (1791-1865), und Joachim Jungius (1587-1657). Allerdings wurde das Medaillon von Hertz in der NS-Zeit entfernt (abgeschlagen, dann nach dem Zweiten Weltkrieg wieder erneuert).

Skulptur Ätherwelle im Eichenpark am Alsterufer, geschaffen vom jüdischen Künstler Friedrich Wield (1880-1940), 1931/33

„Die Skulptur wurde im Auftrag des Hamburger Senats von 1931 bis 1933 als Denkmal für Heinrich Hertz geschaffen, dem als erster der Nachweis von elektromagnetischen Wellen gelang. Der nationalsozialistische Senat verhinderte eine Aufstellung, da Heinrich Hertz Jude war. 1994 wurde die über Jahrzehnte in Vergessenheit geratene Skulptur durch die Hamburger Kulturbehörde wieder aufgestellt."

Von den elektromagnetischen Wellen zur drahtlosen Telegraphie

Die Hertzsche Entdeckung – eine Revolution in der Physik

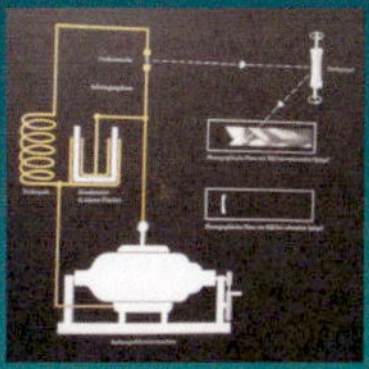

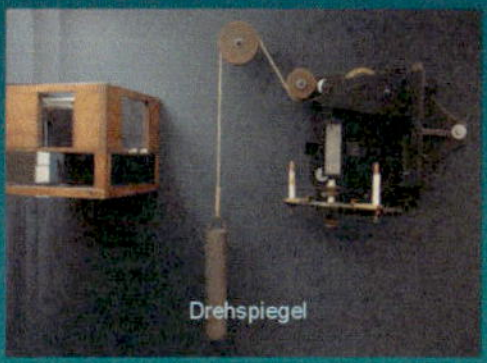

Drehspiegel

Der Funkeninduktor erzeugt eine Hochspannung

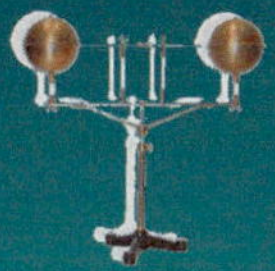

Großer Hertzscher Oszillator mit zwei Kugeln zur Erzeugung schneller Schwingungen

Instrumente von Hertz im Deutschen Museum in München

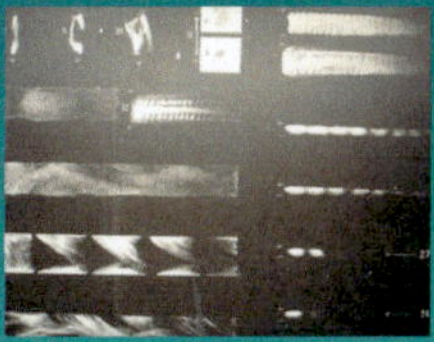

Apparatur von Berend Wilhelm Feddersen (1832-1918)
Der Kieler Physiker Feddersen untersuchte er elektrische Entladungen. 1862 gelang ihm der Nachweis, daß der Funken während der Entladung ständig die Richtung änderte. Feddersen interpretierte diese „oszillierende Entladung" als elektrische Schwingung. Seine Experimente beruhten auf theoretischen Vorarbeiten von Wheatstone, Helmholtz und Kirchhoff.

Leidener Flaschen

Heinrich Hertz' Entdeckung der elektromagnetischen Wellen, 1888
Angeregt durch seinen Lehrer Hermann von Helmholtz (1821-1894) befaßte sich Heinrich Hertz mit der Maxwellschen Theorie der Dynamik. Es gelang ihm 1888, die Existenz elektromagnetischer Wellen nachzuweisen. Durch Nachweis von Interferenz, Brechung und besonders von Polarisation schloß er auf den Charakter als transversale Wellenbewegung.

Polarisationsgitter

Nachrichten über den Äther – Anfänge der Funktechnik

Marconi

Guglielmo Marconi (1874-1937)
Erfinder der drahtlosen Telegraphie

Sir Oliver Joseph Lodge (1851-1940)

Heinrich Hertz (1857-1894)

Branly

1896 erhielt Marconi ein britisches Patent, das erste auf dem Gebiet der drahtlosen Telegraphie. Am 13. Mai 1897 konnte er eine Funkverbindung über 5,5 km herstellen und Morsezeichen übertragen. Seine Sendeanlage bewährte sich bei der Überbrückung des Bristol-Kanals (14 km). Dieses Ereignis wird als Geburtsstunde der drahtlosen Telegraphie betrachtet. 1897 gründete er die „Wireless Telegraph and Signal Company Ltd.", die schnell Weltruf erlangte.

Die Sendestation hat eine Antenne mit einer Funkenstrecke. Funken werden mit einem Funkeninduktor erzeugt. Die Empfangsstation hat einen Kohärer (Fritter) – eine mit Metallspänen gefüllte Glasröhre, 1890 von Edouard Branly (1844-1940) erfunden – durch den die hochfrequenten elektromagnetischen Wellen durch Widerstandsänderung nachgewiesen werden.

Der russische Physiker Alexander Stepanowitsch Popow (1859-1905) konstruierte 1895 ein Gewitterwarngerät. die Apparatur zog er mit einem Ballon in die Luft hoch. Ferne Blitze und atmosphärische Störungen versetzen die Apparatur in Tätigkeit. Diese Antenne mit einem Kohärer, einem Rasselwecker und einem Draht, verwendete er zum Empfang elektrischer Wellen. 1897 – im gleichen Jahr wie Marconi – sandte er über eine Entfernung von 5 km das erste drahtlose Telegramm mit dem Wortlaut *„Heinrich Hertz"*.

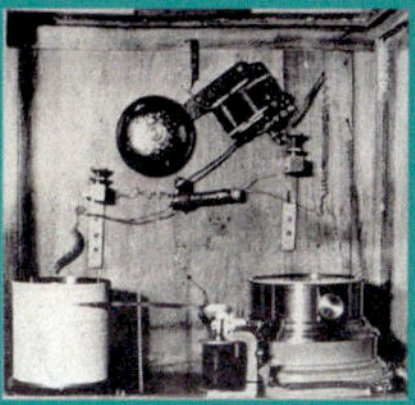

Sende- und Empfangsstationen – Nauen, gegründet 1906
In Nauen wurde am 19. August 1906 die Großfunkstelle für drahtlose Telegrafie in Betrieb genommen, ein großes Sendezentrum für Lang- und Kurzwelle mit Masten von 250 m Höhe. Gebaut wurde die Anlage, um Telegramme über weite Strecken ohne Kabel übertragen zu können; man wollte sogar Funkkontakt zu den deutschen Kolonien in Afrika und Asien. 1913 wurden bereits Reichweiten bis 6.400 km erreicht. Im Ersten Weltkrieg hatte die Funkstelle auch militärische Bedeutung, eine drahtlose Verbindung in die Welt. 1917 wurde die Sendung des Zeitzeichens von Nauen eingerichtet. Mit dem 250 m hohen Sendemast gelang es dem Sender Nauen 1918 erstmals, die Erde mit Funktelefonie zu erschließen.

Kurzwellen

Karlheinz Stockhausen „Kurzwellen" (1968)

Slaby

1. Knall-Funkensender zur Erzeugung hochfrequenter gedämpfter Schwingungen
Der Marconi-Sender wurde wegen der Geräusche im Empfänger auch Knallfunkensender genannt.

Adolf Slaby (1849-1913) und Georg Graf von Arco (1869-1940) entdeckten bei ihren Versuchen an der Technischen Hochschule in Berlin, daß sich die Antenne auf bestimmte Eigenschwingungen abstimmen läßt. Der Empfänger muß auf die gleiche Wellenlänge wie der Sender eingestellt sein. Die Länge der Antenne ist ¼ der jeweiligen Wellenlänge.

Arco

3. Lösch-Funkensender zur Erzeugung hochfrequenter gedämpfter Schwingungen, 1906
Der Löschfunkensender, entwickelt von Max Wien (1866-1938) ermöglicht eine Verbesserung der Empfangsqualität mit einer höheren Übermittlungsgeschwindigkeit. Die Löschfunkenstrecke besteht aus mehreren hintereinander geschalteten Platten. Die abgestimmte Frequenz erzeugt im Empfangsgerät einen musikalischen Ton. Man spricht deswegen auch von einem Tonfunkensender.

2. Knarr-Funkensender, entwickelt von Ferdinand Braun (1850-1918), dienten zur Erzeugung ungedämpfter Schwingungen;
Braun erfand den geschlossenen Schwingkreis (Leidener Flasche, Funkenstrecke und Spule)..

Braun

4. Lichtbogensender zur Erzeugung hochfrequenter ungedämpfter Schwingungen, 1903
Bei Bemühungen, ungedämpfte hochfrequente Schwingungen zu erzeugen, war der Däne Valdemar Poulsen (1869-1942) 1903 mit seinem Lichtbogensender erfolgreich (auch singende Bogenlampe genannt).

Bei ungedämpften Schwingungen nimmt die Amplitude nicht von Periode zu Periode ab, sondern bleibt ständig gleich. Der Lichtbogen war von Wasserstoff umgeben und wurde von einem Magnetfeld zu ungedämpften Schwingungen angeregt.

5. Maschinensender zur Erzeugung hochfrequenter ungedämpfter Schwingungen, 1904
Ab 1904 begannen Versuche mit Maschinensendern bei ausreichender Leistung ungedämpfte Wellen zu erzeugen; diese waren im wesentlichen nur im Längstwellenbereich geeignet. Ernst Fredrik Werner Alexanderson (1878-1975) baute für den kanadischen Erfinder Reginald Aubrey Fessenden (1866-1932) einen Maschinensender für Langwellen bauen: erste Rundfunksendung von seiner Funkstation in Brant Rock, Mass.
1908 entwickelte Rudolf Goldschmidt (1876-1950), Professor in Darmstadt, eine Hochfrequenz-Maschine, die zur transatlantischen Kommunikation diente.

Goldschmidt

Diese Sender verloren rasch an Bedeutung, als ab den 20er Jahren bedarf entwickelt wurden.

Von der Kathodenstrahlröhre zum Fernseher - ein neues Kommunikationsmedium entsteht

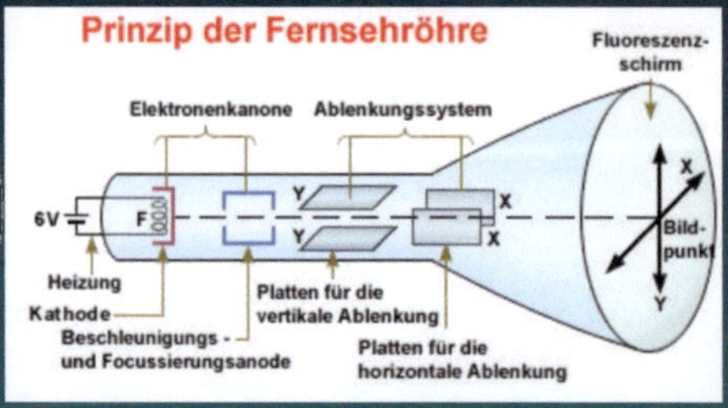

Ferdinand Braun (1850-1918) - Braunsche Röhre
Braun ist Erfinder der nach ihm benannten Röhre, in der die Kathodenstrahlen im elektrischen (Plattenkondensator) und magnetischen Feld (Spulen) abgelenkt werden.

Der in Hamburg geborene Manfred von Ardenne war Leiter des Forschungslaboratoriums für Elektronenphysik in Berlin-Lichterfelde 1928 bis 1945; er beschäftigte sich mit Forschung am Rasterelektronenmikroskop.

Manfred von Ardenne (1907-1997)

Funkausstellung Berlin 1931
Manfred von Ardenne stellte 1931 bei der Funkausstellung sein vollelektronisch arbeitendes Fernsehsystem vor. Statt der Nipkow-Scheibe war nun das Kernstück des Geräts eine Braunsche Röhre (Kathodenstrahlröhre) mit einem Bildschirm von 25 x 28 cm. Als Kamera diente eine zweite Braunsche Röhre mit konstanter Helligkeit; eine Photozelle davor diente zur Modulation der Helligkeit der Empfängerröhre. Dieses Fernseh-Verfahren mit Leuchtfleck-Zeilenabtastung und zeilenweiser Wiedergabe mit einer Braunschen Röhre setzte sich ab 1933 durch: Auf der 12. Deutschen Rundfunkausstellung 1935 gab es bereits 20 verschiedene Fernsehapparate zu sehen.

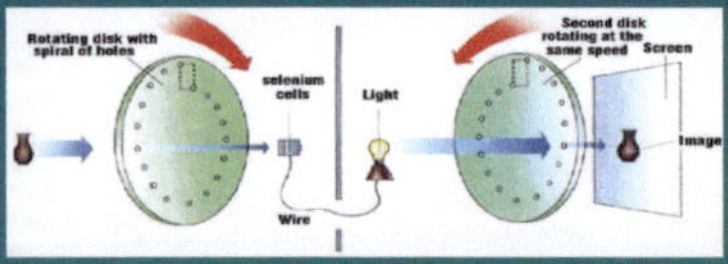

Paul Nipkow (1860-1940)
„Elektronisches Teleskop"

Paul Nipkow (1860-1940) – elektrische Bildübertragung - Anfänge des Fernsehens
Der Deutsche Paul Nipkow (1860-1940) bekam 1884 ein Patent für ein Bild-Scan-System, was er unter dem Namen „Elektronisches Teleskop" anmeldete. Er benutzte eine rotierende Scheibe mit spiralförmig angeordneten Löchern jeweils im Abstand einer Bildbreite; ein Lichtstrahl durchleuchtete die Löcher nacheinander und scannte zeilenweise das Bild. Der Lichtstrahl wurde in ein elektrisches Signal verwandelt und das in acht Zeilen zerlegte Bild wurde von einem entsprechenden System mit rotierender Scheibe empfangen und wieder zusammengesetzt und projiziert. Mit damaligen Mitteln war dieses mechanische System nicht zu realisieren.
Doch in der Anfangszeit des Fernsehens in den 30er Jahren war dieses System im Einsatz. 1938 verschwand aber die letzte Nipkowscheibe aus den deutschen Fernsehstudios.

Fernsehen in Berlin ab 1929
Erste regelmäßige Testsendungen wurden 1929 vom Rundfunksender Witzleben durchgeführt. Fernsehsendungen mit Bild und Ton gab es erst seit 1934. Ein regelmäßiges Programm gab es ab 1935; da es nur 250 Fernseher in Berlin gab, wurden erste öffentliche Fernsehempfangsstellen für den Gemeinschaftsempfang eingerichtet.

Fernsehkanone für die Olympischen Spiele 1936 in Berlin
Ein besonderes sportliches, aber auch technisches Event waren die Olympischen Spiele 1936 in Berlin, gedreht mit einer extra entwickelten ersten Ikonoskop-Fernsehkamera, der „Fernsehkanone" von Telefunken, entwickelt von **Walter Bruch (1908-1990)**. Durch das Zeilensprungverfahren wurden bei der Übertragung von 25 Bildern pro Sekunde 50 Halbbilder erzeugt.

Jonathan Zenneck (1871-1959)
Einer von Brauns Schülern war Jonathan Zenneck. Aus der Braunsche Röhre wurde von Zenneck die Fernsehröhre entwickelt, wobei nach Zenneck der Elektronenstrahl das Bild Zeile für Zeile aufbaut.

Die Fernseh-Pioniere der 20er Jahre

John Logie Baird (1888-1946)
Ein schottischer Elektroingenieur führte im Selfridges Warenhaus in London 1925 einen Apparat vor, mit dem er einfache Bilder, weiße Buchstaben auf schwarzem Untergrund, darstellen konnte, beruhend auf der Verwendung von zwei Scheiben und Bildscannen - das Prinzip Nipkows. Bei seinen Versuchen 1926 in seinem Labor benutzte er 30 Zeilen zur Bildzerlegung und zeigte 5 Bilder pro Sekunde.

Auf der gleichen Funkausstellung 1929 stellte **August Karolus (1893-1972)** von Telefunken sein Gerät vor; er erreichte ein Bild von 8 x 10 cm, erzeugt aus 96 Zeilen durch Projektion mit einer Nipkow Scheibe.

Walter Bruch (1908-1990)

Vladimir Zworykin (1889-1982),
in Rußland geboren, wirkte seit 1919 in den USA. 1924 entwickelte er das Ionoskop, die erste elektronische Fernsehkamera-Röhre. 1929 stellte er das Kineskop, eine Kathodenstrahl-Bildröhre, vor. Da er für seine Ideen bei Westinghouse Electric Corporation in Pittsburgh keine Unterstützung fand, wechselte er zu RCA. Hier entwickelte er ab 1929 das elektronische Fernsehen, vorgestellt bei der Weltausstellung 1939 in New York.

Fernsehtruhe „Komet", Firma Kuba, Wolfenbüttel

RCA TRK9, 1939

Dénes von Mihály (1894-1953)

Ähnliche Geräte wurden in Deutschland gebaut. Auf der Berliner Funkausstellung 1929 wurde ein mechanischer Fernseher, konstruiert 1928 von **Dénes von Mihály (1894-1953)**, einem ungarischen Ingenieur bei der Deutschen Post, vorgestellt, genannt „Telehor". Auch hier wurde ein Bild mit 30 Zeilen gescannt, aber mit einer Geschwindigkeit von 10 Frames pro Sekunde.

Fernsehen der Nachkriegszeit – Fernsehsysteme PAL, SECAM und NTSC
Einen großen Aufschwung nahm die Entwicklung in der Nachkriegszeit. Am 25. Dezember 1952 nahm das Fernsehen in Deutschland seinen regelmäßigen Betrieb auf. Nach Versuchen 1951 in New York wurde das Farbfernsehen 1953 in den USA eingeführt (1967 in Deutschland). Bereits 1930 setzte die DRP die erste deutsche Fernseh-Norm fest (1941 eine Norm in den USA); sie wurden aber erst nach dem Zweiten Weltkrieg umgesetzt.

1. Für Farbfernsehen wurde das NTSC-System (National Television System Comittee) (1953) in den USA als Standard festgelegt; 60 Halbbilder pro sec wurden verwendet und 525 Zeilen je Bild; dem System schlossen sich auch Kanada, Taiwan und Japan an.
2. In Frankreich (auch in Osteuropa) entstand das SECAM-System (Séquentiel couleur à mémoire, sequentielle Farbe mit Speicher) mit 50 Halbbildern pro sec, aber mit 819, später mit 625 Zeilen je Bild.
3. Der deutsche Fernsehpionier Walter Bruch (1908-1990) beschäftigte sich mit den beiden Verfahren NTSC und SECAM; daraufhin entwarf er das deutsche PAL-System (Phase Alternating Line, Phasenwechsel je Zeile) mit 625 Zeilen je Bild und mit 50 Halbbildern pro sec – auch in Westeuropa, Großbritannien, Australien, Neuseeland und in Teilen von Asien verwendet.

Anfänge des Rundfunks – Vom Kristalldetektor zum Röhrenradio

Karl Ferdinand Braun (1850-1918)

Kristall-Detektor-Empfänger mit Kopfhörer, 1874
Karl Ferdinand Braun schuf in Konkurrenz zu Marconi leistungsfähige Sende- und Empfangsstationen, indem er einen elektrischen Schwingkreis benutzte und diesen von der Antenne abkoppelte. Ein elektrischer Schwingkreis besteht aus einer Spule, die eine Induktivität L besitzt, und einem Kondensator mit der Kapazität C. erfand den Kristalldetektor 1874, ein einfaches Empfangsgerät und Vorläufer der Rundfunktechnik. Der Kristall-Detektor-Empfänger hat keine Batterie, die Energie liefert die empfangene elektromagnetische Welle. Empfänger ist eine drehbare Spule.

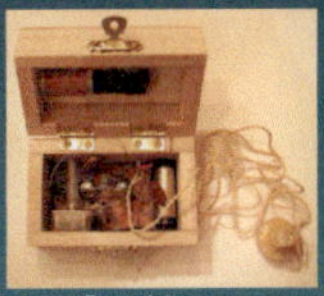

Bauanleitung für ein 3 Penny-Radio

Adolf Slaby (1849-1913)
Seine bis zu 300 m langen Antennen hingen an Fesselballonen einer Heeres-Luftschifferabteilung, überbrückt wurden 21 km. Wie Marconi arbeitete Slaby bei seinen ersten Anlagen noch ausschließlich mit dem offenen Schwingkreis (Funkenstrecke direkt in der Antenne), dessen leistungsbestimmende Kapazität von Antenne und Erde gebildet wird. Die Wellenlänge betrug etwa das Vierfache der Antennenhöhe, bei 300 m langen Drähten also rund 1200 m (Langwelle), entsprechend 250 kHz.

Georg Graf von Arco (1869-1940)
1901 gelang es Slaby und Arco 150 km zwischen dem Schnelldampfer Deutschland der HAPAG und der Hafenstation Duhnen (Cuxhaven) bei nur 32 m Masthöhe einwandfrei mit Frittern und Morseschreibern zu überbrücken. An der Nordsee- und der Ostseeküste Marine-Stationen.

Firma Telefunken, gegründet 1903
Zwei Forschergruppen standen in Konkurrenz:
• Adolf Slaby (1849-1913) in Berlin (AEG)
• Karl Ferdinand Braun (1850-1918) Siemens & Halske.
Aufgrund des großen internatioanlen Wettbewerbs fusionierte man zur „Gesellschaft für drahtlose Telegraphie", bekannt als Telefunken.

Von der Zwei- zur Drei-Elektroden-Röhre zur Erzeugung ungedämpfter Schwingungen
Ab 1904 begann die Röhrenentwicklung (zunächst Röhre mit Glühkathode/ Heizfaden und Anode in einem fast luftleer gepumpten Glaskolben) unabhängig voneinander in Deutschland, England und in den USA:

Arthur Wehnelt (1871-1944) entdeckte, daß die Elektronenemission aus Glühkathoden bei einer Beschichtung der Kathode mit Oxiden der Metalle Barium, Strontium und Kalzium besonders groß ist. Er entwickelte 1902/03 den Wehneltzylinder. Dieser ist mit einem negativen elektrischen Potential gegenüber der Kathode versehen; durch Regelung dieser Spannung verändert sich die Anzahl der Elektronen, die das Potential überwinden können, und somit die Intensität des Elektronenstrahles. Mit dem Wehneltzylinder als Steuerelektrode kann also der Elektronenstrahl fokussiert und die Helligkeit in Kathodenstrahlröhren geregelt werden.

1883 entdeckte Thomas Alva Edison (1847-1931), daß von dem Glühfaden seiner Glühlampe ein elektrischer Strom über eine zusätzliche Metallplatte floß, die an dem oberen Teil der Glühlampe angebracht war.

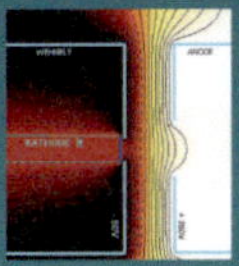

Der Engländer John Ambrose Fleming (1849-1945) entwickelte daraus eine Gleichrichterröhre, die den Kohärer und den Kristalldetektor ersetzte. Seine erste Vakuumdiode von 1904 bestand aus einer ungesteuerten Röhre mit geheiztem Faden. Allerdings waren diese ersten Gleichrichterröhren unempfindlicher als Kristall-Detektoren.

Den Durchbruch brachte erst der Einbau eines Steuergitters durch den Amerikaner Lee de Forest (1873-1961) und damit die Entwicklung der Dreielektrodenröhre. Er entwickelte ferner die Hochvakuum-Elektronenröhre. Nach der Triode folgte die Tetrode mit dem Schirmgitter zwischen Steuergitter und Anode, dann die Pentode mit Schirm- und Bremsgitter

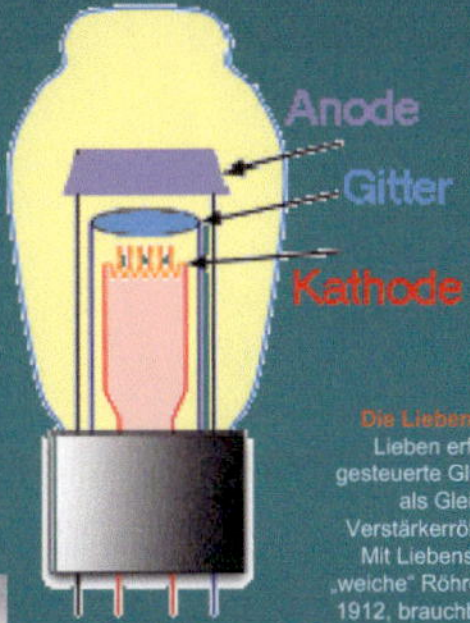

Die Lieben Gleichrichterröhre, 1906
Lieben erfand 1906 die magnetisch gesteuerte Glühkathodenröhre (Diode), die als Gleichrichterröhre oder als Verstärkerröhre verwendet werden kann. Mit Liebens Patent von 1910 für seine „weiche" Röhre als NF-Verstärker gelang es 1912, brauchbare Fernsprech-verstärker in deutschen Fernleitungen einzusetzen.

Meißner-Schaltung zur Erzeugung ungedämpfter Schwingungen, 1913
Bisher hatte die Röhre zur Verstärkung gedient; mit Alexander Meißner (1883-1958) begann die Entwicklung der Senderöhre. Er arbeitete seit 1908 bei Telefunken in Berlin; er wurde bekannt durch seine Meißner-Schaltung. Sie beruht auf Rückkopplung zur Erzeugung ungedämpfter elektromagnetischer Schwingungen; sie dient aber auch zur drahtlosen Übertragung von Sprache und Musik

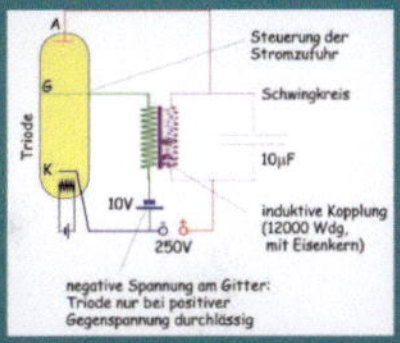

Erste Rundfunkstationen
USA/Kanada (1920) und Argentinien (1920)
Niederlande (1919), Großbritannien (1922)
und Deutschland (1923) – Funkhaus Nauen

Volksempfänger Blaupunkt VE 301, Ideal-Werke AG, Berlin, 1933
Der Volksempfänger, benannt nach dem Tag der Machtergreifung (30.1.), ermöglichte breiten Schichten der Bevölkerung den Radiokonsum.

Der Volksempfänger, dieses Röhrenradio, war 1941 in einem Drittel der Haushalte in Deutschland vorhanden.

Deutscher KleinEmpfänger (DKE 38) – Goebbels-Schnauze, C. Lorenz AG, Berlin, 1938
Der 1931 geschaffene deutsche Volksempfänger und der deutsche KleinEmpfänger (DKE, 1938) kamen relativ preisgünstig auf den Markt. Der Volksempfänger wurde Goebbels' wichtigstes Instrument der propagandistischen Massenbeeinflussung, volkstümlich „Goebbels Schnauze"" genannt.

Rundfunkhören, 1936

Entwicklung des Radios: Röhrenradio, Kristalldetektor, Transistor
In der Nachkriegszeit aus Geldmangel gab es nochmal einen Boom im Selbstbasteln von Kristalldetektoren. An Röhrenradios der verschiedenen Firmen gab es eine große Auswahl. Das Transistorradio wurde 1948 erfunden und verbreitete sich in den 1960er Jahren rasant.

Grundig Röhrenradio 1950er Jahre

Radione Camping 2, Wien 1956

Ultrakurzwelle (UKW)
1948 nahmen einige deutsche Rundfunkanstalten den Sendebetrieb über Ultrakurzwelle (UKW) auf. Dadurch, daß Ultrakurzwellen von atmosphärischen Störungen wenig beeinflußt werden, können sie für den Funkverkehr mit Satelliten und Raumsonden dienen. Der UKW-Frequenzbereich ist 200mal größer als der Mittelwellen-Bereich, wodurch eine hohe Anzahl von Sendern untergebracht werden kann. 1953 wurde ein Kurzwellen-Auslandsdienst, die Deutsche Welle (DW), gegründet.

Funkturm in Berlin mit dem Sender Witzleben (Einweihung 1926)

Transistorradio, Sony TR-55, 1955

Vom Telefon zum Handy

Anfänge des Telefons

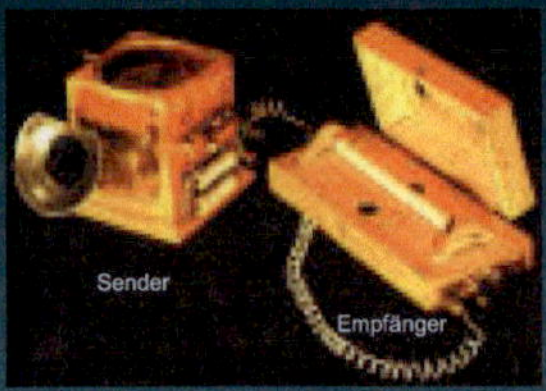

Telefon von Philipp Reis (1834-1874): Sprechteil mit Membran und Empfangsteil (1861)

Am 26. Oktober 1861 hielt Philipp Reis vor dem Physikalischen Verein in Frankfurt seinen grundlegenden Vortrag über *„Das Telefonieren durch galvanischen Strom"*. Als Sender benutzte er einen Holzkasten mit einer Membran, auf der ein Kontakt lose auflag. Als Hörer diente eine in eine Spule gesteckte Stricknadel auf einem Resonanzboden. Zur Einführung kam das Telephon in dieser Form nicht, es blieb ein interessanter physikalischer Versuch. Sein Apparat wurde in kleiner Serie handwerklich gefertigt und in vielen Laboratorien in Europa und Amerika erprobt. Reis hatte damit die Grundlage für eine bahnbrechende technische Entwicklung geschaffen.

Telefon - Alexander Graham Bell (1847-1922), ab 1877 in Deutschland

Der Geber, in den hineingesprochen, und der Empfänger, der an das Ohr gehalten wird, sind in Form und Aufbau identisch. Im Stielhörer befindet sich ein Stabmagnet, auf dem zum Sprechtrichter hin ein Eisenstück angesetzt ist. Dieses Eisenstück ist von einer Spule umgeben. Vor dem Eisenstück ist eine eiserne elastische Membrane angebracht. Gelangen die akustischen Wellen auf die Membrane, erzeugt diese durch ihre Bewegungen Stromschwankungen in der Spule (Induktionseffekt). Die Stromschwankungen bringen in dem Apparat auf der Empfängerseite durch magnetische Anziehungen die Membrane in entsprechende Schwingungen. Die dadurch erzeugten akustischen Wellen gelangen in das Ohr des Hörers.

Berliner Klappenschrank für 50 Teilnehmer- und vier Fernleitungen, Siemens & Halske, nach 1881

Bei diesem erstmals serienmäßig eingeführten Klappenschrank dienten Sanduhren zur Berechnung der Gebühren der Ferngespräche.

Die Anrufklappen sind waagerecht angeordnet, darunter die Klinken zum Einstöpseln der Teilnehmer; die Klinken der Anrufempfänger sind senkrecht an den Seiten angeordnet.

Handvermittlung mit Fräulein vom Amt, 1890er Jahre

Die Arbeit der Handvermittlung der Gespräche am Klappenschrank wurde zunächst von Männern ausgeführt, ab den 1890er Jahren verbreitete sich das Fräulein vom Amt aus Kostenspargründen.

Der Stielhörer auf der Geberseite wurde bald durch das vom englischen Erfinder David Edward Hughes (1831-1900) 1878 geschaffene Kohlemikrophon ersetzt.

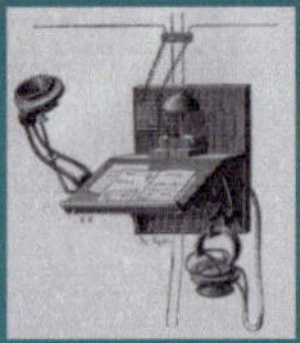

Kohle-Mikrophon nach Hughes (1878)

Auf einer Membrane befinden sich zwei Kohleblöcke. Sie sind durch einen locker eingesetzten Kohlestab verbunden. Die Erschütterung durch die akustischen (Druck-) Wellen ändert sich der Widerstand und erzeugt so Stromschwankungen. Später wurden drei Kohlestäbe gebraucht.

Fernsprech-Wandapparat, Siemens & Halske, nach 1881

Chicago Telephone Supply Company, 1915

Das Telefon erobert die Welt

1879 existieren bereits in 20 Städten Fernsprechvermittlungs-Einrichtungen, in New York immerhin 4000. Allerdings betrug die Gebühr für einen Privatanschluß 1880 in Preußen 200 Mark, ein unerschwinglicher Betrag für die Masse der Bevölkerung. 1900 wurden die ersten öffentlichen Münzfernsprecher eingerichtet. Automatische Vermittlungsämter und die Nummern-Wählscheibe lösten allmählich das Fräulein vom Amt ab.

Entwicklung vom Mobiltelefon zum Handy

Zug-Telefonie, Deutsche Reichsbahn, 1930

Versuche zur drahtlosen Telefonie aus fahrenden Zügen wurden bereits 1918 von der Reichsbahn unternommen. Ab 1926 konnte per Funk im D-Zug zwischen Berlin und Hamburg ins Festnetz telefoniert werden.

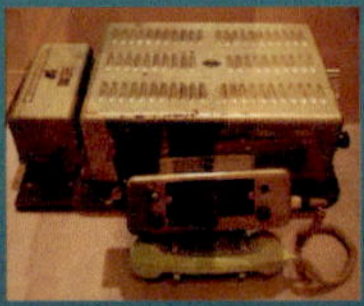

Auto-Telefon B72, A-Netz, TeKaDe, Nürnberg, ab 1961

Auto-Telefon, A-Netz, 1955

1958 wurden die bestehenden Funknetze zu einem öffentlichen Mobilfunknetz A zusammengefaßt. Die mit Röhren bestückten Telefone wogen fast 16 Kilogramm und waren fast so teuer wie das Auto selbst. Die Sende- und Empfangstechnik füllte nahezu den ganzen Kofferraum des Autos.

Mobil-Telefon Pocky, C-Netz, Standard Electric Lorenz (SEL), Stuttgart, ab 1989

Erst mit dem C-Netz wurde der Mobilfunk populär. Schon nach fünf Jahren gab es 500.000 Teilnehmer.

Auto-Mobil-Telefon Porty, C-Netz, Philips Kommunikationsindustrie AG, Nürnberg, 1991

Das Porty konnte als tragbares Mobil-Telefon oder als Auto-Telefon genutzt werden.

Mobil-Telefon Sunrise, D-Netz, Philips Kommunikationsindustrie AG, 1995

Siemens S4 power, D-Netz, Siemens AG, München, ab 1996

Elektromagnetisches Spektrum

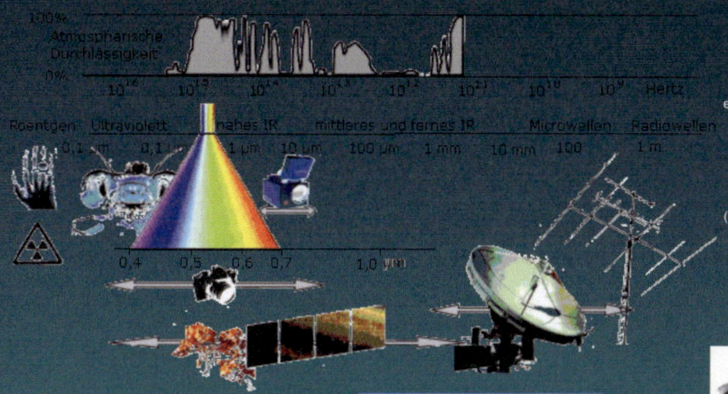

Von Radio bis Röntgen und Gamma

Die eigentlichen Hertzschen Wellen lagen im langwelligen Radiobereich. Aber bald erkannte man, daß Licht, UV, IR und Röntgenstrahlen auch zum elektromagnetischen Spektrum gehören. Dies eröffnete einen ganz neuen Bereich mit vielen Anwendungen, auch im täglichen Leben.

Das für uns Menschen sichtbare Licht ist nur ein schmaler Ausschnitt aus dem breiten Spektrum der elektromagnetischen Strahlung; es reicht von 380nm (violett) bis 780nm (rot). Unsichtbare Strahlung jenseits von rotem bzw. violettem Licht ist bereits um 1800 nachgewiesen worden.

Elektrische und magnetische Kraftfelder können miteinander verkettet sein und sich wellenförmig im Raum ausbreiten. Licht, Wärme- und UV-Strahlung, Rundfunkwellen (TV), Mikrowellen und Röntgenstrahlen sind elektromagnetische Wellen, die sich nur durch ihre Wellenlänge unterscheiden.

Schiffs-Radaranlage

Hülsmeyer und sein Telemobiloskop – Patent 1904 – Anfänge des Radars

RADAR (Radio detection and ranging)
Deutsche Funkmeßtechnik im Zweiten Weltkrieg: Würzburg Riese

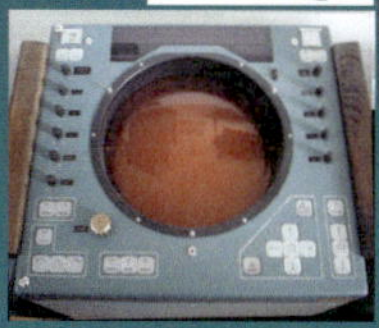

Radar im Hamburger Hafen

Erdfunkstelle Raisting, * 1964

Sonne und UV-Strahlung

UV-Index	Nach folgenden Besonnungszeiten kann sich auf sonnenungewohnter Haut ein Sonnenbrand entwickeln
8	unter 20 min
6 - 7	20 bis 30 min
4 - 5	1/2 bis 3/4 Stunde
1 - 3	eine Stunde und länger

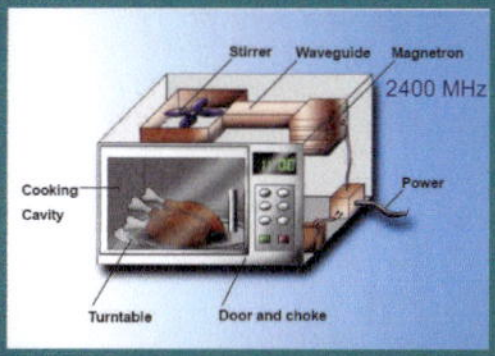

Mikrowellen – Patent 1947
Percy LeBaron Spencer (1894-1970)
(350 kg, 1,70m hoch – Preis 5000 $)

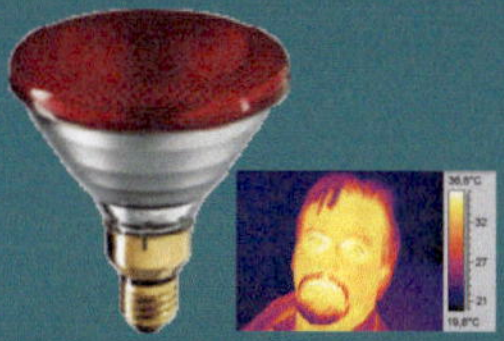

Wärmestrahlen – Infrarot Thermographie

Sichtbares Licht – Regenbogen

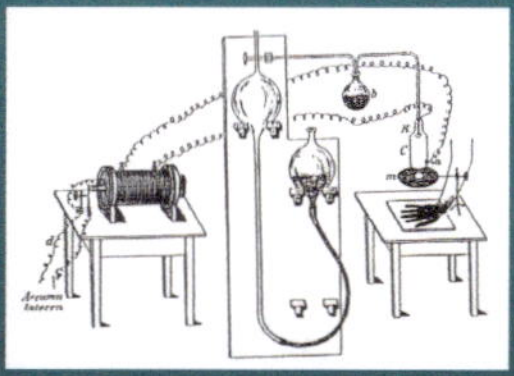

Wilhelm Conrad Röntgen (1845–1923)

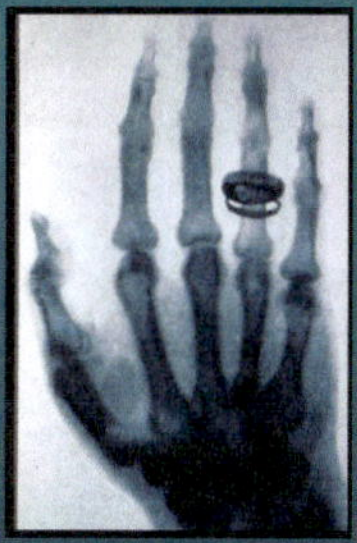

Röntgentechnik in der Medizin

Denkmal für die Strahlenopfer im Krankenhaus St. Georg in Hamburg

Materialuntersuchung Durchleuchtung einer Glocke

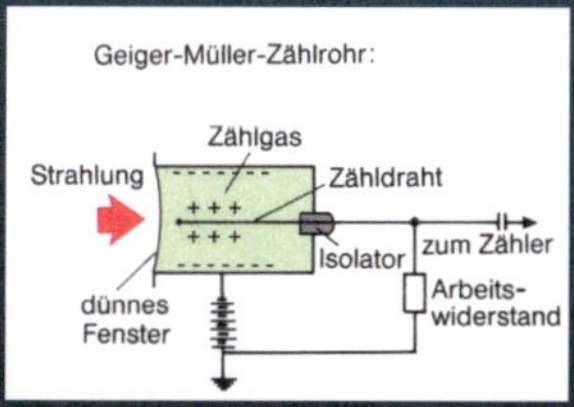

Geiger-Müller-Zähler – Nachweis ionisierender Strahlung

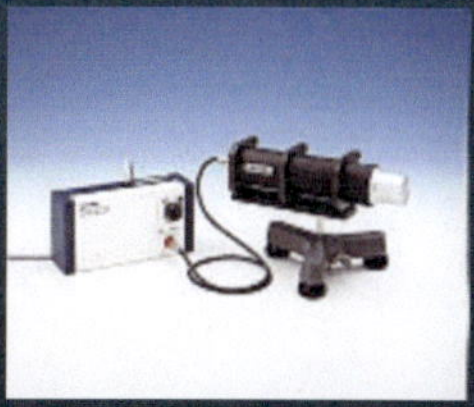

Gammastrahlen-Detektor

Röntgen in Kunst und Archäologie

Astronomie in allen Wellenlängen des elektromagnetischen Spektrums

Astronomen beobachteten jahrtausendelang,
was das sichtbare Licht für das bloße Auge erkennbar macht:
Sonne, Planeten und Sterne.
Um 1800 fand man, daß die Sonne neben dem sichtbaren Licht
weitere - unsichtbare - Wellenbereiche aussendet,
die Infrarot- und Ultraviolettstrahlung.

Radiowellen aus dem Weltall wurden 1932 entdeckt.
Die Röntgen- und Gammaastronomie begann nach 1945;
ihre Instrumente müssen in große Höhen gebracht werden
- wie bei der modernen IR- und UV-Astronomie.
Das erlaubte die Erforschung der gesamten elektromagnetischen Strahlung.

Durchlässigkeit der Atmosphäre für Strahlung verschiedener Wellenlänge

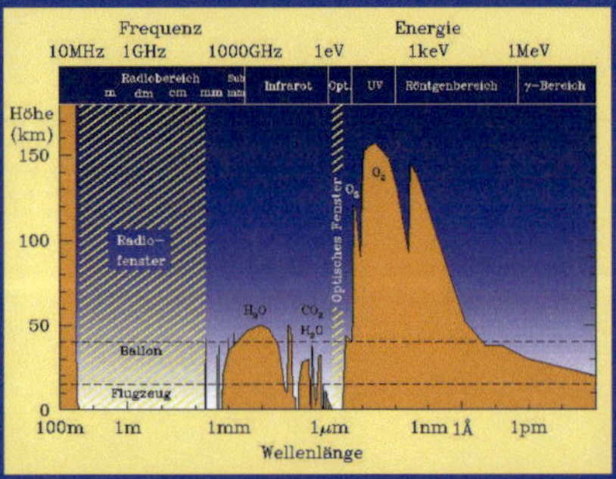

Unsere Milchstraße in verschiedenen Wellenlängen

100m Radioteleskop Effelsberg

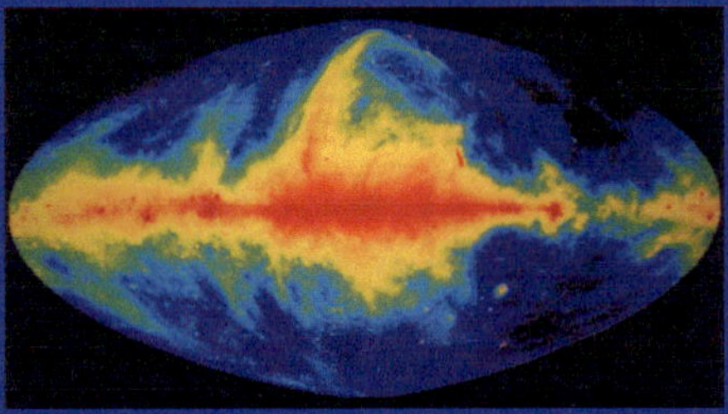

Die Milchstraße bei verschiedenen Wellenlängen:
Die Milchstraße erscheint in den fünf unsichtbaren Wellenlängen
Radio, Infrarot, Ultraviolett, Röntgen und Gamma
anders als im Bereich des sichtbaren Lichts.
Es treten jeweils unterschiedliche Objekte in den Vordergrund.
Die Milchstraßenebene verläuft überall waagerecht,
das Milchstraßenzentrum befindet sich in der Bildmitte.

- Wellenlänge: 73cm (100m-Radioteleskop in Effelsberg/Eifel):
  Der Radiohimmel ist auf die Milchstraßenebene konzentriert.
  Die diffuse Strahlung stammt von extrem schnellen Elektronen im
  Magnetfeld unserer Milchstraße. Daneben sehen wir
  Supernova-Überreste der Milchstraße wie den großen Halbbogen
  über der Bildmitte, aber auch Galaxien, Radiogalaxien und Quasare.
  Die Radiointensitäten steigen von Schwarz-Blau bis Rot an.

IRAS

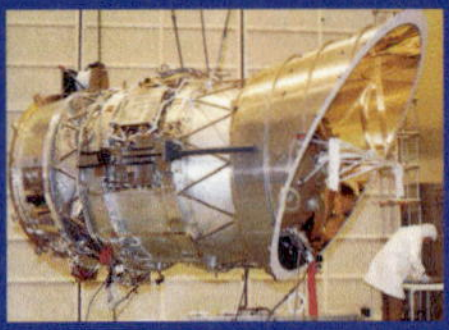

- Wellenlänge 12 bis 100 Mikrometer (Infrarot-Satellit IRAS):
  Der Infrarothimmel zeigt diffuse Strahlung, Staub und Sterne.
  Rot und Gelb bezeichnen -233°C.kalte Staubgebiete entlang der Ebene,
  Blau etwas wärmere Gebiete vom ganzen Himmel.

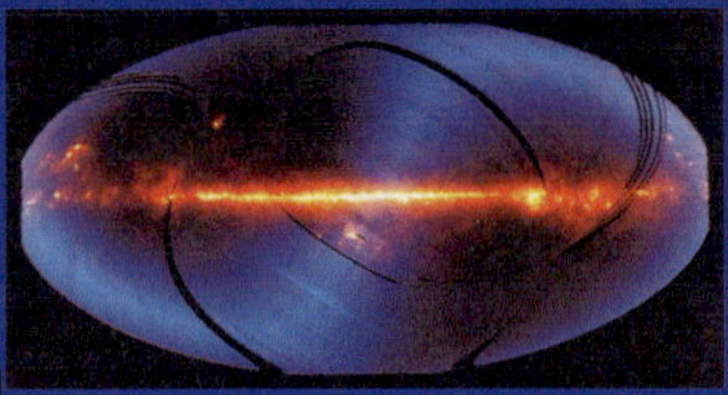

- Wellenlänge: 0,6 Mikrometer (Lund):
  Der sichtbare Himmel nach Einzelphotographien handgezeichnet.
  Sterne, Gas und Staub der Milchstraße sind auf die Ebene konzentriert.
  Außerhalb der Ebene fallen auch andere Galaxien auf.

IUE

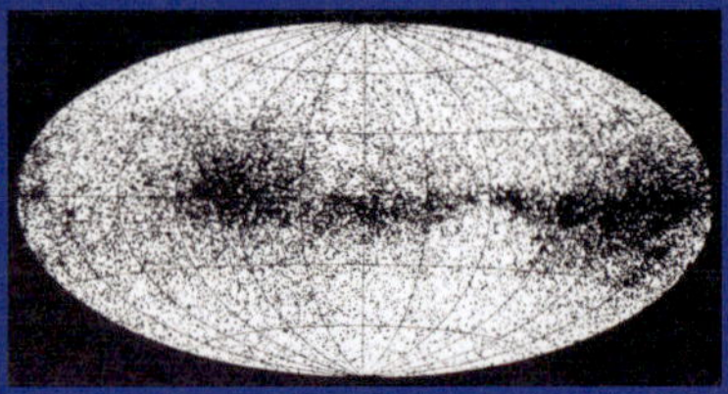

- Wellenlänge: 135 bis 255 Nanometer (Ultraviolett-Satellit TD1A):
  Der Ultravioletthimmel läßt die 31.000 heißesten Sterne
  in den Spiralarmen der Milchstraßenebene hervortreten.
  In dieser Negativaufnahme erscheinen die Sterne schwarz.

Rosat

- Energiebereich: 0,1 bis 2,4 keV (Röntgen-Satellit ROSAT):
  Der Röntgenhimmel zeigt vor dem allgemeinen Röntgenhintergrund
  Sterne und Supernova-Überreste unserer Milchstraße,
  Doppelsternsysteme mit Neutronensternen oder Schwarzen Löchern,
  sowie Galaxien, Quasare und Galaxienhaufen.
  Die Röntgen-Intensitäten steigen von Violett nach Rot an.

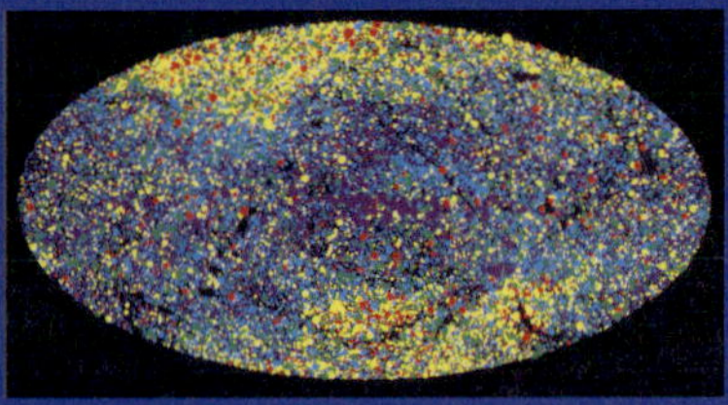

CosB

- Energiebereich: 70 MeV bis 5 GeV (Gamma-Satellit COS-B):
  Vom Gamma-Himmel ist hier nur die Milchstraßenebene zu sehen.
  Sie besteht aus diffuser Abstrahlung des Gases zwischen den Sternen
  sowie Supernova-Überresten und Pulsaren der Milchstraße.
  Die Gamma-Intensitäten nehmen von Blau bis Gelb zu.
  Sie sind im Milchstraßenzentrum und in den Spiralarmen am höchsten.

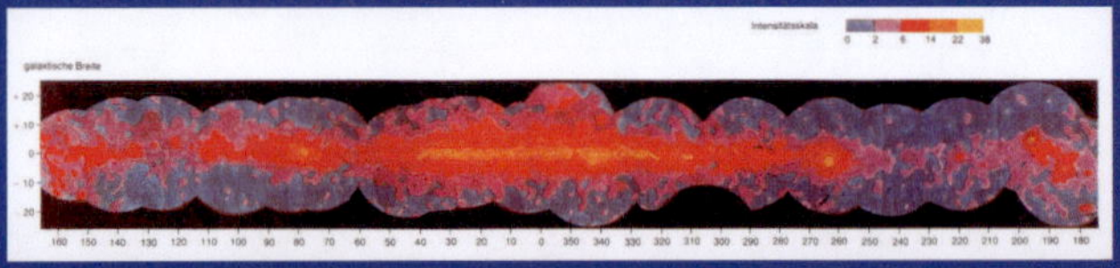

Katalog „Von Hertz bis Handy“

Gudrun Wolfschmidt und Karl Heinrich Wiederkehr

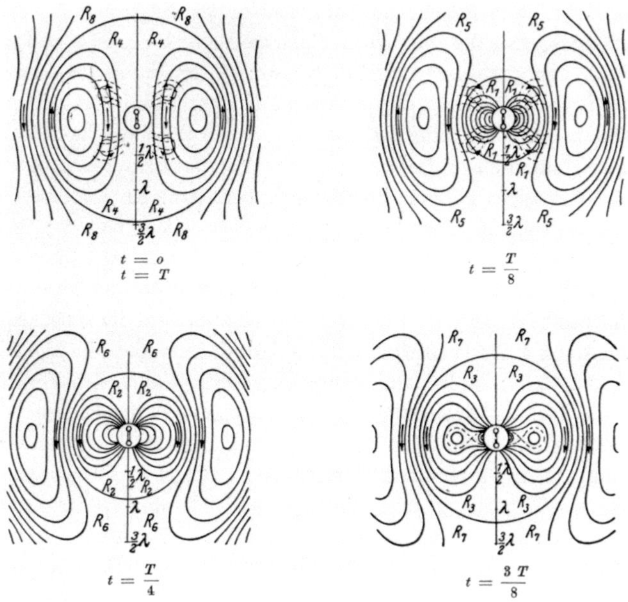

Abbildung 6.2:
Berechnete elektrische Kraftlinien in der Umgebung eines schwingenden Hertzschen Sendedipols

Zenneck 1930, S. 54.

Die Ausstellung gliedert sich in drei Teile:

- Die Vorgeschichte zu Hertz – Entwicklung des Elektromagnetismus
- Heinrich Hertz und die Entdeckung der elektromagnetischen Wellen
- Die Nachwirkung – Funktechnik, Rundfunk, Fernsehen, Mobilfunk, elektromagnetisches Spektrum

Abbildung 6.3:
Büste von Heinrich Hertz (1857–1894)
für den Ehrensaal im Deutschen Museum in München,
modelliert von der Tochter Mathilde Hertz

Zenneck 1930, S. 59.

6.1 Heinrich Hertz (1857–1894) – Leben und Werk

Das Geburtshaus von Heinrich Hertz stand
in der Poststraße 20 in der Hamburger Innenstadt;
er war Sohn eines Rechtsanwalts, der später Senator wurde.
In der Gelehrtenschule des Johanneums (Gymnasium)
legte Heinrich Hertz 1875 sein Abitur ab.

1875 absolvierte er ein Praktikum
am Städtischen Bauamt in Frankfurt am Main.
Dann begann er sein Studium des Bauingenieurwesens
am Polytechnikum in Dresden (1876),
dann studierte er am Polytechnikum und an der Universität München
bei Johann Philipp Gustav von Jolly (1809–1884) und
Alfred Pringsheim (1850–1941).
Hier entschied er sich, zum Physikstudium zu wechseln.

Heinrich Hertz setzte sein Studium an der Universität Berlin fort (1878) –
und zwar bei Hermann von Helmholtz (1821–1894)
und Gustav Robert Kirchhoff (1824–1887).
1880 wurde er promoviert.

An der Universität Kiel erfolgte 1883 die Habilitation;
hier widmete er sich u. a. der Meteorologie.
1885 wurde er als Professor nach Karlsruhe berufen,
wo ihm seine bahnbrechende Entdeckung der elektromagnetischen Wellen gelang.
1889 trat Hertz seine Stelle als Professor für Physik an der Universität Bonn an
als Nachfolger von Rudolf Clausius .

Weitere Entdeckungen stehen in Zusammenhang mit Heinrich Hertz:

- Lichtelektrischer Effekt
- Untersuchung des Durchgangs von Kathodenstrahlen
  durch dünne Metallschichten
  (zusammen mit Assistenten Philipp Lenard)

Vitrine 1: Heinrich Hertz (1857–1894)
Maße: Glasvitrine (38 × 30 cm)
Poster DIN A0 (84 × 119 cm)

1857 – Geburt von Heinrich Hertz (1857–1894) – Familienwappen

Am 22. Februar 1857 wurde Heinrich Hertz in Hamburg geboren. Sein Vater, der Advokat Dr. Gustav Ferdinand Hertz (1827–1914), ab 1877 Richter, war von 1887 bis 1904 Senator in Hamburg. Die Mutter Anna Elisabeth Hertz, geb. Pfefferkorn (1835–1910), Tochter eines Garnisonsarztes, weckte früh in Heinrich den Wunsch, ein bedeutender Wissenschaftler oder Ingenieur zu werden.

Der Vater förderte die technisch-handwerklichen und naturwissenschaftlichen Interessen seines Sohnes. So erhielt der junge Heinrich Hertz eine Drehbank und stellte eigene Instrumente her. Heinrich hatte drei jüngere Brüder Gustav, Rudolf und Otto, sowie eine Schwester.

Abbildung: Geburtshaus von Heinrich Hertz
Mutter und Vater in Senatorenrobe.
Häfner (1991): Funkgeschichte, S. 12. Fölsing 1997, zwischen S. 304–305.

Abbildung 6.4:
Die Eltern von Heinrich Hertz:
Links: die Mutter Anna Elisabeth Hertz, geb. Pfefferkorn (1835–1910)
Rechts: der Vater Dr. Gustav Ferdinand Hertz (1827–1914), Senator in Hamburg

Zenneck 1930, S. 26 und 58.

Wohnhaus der Familie Hertz: Magdalenenstraße 3 in Hamburg-Harvestehude

Das Geburtshaus von Hertz stand in der Poststr. 20; er lebte dort bis zum Alter von sieben Jahren.
Im Zweiten Weltkrieg wurde es zerstört.
Eine Gedenkplakette (Okt. 2007) soll an Hertz erinnern.

Nach Aufhebung der Torsperre bezog die Familie
ein repräsentatives Haus in der Magdalenenstraße 3
in Hamburg-Harvestehude (Pöseldorf).

Foto: Gudrun Wolfschmidt, vgl. Fölsing 1997, zwischen S. 304–305.

Kleine Tangentenbussole, W. G. Nicolson, Scientific Instrument Maker, Glasgow

Herz baute sich schon in jungen Jahren als Schüler eine Tangentenbussole. Dies ist ein Meßgerät für den elektrischen Strom. Es benutzt die Ablenkung einer Kompaßnadel (Magnetnadel) durch die Horizontalkomponente des erdmagnetischen Feldes.

Leihgabe: HEW, ehemaliges Museum Electrum
Maße: Ø22 × 18 cm

Schulbildung von Heinrich Hertz – Johanneum

Heinrich Hertz besuchte 1863–1872 eine private Bürgerschule in Hamburg und bekam danach Privatunterricht. Er war hochbegabt und vielseitig; er erhielt beste Zensuren.
Um sein Abitur zu machen, trat Hertz 1874 in die Prima der Gelehrtenschule des Johanneums zu Hamburg ein. 1875 bekam er sein Zeugnis der Reife (Abitur).

Ein neuer Direktor, *„ein gescheiter, aber barsch und bürokratisch gesonnener Preuße“* des Johanneums ließ elf von 23 Prüflingen durchfallen, was in der Öffentlichkeit und auch im Senat Aufsehen hervorrief. Nur in Mathematik erhielt Hertz die Note „sehr gut“ und in den Naturwissenschaften „gut“, in den anderen Fächern „befriedigend“. Wegen seiner Unmusikalität war Hertz vom „Singen“ befreit.

Literatur: Aus der Rede von Senator Prof. Dr. Hans Wenke,
Gedenkfeier zum 100. Geburtstag von Heinrich Hertz in Hamburg 1957, S. 14+15.

Leihgabe (Reproduktion Zeugnis Johanneum)
Maße: Drei Seiten je 14 × 22,5 cm
Leihgabe (Matrikel: Album der Gelehrtenschule des Johanneums, 1865–1921): Johanneum
Leihgabe (Abiturientenverzeichnis, 1804–1909): Johanneum
Leihgabe (Erinnerung an Heinrich Hertz aus Zeitschrift
Das Johanneum – Mitteilungen des Vereins ehemaliger Schüler der Gelehrtenschule des Johanneums (1928), Heft 5): Johanneum
Maße: DIN A5
Leihgabe (Griffelkasten, Schiefertafel und Federhalter mit Stahlfeder, Tintenfaß):
Schulmuseum Hamburg

Abbildung: Gelehrtenschule des Johanneums zu Hamburg am Speersort, 1840–1914, erbaut von Carl Ludwig Wimmel nach einem Entwurf von Franz Gustav Joachim Forsmann

1876 Dresden – Auf dem Weg zum Bauingenieur

In seinem Lebenslauf schrieb Hertz, daß er Ingenieur werden wollte; und im Falle, daß seine Neigungen zu den Naturwissenschaften noch wachsen sollten, er sich der reinen Wissenschaft widmen werde.
Er begann ein Praktikum zur Vorbereitung als Bauingenieur in Frankfurt am Main.
Seit 1876 studierte er Bauingenieurwesen am Polytechnikum in Dresden.

Abbildung: TH Dresden

1877 – Studium in München

Nach einem Militärjahr setzte Hertz sein Studium 1877 in München fort. Er wechselte an die Universität, um Physik zu studieren. Diesen wichtigen Entschluß teilte Heinrich Hertz seinen Eltern in einem 14seitigen Brief am 1. November 1877 mit:

> *„München, d. 1. Nov. 1877*
> *Liebe Eltern!*
> *Ihr wundert Euch vielleicht, daß dieser Brief dem vorigen so schnell folgt, und ich dachte auch nicht, so bald schon wieder zu schreiben, aber es ist diesmal in einer wichtigen Sache und die keinen langen Aufschub verträgt. Es ist eigentlich ein beschämendes Geständniß für mich, aber es muß doch heraus, ich möchte noch jetzt im letzten Augenblick umsatteln und Naturwissenschaften studiren [sic]. Ich komme in diesem Semester an den Scheideweg, wo ich mich ihnen entweder ganz widmen muß, oder definitiv von ihnen Abscchied nehmen und jeder überflüssigen Beschäftigugn mit ihnen entsagen muß, wenn ich nicht meine eigentlichen Studien darüber liegen lassen und ein mittelmäßiger Ingenieur werden wollte. Da ich dies neulich bei der Bearbeitung meines Studienplanes einsah, und so einsah, daß mir darüber kein Zweifel bleiben konnte, da wollte ich zuerst jede[r] überflüssige[n] Beschäftigung mit Mathematik und Naturwissenschaften abschwören, aber da wurde es mir mit einmal klar, daß ich dies doch nocht könnte, daß ich mich bisher eigentlich nur mit diesen mich beschäftigt habe und jetzt auch auf diese nur mich gefreut, alles andere kam mir schaal vor, und die Erkenntnis kam so plötzlich, daß ich am Liebsten gleich aufgesprungen wäre und Euch geschrieben hätte, aber ich hielt mich doch noch ein paar Tage hin, und überlegte die Sache hin und her, aber ich komme zu keinem anderen Resultate. ...“*

Leihgabe (Reproduktion): Staatsarchiv Hamburg
Maße: Drei Seiten (je $14 \times 22,5\,\mathrm{cm}$) eines 14seitigen Briefes von Heinrich Hertz an seine Eltern vom 1. November 1877 aus München
Abbildung: Ludwig-Maximilians-Universität München

Kontakte zur Deutschen Seewarte in Hamburg

Hertz hatte schon als Primaner Kontakte zu Wissenschaftlern an der Deutschen Seewarte in Hamburg geknüpft. Von Georg von Neumayer (1826–1909), Direktor der Seewarte, und von

Wladimir Köppen, einer der führenden Meteorologen seiner Zeit, erhielt er Empfehlungsschreiben. In Hamburg gab es damals noch keine Universität; ein wissenschaftliches Zentrum war die Seewarte. Hertz bekam ein Empfehlungsschreiben von Neumayer und Köppen für Wilhelm von Bezold (1837–1907) in München.

Abbildung: Deutsche Seewarte in Hamburg – Georg von Neumayer

Hertz' Beitrag zur Meteorologie – Regenmesser, Feuchtigkeitsmesser

Die thermodynamische Arbeit *„Graphische Methode zur Bestimmung der adiabatischen Zustandsänderungen feuchter Luft"* erschien in der *Meteorologischen Zeitschrift* (1884). Hertz hatte mit der am Schluß gebrachten graphischen Darstellung den Meteorologen ihr fast tägliches Geschäft außerordentlich erleichtert. Statt langwieriger, komplizierter Rechnungen konnte die Luftfeuchtigkeit in Abhängigkeit verschiedener Parameter der Graphik entnommen werden.

Literatur: „Graphische Methode zur Bestimmung der adiabatischen Zustandsänderungen feuchter Luft." In: Meteorologische Zeitschrift (1884) (Gesammelte Werke Bd. 1, S. 320–338).

Leihgabe (Kondensations-Hygrometer zur Messung des Taupunktes): SPGN
Maße: 20 × 12 × 27 cm

1878 – Studium in Berlin; 1880 Dissertation

1878 wechselte Hertz nach Berlin, damals Mekka der exakten Naturwissenschaften. Hertz hörte bei Hermann von Helmholtz (1821–1894) und Gustav Robert Kirchhoff (1824–1887) Vorlesungen und arbeitete im Laboratorium von Helmholtz. Hertz gewann die Preisaufgabe der Philosophischen Fakultät der Universität über ein Thema zur elektrischen Leitung. Helmholtz hatte sich vorgenommen eine Entscheidung über die beiden konkurrierenden Lehren von der Elektrizität und Elektrodynamik herbeizuführen.

- Auf dem Festland herrschten die Vorstellungen von einer Existenz substantieller Elektrizitäten vor (Wilhelm Weber, Franz Neumann u. a.).
- In England dagegen waren die Faraday-Maxwellschen Feldvorstellungen vorherrschend.

Helmholtz aber entwarf auch eine eigene Elektrodynamik.
1880 beendete Hertz seine Dissertation „ÜBER DIE INDUKTION IN ROTIERENDEN KUGELN" und wurde mit „magna cum laude" promoviert. Dann war er Assistent bei Helmholtz. Er hielt Vorträge verschiedener Art, darunter auch über maritime Themen in der Physikalischen Gesellschaft zu Berlin. Es folgten experimentelle Untersuchungen auf verschiedenen Gebieten, insbesondere auch über Kathodenstrahlen. Hier war Hertz allerdings auf falscher Fährte, da er diese als Wellenvorgänge im Äther deutete. In Berlin veröffentlichte Hertz einige Arbeiten zur Elastizitätstheorie fester Körper, sowohl experimenteller als auch theoretischer Art.

Abbildung: Universität Berlin, Physikalisches Institut, Marschallbrücke
Fölsing 1997, zwischen S. 304–305.

1881 Hertz, Heinrich Rudolf: „Obere Grenze für die kinetische Energie der Bewegten Electricität"

Helmholtz wollte beweisen, daß sich bei einem elektrischen Strom im Leitungsdraht keine elektrischen Teilchen bewegen. Hertz sollte das untersuchen und machte dazu zwei Arbeiten. (In Wirklichkeit haben die elektrischen teilchen natürlich eine Masse.) Die erste ist die folgende

Abbildung 6.5:
Heinrich Hertz (1857–1894)

zehnseitige Abhandlung „Obere Grenze für die kinetische Energie der Bewegten Electricität“, erschienen während seiner der Assistentenzeit bei Helmholtz in den *Annalen der Physik und Chemie*, NF, Band 14. Leipzig: Barth 1881.

Leihgabe: Gudrun Wolfschmidt (Geschenk von Guido Steinhoff)

Maße: 21 × 13, 5 cm

Glimmentladung, 1883

Entladungsgefäß von Heinrich Hertz
zur Untersuchung der Glimmentladungen, 1883

Abbildung: Deutsches Museum München,
Foto: Gudrun Wolfschmidt

1883/84 – Privatdozent und Extraordinarius für Theoretische Physik an der Universität Kiel

1883 habilitierte sich Hertz in Kiel mit der Abhandlung „ÜBER DIE BERÜHRUNG FESTER ELASTISCHER KÖRPER“ und trat eine Stelle als Privatdozent an.

Diese Arbeit bekam für die Elastomechanik und für die Stoßtheorie (Wellentheorie der stoßenden Körper) mit ihrem Reichtum experimenteller und theoretischer Art außerordentliche Bedeutung.

Abbildung: Universität Kiel

Heinrich Hertz als Extraordinarius im Kreise seiner Kollegen in Kiel, 1884

1884 erhielt Hertz das Extraordinariat für Theoretische Physik. Er schrieb zwei bedeutende Arbeiten in Kiel. Insbesondere beschäftigte sich Hertz mit den Theorien der Elektrodynamik; er kannte die Schwächen der damals noch großenteils anerkannten älteren Elektrodynamik mit ihrer Fernwirkung (unendlich große Ausbreitungsgeschwindigkeit der magnetischen und elektrischen Wirkungen ohne Zwischenmedium) und entschied sich für die Faraday-Maxwellsche Nahwirkungstheorie (Feldtheorie). In seiner Abhandlung *„Über die Beziehungen zwischen den Maxwell'schen elektrodynamischen Grundgleichungen und den Grundgleichungen der gegnerischen Elektrodynamik“* (1884) formulierte Hertz schon die beiden symmetrischen Maxwellschen Gleichungen für den Äther. In der heutigen Form lauten sie:

$$rot\vec{H} = \varepsilon\varepsilon_0 \frac{\delta \vec{E}}{\delta t}$$

$$rot\vec{E} = \mu\mu_0 \frac{\delta \vec{H}}{\delta t}$$

Im Äther existieren keine elektrischen Leitungsströme und auch keine elektrischen Ladungen. Hertz benutzte die Komponentenschreibweise. Dies war schon eine Tat ersten Ranges, die Resonanz darauf war bei den Physikern aber sehr mäßig. Eigenartigerweise erwähnte Hertz diese Arbeit später nicht mehr.

Seine Vorlesung *„Moderne Anschauung über die Konstitution der Materie“*, die Hertz in einem druckreifen Manuskript festhielt, und die sich im Nachlaß von Mathilde Hertz befand, wurde von Albrecht Fölsing veröffentlicht. Das Manuskript behandelt die Konflikte zwischen den verschiedenen Auffassungen und Vorstellungen der Materie und ihre Widersprüche. All dem wollte Hertz entgehen und die Physik auf reine Größenbeziehungen reduzieren. Diese typische Grundhaltung sollte sich auch später in seiner deduktiven Behandlung der Elektrodynamik wiederfinden. Für Hertz war der Begriff Materie letztenendes nur ein Zeichen.

Literatur: „Über die Beziehungen zwischen den Maxwell'schen elektrodynamischen Grundgleichungen und den Grundgleichungen der gegnerischen Elektrodynamik.“ In: *Annalen der Physik und Chemie* Bd. 23 (1884), auch in den Gesammelten Werken, 1. Bd. Leipzig 1895, S. 295–318, bes. S. 311.

Abbildung: Heinrich Hertz im Kreise seiner Kollegen in Kiel, 1884

Häfner (1991): Funkgeschichte, S. 17.

1885 Professor an der Technischen Hochschule in Karlsruhe

1885 erfolgte die Berufung nach Karlsruhe an die Technische Hochschule als Professor für Physik. Hertz hatte sich für Karlsruhe entschieden, weil ihm dort, im Gegensatz zu Kiel, ein eigenes, gut eingerichtetes Labor für experimentelle Arbeiten zur Verfügung stand. Für die Ausarbeitung der Antrittsvorlesung *„Der Energiehaushalt der Erde“* hielt sich Hertz einige Tage in der Seewarte auf dem Stintfang in Hamburg auf und nutzte die umfangreiche Bibliothek und den Rat der dortigen Wissenschaftler.

1886–1888 widmete er sich in Karlsruhe seinen berühmten Experimenten zur Erzeugung schneller elektrischer Schwingungen, die zur Entdeckung der von Maxwell vorausgesagten elektromagnetischen Wellen führten – das war ein Sieg der Maxwellschen Theorie. In den weiteren theoretischen Arbeiten von Hertz zur Elektrodynamik (Vervollkommnung der Maxwellschen Theorie) zeigte sich das mathematische Genie.

Abbildung: TH Karlsruhe, Physikalisches Institut
Fölsing 1997, zwischen S. 304–305.

1886 Heirat von Heinrich Hertz mit Elisabeth, geb. Doll

Hertz heiratet am 31. Juli 1886 Elisabeth, geb. Doll, Tochter eines Kollegen. Die folgenden Jahre waren nicht nur die beruflich fruchtbarsten, auch privat waren sie für Hertz die glücklichsten Jahre. Seine Frau unterstützte ihn bei der Abfassung der schriftlichen Arbeiten und gelegentlich sogar beim Experimentieren. Mit ihr hatte er zwei Töchter: Johanny und Mathilde.

Abbildung: Ehepaar Hertz, um 1886
Fölsing 1997, zwischen S. 304–305.

1889 – Professor an der Universität Bonn

Schon während seiner letzten Experimente in Karlsruhe erhielt Hertz mehrere Angebote für eine Stelle an Universitäten, unter anderem auch für Berlin und Bonn.
Hertz entschied sich für Bonn, weil er weiter experimentieren wollte. Im Januar 1889 trat Hertz die Stelle in Bonn an, als Nachfolger von Rudolf Clausius (1822–1888), einer der Großen der theoretischen Physik, insbesondere in der Thermodynamik. Mit der Physikalischen Sammlung war es allerdings schlecht bestellt, das ganze Institut mußte zum Teil neu gebaut werden, und dies kostete viel Kraft und Zeit. In jenen Jahren wurde Hertz mit Ehrungen überhäuft und mit den damals höchsten Preisen ausgezeichnet, nämlich mit dem *Prix Lacaze der Académie des Sciences*, Paris, und mit der Rumford-Medaille der Royal Society, London.

Ein Höhepunkt war sein Vortrag auf der Versammlung Deutscher Naturforscher und Ärzte im September 1889 in Heidelberg mit dem Titel *„Über die Beziehungen zwischen Licht und Elektricität“*. Es war eine rhetorische Glanzleistung, insbesondere auch in seiner allgemein verständlichen Darstellung.

Literatur: „Über die Beziehungen zwischen Licht und Elektricität.“ In: Gesammelte Werke Bd. 1, S. 339–354.

Abbildung: Universität Bonn
Gedenktafel in Bonn, Foto: Gudrun Wolfschmidt

1891 – Kathodenstrahlen

Schon in seiner Berliner Zeit untersuchte Hertz die Kathodenstrahlen und wollte sich sogar mit diesem Thema habilitieren. In seiner letzten experimentellen Veröffentlichung 1891 behandelte er wieder die Kathodenstrahlen und ihren Durchgang durch dünne Metallschichten (Gesammelte Werke Bd. 1, S. 355–359). Sein Assistent Philipp Lenard (1862–1947) führte diese Arbeit weiter und schuf die nach ihm benannte Röhre (Lenard-Röhre mit Lenard-Fenster).

Bei der Deutung der Kathodenstrahlen ging Hertz allerdings wieder in die Irre, als er sie dahingehend interpretierte, daß sie dem Licht ähnlich seien. Und dies tat zunächst auch Lenard. Die Kathodenstrahlen sind aber schnell fliegende Elektronen, die durch die Materie gehen, die großenteils aus Löchern besteht.

Abbildung: `http://www.chempage.de/lexi/kathodenstrahler.htm`

1894 – Hertzsche Mechanik – „ÜBER DIE CONSTITUTION DER MATERIE"

Hertz hatte sich als letzte große theoretische Aufgabe gestellt, die Mechanik in einer neuen Grundanschauung zu entwerfen, aus der alle bis dahin anerkannten Gesetzmäßigkeiten gefolgert werden konnten. In seiner eigenen philosophischen Naturanschauung griff er auf Gedanken zurück, die man in der nicht veröffentlichten Arbeit *„Über die Constitution der Materie"* wiederfindet. Nach Hertz machen wir uns innere Scheinbilder oder Symbole – er gebraucht auch das Wort Zeichen dafür – der äußeren Gegenstände. Und diese Bilder liefern folgerichtige Deutungen und Erklärungen. Hertz hatte sich vorgenommen, ohne den Newtonschen Begriff Kraft auszukommen, Kraft ist für ihn nur ein Zeichen.

Statt mit den Newtonschen Grundbegriffen Raum, Zeit, Materie, Kraft, will er nur mit den Begriffen Raum, Zeit, Masse auskommen. In seinen Augen ist der Kraftbegriff wie auch der Elektrizitätsbegriff mit Beziehungen angehäuft, die sich widersprechen. Mechanische Modelle wie sie Maxwell und auch viele andere britische Physiker benutzten, lehnte Hertz ab. Aber die Hertzsche Mechanik fand nur wenig Eingang in die theoretische Physik.

Helmholtz benutzte schrieb allerdings in der Einleitung zu Band 3 „DIE PRINZIPIEN DER MECHANIK", daß dieses Buch für die Zukunft möglicherweise großen Wert besitze. Und Ernst Mach (1838–1916) würdigte in der 3. Auflage seiner historisch-kritischen Darstellung der Mechanik 1894 die Hertzschen Prinzipien. Albert Einstein (1879–1955) wäre bei der Ausarbeitung seiner Allgemeinen Relativitätstheorie manche Mühe erspart geblieben, wenn er die Hertzschen PRINZIPIEN DER MECHANIK gelesen hätte. Ludwig Wittgenstein (1889–1951), eine der großen philosophischen Denker, griff neben anderen auch auf Hertz zurück.

1893, in Zeiten langwieriger unsäglicher Leiden (Kiefervereiterung, Operation), führte Hertz das begonnene Buch zur Mechanik zu Ende.

PRINZIPIEN DER MECHANIK

Grabstein von Heinrich Hertz auf dem Ohlsdorfer Friedhof

Am 1. Januar 1894 stirbt Heinrich Hertz an Blutvergiftung.

Foto: Gudrun Wolfschmidt

Photoeffekt – Hallwachs-Effekt

Wilhelm Hallwachs (1859–1922) entdeckte 1888 nach vorherigen Versuchen von Heinrich Hertz den äußeren lichtelektrischen Effekt oder Hallwachs-Effekt, auf dem die Wirkung von Photozellen beruht.
Eine negativ geladene Zinkplatte wird durch eine Bogenlampe angestrahlt. Der starke Anteil an ultraviolettem Licht im Lichtbogen entlädt die Zinkplatte. Die Entladung wird mit einem Blättchen-Elektroskop oder Elektrometer nachgewiesen.

Unabhängig von Hallwachs entdeckten der britische Ingenieur Willoughby Smith (1828–1891) und sein Assistent Joseph May, ein junger Telegraph Operator, 1873 in Irland den photoelektrischen Effekt: Seleniumstäbe, die er dem Sonnenlicht aussetzte, zeigten eine Veränderung des Widerstands; das heißt Veränderungen der Lichtintensität können in elektrische Signale verwandelt und damit nachgewiesen werden.

Abbildung:
Leihgabe (Hallwachs-Effekt – Kohlenbogenlampe, Zinkplatte und Elektrometer):
Heinrich-Hertz-Schule Hamburg
Maße (Kohlenbogenlampe): 20 × 20 × 7 cm
Maße (Elektrometer): 10 × 10 × 5 cm

Alkali-Photozelle und Elektrometer von Elster und Geitel, 1900/13

Julius Elster (1854–1920) und Hans Geitel (1855–1923) fanden 1890, daß Alkalimetalle den äußeren photoelektrischen Effekt auch bei Bestrahlung mit sichtbaren Licht und nicht nur bei UV-Strahlung (wie beispielsweise bei Zink) zeigen. Sie waren auch wichtig in der Entwicklung technisch brauchbarer Photozellen. Ab 1913 wurden die Alkaliphotozellen erstmals in astronomische Photometer zur Helligkeitsmessung der Sterne eingebaut.

Das Elektrometer von Elster und Geitel (1900) arbeitete ohne Hilfsspannung.
Bei der Messung der Radioaktivität der Luft (Messung von Ladungsverlusten
durch die Leitfähigkeit der Luft) verwendeten sie eine Zambonische Säule,
eine Hochspannungs-Trockenbatterie,
die bei der Messung zur Herstellung der Anfangsaufladung dient.

Abbildung: `http://www.aip.de/Ĩie/AUSSTELLUNG/KATALOGE/HG/hg.html`
`http://www.monci.it/HomoGubernator/Elettromagnetismo/2E_Elettrometro_Di_Elster_Geitel.htm`
Leihgabe (Photozelle): Heinrich-Hertz-Schule Hamburg
Maße: 10× Ø1, 5 cm

Photozelle von Elster und Geitel für das erste lichtelektrische Photometer von Paul Guthnick, 1913

Der erste Einsatz von Photozellen in der Astronomie geschah 1913
beim lichtelektrischen Photometer von Paul Guthnick (1879–1947)
an der Berliner Sternwarte in Potsdam-Babelsberg –
zusammen mit einem Elektrometer von Wulf.
Eine verbesserte Version des Photometers
mit vier Alkali-Photozellen kam 1924 zum Einsatz.

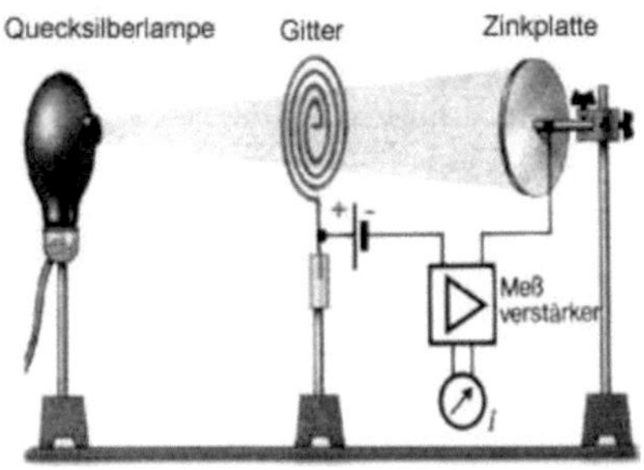

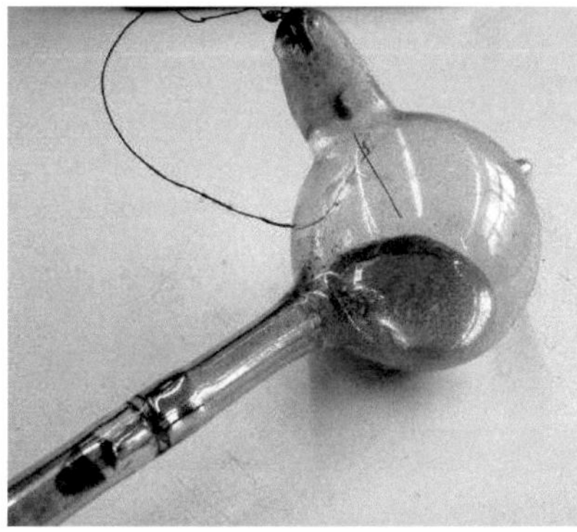

Abbildung 6.6:
Photoeffekt (Graphik) und Photozelle mit Quecksilber, 1891

Abbildung: Foto: Gudrun Wolfschmidt
in der Sternwarte in Potsdam-Babelsberg
und im Deutschen Museum München

Gustav Hertz (1887–1975) – Franck-Hertz-Elektronenstoß-Versuch

Gustav Hertz (1887–1975) ist der Neffe von Heinrich Hertz und wurde ebenfalls in Hamburg geboren. Er studierte in Göttingen, München und Berlin und wurde 1911 bei Heinrich Rubens (1865–1922) in Berlin promoviert.

Zusammen mit James Franck (1882–1964) konzipierte er 1914 Elektronenstoßversuche in Berlin. Für diese Experimente, die eindrucksvoll das Bohrsche Atommodell bestätigten, erhielten sie 1925 den Nobelpreis für Physik. Franck und Hertz benutzten eine mit Quecksilberatomen gefüllte Kathodenstrahlröhre. Die von der Kathode emittierten Elektronen wurden durch ein elektrisches Feld in Richtung Anode beschleunigt. Sie maßen bei den Stößen die jeweilige Energieabnahme und -aufnahme.

- Bei Beschleunigungsspannungen unterhalb 4,9 Volt treten nur elastische Stöße zwischen den Elektronen und den viel massereicheren Quecksilberatomen auf, so daß die Elektronen fast keine kinetische Energie verlieren. Der Anodenstrom steigt kontinuierlich an.

- Erst bei 4,9 Volt kommt es zu unelastischen Stößen, wobei die Elektronen praktisch ihre gesamte kinetische Energie verlieren. Dadurch beobachtet man einen starken Stromabfall in der Kathodenstrahlröhre. Gleichzeitig findet die Emission der Quecksilberlinie $\lambda = 2536 \cdot 10^{-10} m$ statt.

Niels Bohr (1885–1962) interpretierte den Versuch folgendermaßen: Die Quecksilberatome können nur von solchen Elektronen Energie aufnehmen, deren kinetische Energie genau der Differenz zwischen Grundzustand und niedrigstem Anregungsniveau entspricht. Elektronen anderer

Energien werden ignoriert. Sie stoßen nur elastisch (ohne Energieübertragung) mit den Quecksilberatomen zusammen.
Die Abgabe der Energie beim Elektron und die Aufnahme der Energie beim Quecksilberatom kann nach der Planckschen Theorie nur in Portionen von $h\nu$ erfolgen. Diese diskreten Energiebeträge $h\nu$ stimmten im wesentlichen mit der Energie der abgestrahlten Photonen überein, d. h. mit der Wellenlänge der Spektrallinie des Quecksilbers $\lambda = 2536 \cdot 10^{-10} m$ (beim Übergang vom angeregten in den Grundzustand).

Abbildung: Graphik Franck-Hertz-Elektronenstoß-Versuch
und Portrait von Gustav Hertz (1887–1975), Neffe von Heinrich Hertz

Abbildung 6.7:
Heinrich Hertz Medaillon im Hamburger Rathaus

Foto: Gudrun Wolfschmidt

Relief-Medaillon Heinrich Hertz im Rathaus

Heinrich Hertz wurde geehrt durch die Anbringung eines Medaillons in der Rathausdiele (1897) – neben folgenden Naturwissenschaftlern:

- der Astronom Karl Rümker (1788–1862), Direktor der Hamburger Sternwarte am Millerntor, 1830 bis 1857,
- Johann Franz Encke (1791–1865), geboren in Hamburg, später Direktor der Berliner Sternwarte, 1835 bis 1864,

- Joachim Jungius (1587–1657), Gelehrter und Naturforscher der Frühen Neuzeit, 1629 Rektor des Johanneums und des Akademischen Gymnasiums Hamburg.

Allerdings wurde das Medaillon von Heinrich Hertz in der NS-Zeit entfernt (abgeschlagen), dann nach dem Zweiten Weltkrieg wieder erneuert.

Foto: Gudrun Wolfschmidt

Abbildung 6.8:
Skulptur Ätherwelle im Eichenpark am Alsterufer,
geschaffen vom jüdischen Künstler Friedrich Wield (1880–1940), 1931/33

Foto: Gudrun Wolfschmidt

Skulptur Ätherwelle im Eichenpark am Alsterufer, geschaffen vom jüdischen Künstler Friedrich Wield (1880–1940), 1931/33

„Die Skulptur wurde im Auftrag des Hamburger Senats von 1931 bis 1933 als Denkmal für Heinrich Hertz geschaffen, dem als erster der Nachweis von elektromagnetischen Wellen gelang. Der nationalsozialistische Senat verhinderte eine Aufstellung, da Heinrich Hertz Jude war. 1994 wurde die über Jahrzehnte in Vergessenheit geratene Skulptur durch die Hamburger Kulturbehörde wieder aufgestellt.“

Foto: Gudrun Wolfschmidt

6.2 Vom Bernstein zum Voltaelement – Funken und Elektrizität

Abbildung 6.9:
Zündung von Weingeist durch den elektrischen Funken (Berlin 1744)
Experiment von Christian Friedrich Ludolff (1707–1763)

Kloss 1987, S. 37.

In seinem Werk DE MAGNETE (1600) unterschied William Gilbert als erster zwischen magnetischer und elektrischer Kraft (*vim illam electricam nobis placet appelare*).

Im Altertum kannte man schon die Bernsteinkraft. Reibt man Bernstein mit einem wollenen Tuch, zieht es kleine Schnitzelchen aus Papier etc. und Metallplättchen an. Der Magdeburger Bürgermeister Otto von Guericke (1602–1686), bekannt durch sein Experiment mit den Halbkugeln, beschrieb in den EXPERIMENTA NOVA (1672) einen einfachen Apparat, der als Vorläufer für die Elektrisiermaschinen angesehen wird. Eine Schwefelkugel wird gedreht und mit der (trockenen) Hand gerieben. Die Kugel zieht Flaumfedern und andere kleine Teilchen an. Er beobachtete, daß die Flaumfedern nach der Berührung mit der Schwefelkugel wieder abgestoßen werden.

Mit Elektrisiermaschinen werden durch Reibung oder Influenz positive und negative Elektrizität (vorher neutral) voneinander getrennt und so elektrische Ladungen eines Vorzeichens gewonnen. Die Ladung wird auf der Oberfläche einer hohlen Metallkugel (Konduktor), meist aus Messing, oder in Leidener Flaschen gespeichert. In einer Leidener Flasche kann eine größere Elektrizitätsmenge (Ladung) gesammelt werden.

Abbildung 6.10:
Blitz und Elektrizität:
Die Effektivität von Benjamin Franklins Blitzableitern
konnte im Labor an Donner-Häusern demonstriert werden.

Foto: Gudrun Wolfschmidt, Collection of Historical Scientific Instruments,
Department of the History of Science, Harvard University, Cambridge, Mass., USA

Gegen Ende des 18. Jahrhunderts wurde von Luigi Galvani (1737–1798) und Alessandro Volta (1745–1827) völlig neuartige Elektrizitätsquellen entdeckt. Man nannte sie »galvanische Elemente« und die darin erzeugte Elektrizität »galvanische Elektrizität«. Die Bezeichnungen sind heute fast verschwunden. Eine moderne Form eines galvanischen Elementes ist z. B. die Taschenlampenbatterie.

Charles Augustin Coulomb (1736–1806) konstruierte eine Drehwaage, die er 1785 in der Académie Royale vorstellte. Mit diesem Instrument konnten – mittels der aus der Mechanik bekannten Torsion – die elektrischen Anziehungs- und Abstoßungskräfte gemessen und ein Gesetz aufgestellt werden. Damit begann eine quantitative Behandlung elektrischer Erscheinungen.

Vitrine 2: Vom Bernstein zum Voltaelement – Funken und Elektrizität
Maße: Wandvitrine 154 (breit) × 38 (tief) × 170 (hoch))
Tisch für 2 Exponate
Video: Vom Bernstein zum Elektron
Poster 160 (breit) x 100 (hoch)
Poster 160 (breit) x 100 (hoch)

Abbildung 6.11:
Otto von Guericke (1602–1686)
Lenard 1930, S. 58.

Otto von Guericke (1602–1686))

Otto von Guericke (1602–1686) studierte in Leipzig, Helmstedt und Jena Rechtswissenschaften und im holländischen Leiden Mathematik; Leiden war die erste Universität Europas, die technisch-naturwissenschaftlich ausgerichtet war – eine Tatsache, die Guerickes Denken stark beeinflußte. Während des 30jährigen Krieges arbeitete Guericke als Ingenieur, am Ende des Krieges wurde er Bürgermeister seiner Heimatstadt Magdeburg (von 1646 bis 1681).

Abbildung: Leprince-Ringuet 1951, S. 40.

Demonstration der (anziehenden) Weltkräfte (1672) mit einer Feder und der 25cm-Schwefelkugel (erste „Elektrisiermaschine")

Das Hauptwerk Guerickes Neue (sogenannte) Magdeburger Versuche über den leeren Raum – Nova Experimenta, das 1672 in Amsterdam erschien, beschäftigte sich übrigens hauptsächlich mit kosmologischen Fragen. Was hielt die Planeten in einem luftleeren Raum auf der Bahn, eine unbekannte Kraft? Hierbei kam er zu dem Experiment mit der Schwefelkugel.

Nach dem Reiben dieser Schwefelkugel mit den Handflächen wird sie aufgeladen und zieht Papier und leichte Metallstückchen an. Somit ist Guerickes Schwefelkugel ein Urahne der Elektrisiermaschinen.
Neben den elektrischen Anziehungserscheinungen, die Guericke als Beweis für die Anziehungskraft der Erde betrachtete, demonstrierte er auch die abstoßende Kraft auf leichte, flaumige Federn, die sich mit viel Geschick herumtragen ließen.

Guerickes Neue (sogenannte) Magdeburger Versuche über den leeren Raum – Experimenta Nova (ut vocantur) Magdeburgica de vacuo spatio. Liber Quartus De Virtutibus Mundanis Caput XV. Amsterdam 1672, S. 148.
Leihgabe: Staatsbibliothek Hamburg Scrin. B/56
Maße: 44 × 33 cm

Abbildung 6.12:
Demonstration der (anziehenden) Weltkräfte
mit einer Feder und der 25cm-Schwefelkugel

Guericke, Otto von: Nova Experimenta. Amsterdam 1672.

Bernstein und Flaumfeder

Schon im antiken Griechenland kannte man die Wirkung des Bernsteins.
Gaius Plinius Secundus (23–79 n. Chr.) wußte, daß es sich bei Bernstein nicht um Stein, sondern um erstarrtes (fossiles) Harz von Nadelbäumen handelt.
Reibt man Bernstein mit Wolle oder Pelz,
kann man damit leichte Gegenstände wie Federn anziehen.
Das Wort Elektrizität kommt aus dem Griechischen:
Bernstein heißt *elektron* und bedeutet etwas Glänzendes, Schimmerndes.
1650 taucht das Wort „electricity" zum ersten Mal in einem Buch auf.
Die Forscher der »Accademia del Cimento« stellten 1667 fest,
daß elektrische Anziehung wechselseitig wirkt
(Experiment mit einem an einem Faden aufgehängten Bernstein).
Leihgabe: Universität Hamburg, FB Geowissenschaften,
Paläontologisches Museum, Herr Weitschat
Maße: $8 \times 7 \times 3\,\text{cm}$

Reibungselektrizität: Hartgummistab und Katzenfell, Glasstab und Seide

Es gibt zwei Arten von Elektrizität (1733):

- Eine positive oder Glaselektrizität und
- eine negative oder Harzelektrizität.

Beispiele:
Glasstab gerieben mit einem Seidentuch
Hartgummistab, PVC-Stab (oder Bernstein) gerieben mit einem Katzenfell
Leihgabe: Hochschule für Angewandte Wissenschaften Hamburg (HAW),
FB Maschinenbau und Produktion (Glasstab, Hartgummistab)
Maße: $51\times\ \varnothing 2\,\text{cm}$
Maße: $\times\times$ cm
Universität Hamburg, Institut für Experimentalphysik
(Hartgummistab, Seidentuch, schwarzes Katzenfell)
Maße: $51\times\ \varnothing 1,5\,\text{cm}$
Wilhelm-Gymnasium Hamburg (kurzer Hartgummistab und graues Katzenfell)
Maße: $33\times\ \varnothing 1,5\,\text{cm}$

Blättchen-Elektroskop (im Glasgefäß)

Die beiden Elektrizitätsarten neutralisieren sich gegenseitig.
Die frühesten Elektroskope bestanden aus Strohhalmen
und dann aus metallenen Blättchen,
die sich beim Aufladen spreizten.
Man spricht hier von elektrostatischer Elektrizität,
die durch hohe Spannung charakterisiert ist, und
die Entladungsfunken haben eine sehr geringe Stromstärke.

Leihgabe: Hamburger Schulmuseum
Maße: Ø10 × 18 cm

Elektrometer

Bei Aufladung bewegt sich nur der Zeiger.

Leihgabe: Universität Hamburg, Institut für Experimentalphysik
Maße: 20 × 9 × 32 cm

„Vom Bernstein zum Elektron" – Experimentalvortrag von Prof. Dr. Jürgen Teichmann (DVD)

Experimente zum Nachmachen /
Bilder zum Vergnügen – aus der Geschichte der Elektrizität.
München: Deutsches Museum 2003 (Laufzeit 73 Minuten).
Bezugsquelle – Museumsladen: `http://www.deutsches-museum-shop.de`

Leihgabe (VHS-Video): Wolfgang Lange, SPGN

Scheiben-Elektrisiermaschine

Die ersten Elektrisiermaschinen waren Scheiben-Elektrisiermaschinen, die schon Ende des 18. Jahrhunderts geschaffen wurden.

Wirkungsweise:
Gegen eine Glasscheibe, die gedreht wird, drückt ein amalgamiertes Lederkissen. Die durch Reibung erzeugten elektrisch positiven Ladungen werden abgesaugt, und zwar durch Spitzenkämme aus Metall, die sich auf den Holzringen befinden. Sie gelangen auf die Oberfläche einer hohlen Messingkugel (Konduktor) und werden dort gespeichert.

Abbildung: Scheibenelektrisiermaschine nach Gustav Heinrich Wiedemann,
in: Die Lehre von der Elektricität, 4 Bände, Braunschweig 1893–1898, Bd. 1, S. 926.
Leihgabe: Schwerpunkt Geschichte der Naturwissenschaften
Maße: 36 × 18 × 48 cm
Leihgabe: Hamburger Schulmuseum
Maße: 60 × 32 × 53 cm

Francis Hauksbees Elektrisiermaschine, 1705/06 (Prototyp einer Elektrisiermaschine zur Lichterzeugung)

Der Instrumentenmacher der Royal Society Francis Hauksbee (1666–1713) konstruierte eine Maschine, die das Reiben von Bernstein im Vakuum ermöglichte.

Die auf einer Spindel befestigte Glaskugel kann evakuiert werden. Mit dem Schwungrad läßt sich die Kugel über den Antriebsriemen in Rotation versetzen. Berührt man währenddessen mit der Handfläche die Glaskugel, so beobachtet man im Inneren des gläsernen Vakuumgefäßes ein bläuliches Leuchten (elektrische Anregung der Gasmoleküle).

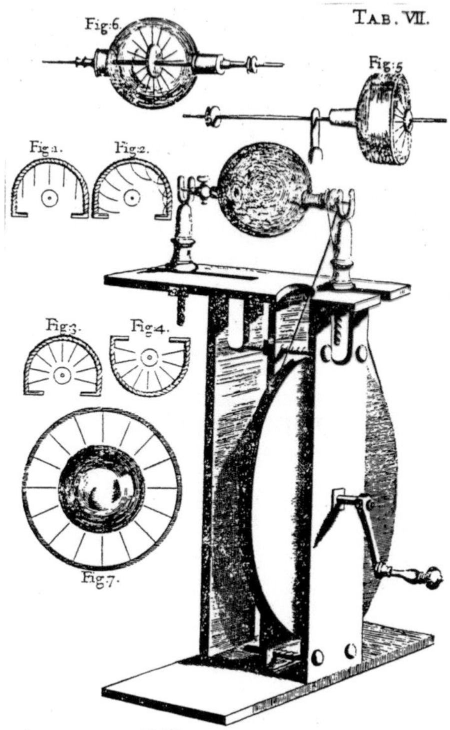

Abbildung 6.13:
Elektrisiermaschine von Hauksbee

Hauksbee, Francis: Physico-Mechanical Experiments on various subjects containing An Account of several Surprizing Phenomena touching Light and Electricity. London 1709, 2. Auflage 1719.

Abbildung: Hauksbee, Francis: Physico-Mechanical Experiments on various subjects containing An Account of several Surprizing Phenomena touching Light and Electricity. London 1709, 2. Auflage 1719.

Anzündung von Alkohol durch Elektrizität (1744)

Christian Friedrich Ludolff (1707–1763) führte 1744
der Berliner Akademie der Wissenschaften ein spektakuläres Experiment vor.

Eine Versuchsperson wurde elektrisch isoliert und elektrisiert.
In einer Hand hielt er ein spitzes Schwert.
Eine zweite Versuchsperson, hier eine Dame,

zog mit einem Löffel Alkohol einen Funken aus dem Schwert,
dabei fing der Alkohol Feuer.

Abbildung: Winkler 1748, Bd. 2, Tafel 3.

Leidener Flasche – Ewald Jürgen Kleist (1700–1748) und Pieter van Musschenbroek (1692–1761)

Die Leidener Flasche ist ein Sammler für Elektrizität, genauer gesagt für elektrische Ladungen. Erfunden wurde sie 1745 gleichzeitig von Ewald Jürgen Kleist aus Cammin in Pommern und vom Leidener Professor Pieter van Musschenbroek.

Beide experimentierten mit einer Glasflasche, die mit Wasser gefüllt war und in die ein eiserner Nagel eintauchte. Nach Verbindung des Nagels mit einer Elektrisiermaschine zum Aufladen umfaßte man die Flasche von außen mit der einen Hand, mit der anderen Hand berührte man den Nagel; dann wurde der Körper von einem außergewöhnlich starken Schlag getroffen.

Bald erhielt die Leidener Flasche ihre übliche Gestalt: ein Glaszylinder oder Glasgefäß wurde innen und außen etwa zweidrittel mit Stanniol beklebt. Der innere Belag ist mit einem Metallstab verbunden, der oben eine Kugel trägt. Diese wird zur Aufladung der Flasche mit dem positiven Pol einer Elektrisiermaschine verbunden, die äußere Belegung wird geerdet. Diese erhält durch Influenz, die durch das isolierende Glas hindurch geht, negative Ladung. Mit einem Entlader kann man den Ladungsausgleich herbeiführen. Er erfolgt durch Funkenüberschlag.

Leihgabe: Matthias-Claudius-Gymnasium Hamburg
Maße: $\varnothing 8,5 \times 20\,\mathrm{cm}$

Das Leidener Experiment als allegorisches Schauexperiment

Wahrscheinlich spielt die Szene am Hof der Zarin Katharina der Großen. Die Pelzmütze und der Afrikanerknabe deuten darauf hin. Der Funken springt über von der lichten Frauengestalt (fast eine Muse der Elektrizität) zur Hand des kleinen Afrikaners.

Abbildung: Kupferstich, koloriert (nach einem Gemälde von Amedée van Loo)
Deutsches Museum München.

Platten-, Wickel- und Elektrolyt-Kondensatoren

Die Leidener Flasche ist die Urform eines Kondensators.
Es gibt Platten-, Wickel- und Elektrolyt-Kondensatoren vielerlei Art.
Michael Faraday fand die Beziehung $Q = C \cdot U$.
Q ist die elektrische Ladung oder Elektrizitätsmenge (Einheit: Coulomb),
C die Kapazität (Einheit: Farad) und
U die Spannung (Einheit: Volt).

Wickel-Kondensator MWF, $10\,\mu\mathrm{F}$, 160 V

Leihgabe: Hochschule für Angewandte Wissenschaften Hamburg,
FB Maschinenbau und Produktion
Maße: $4,5 \times 5 \times 1\,\mathrm{cm}$

Abbildung 6.14:
Leidener Flasche – Ewald Jürgen Kleist (1700–1748)
und Pieter van Musschenbroek (1692–1761)

Park 1895, S. 520.

Elektrolyt-Kondensator, Nichicon, Japan, 470 mF

Leihgabe: Hochschule für Angewandte Wissenschaften Hamburg,
FB Maschinenbau und Produktion
Maße: $5 \times 2,5\,\mathrm{cm}$

Mikro-Elektrolyt-Kondensator WIMA 10/15, +89-

Leihgabe: Hochschule für Angewandte Wissenschaften Hamburg,
FB Maschinenbau und Produktion
Maße: $1,8 \times 1,5 \times 0,8\,\mathrm{cm}$

Die riesige Scheiben-Elektrisiermaschine, Martinus van Marum, 1783 Teylers Museum in Haarlem

Mit dieser größten jemals gebauten Scheiben-Elektrisiermaschine gelang es Martinus van Marum (1750–1837) in Haarlem, Niederlande, ganze Kälber zu töten.
Mit Elektrisiermaschinen zu experimentieren gehörte zum guten Ton jedes wohlhabenden, gebildeten und an wissenschaftlicher Aufklärung interessierten Bürgers oder Adligen.

Van Marums große Elektrisiermaschine konnten Spannungen bis zu 500.000 Volt erzeugen. Vorn sieht man die vielen parallel zusammengeschalteten Leidener Flaschen, in denen eine

Abbildung 6.15:
Die riesige Elektrisiermaschine von Martinus van Marum (1750–1837) mit einer Batterie aus 135 Leidener Flaschen (1783)

Gerrits 1948, S. 220.

große elektrische Ladung gespeichert werden konnte. Man hatte eine Art Hochspannungstechnik entwickelt.

Abbildung: Gerrits 1948, S. 220.

Influenz-Elektrisiermaschine nach Holtz, 1880er Jahre

Ein anderer Typ von Elektrisiermaschine ist die Influenzmaschine, die erst in der zweiten Hälfte des 19. Jahrhunderts aufkam. Konstruiert wurden mehrere Arten; die beiden am meisten gebrauchten Maschinen stammten von Wilhelm Holtz (1836–1913) und von August Toepler (1836–1912).

Alle Influenz-Elektrisiermaschinen gehen in ihrem Prinzip auf den von Alessandro Volta 1775 beschriebenen Elektrophor zurück. In der Influenzmaschine werden durch Drehen die influenzierten elektrischen Ladungen auseinander gezogen und durch den Vorgang einer mehrmaligen Influenz und Ladungsübertragung auf die Leidener Flasche wird Spannung und Elektrizitätsmenge gesteigert.

Leihgabe: Hamburger Schulmuseum

Maße: 25 (30 mit Kurbel) $\times 16,5 \times 33\,\mathrm{cm}$

Electrophor nach Alessandro Volta (1745–1827)

Die Ebonit- oder Schellackscheibe (ein Isolator und Dielektricum) liegt auf einer Metallplatte, die geerdet ist. Die obere Plattenfläche wird mit einem Fuchsschweif oder etwas Ähnlichem gerieben und wird dabei negativ elektrisch aufgeladen. Sodann wird ein tellerartiger metallener Deckel mit einem gläsernen Stab als Handgriff, aufgesetzt. In dem untern Teil des Deckels sammelt sich positiv elektrische Ladung an, auf dem oberen Teil des Deckels negative Ladung. Beide Ladungen stammen aus dem (elektrisch neutralen) Metall des Deckels. Diesen Vorgang nennt man Influenz. Durch Erden des Deckels fließt die negative Ladung des Deckels ab. Die positive Ladung bleibt in dem Deckel, sie wird sozusagen von den negativen Ladungen der Ebonitplatte festgehalten.

Hebt man den Deckel ab, steigt die Spannung zwischen Ebonitplatte und Deckel, wie man mit einem mit dem Deckel verbundenen Elektrometer zeigen kann (die elektrischen Feldlinien werden sozusagen verlängert). Die positive Elektrizität kann auf eine Metallkugel oder in eine Leidener Flasche gebracht werden. Durch Wiederholung dieses Vorgangs wird eine größere Menge positiver Ladung gesammelt.

Volta benutzte statt der Ebonitplatte einen Harzkuchen (Gemisch aus Kolophonium und Pech). Da der Harzkuchen immer seine negative elektrische Ladung behielt und der Vorgang beliebig wiederholt werden konnte, sprach Volta von einem *„Electrophorus perpetuus“*, einem beständigen Elektrizitätsträger.

Bemerkung: Die Energie wurde durch den Bewegungsvorgang geliefert.

Leihgabe: HEW, ehemaliges Museum Electrum

Maße: Ø43 × 26 cm

Kleiner Bandgenerator PH 308h

Auch mit dem Bandgenerator, entwickelt 1933 von Robert van de Graaff (1901–1967) können nach dem Prinzip der Reibungs-Elektrisiermaschine sehr hohe Spannungen erzeugt werden.

Leihgabe: Hochschule für Angewandte Wissenschaften Hamburg (HAW), FB Maschinenbau und Produktion,

Maße: 20 × 13 × 33 cm

Charles Augustin Coulomb (1736–1806)

Der französische Militäringenieur Charles Augustin Coulomb (1736–1806) hatte zunächste experimentelles Interesse. Bei seinen Arbeiten zur Verbesserung des Kompasses untersuchte er die Drillkräfte von Seidenfäden und dünnen Metalldrähten. Er fand, daß die Drillkraft (Torsionskraft) proportional zum Drillwinkel ist. So hatte er sich ein empfindliches Meßgerät geschaffen, mit dem er das nach ihm benannte elektrostatische Kraftgesetz (Coulombsche Gesetz) fand.

Abbildung: Leprince-Ringuet 1951, S. 66.

Coulombsche Drehwaage (1785)

Coulombs Drehwaage, er nannte sie *Balance électrique*, bestand aus einem Glaszylinder, der oben mit einer Glasplatte verschlossen war. Diese hatte zwei Öffnungen. Eine davon genau

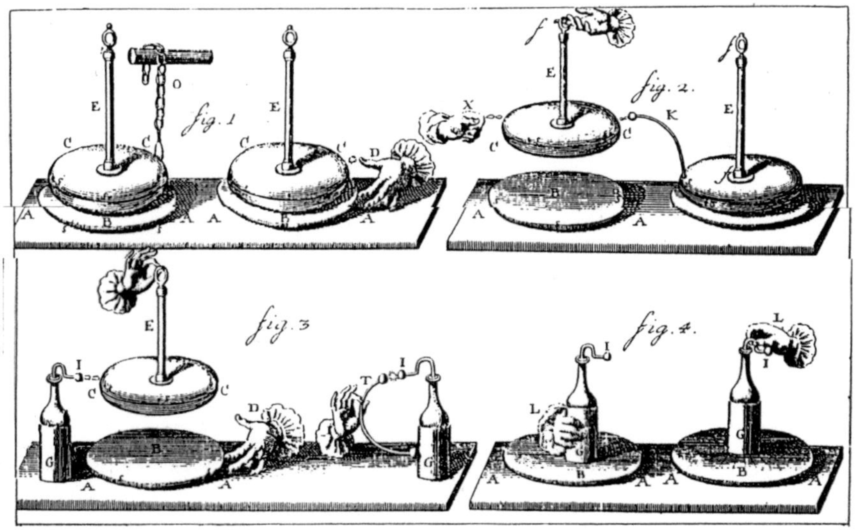

Abbildung 6.16:
Electrophor nach Alessandro Volta (1745–1827)

Dibner 1952, S. 31.

in der Mitte, in die eine Glasröhre eingekittet war. In ihr befand sich ein dünner Silberdraht oder Seidenfaden, der oben in einem Kopf, dem sogenannten Torsionskopf, befestigt war. Das untere Ende des Drahtes oder Fadens trug die eigentliche »Balance«, eine Art Waagebalken. Bei Coulomb bestand er aus einem mit Siegellack überzogenen Strohhalm und einem aufgesteckten Holundermark-Kügelchen. Als Gegengewicht diente eine ölgetränkte Papierfahne, die gleichzeitig Schwingungsbewegungen des Balkens dämpfte.

Coulomb brachte nun von einem geriebenen Bernsteinstab elektrische Ladung auf eine zweite gleichgroße Kugel, führte sie durch das Loch in das Innere der Waage. Durch Berührung der Kugel am Waagebalken wurde die Hälfte der Ladung an diese abgegeben und es erfolgte Abstoßung. Die Größe der Abstoßungskraft bei verschiedenem Abstand der Kugeln wurde durch Torsion des Drahtes gemessen. Die Verdrillung erfolgte solange, bis die alte Lage der Kugeln zueinander wieder erreicht war.

Abbildung: Coulomb, Charles Augustin: Vier Abhandlungen über die Elektricität und den Magnetismus. Leipzig: Wilhelm Engelmann (Ostwald's Klassiker, Nr. 13) 1890, S. 5.
Leihgabe (Coulombsche Drehwaage, Zubehör): Hochschule für Angewandte Wissenschaften Hamburg, FB Maschinenbau und Produktion
Maße: Stab zur Abstandsmessung: 75 × 2 (Ständer 20) × 35 cm
Maße: Balance-Element mit Spiegel mit zwei Torsionsdrähten: 25 × 20 × 3 cm
Maße: Kugel mit Isolierstiel: 24× Ø3 cm

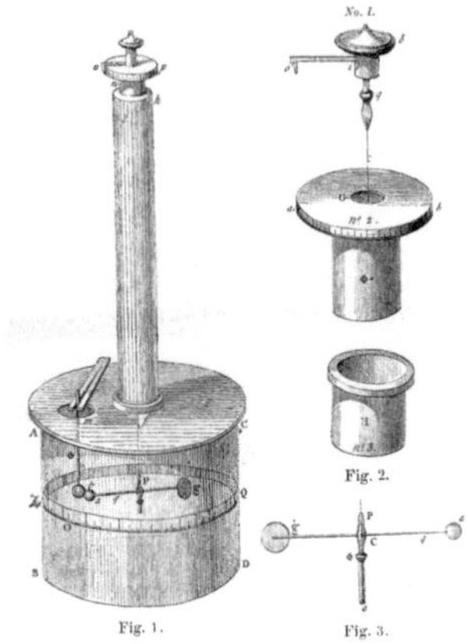

Abbildung 6.17:
Coulombsche Drehwaage (1785)

Coulomb (Ostwald's Klassiker, Nr. 13) 1890, S. 5.

Coulombs Gesetz der Elektrostatik

Coulomb fand, daß die Abstoßungskraft der beiden Kugeln umgekehrt proportional zu ihrem Abstand r ist (eigentlich zu den Mittelpunkten der Kugeln). Die Kraft ist auch proportional zu der Größe der elektrischen Ladungen Q auf den Kugeln, genauer gesagt zu ihrem Produkt.

$$F \sim \frac{Q_1 Q_2}{r^2}$$

Mit dem Coulombschen Gesetz begann die quantitative Behandlung der Elektrizitätslehre. Carl Friedrich Gauß setzte den Proportionalitätsfaktor gleich 1.

Das Coulombsche Gesetz ist die Ausgangsbasis für das absolute elektrostatische Maßsystem, das bis ins 20. Jahrhundert noch von den Physikern benutzt wurde. Da Gauß ein Dreiersystem benutzte (Länge L, Masse M und Zeit Z), ergab sich als Dimension für die elektrostatische Ladung: $L^{\frac{3}{2}} M^{\frac{1}{2}} Z^{-1}$.

Abbildung: Coulomb, Charles Augustin: Vier Abhandlungen über die Elektricität und den Magnetismus. Leipzig: Wilhelm Engelmann (Ostwald's Klassiker, Nr. 13) 1890, S. 16.

Luigi Galvani (1737–1798)

Luigi Galvani (1737–1798), Galvani, Professor der Physiologie und Anatomie in Bologna, befaßte sich ab 1780 als Physiologe mit den Auswirkungen elektrischer Entladungen auf tierische Körper und mit der Erregbarkeit von Nerven und Muskeln von Fröschen. Dabei entdeckte er eine neue, nach ihm benannte Elektrizitätsart. Eine physikalische Erklärung zu deren Entstehung gelang aber erst Volta. Die galvanische Elektrizität hat relativ niedrige Spannung, liefert aber

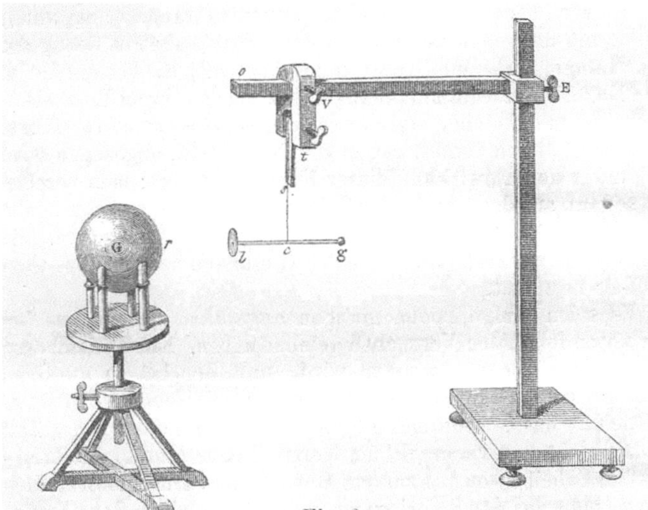

Abbildung 6.18:
Coulombs Experiment zum Nachweis der elektrostatischen Abstoßungskraft
Coulomb (Ostwald's Klassiker, Nr. 13) 1890, S. 16.

im Vergleich zu den Elektrisiermaschinen (Reibungselektrizität) große elektrische Stromstärken.

Abbildung: Dibner 1952, S. 11.

Galvanis Versuche zur Elektrizitätserzeugung mit Metallbügeln und Froschschenkeln

Galvani machte 1780 eine Zufallsentdeckung. Beim Sezieren eines Frosches zuckte dieser zusammen, wenn er mit dem Skalpell die inneren Schenkelnerven berührte. Ein Beobachter glaubte, daß dies während des Funkenüberschlages einer in der Nähe stehenden Elektrisiermaschine geschah. Wir wissen heute, daß dabei die von den Funken ausgehenden elektromagnetischen Wellen im Spiele waren. Galvani aber konnte diese Erscheinung nicht deuten.

Er setzte aber seine Untersuchungen fort und machte die folgenreiche Beobachtung mit den zwei Metallbügeln (Zink und Kupfer). Galvani glaubte, hier eine »tierische« Elektrizität, ja so gar eine Art »Lebenskraft« gefunden zu haben und verglich den Froschmuskel mit einer Leidener Flasche.

Publikation: Galvani, Luigi: De viribus electricitatis in motu musculari commentatio.
Bologna (De Bononiensi Scientiarum et Artium Institutio atque Academia Commentarii, tomus VII) 1791, Tafel III, Fig. 9–16, Tafel IV, Fig. 17–21.

Leihgabe: Staats- und Universitätsbibliothek Hamburg, A/29696
Maße: 22/34 × 18 cm
Galvani, Luigi: Abhandlung über die Kräfte der thierischen Elektrizität auf die Bewegung der Muskeln nebst einigen Schriften, der H. H. Balli, Carminati und Volta über diesen Gegenstand. Eine Uebersetzung herausgegeben von D. Johann Mayer. Prag: J. G. Calve 1793, Taf. 4.

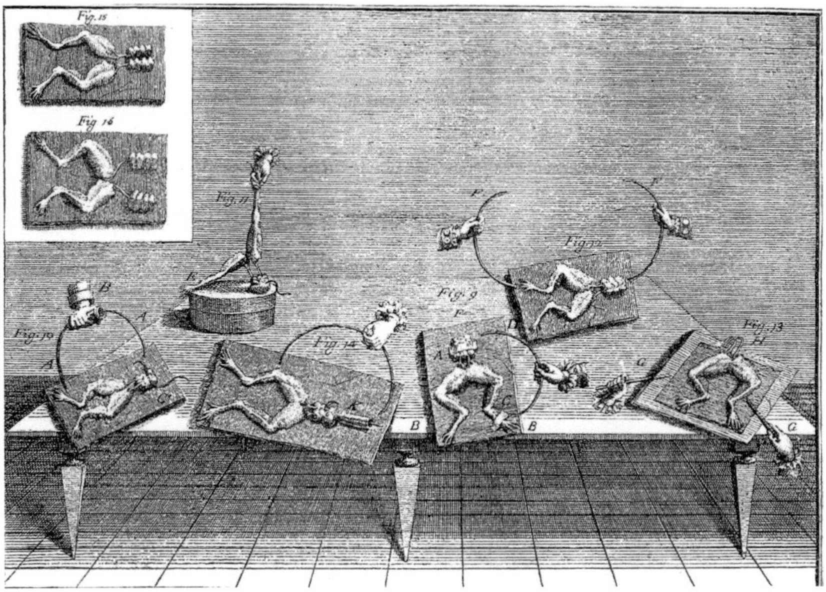

Abbildung 6.19:
Luigi Galvanis (1737–1798) Versuch mit den Froschschenkeln und den Bügeln aus zwei unterschiedlichen Metallen

Galvani, Luigi: De viribus electricitatis in motu musculari commentatio. Bologna 1791. Reprint: Leipzig: Wilhelm Engelmann (Ostwalds Klassiker, Nr. 52) 1894, S. 25.

Alessandro Volta (1745–1827)

Volta wiederholte Galvanis Versuche und fand, daß die Froschschenkel nicht die Quelle der Elektrizität waren, sondern nur eine Art Anzeigegerät. 1792 schrieb Volta, daß das Geheimnis zwei verschiedene Metalle sind. Die galvanische Elektrizität entsteht, wenn die beiden unterschiedlichen Metalle (Leiter erster Klasse) in eine Salz- oder Säurelösung (Leiter zweiter Klasse, Elektrolyte) eingetaucht werden.

Literatur: Briefe über tierische Elektrizität. Ostwalds Klassiker Nr. 114.
Abbildung: Dibner 1952, S. 6.

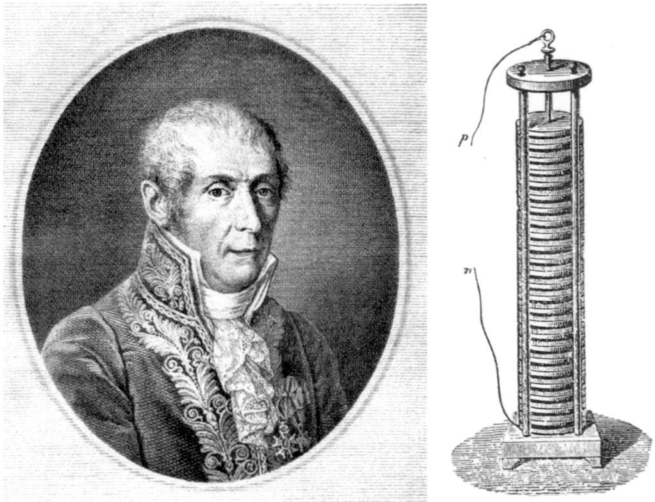

Abbildung 6.20:
Alessandro Volta (1745–1827) und seine Voltasäule

Gerrits 1948, S. 225.

Voltasäule (Zink- und Kupferplatten)

Um 1800 beschrieb Volta die nach ihm benannte Spannungssäule. Diese Voltasche Säule besteht aus aufeinander gestapelten Metallplattenpaaren (z. B. aus Kupfer und Zink) und dazwischen gelegte Filzscheiben, die mit einer Salzlösung getränkt sind. Je mehr er solche Plattenpaare und Filzscheiben aufeinanderstapelte, um so größer wurde die Spannung. Die Spannung wurde durch ein Blättchenelektroskop angezeigt; die Größenordnung war einige Volt.

Volta gab eine Spannungsreihe der Metalle an: Zink, Blei, Zinn, Eisen, Kupfer, Silber, Gold, Kohle, Graphit. Je weiter die beiden Metalle in der Spannungsreihe auseinander lagen, umso höher war die Spannung in der Voltasäule.

Volta glaubte, daß die Spannung durch die direkte Berührung der beiden unterschiedlichen Metalle entsteht – ein Irrtum. Der wesentliche Teil der Spannung ist in der Berührung der Metalle mit dem Elektrolyten zu suchen. Voltas Kontakttheorie wurde durch die elektrochemische Theorie der galvanischen Elemente später abgelöst (Michael Faraday (1864–1941), Walther Nernst (1864–1941). Diese Theorie steht auch mit dem Energiesatz im Einklang; es sind Energie liefernde elektrochemische Vorgänge. Bei einer gebrauchten Taschenlampenbatterie ist die aus Zink bestehende Hülle zerfressen.

Leihgabe: Hans Heinrich Wiederkehr (SPGN)
Matthias-Claudius-Gymnasium Hamburg
Platten-Maße: etwa 6 × 10 cm
G. Wiedemann, 1. Bd., S. 202, 228, 238.

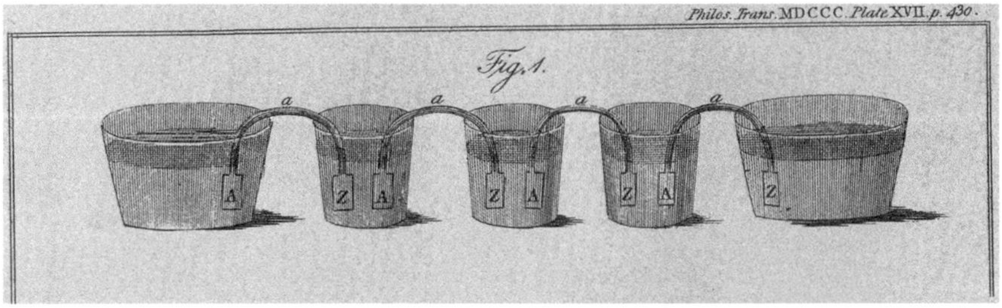

Abbildung 6.21:
Voltas Tassenkrone mit Salzlösung mit Zink- und Kupfer-Bügeln (1800)

Dibner 1952, S. 35.

Voltazelle und »Tassenkrone«

Daneben schuf Volta noch die »Tassenkrone«. In den Tassen befand sich die Salzlösung, und die hintereinander gestellten Tassen wurden mit einem Bogen aus zwei verschiedenen Metallen verbunden (hintereinander geschaltete Voltasche Zellen).

Leihgabe: Heinrich-Hertz-Schule Hamburg

Abbildung: Voltas galvanische Elemente und seine einfache und doppelte Voltasäule (Philosophical Transactions of the Royal Society, 1800)

Vgl. Volta: On the electricity exited by the mere contact of conducting substances of different kinds. In: Philosophical Transactions (1800) S. 403–431, Tafel XVII.

Literatur: Ostwalds Klassiker Nr. 118, Galvanismus und die Entstehung des Säulenapperates.

Elektrizität bei Fischen

Schon zur Zeit Galvanis war bekannt, daß es elektrische Fische gibt. Jeder arbeitende Muskel eines Tiers, eines Frosches oder Fisches, erzeugt kleine elektrische Impulse. Dies kann beispielsweise der Zitterrochen, der Muskelgewebe an beiden Seiten des Kopfes besitzt, zur Verteidigung einsetzen. Diese gallertartigen „lebenden Batterien" senden Schockwellen durchs Wasser und können ihre Opfer damit lähmen oder töten.

Ein Hai hat etwa ungefähr 1000 elektrisch sensible Sinnesgruben auf seiner Haut. Mit diesem Navigationssystem registriert er elektrische Impulse von kleinen Fischen, die sich bewegen.

Volta sah in seinen Erfindungen ein Gegenstück zu den »Batterien« der elektrischen Fische. Diese Fische, „Krampffische" genannt (dazu gehört auch der Torpedo marmorata, Marmor-Zitterrochen) teilen beim Berühren kräftige elektrische Schläge aus.

Dies diente teils auch zum Betäuben im medizinischen Bereich.

Leihgabe: Universität Hamburg, Zoologisches Museum

Maße: Zitteraal (Electrophoros electricus Linnaeus), Slimoos, Amazonas, 1919

$\varnothing 9,5 \times 44\,\mathrm{cm}$

Maße: Zitterwels (Malapterurus beninensis Murray), Wari, Nigerdelta, Nigeria, 1912

$\varnothing 7,5 \times 27\,\mathrm{cm}$

Medizinische Anwendung der Elektrizität: Elektrophysiologie

Galvani erdachte als Gegenbeweis zu der Voltaschen Theorie einen Versuch, bei dem ohne Metall und ohne mechanischen Reiz ein Nerven-Muskelpräparat zum Zucken gebracht wird. Eine Art tierische Elektrizität war so doch nachgewiesen. Diese Phänomene untersuchte auch Abbe l'Anné Jean Antoine Nollet (1700–1770).
Von hier geht historisch gesehen die heutige Elektrophysiologie aus,
die elektrische Ströme in Muskeln und Nerven beobachten.

Abbildung: Nollet 1749.
Literatur: Rotschuh, Neurophysiologie 1961.

Elektrotherapie

Schon 1774 – vor Galvanis Versuchen – gelang in England eine Herzwiederbelebung durch elektrische Schläge. Humboldt empfahl Galvanismus zu Heilzwecken bei Augenleiden, Lähmungen und Rheumatismus. Aber auch bei Krankheiten des Gehörgangs, schwarzem Star und Kropf-Beschwerden sollte die Elektrotherapie helfen. Um 1900 gehört ein Raum für Elektrotherapie zur Standardausstattung von Krankenhäusern.

Abbildung (Elektrotherapie 1877 – 300 Patienten täglich): Metzger 1983, S. 24.

Mesmerismus

Der Wiener Arzt Franz Anton Mesmer (1734–1815) glaubte, daß man durch Berührung mit magnetischen Materialien, die – irgendwie analog zur Elektrizität und zum Magnetismus – existierenden Körperfluida beeinflussen und damit heilend wirken könne (Mesmerismus). Obwohl er und seine Schüler Heilerfolge vor allem bei neurotisch veranlagten Patienten erzielen konnten, wurde der Mesmerismus von der wissenschaftlichen Welt als Scharlatanerie verfemt. Erst die beginnende Psychotherapie Ende des 19. Jahrhunderts entdeckte ihn von neuem.

Abbildung: Mesmer, Franz Anton: Thierischer Magnetismus. Wien 1779.

Zwei Chromsäureelemente (Zink – Kohle) nach Poggendorff (1842)

Von Physikern und Technikern wurde eine Vielzahl von galvanischen Elemente im 19. Jahrhundert konstruiert.
Die Voltasche Zelle (Zink, verdünnte Schwefelsäure, Kupfer)
hat wie andere galvanische Zellen einen Nachteil.
Bei Gebrauch sinkt die Spannung.
Der Grund ist die sogenannte Polarisation. Die Kupferplatte überzieht sich mit einer Gashaut von Wasserstoff, und es baut sich eine Gegenspannung im Element auf. Um eine möglichst konstante Spannung zu erhalten, muß der Wasserstoff durch irgendein Oxidationsmittel gebunden, beseitigt werden. Dies geschieht beim Chromsäureelement durch die der verdünnten Schwefelsäure zugesetzte Chromsäure.

Leihgabe: HEW, ehemaliges Museum Electrum
Maße: $\varnothing 9 \times 20$ cm
Hamburger Schulmuseum
Maße: $\varnothing 11 \times 25$ cm

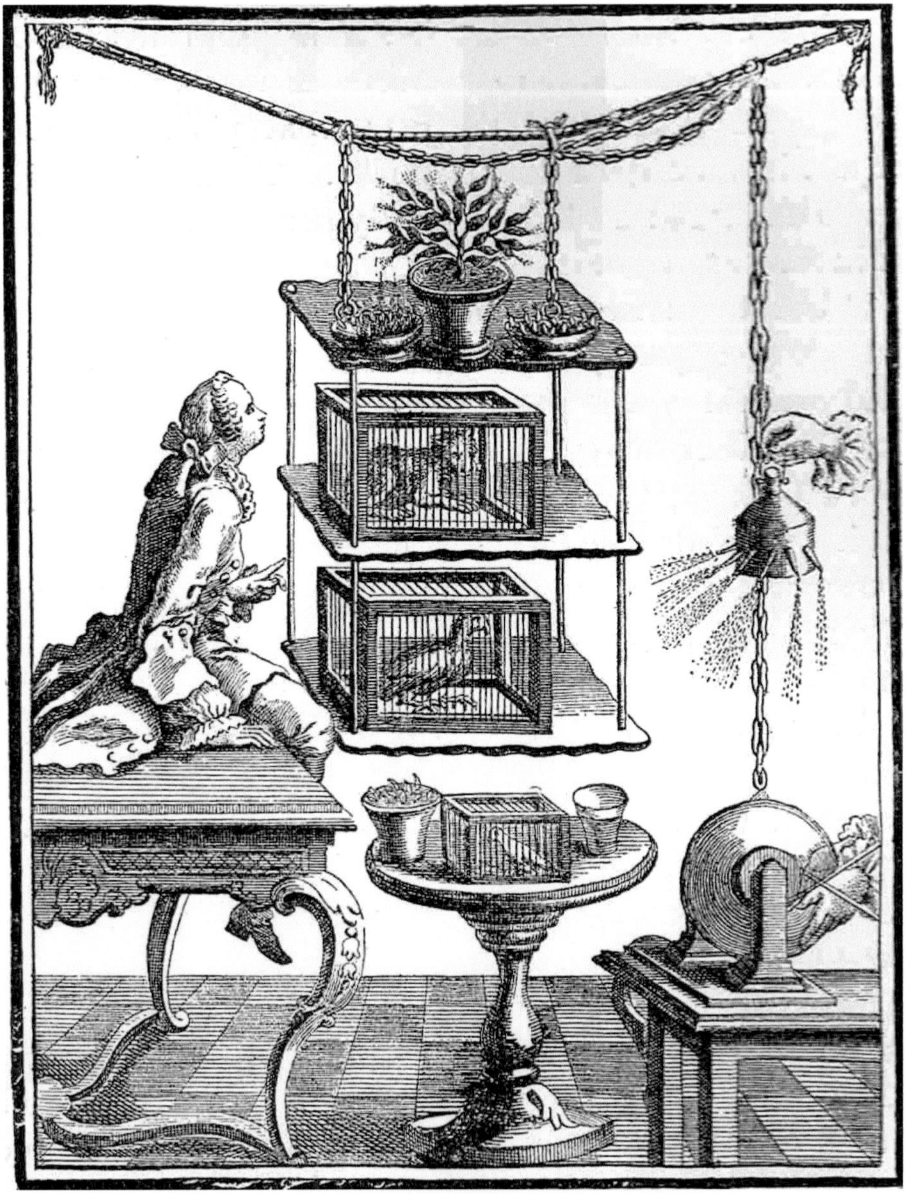

Abbildung 6.22:
Abbe l'Anné Jean Antoine Nollets (1700–1770)
Experimente mit Elektrifizierung von Tieren und Pflanzen

Nollet, l'Anné Jean Antoine: Recherches
sur les causes particulieres des phenoménes électriques. Paris 1749.

Abbildung 6.23:
Mesmerismus

Mesmer, Franz Anton: Thierischer Magnetismus. Wien 1779.

Leclanché-Element (1867)

Der französische Ingenieur Leclanché (1838–1882) baute 1867 dieses recht konstante galvanische Element. In der Mitte befindet sich der Kohleblock, der von gepreßtem Braunstein (MnO_2 Oxidationsmittel) umgeben ist. An der rechten Seite des Tonzylinders steht der Zinkstab.

Abbildung: G. Wiedemann, Bd. 1 S. 850, Abb. 247.
Leihgabe (Leclanché-Element, Tonzylinder mit Mantel aus Zinkblech): SPGN
Maße: Ø10 × 21 cm

Taschenlampenbatterie

Eine Taschenlampenbatterie ist sozusagen die moderne Form eines Leclanché-Elementes: In der Mitte befindet sich ein Kohle- oder Graphitstab, darum gelegt ist ein Beutel mit gepreßtem Braunstein, außen ist der Zinkzylinder. Durch Zusätze ist der Elektrolyt zu einer weichen Masse geworden.

Leihgabe: Hans Heinrich Wiederkehr (SPGN).

Blei-Akkumulator (aufladbar)

Der Bleiakku ist ein so genanntes Sekundär-Element, in das erst elektrische Energie hineingegeben werden muß (Aufladung). Im Gegensatz dazu stehen die Primär-Elemente, die galvanischen Elemente, die sofort Energie liefern. Die eine Elektrode des Bleiakkus besteht aus schwammigen Blei, bei der anderen Elektrode (Pluspol) ist die Bleiplatte mit einer Schicht von braunem Bleisuperoxid überzogen. Sie wirkt wie ein gegenüber der Bleiplatte (Minuspol) unterschiedliches Metall. Als Elektrolyt hat der Bleiakku Schwefelsäure.
Die Herstellung des Akkus erfolgt durch die so genannte Formierung. Bei Gebrauch bildet sich das Bleisuperoxid durch elektrochemische Vorgänge zu Blei zurück. Und bei der Aufladung wird die braune Oxidschicht wieder erneuert. Die Platten sind gitterförmig gestaltet; in den Maschen befindet sich die „aktive“ Masse. Zur Entwicklung des Bleiakkus haben Wilhelm Joseph Sinsteden (1803–1891) (1854), Gaston R. Planté (1834–1889) (1879) und Émile Alphonse Faure (1881) beigetragen. Es gibt auch alkalische Akkumulatoren, so zum Beispiel den Nickel-Eisen-Akku von Edison.

Literatur: Euler, Karl-Joachim: Sinsteden – Planté – Tudor. Zur Geschichte des Bleiakkumulators. Kassel 1980.

Leihgabe (aufgeschnittenes Teilstück eines Blei-Akkumulators):
Wilhelm-Gymnasium
Maße: 18 × 6 × 18 cm

Normalelement nach E. Weston, PTB (Nr. 457/57), Internat. Weston

Das Normalelement hat nicht die Aufgabe, Leistung abzugeben, sondern dient zur Messung und Eichung. Seit 1908 ist es als Normal für die Spannung angenommen worden (1,0183 Volt konstant). Das Gefäß hat die ungewöhnliche H-Form. Es ist ein Quecksilber-Cadmium-Element.

Leihgabe: Universität Hamburg, Institut für Angewandte Physik
Maße: 10 × 6 × 14 cm

6.3 Physik vor Hertz – Elektromagnetismus und Elektrodynamik

Abbildung 6.24:
Wiederholung von Ørsteds elektro-magnetischen Grundversuch durch Ampère und Arago

Kloss 1987, S. 98.

Von der romantischen Naturphilosophie beeinflußt, war Hans Christian Ørsted (1777–1851) ein sogenannter »Dynamist« (Anhänger der Kontinuumtheorie und Gegner einer Atomistik). Von den Romantikern übernahm er auch die Idee von der Umwandelbarkeit der Naturkräfte (Wärme, Licht, Elektrizität, Magnetismus) und die Gipfelung in einem einheitlichen Gesetz. Mit seiner Entdeckung des Elektromagnetismus fand er endlich die gesuchte Umwandlung von Elektrizität in Magnetismus. Bei der Deutung der Ablenkung der Magnetnadel unterschied Ørsted nicht zwischen elektrischen und magnetischen Kräften. Dies tat einige Jahre später erst Michael Faraday (1791–1867). Aber der spiralig oder kreisförmig sich fortpflanzende elektrische „Konflikt“ fand dann eine exakte physikalische Deutung in den kreisförmigen Feldlinien Faradays um den Leitungsdraht.

In Paris war man gegenüber der Ørstedschen Entdeckung zunächst skeptisch. Aber François Dominique Arago (1786–1853) konnte durch Vorführung des Experimentes die Vorbehalte schnell ausräumen.

André Marie Ampère (1775–1836) präsentierte innerhalb kurzer Zeit eine neue Theorie und nannte sie Elektrodynamik. 1822 stellte er sein elektrodynamisches Fundamentalgesetz auf. Es macht eine Aussage über die Wechselwirkungen stromdurchflossener Drähte aufeinander. Ampère folgerte aus seinen Experimenten, daß alle magnetischen Erscheinungen auf elektrische Kreisströme zurückgeführt werden können und so die Annahme magnetischer Fluida überflüssig sei. Nach seinen ersten Vorstellungen wird ein Eisenstab durch elektrische Ringströme an der Oberfläche des Stabes zu einem Magneten. Auf Vorschlag des mit ihm befreundeten Jean Augustin Fresnel (1788–1827) wurden die Strombahnen auf die Oberflächen der Eisenmoleküle verlegt (Molekularstrom-Hypothese). Jedem stromumgürteten Eisenmolekül entspricht ein magnetischer Elementardipol. Sogar der Erdmagnetismus soll nach Ampère durch riesige elektrische Ströme nahe der Oberfläche entstehen, die in ostwestlicher und westöstlicher Richtung fließen (Doppelstrom).

Georg Simon Ohm (1789–1854) fand 1825/27, daß die elektrische Stromstärke in einem Leiterkreis der angelegten Spannung direkt proportional und dem Widerstand umgekehrt proportional ist. $I \sim \frac{U}{R}$ Die Stromstärke ist an allen Stellen des Leiterkreises gleich groß.

Michael Faraday (1791–1867) entwickelte das Feldlinienkonzept (elektrische und magnetische Feldlinien). Sie leiteten ihn von Entdeckung zu Entdeckung. 1831 fand er die elektromagnetische Induktion. Diese war für die aufkommende Elektrotechnik von größter Bedeutung.

Wilhelm Weber (1804–1891) beeinflußte mit seinen Arbeiten, insbesondere mit seiner Reihe Elektrodynamische Maassbestimmungen in entscheidendem Maße für drei Jahrzehnte die Elektrodynamik. Eine seiner glänzenden Taten war die Schaffung des absoluten elektromagnetischen Maßsystems, das Ersinnen und Realisieren geeigneter Meßmethoden und das Konstruieren dafür geeigneter Meßgeräte. Dem auf dem Ersten Internationalen Elektrikerkongreß 1881 in Paris angenommenen internationalen praktischen Maßeinheiten, wie *Volt*, *Ampere* und *Ohm* liegen geeignete Zehnerpotenzen des von Weber geschaffenen elektromagnetischen Maßsystems zugrunde. Sie gingen auch ein in das MKSA-System (Vierer-System mit Meter, Kilogramm, Sekunde, Ampere) und in die 1969 gesetzlich eingeführten SI-Einheiten.

Ein Highlight in der Lehre von der Elektrizität war das Kohlrausch-Weber-Experiment von 1855. Das Experiment diente der Bestimmung des Verhältnisses von absolut elektrostatischer und elektromagnetischer Ladung; Wilhelm Weber und Rudolf Kohlrausch (1809–1858) führten es mit einer Coulombschen Drehwaage und einer Tangentenbussole durch. Aus rein elektrischen Messungen führte es auf die Lichtgeschwindigkeit. Für James Clerk Maxwell (1831–1879) war dies eine der entscheidenden Anstöße zu seiner elektromagnetischen Lichttheorie.

Abbildung 6.25:
Hans Christian Ørsted (1777–1851)

Lenard 1930, S. 189.

Vitrine 3: Physik vor Hertz – Elektromagnetismus und Elektrodynamik
Maße: Wandvitrine 154 (breit) × 38 (tief) × 170 (hoch))
Poster 160 (breit) x 100 (hoch)
Poster 160 (breit) x 100 (hoch)

Hans Christian Ørsted (1777–1851):

Hans Christian Ørsted (1777–1851), ein vielseitiger und einflußreicher dänischer Wissenschaftler, hielt sich während einer Studienreise auch längere Zeit in Jena auf, wo er in dem Romantikerkreis um die Brüder August Wilhelm und Friedrich Schlegel und den Naturphilosophen Friedrich Wilhelm Joseph Schelling (1775–1854) verkehrte und nachhaltig beeinflußt wurde. Dort lernte er auch den Physiker und Elektrochemiker Johann Wilhelm Ritter (1776–1810) kennen und schloß mit ihm Freundschaft. In Kopenhagen lehrte Ørsted zu Beginn seiner Karriere Naturphilosophie, hielt aber auch Experimentalvorlesungen. 1806 ernannte man ihn zum Professor der Physik.

Ørsted zeigte, wie ein stromdurchflossener Leiter eine Magnetnadel aus ihrer Nord-Süd-Richtung ablenkt. Spannungs- und Stromquelle war ein galvanisches Element.

Abbildung: Leprince-Ringuet 1951, S. 88.

Magnetnadel mit einer darum geführten Windung
Modell zum Ørstedschen Versuch

Die Magnetnadel befindet sich allerdings hier zwischen einer Leiterschleife.

Leihgabe: Johanneum
Maße: 12 × 9 × 5 cm

Magnetnadel mit mehreren Windungen (Multiplikator), Peter Stenzel, Physikalische Apparate, Hamburg 23

Hier handelt es sich um ein Strommeßgerät nach dem Prinzip der Tangentenbussole.

Leihgabe: Hamburger Schulmuseum
Maße: 14 × 8 × 3 cm

Elektromagnetismus – Ørsteds Entdeckung des Zusammenhanges von elektrischen und magnetischen Erscheinungen (1820)

Hans Christian Ørsted machte seine berühmte Entdeckung im Frühjahr 1820 (April) bei einer VORLESUNG ÜBER ELEKTRIZITÄT, GALVANISMUS UND MAGNETISMUS. Hier brachte er mit Hilfe einer Voltaschen Batterie einen Leitungsdraht zum Glühen und stellte eine Magnetnadel darunter. Da der Leitungsdraht zuerst in Ost-West-Richtung lag, reagierte die Magnetnadel nicht. Als er aber den Leitungsdraht in die Nord-Süd-Richtung brachte, schlug die Magnetnadel aus – der Elektromagnetismus war damit entdeckt.

Der Rundbrief vom 21. Juli 1820 (in Latein), in dem er seine Entdeckung bekannt machte, wurde allen bedeutenden Physikern und Institutionen zugeschickt. Das Wort »conflictus electrici« (elektrischer Konflikt) entstammt naturphilosophischem Gedankengut. Die Einfachheit der Anordnung war sensationell. Es folgte eine Flut von Veröffentlichungen.

Abbildung: Wiederkehr, K.-H.: Faradays Feldkonzept und Hans Christian Ørsted. In: Physikalische Blätter 47 (1991) Nr. 9, S. 827.

André Marie Ampère (1775–1836)

André Marie Ampère (1775–1836), der sich bis dahin mit Mathematik, Philosophie und anderen Wissensgebieten rein theoretisch beschäftigt hatte, stürzte sich sofort auf das von Ørsted erschlossene neue Gebiet und experimentierte dabei zum erstenmal. In fieberhafter Arbeit präsentierte er innerhalb kurzer Zeit eine neue Theorie und nannte sie Elektrodynamik.

Zuerst formulierte er seine »Schwimmerregel«, in der die Ablenkung der Magnetnadel durch einen elektrischen Strom festgelegt wurde. Der elektrische Strom ist für ihn ein Doppelstrom von positiver und negativer Elektrizität, der innerhalb des Leiters fließt. Sodann untersuchte er die elektrodynamische (eigentlich magnetische) Wirkung von stromdurchflossenen Leitern aufeinander und stellte sein elektrodynamisches Fundamentalgesetz (1822) auf.

Abbildung: Leprince-Ringuet 1951, S. 92.

Ampère – Wirkung stromdurchflossener Leiter aufeinander Elektrodynamische Wirkung von Stromelementen

Die quadratförmige Drahtschleife, die zur Kompensation der Wirkung des erdmagnetischen Feldes in zwei entgegengesetzt durchflossene Hälften unterteilt ist, wird bei x und bei y in die Quecksilbernäpfchen eingehängt. Das rechte Drahtstück a b kann einer der senkrechten Quadratseiten genähert und so Anziehung und Abstoßung gezeigt werden.

Ergebnis: Gleichgerichtete parallele Ströme ziehen sich an,
entgegengesetzt gerichtete parallele Ströme stoßen sich ab(!).

Leihgabe: Hochschule für Angewandte Wissenschaften Hamburg,
FB Maschinenbau und Produktion
Elektrodynamische Wirkung zweier paralleler Leiter – André Marie Ampère (1775–1836)
Maße: $100 \times 22 \times 13$ cm

Abbildung: Wiederkehr, K.H.: Zur Deutung magnetischer Phänomene im 19. Jahrhundert.
In: Physikalische Blätter 44 (1988), Nr. 5, S. 130.

Auf dem Weg zur Feldphysik: „Spule“(eine Windung), Fläschchen mit Eisenfeilspänen Grieskörner in Öl zum Nachweis elektrischer Feldlinien

Ampère wollte generell allen Magnetismus auf fließende elektrische Ströme zurückführen und so die magnetischen Fluida beseitigen.

Vom elektrischen Strom durchflossene Windung wirkt wie ein kleiner Magnet.
Nach Faraday wird das Magnetfeld mit Eisenfeilspänen sichtbar gemacht und nach dem Biot-Savartschen Gesetz berechnet.

Leihgabe („Spule“ und Eisenfeilspäne): Universität Hamburg, Institut für Experimentalphysik
Maße („Spule“): $13 \times 15 \times 3,5$ cm
Maße (Eisenfeilspäne): Ø3×6 cm
Leihgabe (Grieskörner in Öl): Hochschule für Angewandte Wissenschaften Hamburg (HAW),
FB Maschinenbau und Produktion
Maße: $12 \times 12 \times 3,5$ cm

Astatisches Galvanometer (Strommeßgerät)

An einem Faden hängt ein dünner Elfenbeinstab, an dem zwei gleich starke Magnetstäbchen horizontal befestigt sind, wobei aber die Pole entgegengesetzte Lage haben. Die Wirkung des Erdmagnetismus wird so aufgehoben. Die eine Magnetnadel befindet sich im Inneren einer Spule (Multiplikator). Anfangs muß diese Magnetnadel zu den Windungen parallel sein. Fließt ein Strom durch die Spule, wird die Nadel abgelenkt. Faraday benutzte ein solches, aber primitiver gebautes Instrument.

Leihgabe: Hamburger Schulmuseum
Maße: Ø20 (25 cm mit Ständer) $\times 43,5$ cm

Georg Simon Ohm (1789–1854) und seine Meßapparatur

Georg Simon Ohm (1789–1854): Vorläufig Anzeige des Gesetzes, nach welchem Metalle die Contaktelektrizität leiten (1825): Ohm benutzte eine thermoelektrische Stromquelle (aus Kupfer und Wismut), um die starken Schwankungen der Voltasäule zu vermeiden. Die beiden Metalle werden konstant auf Temperaturen von 0°C und 100°C gehalten.
Ohm erhielt nun eine direkte Beziehung zwischen Stromstärke (gemessen mit der elektroma-

gnetischen Kraftwirkung des Stromes) und Widerstand (abhängig zum Beispiel von der Länge des Drahtes).

Leihgabe (Thermoelement): Heinrich-Hertz-Schule

Abbildung: Lenard 1930, S. 208. Füchtbauer 1939, S. 97.

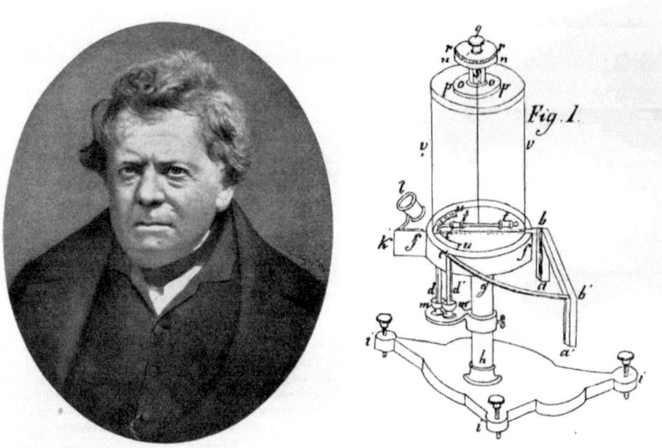

Abbildung 6.26:
Georg Simon Ohm (1789–1854) und seine Meßapparatur

Lenard 1930, S. 208. Füchtbauer 1939, S. 97.

Normalwiderstand 1 Ω, Siemens & Halske, No. 2847

Ein Normalwiderstand dient zur Eichung anderer Widerstände; er wurde von der Physikalisch-Technischen Reichsanstalt geliefert (Eichung: 1 Ω richtig bei 13,5°C, November 1891). Der Widerstandsdraht besteht aus einer besonderen Legierung, um möglichst unabhängig von der Temperatur zu sein. Der Draht ist mit Seide umsponnen und oben an der Büchse in besonderer Weise angelötet.

Leihgabe: Clausthal-Zellerfeld, Technische Universität,
Institut für Physik und Physikalische Technologien
Maße: 17× Ø9 × 6 cm

Michael Faraday (1791–1867) und sein Feldbegriff

„Laßt der Phantasie, wenn sie durch Scharfsinn und Prinzipien geleitet wird, freien Lauf, aber haltet sie fest in Experimenten und leitet sie durch Experimente.“
(Michael Faraday)

Da Faraday keine mathematische Ausbildung hatte, schuf er sich mit der bildlichen Vorstellung von magnetischen (und auch von elektrischen) Feldlinien ein Hilfsmittel, um die physikalischen Erscheinungen erfassen und deuten zu können. Solche Vorstellungen führten ihn von

Entdeckung zu Entdeckung. Maxwell sah darin (wie auch Faraday selbst) physikalische Realitäten und schuf eine neuartige Elektrodynamik (Feldphysik, Nahwirkungstheorie).

Abbildung: Keferstein 1911, S. 114.

Abbildung 6.27:
Michael Faraday (1791–1867)

Lenard 1930, S. 224.

Rotationsapparat von Michael Faraday (1821)

Nach der Ørstedschen Entdeckung studierte Faraday eingehend die zahlreichen Arbeiten, die danach erschienen waren, und machte alle Versuche nach. Am meisten setzte er sich mit den Arbeiten von Ampère auseinander. Dessen Doppelstrom akzeptierte Faraday nicht, höchstens eine Art »Bewegung«, die den Draht durchläuft. Dem elektrodynamischen Fundamentalgesetz Ampères stand er mit Vorbehalt gegenüber und glaubte, daß die Phänomene mit einfacheren Mitteln, nämlich mit dem magnetischen Feld erfaßt werden könnten. Inspiriert durch Ørsteds kreisförmig sich fortpflanzenden elektrischen Konflikt konstruiert er seine Rotationsapparate.

Faraday läßt einen Magnetpol um einen stromdurchflossenen Leiter kreisen und einen stromdurchflossenen Leiter um einen Magnetpol. Die Gefäße sind zum Teil mit Quecksilber gefüllt.

Abbildung: Faradays elektromagnetischer Rotationsapparat (1821)
(Michael Faraday: Experimental-Untersuchungen über Elektrizität, Bd. 2, Berlin 1890, Tafel IV.)

Faradays Eisenring mit zwei daraufgewickelten Spulen – die Entdeckung der magnetischen Induktion (1831)

Schon 1821 notierte Faraday in sein Tagebuch: Verwandle Magnetismus in Elektrizität. Erst nach zehn Jahren, nach zwei vergeblichen Anläufen, hatte er Erfolg. Einmal war die magnetische Kopplung zu schwach gewesen, das andere Mal war das Meßinstrument nicht empfindlich genug.

Benutzt wird ein Eisenring mit darum gewickelter Primär- und Sekundär-Spule, eine galvanische Batterie und ein astatisches Nadelgalvanometer (es hat zwei kleine Magnete, bei denen die Pole entgegengesetzt liegen; so wird der Einfluß des Erdmagnetismus ausgeschaltet). Das Nadelgalvanometer an der Sekundärspule schlug nur aus beim Ein- und Ausschalten des Stromes in der Primärspule. Dies mag mit ein Grund gewesen sein, warum diese Erscheinung – Faraday nannte sie Induktion – so lange verborgen geblieben war.

Induktion erfolgte auch, wenn die beiden Spulen nicht durch einen Eisenkern magnetisch gekoppelt waren. Und Induktion zeigte sich auch, als Faraday einen Stabmagneten in eine Spule hineinstieß oder herauszog. Die Phänomene konnte Faraday auf einfache Weise deuten: Wenn ein Leiter von magnetischen Feldlinien geschnitten wird, entsteht ein Spannungs- und Stromstoß.

Eisenring nach Faradays Diary, 29. August 1831:
Ließ einen Eisenring herstellen (Weicheisen), rund und 7/8 inches dick und Ring 6 inches im äußeren Durchmesser. Wickelte viele Spulen aus Kupferdraht um eine Hälfte, die Spulen getrennt durch Zwirn und Baumwolltuch – es waren 3 Draht-Längen, jede um 24 Fuß lang und sie konnten zu einer Länge verbunden oder als getrennte Längen benutzt werden. Durch Versuch mit einem Trog wurde jede von den anderen isoliert. Will diese Seite des Rings A nennen. Auf die andere Seite, abgetrennt durch einen Zwischenraum, war Draht in zwei Stücken gewickelt, zusammen um 60 Fuß in der Länge, die Richtung war so wie die der ersten Spule; nenne diese Seite B.

Induktions-Inklinatorium von Wilhelm Weber

Das Gerät besteht aus einem Kupferring, der um eine horizontale Achse mittels eines Getriebes in schnelle Umdrehungen gebracht wird. In der Mitte des Ringes befindet sich eine Kompaßnadel. Induzierend wirkt dabei die vertikale Komponente des geomagnetischen Feldvektors; die Magnetnadel wird abgelenkt. Wegen schwer überschaubaren Fehlerquellen war der Apparat für Präzisionsmessungen wenig geeignet.

Gauß und Weber konnten schon zwei Jahre nach der Faradayschen Entdeckung die elektromagnetische Induktion mit mathematischen Formulierungen erfassen. Der Erdinduktor, von Weber 1853 beschrieben, aber von Gauß schon in den dreißiger Jahren konzipiert, ist ein weiteres Beispiel.

Abbildung: Resultate von 1837 (1838), S. 81–96.
Vgl. Weber-Werke, Bd. 2, S. 75–88.

Tangentenbussole mit Kupferring (eine Windung), 1841/42, Original nach Weber

In der Mitte des kreisförmigen Kupferbandes befindet sich eine Bussole. Die Windungsfläche liegt, wie auch die Magnetnadel der Bussole, zu Anfang im magnetischen Meridian. Fließt elektrischer Strom durch die Windung, wird die Nadel durch das Magnetfeld der Spule abgelenkt.

Einfache mathematische Überlegungen ergeben, daß die elektrische Stromstärke proportional dem Tangens des Ablenkungswinkels ist (deswegen Tangentenbussole). Kennt man die Stärke der Horizontalkomponente des erdmagnetischen Feldes, kann man den elektrischen Strom in absoluten elektromagnetischen Einheiten angeben.

Leihgabe: Clausthal-Zellerfeld, Technische Universität,
Institut für Physik und Physikalische Technologien
Maße: Ø36 × 52 cm

Elektrodynamometer (zur Wechselstrommessung) von Wilhelm Weber (1846)

Das elektrodynamische Fundamentalgesetz von Ampère wurde von Wilhelm Weber mit seinem Elektrodynamometer für geschlossene Ströme exakt bestätigt. In seiner ersten Abhandlung der Reihe Elektrodynamische Maassbestimmungen. Über ein allgemeines Grundgesetz der elektrischen Wirkung beschrieb er das Elektrodynamometer.

Das Elektrodynamometer besteht aus einer festen Drahtspule und einer zweiten bifilar aufgehängten und somit drehbaren Spule im Inneren der ersten. Die Windungsfläche der drehbaren Spule steht senkrecht zur Windungsfläche der festen Spule. Die Aufhängedrähte dienten gleichzeitig als Stromzuleiter.

Später gebaute Dynamometer dienten vorwiegend der Wechselstrommessung. Hier fiel der bei den Weberschen Messungen störende Erdmagnetfeldeinfluß von selbst heraus.

Abbildung: Weber-Werke Bd. 3, S. 37., vgl. Wiederkehr 1967, S. 124.

Elektrodynamometer E VII 616, Siemens & Halske, Berlin, No. 3317, 1880er Jahre

Das Strommeßgerät ist für die Praxis und für starke Ströme konstruiert. Es besteht aus zwei übereinander gelegte Windungen, die am Holzbrett befestigt sind – und einer einzelnen beweglichen Drahtwindung im Inneren der Spule. Die einzelne Drahtwindung steht mit ihrer Fläche senkrecht zur Windungsfläche der Spule und trägt einen Zeiger. Das Gerät ist ein sogenanntes Nullinstrument. Der Zeiger der Einzelwindung wird mittels Torsion wieder in die Nullstellung gebracht und die Größe der Torsion gibt die Stromstärke an.

Das Dynamometer ist auch für Wechselstrommessungen (wie auch das Webersche Dynamometer) geeignet. Denn die Stromrichtung ändert sich zu gleicher Zeit, sowohl in der festen Spule als auch in der beweglichen einzelnen Drahtwindung. Das Elektrodynamometer wird viel zur Leistungs- und Energiemessung gebraucht.

Abbildung 6.28:
Tangentenbussole
Das Magnetfeld einer um die Kompaßnadel herumgeführten, vom Strom durchflossenen Kreiswindung lenkt die Nadel ab. Mit diesem Instrument führte Wilhelm Weber die erste absolute elektromagnetische Strommessung durch.
Abbildung: Foto: Gudrun Wolfschmidt (SPGN)

Leihgabe: Clausthal-Zellerfeld, Technische Universität,
Institut für Physik und Physikalische Technologien
Maße: 20 × 17 × 30 cm

Drehspul-Galvanometer (Demonstrations-Mavometer), Original Gossen (AP1.b30), für absolute Messung

Die bewegliche Spule des Amperemeters – es kann auch als Voltmeter gebraucht werden – sitzt auf einem hohlen Eisenzylinder und ist von den halbkreisförmigen Polen eines Hufeisenmagneten umgeben. Auf diese Weise wird ein starkes radialsymmetrisches Feld erzeugt. Die rücktreibenden Kräfte liefern Spiralfedern, die auch Stromverbindungen sind.

Die Urform eines Drehspulgalvanometers findet man schon bei Wilhelm Weber um 1840 (Resultate von 1840, erschienen 1841). Auf eine bifilar aufgehängte Spule wirkte die Horizontalkomponente des erdmagnetischen Feldvektors. Ein Permanentmagnet wurde zum erstenmal von Marcel Deprez (1843–1918) und Jacques-Arsène d'Arsonval (1851–1940) 1882 benutzt.

Leihgabe: Universität Hamburg, Institut für Angewandte Physik
Maße: 15 × 9 × 14 cm

Spiegelgalvanometer (Nr. 213), Hartmann & Braun, Frankfurt am Main

Das Spiegelgalvanometer ist ein empfindliches Strommeßgerät. Statt eines Zeigers sitzt hier ein kleiner Spiegel an einer Drehspule, die in einem Hufeisenmagneten leicht drehbar aufgehängt ist. Wird die Spule von einem kleinen Gleichstrom durchflossen, so dreht sich die Spule und verdrillt den Aufhängefaden. Mit einer Projektionslampe wird die Drehung des Spiegels auf einer entfernten Skala angezeigt.

Leihgabe: Heinrich-Hertz-Schule Hamburg
Maße: 16 × 161 × 24 cm

Milli-Amperemeter, Soc. An. Falbr. Appar. Radiofonici Safar, Milano (Nr. 77359)

Hier handelt es sich ebenfalls um ein Drehspulmeßgerät.

Leihgabe: Universität Hamburg, Institut für Angewandte Physik
Maße: 15,5 × 9 × 17 cm

Schaffung des absoluten elektromagnetischen Maßsystems – Internationale Ausstellung für Elektrizität in Paris 1881

Als erstes wurde das absolute elektromagnetische Strommaß 1841 und 1842 von Weber definiert und auch praktisch angewandt.

Gauß hatte in seiner epochemachenden Arbeit Intensitas (1832) das absolute magnetische Maßsystem geschaffen. Es ist ein Dreier-System, Basisgrößen sind die Länge, Masse und Zeit. Da der elektrische Strom auch magnetische Wirkungen zeigt, ja, einem Stabmagneten ein Kreisstrom oder ein Solenoid entspricht (wie Ampère gezeigt hatte), lassen sich magnetische Größen leicht auf den elektrischen Fall übertragen (wie z. B. das magnetische Moment eines Kreisstroms, gefunden mit dem Biot-Savartschen Gesetz).

Bei der Festlegung der praktischen elektrischen Maßeinheiten auf dem Ersten Internationalen Elektrikerkongreß in Paris 1881 – er fand im Anschluß an die Internationale Ausstellung für Elektrizität in Paris statt – nahm man das absolute elektromagnetische Maßsystem von Weber zur Grundlage. Die Einheiten *Volt*, *Ampere* und *Ohm* sind geeignete Zehnerpotenzen der Einheiten aus diesem Maßsystem.

Abbildung: Blick in die große Halle der Internationalen Ausstellung für Elektrizität in Paris 1881
Sattelberg 1971, S. 221.

Das Kohlrausch-Weber-Experiment (1855) und die Lichtgeschwindigkeit

Rudolf Kohlrausch (1809–1858), Professor für Physik an der Universität in Marburg, hatte in einem Vortrag den Plan dargelegt, das Webersche Gesetz von 1846 einer grundsätzlichen expe-

Abbildung 6.29:
Wilhelm Eduard Weber (1804–1891) und Rudolf Kohlrausch (1809–1858)
Kohlrausch, F. (Oswalds Klassiker Nr. 142) 1904, Frontispiz.

rimentellen Prüfung zu unterziehen. So sollten z. B. schnell bewegte elektrische Ladungen auf ihre magnetische Wirkung untersucht werden. Damals war auch noch strittig, ob der elektrische Strom gleichbedeutend ist mit dem Fließen elektrischer Ladungen in einem Leitungsdraht. Weber war zu einer Überprüfung seines Gesetzes bereit.
Wegen der zu erwartenden experimentellen Schwierigkeiten kamen Weber und Kohlrausch überein, zunächst das Verhältnis von elektrostatisch und elektromagnetisch gemessener Ladung zu bestimmen. Kohlrausch war Experte in der Elektrostatik, Weber war Fachmann in elektromagnetischer Strommessung.
Das Ergebnis ihres Experiments war die Lichtgeschwindigkeit. Es sei aber bemerkt, daß Weber und Kohlrausch dieses nicht aus ihren Meßergebnis herauslasen.

- Einerseits war Weber zu sehr auf die Bestimmung der Konstanten c_w in seinem Gesetz fixiert; c_w wurde wenig später (1857) von Gustav Robert Kirchoff gefunden. Die Konstante ist Lichtgeschwindigkeit c mal Wurzel aus 2 ($c_w = \sqrt{2} \cdot c_L$).
- Andrerseits hatte Weber in seinem neu definierten »mechanischen Maß« der elektrischen Stromstärke den symmetrischen Doppelstrom vor Augen, und die so definierte Stromstärke war doppelt so groß wie die Stromstärkeeinheit im elektrostatischen Maßsystem. So erhielt er nur die halbe Lichtgeschwindigkeit.

Es war James Clerk Maxwell (1831–1879), der aus dem Kohlrausch-Weberschen Ergebnis die Lichtgeschwindigkeit herauslas.

Abbildung: Kohlrausch, F. (Oswalds Klassiker Nr. 142) 1904, Frontispiz.

Sinuselektrometer (1853) von Rudolf Kohlrausch

Mit dem Sinuselektrometer wird das Verhältnis elektrischer Ladungen Q zueinander bestimmt. Es gilt: $Q_1 : Q_2 = \sqrt{sin\varphi_1} : \sqrt{sin\varphi_2}$ Die Magnetnadel und die Messingstange mit dem äußeren Knopf werden elektrostatisch aufgeladen. Dabei weicht die Nadel aus ihrer ursprünglichen Lage ab. Durch Drehung des Glaszylinders mit der Messingstange um den Winkel φ wird der alte Standwinkel wieder erreicht. Hier wird also die rücktreibende Kraft der erdmagnetischen Horizontalkomponente zu vergleichenden Messungen benutzt.

Abbildung: G. Wiedemann, Bd. 1, S. 161.

Torsionsvorrichtung der großen Coulombschen Drehwaage, von Kohlrausch und Weber benutzt

Kurze Schilderung des Experimentes:

Eine Leidener Flasche wurde mit etwa 30.000 Volt (berechnet später von Friedrich Kohlrausch, Sohn von Rudolf Kohlrausch) mittels einer Elektrisiermaschine aufgeladen. Mit dem Knopf der Leidener Flasche wurde eine mit Stanniol belegte größere Kugel berührt. Mit dem Sinuselektrometer stellte man dann das Verhältnis der in der Flasche verbliebenen Ladung zu der auf die Stanniolkugel übergegangenen Ladung fest. Durch Berühren der Stanniolkugel mit der kleineren Kugel der Drehwaage geht ein Teil der Ladung auf die kleinere Kugel über. Das Verhältnis der Kugelradien liefert das Verhältnis der auf den Kugeln befindlichen Elektrizitätsmengen. Dann wird die Messung mit der Torsionswaage durchgeführt. Ausgehend von diesem Ergebnis kann rückwärts auf die in der Flasche verbliebene elektrische Ladung geschlossen werden. Diese wird hier also in elektrostatischen Einheiten gemessen.

Abbildung: Weber-Werke, Bd. 3, Anhang.

Messung der Lichtgeschwindigkeit (mit Tangentenbussole) im Kohlrausch-Weber-Experiment (1855)

Die Leidener Flasche wurde dann über eine Art Tangentenbussole, die Tausende von Windungen hatte, entladen (es fließt hier für kurze Zeit ein sehr kleiner elektrischer Strom). Das Meßinstrument hat dabei die Funktion eines Stoßgalvanometers und gibt die durch die Spule geflossene Elektrizitätsmenge an. Diese wird aber hier nun in absoluten elektromagnetischen Einheiten gemessen. Dann wird der Quotient aus Q_{elst} und Q_{elm} gebildet. Kohlrausch und Weber erhielten dabei, wenn man nicht den Doppelstrom und das »mechanische Maß« zugrunde legt, ein Ergebnis, das fast mit der von Hippolyte Fizeau 1849 terrestrisch gemessenen Lichtgeschwindigkeit übereinstimmt, sowohl zahlenmäßig als auch dimensionsmäßig. Denn bei der Quotientenbildung der Dimensionen ergibt sich die Dimension einer Geschwindigkeit:

$$Dim \frac{Q_{elst}}{Q_{elm}} = \frac{M^{\frac{1}{2}} L^{\frac{3}{2}} Z^{-2}}{M^{\frac{1}{2}} L^{\frac{1}{2}}} = LZ^{-1}$$

Die Lichtgeschwindigkeit nach Fizeau war $3,15 \cdot 10^8 ms^{-1}$.

Kohlrausch und Weber fanden $3,10740 \cdot 10^8 ms^{-1}$. Das Kohlrausch-Webersche Ergebnis war für

Maxwell einer der entscheidenden Anstöße zur Aufstellung seiner elektromagnetischen Lichttherorie.

Der Text des Briefes von J. Cl. Maxwell an M. Faraday, geschrieben am 19. Oktober 1861, in: Campbell, Garnett 1884, S. 243–244.

Leihgabe (Tangentenbussole, Schulmodell): Matthias-Claudius-Gymnasium Hamburg
Maße: $54/28 \times 18 \times 26$ cm

Absolute Messung: Definition des Ampere als SI-Einheit (gesetzlich seit 1969) und Webers Stromstärkeeinheit in seinem absoluten elektrodynamischen Maßsystem

Definition: Die Basiseinheit 1 Ampere ist die Stärke eines zeitlich unveränderlichen elektrischen Stromes, der, durch zwei im Vakuum parallel im Abstand von 1 Meter voneinander angeordnete, geradlinige, unendlich lange Leiter von vernachlässigbar kleinem, kreisförmigen Querschnitt fließend, zwischen diesen Leitern je 1 Meter Leiterlänge die Kraft $2 \cdot 10^{-7}$ Newton hervorgerufen würde.

Dieser Definition liegt die von Ampère 1821 entdeckte elektrodynamische (eigentlich magnetische) Kraft zu Grunde. Merkwürdig in dieser Definition ist der sonst nicht übliche Faktor 2. Wilhelm Weber hat in seiner Abhandlung von 1846 diese Wirkung mit seiner absoluten elektrodynamischen Stromstärkeeinheit quantitativ erfaßt. Diese Stromstärkeeinheit ist aber gegenüber der absoluten elektromagnetischen Stromstärkeeinheit, die auch als Zehnerpotenz in unserem Ampere enthalten ist, kleiner. Sie ist nur das $\frac{1}{\sqrt{2}}$fache der elektromagnetischen Einheit. Da die elektrodynamische Wirkung I^2 proportional ist, kommt so der Faktor 2 zustande.

Modernes elektrostatisches Voltmeter für Hochspannung (7 kV), Phywe, Göttingen

Das Meßinstrument hat keine Spule wie ein Drehspulamperemeter,
sondern einen metallischen Sektor mit Aufwölbungen.
Darin befindet sich ein bewegliches Blättchen,
das mit dem Zeiger verbunden ist.
Das Blättchen wird durch das elektrische Feld abgestoßen
(wie der Zeiger beim Elektrometer).

Leihgabe: Hochschule für Angewandte Wissenschaften Hamburg (HAW),
Maße: $26 \times 23 \times 13$ cm

Hitzdraht-Amperemeter, Phywe, Göttingen

In diesem Instrument wird die Ausdehnung des Drahtes
bei Erwärmung durch den elektrischen Strom benutzt
und auf einen Zeiger übertragen.

Das Amperemeter nach Friedrich Kohlrausch, 1884,
benutzt dagegen die Anziehung eines Weicheisenkerns

durch die vom Strom durchflossene Spirale.
Der Eisenkern hängt an einer Federwaage.
Leihgabe: HEW, ehemaliges Museum Electrum
Maße: $33 \times 18,5 \times 35$ cm

Kapazitätsnormal (0,1 MikroFarad), Siemens & Halske, 1891

Das Kapazitätsnormal von 1891 von Siemens & Halske (mit Seriennummer) wurde 1913 zum letzten Mal geprüft; dies ist seitlich auf dem Siegel zu erkennen.
Leihgabe: Dipl.-Ing. Heinz Thieme, Freundeskreis Wilhelm Weber, Lutherstadt Wittenberg
Maße: $17 \times 18 \times 7,5$ cm

Elektrotechnische Ausstellung, München, 1882

1882 gelang Oskar von Miller (1855–1934), dem Gründer des Deutschen Museums, die erste Fernübertragung von elektrischem Strom über 50 km von Miesbach nach München.
Neben der Starkstromtechnik wurden auch neueste Entwicklungen auf dem Gebiet der Schwachstrontechnik gezeigt: Telegaphie und Telefon.
Abbildung: Beetz 1883.

Internationale Elektrotechnische Ausstellung Frankfurt am Main, 1891

Oskar von Miller regte anläßlich der Internationalen Elektrotechnischen Ausstellung in Frankfurt am Main 1891 einen Großversuch zur Übertragung von elektrischer Energie bei 15.000 Volt mit Drehstrom an.
Mit einem Generator von Oerlikon in Zürich gelang 1891 diese erste Drehstrom-Übertragung der Welt von Lauffen nach Frankfurt.
Die Pläne arbeitete Michael von Dolivo-Dobrowolski (1862–1919) von der AEG aus.
Er war ein Pionier der Wechselstrom- und Drehstromtechnik.
Wechselstrom und Drehstrom setzten sich durch, weil sie – auf hohe Spannung gebracht – bei den Überlandleitungen wenig Energieverluste haben.
Abbildung: `http://www.altfrankfurt.com/NeueStadt/Kaiserstrasse/Ele.htm`.

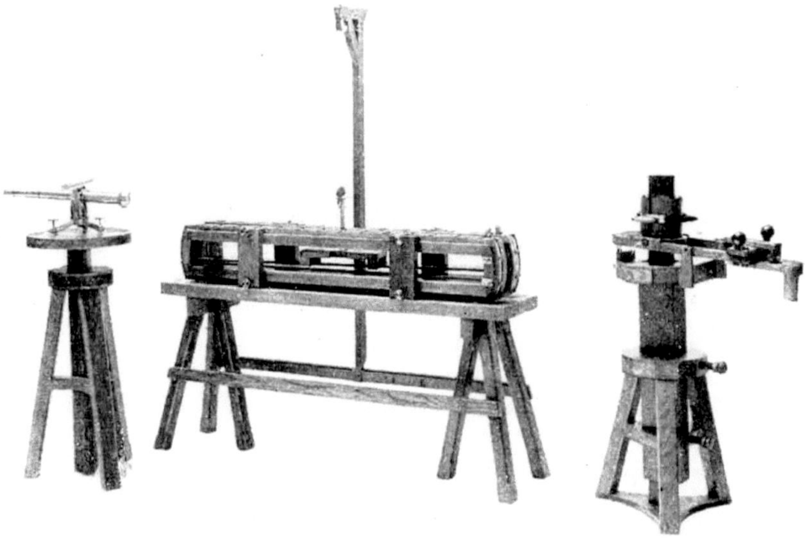

Abbildung 6.30:
Nadel-Telegraph von Gauß und Weber (Göttingen 1833)

Feyerabend 1933a, S. 41.

6.4 Anfänge der Telegraphie

Es war ein alter Traum der Menschen, Nachrichten über weite Strecken hinweg schnell übermitteln zu können, und besonderes Interesse daran hatten Politiker und Heerführer. In den letzten 150 Jahren ging dieser Traum auf dreifache Weise in Erfüllung: mit dem Telegraphen, der Kontinente verband, mit dem Telefon, das sogar die menschliche Stimme übertrug.

Schon im 18. Jahrhundert fanden Versuche statt, mit Hilfe der Reibungselektrizität und ihrer schnellen Fortpflanzung in Schnüren und Metalldrähten Botschaften und Signale zu übermitteln. Der elektrostatische Telegraph fand in der Praxis keine Verwendung.

Um 1800 war eine andere, einfachere und unempfindlichere Elektrizitätsquelle durch Galvani und Volta geschaffen worden. Diese galvanische Elektrizität erwies sich wegen der niedrigeren Spannung als vorteilhafter. Versuche, die chemische Wirkung des elektrischen Stromes oder seine magnetische Wirkung zu benutzen, fanden schon recht früh statt, so 1811 bei Samuel Thomas Sömmerings (1755–1830) elektrochemischem Telegraphen und 1820 Ampères elektromagnetischem Telegraphen. Aber der Materialaufwand (Anzahl der Leitungsdrähte) war für die Praxis viel zu groß.

Abbildung 6.31:
Gauß-Weber-Telegraph mit Leitungen über den Dächern von Göttingen

Feyerabend 1933a, S. 50.

Gauß und Weber kamen bei ihrem Telegraphen (1833) mit zwei Leitungen aus, und er funktionierte auch über eine größere Strecke hinweg.

Einen für die Praxis brauchbaren Telegraph ersann 1835 Pavel Lvovič Baron Schilling von Canstatt (1786–1837). Der Erfinder verstarb leider vor der Realisierung.

Für Industrie und Handel, für Land- und Seeverkehr, war eine schnelle Nachrichtenübermittlung äußerst wichtig. Es wurden ab Mitte des 19. Jahrhunderts mehrere Typen von Telegraphen entwickelt, beispielsweise der Fünf-Nadeltelegraph von William Fothergill Cooke und dem Physiker Charles Wheatstone (1816–1892). Mit einem Lochstreifen konnten bis 1000 Zeichen pro Minute übertragen werden.

In Amerika war Samuel Finley B. Morse (1791–1872) erfolgreich; er hatte ein Punkt-Strich-Codesystem entwickelt. Telegraphenlinien wurden über kurze Strecken, aber bald auch über Kontinente hinweg, erstellt. Man legte Kabel durch den Ärmelkanal (1850), und nach mehreren vergeblichen Versuchen auch über den Atlantik (1866). Per Dampfschiff war eine Nachricht von China nach Europa etwa 30 Tage unterwegs, per Telegraphie brauchte sie ab den 1860er Jahren nur wenige Stunden.

Vitrine 4: Anfänge der Telegraphie
Maße: Glasvitrine (38 × 30 cm)
Poster 160 (breit) x 100 (hoch)

Optischer Telegraph – Chappe (1805) und Preußen (1832)

Die Idee des optischen Telegraphen, Signale durch ein Fernrohr zu beobachten und zur nächsten Station weiterzuleiten, präsentierte Robert Hooke (1635–1703) bereits 1687 vor der Royal Society in London. Der Apparat von Claude Chappe (1763–1805) zeichnet sich durch die Einfachheit der Signalfiguren aus, die schnell und eindeutig erkennbar waren. Mit nur vier Stellungen des Hauptarms und sieben Stellungen der Seitenflügel ließen sich 196 Zeichen darstellen, wovon Chappe nur 92 nutzte. Die 423 km lange Strecke von Paris nach Straßburg wurde in knapp sechs Minuten zurückgelegt. Auf Befehl Napoleons wurde 1805 eine Linie von Paris nach Mailand gebaut, später in viele andere mitteleuropäische Orte verlängert. 1844 gab es 5000 km Länge bei 534 Stationen und 30 größeren Städten.

1813 trat der Chappe Telegraph im Rahmen der Napoleonischen Kriege auch in Deutschland auf. Erst 1832 entschloß man sich in Preußen, die weit entfernten Rheinprovinzen mit Berlin zu verbinden. Der optische Telegraph hatte drei Flügelpaare, die an einem 6,5 m hohen Mast befestigt waren und in vier um 45° Stellungen gedreht werden konnten. Es ergaben sich $4^6 = 4096$ Zeichen. Es war die längste jemals gebaute optische Telegraphenlinie, 750 km, beginnend auf dem Dach der Sternwarte in Berlin, weiter über den Telegraphenberg in Potsdam, wo später das Astrophysikalische und Erdmagnetische Observatorium entstand, über Magdeburg, Halberstadt, Paderborn und Köln bis nach Koblenz (61 Stationen).

Abbildung: Station Dahlem: Feyerabend 1933a, S. 5. Chappe: Feyerabend 1933a, S. 3.

Elektrochemischer Telegraph von Samuel Thomas Sömmering (1755–1830), München, 1811

1805 wurde Sömmering an die Bayerische Akademie der Wissenschaften nach München berufen. Hier beschäftigte er sich viel mit Physik und führte 1809 der Akademie einen elektrischen Telegraphen vor. Die Zeichengebung erfolgte dadurch, daß in einem Wassertrog Gasblasen an Drähten aufstiegen, die mit Buchstaben bezeichnet waren.

Der Franzose Ampère entwickelte 1820 einen elektromagnetischen Telegraphen, der nach dem Nadelprinzip arbeitete. Eine Nadel wurde durch ein elektromagnetisches Feld nach links oder rechts bewegt. Diese Methode war aber noch sehr unwirtschaftlich, da sie für eine Übertragung über einen Kilometer 60 km Draht benötigte.

Abbildung: Lithographie nach N.E. Maurin, 1834.
Portrait: Feyerabend 1933a, S. 12.

Elektrischer Telegraph von Gauß und Weber (1833)

Carl Friedrich Gauß (1777–1855) und Wilhelm Weber (1804–1891) schufen 1833 einen elektromagnetischen Zeigertelegraphen. Dieser arbeitete nach einem ähnlichen Prinzip wie der Telegraph von Ampère; allerdings benötigte der Gauß-Weber-Telegraph nur zwei Drähte.

Der Zeichengeber ist eine Induktionsspule, die auf einen Stabmagneten geschoben, bzw. von ihm abgehoben wird. Zum Empfang der Zeichen diente ein horizontal aufgehängter Magnetstab, der

Abbildung 6.32:
Station Dahlem der preußischen optischen Telegraphenlinie Berlin/Potsdam bis Koblenz/Trier (1832)

Feyerabend 1933a, S. 5.

von einer Spule umgeben ist und durch deren Magnetfeld abgelenkt wird. Mit Fernrohr, Spiegel und Skala beobachtete man die Ablenkungen. Die Buchstaben wurden aus Kombinationen von Ablenkungen rechts bzw. links gebildet. Der Telegraph war eigentlich ein Nebenprodukt bei Untersuchungen zum Ohmschen Gesetz gewesen.

Feyerabend, E.: Der elektrische Telegraph von Gauß und Weber. An der Wiege des elektrischen Telegraphen. Deutsches Museum, Abhandlungen und Berichte, 5. Jg. (1933), Heft 5.

Telegraphenlinie in Göttingen über die Dächer der Stadt

Weber spannte eine oberirdische Leitung aus Eisendraht über die Dächer von Göttingen und den nördlichen Turm der Johanniskirche vom Physikalischen Kabinett aus bis zur Sternwarte am Geismarer Tor. Die Verlegung der Doppelleitung war zu der damaligen Zeit eine bewundernswerte technische Leistung.

Abbildung: Feyerabend 1933a, S. 50.

Gauß-Weber-Denkmal in Göttingen

Der Künstler stellte Weber in älteren Jahren dar, nicht als junger Mann um die dreißig. Der einfache Bürger bekam durch diese wissenschaftlich-technische Leistung einen Eindruck von der Größe dieser beiden Männer. Der Telegraph machte Gauß und Weber populär.

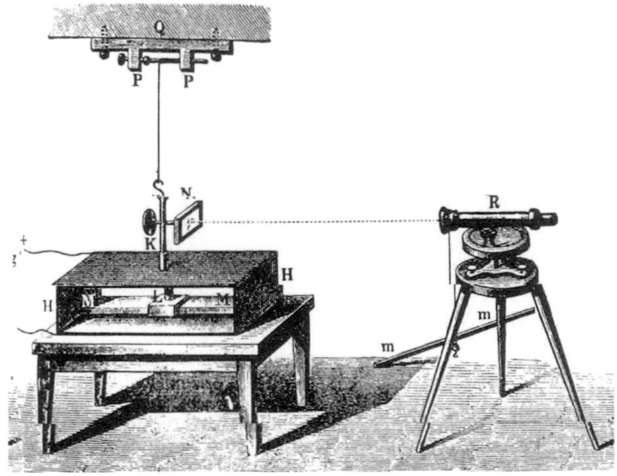

Abbildung 6.33:
Schema des Telegraphen von Gauß und Weber

Reich 1977, S. 37.

Abbildung: ©Gauß-Gesellschaft Göttingen

Telegraph für die Eisenbahn zwischen Nürnberg und Fürth (1835) von Carl August Steinheil (1801–1870)

Gauß übertrug 1836 die Weiterentwicklung des Telegraphen an Carl August Steinheil (1801–1870). Bekannt war dieser durch seine optischen Arbeiten und eine von ihm gegründete optische Werkstatt.
1838 beauftragte man Steinheil mit der Errichtung einer Telegraphenlinie für die erste deutsche Eisenbahn zwischen Nürnberg und Fürth. Gauß hatte schon den Gedanken geäußert, daß die Schienen einer Eisenbahn als Rückleitung benutzt werden könnten. Steinheil tat dies zunächst, stellte dann aber fest, daß eine Erdleitung diesen Zweck voll erfüllt.

Er konstruierte einen schreibenden Nadeltelegraphen. Zwei mit Farbe gefüllte Zeichenstifte schrieben Punkte und Striche auf einen bewegten Papierstreifen. Durch unglückliche Umstände jener Jahren fanden Steinheils Erfindungen nicht die verdiente Anerkennung und Verbreitung.

Abbildung: Mück, Wolfgang: Deutschlands erste Eisenbahn mit Dampfkraft. Die kgl. priv. Ludwigsbahn zwischen Nürnberg und Fürth. 2. Auflage Fürth 1985, Frontispiz SW.
Asmus, Carl: Die Ludwigs-Eisenbahn. Die erste Eisenbahnlinie Deutschlands. Zürich. Orell Füssli 1984, S. 68 Farbe.
Portrait Steinheil: Feyerabend 1933a, S. 58.
Steinheil-Nadel-Telegraph: Feyerabend 1933a, S. 65.

Der Telegraph von Schilling von Canstatt (1835)

Der Balte Pavel Lvovič Baron Schilling von Canstatt (1786–1837) entwickelte ebenfalls einen Telegraphen. Dieser hatte fünf Leitungen und eine gemeinsame Rückleitung. Jede Leitung hatte einen Multiplikator (Spule) zur Verstärkung der Wirkung und eine darin befindliche Magnetnadel. Jede Nadel trug an einem Ende eine weiße kleine Scheibe und am anderen Ende eine kleine schwarze Scheibe. Einem Buchstaben und einer Ziffer ordnete er eine bestimmte Kombination von schwarzen und weißen Scheibchen zu. Seinen Fünfnadeltelegraph führte Schilling auf der Naturforscherversammlung in Bonn 1835 (mit Erfolg) vor.
Der Apparat ist dem Gauß-Weber Telegraph hinsichtlich der Übertragungsgeschwindigkeit überlegen. Zwei Jahre später erhielt Schilling von Canstatt vom Zaren den Auftrag, einen Telegraph zwischen Kronstadt und St. Petersburg einzurichten. Sein plötzlicher Tod ließ ihn dazu nicht kommen.

Abbildung (Telegraph): Aschoff 1976, S. 3.
Abbildung (Portrait Schilling von Canstatt): Feyerabend 1933a, S. 18, 22.

Fünf-Nadeltelegraph – Cooke, Wheatstone

Der Engländer William Fothergill Cooke (1806–1879) entwickelte zusammen mit dem Physiker Charles Wheatstone (1816–1892) 1837 den Fünf-Nadeltelegraphen, der die Form einer Raute hatte. Die fünf Nadeln waren senkrecht nebeneinander angeordnet. Die rautenförmige Fläche hatte ein Gitter, in dem die Buchstaben des Alphabetes standen. Im Betrieb wurden für einen Buchstaben je zwei Nadeln so gedreht, daß der Schnittpunkt dieser Nadeln den gewünschten Buchstaben zeigte. Geber und Empfänger hatten das gleiche Gerät (Synchronprinzip). Eine schnelle Nachrichtenübermittlung war so möglich.
Diese Zeigertelegraphen wurden über längere Zeit bei der Taunusbahn, der französischen Telegraphenverwaltung und bei den Potsdamer und Thüringer Eisenbahnen eingesetzt. Durch Uneinigkeiten zwischen Wheatstone und Cooke wurden die Wheatstone-Cooke-Patente an die neu gegründete Electric Telegraph Company verkauft.

Abbildung (Cooke Telegraph): Aschoff 1976, S. 34.
(Wheatstone Telegraph): Sattelberg 1971, S. 126.

Samuel Finley Breese Morse (1791–1872)

Samuel Morse (1791–1872), ein amerikanischer Kunstmaler, schuf 1837 kein Kunstwerk; er funktionierte seine Staffelei in einen technischen Apparat um, der ihn berühmt machen sollte: er baute den elektromagnetischen Schreibtelegraphen. Sieben Jahre später wurde die erste Telegraphenlinie nach dem System Morse in den USA eröffnet.
Kurze Zeit später entwickelte Werner von Siemens (1816–1892) einen Buchstaben-Zeiger-Telegraphen. 1848 wurde die damals längste Telegraphenlinie in Europa, nämlich von Berlin nach Frankfurt installiert, wofür extra die Telegraphenbauanstalt Siemens & Halske gegründet wurde. 1888 gab es bereits 10.000 Telegraphenanstalten im Reichsgebiet.

Abbildung (Morse): Leprince-Ringuet 1951, S. 200.

Abbildung 6.34:
Ein-, Zwei- und Fünf-Nadeltelegraph, Cooke und Wheatstone (1837 bis 1840)
Feyerabend 1933a, S. 75.

Morsegerät mit Stiftschreiber und Papierstreifen

Das Verfahren von Samuel Finley B. Morse (1791–1872) setze sich schließlich durch.
Die ersten Morseapparate waren „Stiftschreiber“,
d. h. ein vom Elektromagneten betätigter Stift
prägte mechanisch eine Rille in einen Papierstreifen,
von dem der Text abgelesen und handschriftlich
auf ein Telegrammformular übertragen wurde.

Leihgabe: HEW, ehemaliges Museum Electrum
Maße: 28 × 13 × 25 cm
Abbildung: Museum für Kommunikation Frankfurt, Foto: Gudrun Wolfschmidt

Morsetaste

Der Gehilfe Morses, Alfred Lewis Vail (1807–1859), entdeckte, daß sich Morsezeichen akustisch leichter und schneller entziffern ließen. Durch den Klopfer, der die Signale hörbar machte, konnte ein Beamter im Durchschnitt ca. 600 Wörter pro Stunde übertragen.
Wegen der Wirtschaftsdepression 1841 konnte die erste Versuchstrecke von Washington nach Baltimore erst 1843 gebaut werden, welche am 24. Mai 1844 eröffnet wurde.

Leihgabe (Morsetaste aus Messing von 1886, benutzt bei Posttelegraphie):
Dipl.-Ing. Heinz Thieme, Freundeskreis Wilhelm Weber, Lutherstadt Wittenberg
Maße: 17 × 10 × 8 cm

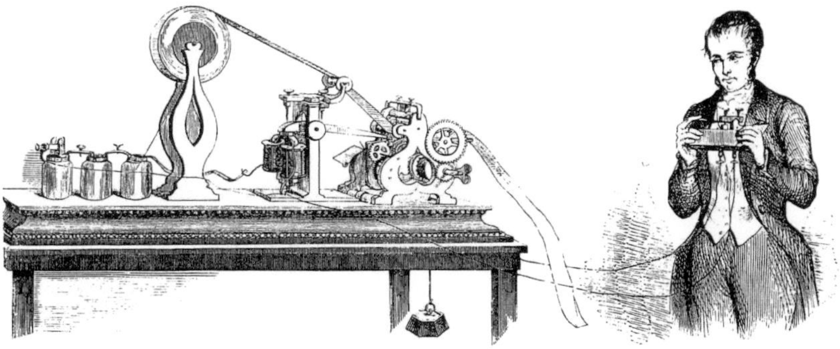

Abbildung 6.35:
Morsegerät mit Stiftschreiber und Papierstreifen, 1847

Feyerabend 1933a, S. 85.

Klopfer zum Hörempfang für Telegraphie, 1896

Der Klopfer ist einstellbar auf die Lautstärke. Während der Schreiber den Vorteil der Dokumentierung hat, ist dagegen der Klopfer mit Hörempfang schneller.

Leihgabe (Klopfer):
Dipl.-Ing. Heinz Thieme, Freundeskreis Wilhelm Weber, Lutherstadt Wittenberg
Maße: 18 × 12 × 13 cm

Telegraphenlinie Hamburg – Cuxhaven (1848)

1848 wurden zum ersten Mal in Europa Schreibtelegraphen von Morse verwendet, und zwar bei der neu errichteten Telegraphenlinie von Hamburg nach Cuxhaven (15. Oktober 1848). Der Empfang nach dem ursprünglichen Morsecode zeigte erhebliche Mängel.

Der erste Inspektor der Telegraphenlinie Friedrich Clemens Gerke (1801–1888), der vorher bei der Gesellschaft für den optischen Telegraphen tätig war, hat deswegen das Morsealphabet überarbeitet und zum Teil neue Zeichen geschaffen, die leichter zu lesen waren. Ferner hat er den Stiftschreiber zu einem Farbschreiber umgebaut, was die Lesbarkeit der Papierstreifen erhöhte. Das Morsealphabet in der Gerkeschen Fassung ist dann als verbindliches Telegraphenalphabet in alle zwischenstaatlichen Vereinbarungen übernommen worden und noch heute gültig.

Abbildung (Telegraphenstelle, um 1840): Metzger 1983, S. 19.

Telegraphenlinien bis 1850

Folgende Telegraphenlinien wurden bis 1850 eingerichet:
Cuxhaven – Hamburg – Berlin, Bremen – Vegesack, Berlin – Köln, Berlin – Halle – Erfurt – Kassel – Frankfurt, Leipzig – Hof – Bamberg – Nürnberg – Augsburg – Nürnberg – München.

Weitere Bahnlinien mit elektromagnetischen Telegraphen:
Halle – Weimar, Dresden – Radeberg, Leipzig – Altenburg, Karlsruhe – Durlach, Stuttgart – Canstatt, Radeberg – Görlitz, Altenburg – Hof, Canstatt – Esslingen, Leipzig – Dresden, Leipzig – Halle.

Abbildung 6.36:
Telegraphenlinien bis 1850

Typendrucker nach Hughes (mit Gewichtsantrieb), 1858–1880

Den Typendrucker entwickelte David Edward Hughes (1831–1900) bereits 1855 (patentiert) und seine Nachfolgemodelle blieben bis 1938 im Einsatz.
Im Gegensatz zum Morsegerät mußte hier kein Code erlernt werden;
der übermittelte Text wurde gleich in Klarschrift ausgegeben.
Mit Übung konnten 40 Wörter in der Minute gesendet werden.

Museum für Kommunikation Frankfurt – Berlin, Foto: Gudrun Wolfschmidt

Hughes Typendrucker für Börsenkurse, Telegraphenamt München, 1901

Museum für Kommunikation Frankfurt, Foto: Gudrun Wolfschmidt

Abbildung 6.37:
Telegraphenamt, um 1900

Foto: Gudrun Wolfschmidt im Museum für Kommunikation

Polarisierter Farbschreiber, Siemens & Halske, Berlin, 1868–1873

Dieser Farbschreiber arbeitet fünfmal schneller als übliche Morseschreiber, da er für den Betrieb mit Strömen wechselnder Richtung ausgelegt war und daher das Schreibrädchen nur geringe Wege zurückzulegen hatte.
Museum für Kommunikation Frankfurt, Foto: Gudrun Wolfschmidt

Erstes Seekabel der Welt von Dover nach Calais 1850

Schon 1840 machte Wheatstone den Vorschlag, England durch ein Seekabel zwischen Dover und Calais mit dem Kontinent zu verbinden. Die Idee scheiterte an dem fehlenden Isoliermaterial, das unter Wasser nötig war.

Das änderte sich zehn Jahre später, als Guttapercha auf den Markt kam. Die Gebrüder John Watkins (1805–1863) und Jacob Brett (1808–1898) verlegten 1850 mit Hilfe des Raddampfers »Goliath« das erste Seekabel der Welt durch den Ärmelkanal. Es handelte sich um einen 1,8 mm dicken Kupferdraht, der mit Guttapercha ummantelt und alle 100 m mit Bleiplatten beschwert war. Zwar hielt diese erste Verbindung nur einen Tag, doch das mit Stahldrähten bewehrte, 1851 verlegte Kabel bildete eine dauerhafte Verbindung für den Telegraphenverkehr.

Abbildung: Das Bild des Kabelverlegers „Goliath" – Sattelberg 1971, S. 136.

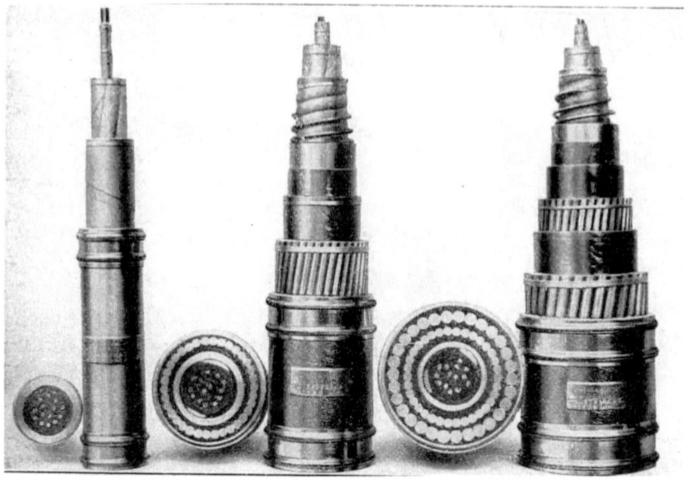

Abbildung 6.38:
Tiefsee- und Küstenkabel
Neuburger 1920, S. 64.

Erstes Transatlantik-Kabel – Kabelschiff »Great Eastern« (1866)

Das erste Transatlantik-Kabel zwischen England und Amerika mit 4650 km Länge wurde 1857 mit dem Kabelschiff »Cyklop« verlegt, und zwar von der Firma »Atlantic Telegraph Company« der Gebrüder John und Jacob Brett, Cyrus West Field und Charles Bright. Das Unternehmen mißlang zunächst, weil das Kabel riß, beim dritten Versuch 1858 hielt es nach der Verlegung immerhin drei Wochen zum Telegraphieren von etwa tausend Worten.

Unter der Beratung von William Thomson [Lord Kelvin] und Wheatstone gelang es schließlich 1866 beim zweiten Versuch mit der »Great Eastern«, dem damals größten Schiff der Welt, ein neues, haltbareres Kabel zu verlegen; die transatlantische telegraphische Verbindung war so gelungen. Obwohl ein Telegramm von 25 Worten die für damals riesige Summe von 100$ kostete, konnte die Gesellschaft schon drei Jahre später Gewinn machen.

Bis 1873 war ein weiteres Kabel verlegt worden, aber es konnte das internationale Nachrichtenbedürfnis nicht befriedigen. So entschloß sich die Firma Siemens, in das Geschäft der Kabelverlegung einzusteigen. Sie modernisierte eine eigene Guttapercha-Fabrik und sie ließ ein eigenes Schiff »Faraday« zum Verlegen von Seekabeln bauen. 1874/75 gelang das Projekt mit dem Resultat einer guten Übertragungsqualität. Innerhalb der nächsten zehn Jahre folgten fünf weitere Transatlantik-Kabel; das Monopol der anglo-amerikanischen Konkurrenz war gebrochen.

Abbildung: Sattelberg 1971, S. 139.
Erstes Atlantikkabel der Anglo-American Telegraph Company (Guttapercha), 1864, Foto: Gudrun Wolfschmidt

Abbildung 6.39:
Prüfung des Transatlantik-Kabels
Leprince-Ringuet 1951, S. 205.

William Thomson [Lord Kelvin] (1824–1907)

William Thomson [Lord Kelvin] (1824–1907) ist ein Musterbeispiel
für die enge Verflechtung von Naturwissenschaft und Industrie.
Er machte viele Erfindungen und besaß zahlreiche Patente.
Er beschäftigte sich aber auch zum Beispiel theoretisch
mit der Fortpflanzung von Signalen (Telgraphengleichung).

Abbildung: Lenard 1930, S. 257.

Verlegung des unterirdischen Reichstelegraphenkabels Berlin – Magdeburg – Hannover – Köln, 1878

Hubert Ritzenhofen (1931) nach Christian Sell d. J. (1854 Düsseldorf – 1925 Gotha)

Deutsches Museum München (Inv.-Nr. 63837), Foto: Gudrun Wolfschmidt

Sende- und Empfangsplatz für das Seekabel, Übertragungsstelle Vigo, im Telegraphenamt Hamburg, 1957

Museum für Kommunikation Frankfurt, Foto: Gudrun Wolfschmidt

Abbildung 6.40:
Seekabel Marseille – Algier, IndiaRubber, GuttaPercha & Telegraph Works Company Limited, Silvertown, London, 1879

Foto: Gudrun Wolfschmidt, Collection of Historical Scientific Instruments, Department of the History of Science, Harvard University, Cambridge, Mass., USA

6.5 Theorieentwicklung: Felder, Elektronen, Röhren

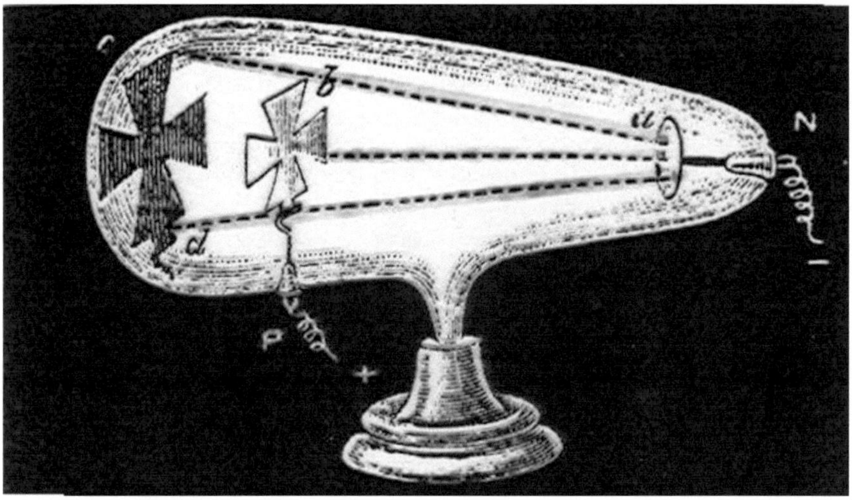

Abbildung 6.41:
Crookessche Röhre

Viele physikalische Erscheinungen konnten mit dem Feldbegriff nicht gedeutet oder erklärt werden, so z. B. die elektrolytischen Gesetze oder die vielfältigen von der jeweiligen Substanz abhängigen optischen Phänomene, auch das magnetische Verhalten der Körper und anderes. Um den Zeemann-Effekt und andere Phänomene erklären zu können, griff Hendrik Antoon Lorentz (1853–1928) in seiner Elektronentheorie Ende des 19. Jahrhunderts auf alte, überholt geglaubte Vorstellungen von Wilhelm Weber zurück, aber für den Äther behielt er die Maxwellsche Theorie bei.

Maxwells Elektrodynamik ist eine Nahwirkungstheorie der Elektrizität mit ihren Vorstellungen vom elektrischen und magnetischen Feld und seiner Ausbreitung. Eine besondere Leistung Maxwells war die Einführung des sog. Verschiebungsstromes. Damit begann eine neue Epoche in der Lehre von der Elektrizität. Sein berühmtes Werk A TREATISE ON ELECTRICITY AND MAGNETISM (1873) ist eine Zusammenfassung seiner bahnbrechenden Arbeiten. Maxwells Theorie bedurfte allerdings einer Ergänzung durch die Elektronentheorie. Denn die Feldphysiker, Faraday, Maxwell und Hertz, lehnten die Existenz einer substantiellen Elektrizität ab.

Der Gedanke einer Teilchennatur der Elektrizität wurde von William Crookes (1832–1919) in einem Vortrag 1879 energisch vertreten und mit den von ihm konstruierten

Röhren experimentell untermauert. Nach der Entdeckung des Elektrons 1895 (Joseph John Thomson (1856–1940) und andere) erwiesen sich die schon länger bekannten Kathodenstrahlen als schnell fliegende Elektronen. Karl Ferdinand Braun (1850–1918) schuf auf dieser Grundlage seinen Kathodenstrahl-Oszillographen.

Von da aus führte der Weg zur Fernsehröhre und damit zur drahtlose Übertragung von Sprache und Musik. Ein regelmäßiges Programm gab es in Deutschland ab 1935; besondere Bedeutung hatten die Olympischen Spiele 1936 in Berlin, die aufwendig mit einer extra entwickelten Fernsehkamera gedreht wurden. Während Anfang der 50er Jahre schon Millionen Fernsehteilnehmer in den USA und Großbritannien existierten, waren es in Deutschland nur einige Hundert. Die große Verbreitung und Entwicklung zum Massenmedium erfuhr dann das Fernsehen ab den 60er Jahren. Nach Versuchen 1951 in New York wurde das Farbfernsehen 1953 in den USA eingeführt (1967 in Deutschland).

Vitrine 5: Theorieentwicklung: Felder, Elektronen, Röhren
Maße: Glasvitrine (38 × 30 cm)
Poster 160 (breit) x 100 (hoch) Theorie
Poster A0 Kathodenstrahlröhre – Fernsehen

6.5.1 Mathematisierung der Elektrodynamik – Maxwellsche Gleichungen und Elektronentheorie

Ampère Solenoid

Ein stromdurchflossene Spirale (Solenoid) entspricht einem Stabmagneten.
Das Magnetfeld wird mit Eisenfeilspänen sichtbar gemacht.

Leihgabe: Hochschule für Angewandte Wissenschaften Hamburg,
FB Maschinenbau und Produktion
Maße: 15 × 8 × 4 cm

Elektrodynamische Wirkung stromdurchflossener Spulen aufeinander

Zwei stromdurchflossene Solenoide oder Spulen wirken
wie zwei Stabmagnete aufeinander (Anziehung oder Abstoßung der Pole).

Abbildung: Lexikon bedeutender Naturwissenschaftler, Bd. 1, S. 42.

Strommeßgerät: Spule im Erdmagnetfeld – Weber

Strommeßgerät: Stromdurchflossene Spule an Draht aufgehängt,
auf die das Erdmagnetfeld wirkt – Vorläufer des modernen Amperemeters.

Abbildung: Gauß Magnetometer als Vorläufer der Nadelgalvanometer

Tangentenbussole mit mehreren Windungen, F. H. Kulle, Clausthal

Das Magnetfeld der um die Kompaßnadel herumgeführten, vom Strom durchflossenen Kreiswindungen lenkt die Nadel ab. Mit solch einem Instrument führte Wilhelm Weber die ersten absoluten elektromagnetischen Strommessungen durch.
Die Dimension dieser Stromstärke ist $M^{\frac{1}{2}}L^{\frac{1}{2}}Z^{-1}$, und damit für die Elektrizitätsmenge $M^{\frac{1}{2}}L^{\frac{1}{2}}$.
Die Dimension kann man sich aus der Formel für die Stromstärke bei der Tangentenbussole leicht herleiten.

Leihgabe: Clausthal-Zellerfeld, Technische Universität,
Institut für Physik und Physikalische Technologien
Maße: Ø27 × 38 cm

Elektromagnetismus bei Neumann und Kirchhoff

Franz Ernst Neumann (1798–1895), Pionier der mathematischen Physik, widmete sich ab den 1840er Jahren dem Elektromagnetismus und veröffentlichte eine Theorie der Induktionsströme. Seine Arbeiten waren von großer Bedeutung bis sie allmählich von Maxwells Theorien abgelöst wurden.

Gustav Robert Kirchhoff (1824–1887) stellte seine Kirchhoffschen Regeln über elektrische Stromkreise auf; diese beinhalten den Zusammenhang zwischen elektrischer Spannung, elektrischen Strom und elektrischen Widerstand; sie sind fundamental für die Analyse elektrischer Schaltungen und für Anwendungen auf dem Gebiet der Elektrotechnik.

Abbildungen: Neumann, Kirchhoff

Abbildung 6.42:
Links: Franz Ernst Neumann (1798–1895) Rechts: Gustav Robert Kirchhoff (1824–1887)

http://www.gelehrtenfamilie-koenigsberg.de/
http://www.uni-heidelberg.de/institute/fak12/texte/kirchhoff.html

Maxwellsche Gleichungen – A TREATISE ON ELECTRICITY AND MAGNETISM (Oxford 1873)

James Clerk Maxwell (1831–1879) entwickelte die Theorie des elektromagnetischen Feldes in den Jahren 1855 bis 1864. Seine Feldphysik – er führte den sogenannten Verschiebungsstrom ein – leitete eine neue Epoche in der Elektrizitätslehre und in der Optik ein. Das berühmte Werk A TREATISE ON ELECTRICITY AND MAGNETISM ist eine Zusammenfassung seiner bahnbrechenden Arbeiten.

> *„Ich habe dieses Werk speziell mit der Hoffnung unternommen,*
> *Faradays Ideen und Methoden mathematischen Ausdruck zu verleihen."*

Die Existenz von einer substantiellen Elektrizität lehnte er ebenso wie Faraday ab. Die Maxwellschen Gleichungen in der heutigen Fassung wurden später von Oliver Heaviside (1850–1925) und Heinrich Hertz gegeben.

Leihgabe: Bibliothek der Physikalischen Institute, Universität Hamburg, 41.10 Max Bd. 1+2 (3. Auflage)
Maße: 28 × 21 cm
Maxwell, James Clerk: A TREATISE ON ELECTRICITY AND MAGNETISM.
Two Volumes bound as one. Oxford 1873. 3. Auflage, London 1891.
Reprint der 3. Auflage, New York: Dover Publications 1954.).
Deutsche Übersetzung von B. Weinstein: Lehrbuch der Elektrizität und des Magnetismus.
2 Bände, Berlin 1883.
Abbildung (J. C. Maxwell): Keferstein 1911, S. 158.

Abbildung 6.43:
James Clerk Maxwell (1831–1879)

Keferstein 1911, S. 158.

Crookessche Röhre mit Kreuzblende

Die Kathodenstrahlen, von Johann Wilhelm Hittorf (1824–1914) 1869 entdeckt, von ihm „Strahlen des Glimmens“ genannt, erhielten ihren Namen 1876 von Eugen Goldstein (1850–1930). Über die Natur der Kathodenstrahlen stritten sich die Physiker lange. Waren es elektromagnetische Schwingungen besonderer Art oder schnellfliegende elektrische Teilchen? Der Gedanke einer Teilchennatur der Elektrizität wurde von dem Engländer William Crookes (1832–1919) 1879 in einem viel beachteten Vortrag energisch vertreten und mit Experimenten untermauert. Er führte eindrucksvolle Experimente mit einer größeren Zahl von Röhren vor. Crookes sprach von Entladungsröhren, weil sie an einem Rühmkorffschen Induktionsapparat angeschlossen und in Betrieb genommen wurden. Diese Crookesschen Röhren waren später in jeder besseren physikalischen Sammlung vorhanden.

Leihgabe: Matthias-Claudius-Gymnasium Hamburg
Maße: 30 × 12 × 25 cm

Crookessche Röhre zur magnetischen Ablenkung

Der evakuierte Glaskolben wird mit einem Rühmkorffschen Funkeninduktor verbunden. Die scheibenförmige Elektrode ist die Kathode; aus ihr treten die Elektronenstrahlen aus. Wird ein Hochspannungsgerät benutzt muß die scheibenförmige Elektrode mit dem Minuspol verbunden werden. Mittels einer Schlitzblende wird ein Strahlenbündel erzeugt. Es verhält sich bei der magnetischen Ablenkung mittels eines Stabmagneten ähnlich wie ein stromdurchflossener beweglicher Leiter.

Leihgabe: HEW, ehemaliges Museum Electrum
Maße: 28 × 12 × 23 cm

Crookessche Röhre (mit Mineralien gefüllt)

Beim Auftreffen der Kathodenstrahlen leuchten die verschiedenen Mineralien in unterschiedlichen Farben auf.

Leihgabe: Matthias-Claudius-Gymnasium Hamburg
Maße: 20× Ø10 Ständer ×25 cm
Abbildung: Crookes Röhre mit phosphoreszierenden Mineralien,
Müller-Uri, Braunschweig, 1904
`http://www.uibk.ac.at/exphys/museum/en/tubes_1.html#line2`

Hendrik Antoon Lorentz: Elektronentheorie (1895)

Der große holländische Physiker Hendrik Antoon Lorentz (1853–1928) mußte in seiner Ende des 19. Jahrhunderts geschaffenen Elektronentheorie auf die alten, für überholt geglaubten Vorstellungen zurückgreifen. Die Maxwellschen Gleichungen behielt er für den Äther bei.

Mit den Arbeiten eines Joseph John Thomson (1856–1940), Philipp Lenard (1862–1947) und Walter Kaufmann (1871–1947) in den letzten Jahren des 19. Jahrhunderts und den $\frac{e}{m}$-Messungen (e ist die Ladung des Elektrons, m seine Masse) war das Elektron entgültig identifiziert und in die Physik eingegangen.

Abbildung 6.44:
Hendrik Antoon Lorentz (1853–1928)

Gerrits 1948, S. 380.

Lorentz, Hendrik Antoon: Versuch einer Theorie der electrischen und optischen Erscheinungen in bewegten Körpern. Leiden: E. J. Brill 1895.

Leihgabe: Bibliothek Mathematik und Geschichte der Naturwissenschaften (BMGN), G 1895/12
Maße: 30 × 23 cm
Abbildung (H. A. Lorentz): Gerrits 1948, S. 380.

Kupferspirale wird beschleunigt und angehalten – Tolman-Effekt

Der amerikanische Physiker und Astrophysiker Richard Chace Tolman (1881–1948) arbeitete langjährig am California Institute of Technology (CIT) in Pasadena. Dort führte er u. a. physikalische Experimente zum Nachweis der Beweglichkeit von Elektronen in Metallen durch. Tolman-Effekt: Bei großer Beschleunigung eines metallischen Leiters tritt zwischen den Endflächen aufgrund der Massenträgheit der Elektronen ein elektrisches Feld auf, das proportional zur Beschleunigung ist. Mit dem Tolman-Effekt kann man die spezifische Ladung des Elektrons bestimmen.

Abbildung: Tolman-Effekt

Kubisch-flächenzentriertes Kristallmodell eines Metalls – Arnold Sommerfeld

Das kubische Gitter dient in der Festkörperphysik zur Beschreibung des Kristall-Aufbaus eines Festkörpers. Im kubischen Gitter befinden sich mathematische Punkte in den Ecken von gedachten Elementar-Würfeln. Im kubisch-flächenzentrierten Gitter (z. B. Kupfer) befinden sich zusätzliche Gitterpunkte in den jeweiligen Flächenmitten der Würfelflächen. Die Raumerfüllung beträgt ca. 74%; dies entspricht damit einer dichtesten Kugelpackung.

Für die Elektronentheorie gab es einen Durchbruch mit Hilfe der Quantentheorie und Fermi-Statistik (im Anschluß an Wolfgang Pauli). Mit der Lösung des Problems der spezifischen Wärme der Metalle begann die Festkörperphysik.

Abbildung: `http://de.wikipedia.org/wiki/Kubisches_Gitter`.

6.5.2 Von der Kathodenstrahlröhre zum Fernseher – ein neues Kommunikationsmedium entsteht

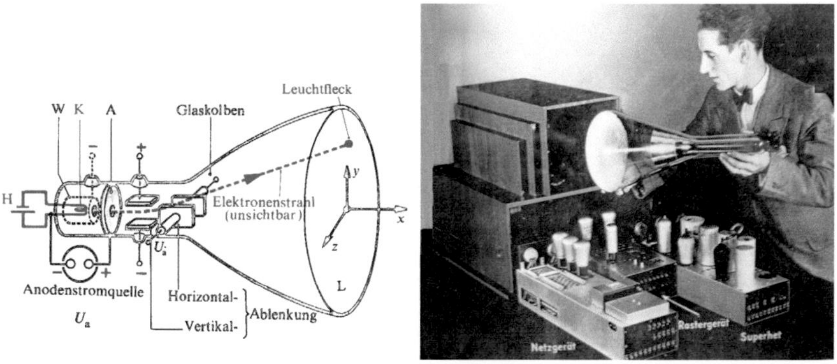

Abbildung 6.45:
Links: Grafik: Aufbau einer Braunschen Röhre mit dem Elektronenstrahl
Rechts: Einbau einer Braunschen Röhre in den Fernseher

Foto: Gudrun Wolfschmidt im Rundfunk-Museum Fürth

Karl Ferdinand Braun und die Erfindung der Braunschen Röhre

Karl Ferdinand Braun (1850–1918) ist Erfinder der nach ihm benannten Röhre, in der die Kathodenstrahlen im elektrischen und magnetischen Feld abgelenkt werden. In Anerkennung seiner Verdienste um die Entwicklung der drahtlosen Telegraphie erhielt Ferdinand Braun 1909, zusammen mit Guglielmo Marconi (1874–1937), den Nobelpreis für Physik.

Leihgabe (Braunsche Röhre, Telefunken LB 13/40 – nur elektrische Ablenkung):
Hamburger Schulmuseum
Braunsche Röhre: Anodenspannung 4000 V, Meßablenkung 0,14 mm/Volt
Maße: 50 × 18 × 22 cm
Abbildung (Ferdinand Braun): Neuburger 1920, S. 96.

Funktionsweise der Braunschen Röhre (1897)

In einer Arbeit aus dem Jahre 1897 beschrieb Braun eine Methode zur Untersuchung des zeitlichen Verlaufs variabler Ströme, welche die Ablenkbarkeit von Kathodenstrahlen durch magnetische Felder verwendet.

Die Röhre hat eine geheizte Kathode, aus der die Elektronen austreten und durch eine angelegte Spannung beschleunigt werden. Die Elektronen können nicht nur durch ein Magnetfeld sondern auch durch ein elektrisches Feld abgelenkt werden. In der Röhre sieht man einen kleinen Plattenkondensator, in dem ein elektrisches Feld erzeugt wird. Außen sind die Spulen zur magnetischen Ablenkung angebracht.

Abbildung 6.46:
Ferdinand Braun (1850–1918)

Neuburger 1920, S. 96.

Leihgabe (Braunsche Röhre (1897), Neva – funktionsfähiges Schulmodell):
Wilhelm-Gymnasium
Maße: 30 × 24 × 24 cm Literatur: Braun, Karl Ferdinand: Ein Verfahren zur Demonstration und zum Studium des Verlaufs variabler Ströme. In: *Annalen der Physik* (1897).

Paul Nipkow (1860–1940) – elektrische Bildübertragung – Anfänge des Fernsehens

Der Deutsche Paul Nipkow (1860–1940) bekam 1884 ein Patent für ein Bild-Scan-System, was er unter dem Namen „Elektronisches Teleskop“ anmeldete. Er benutzte eine rotierende Scheibe mit spiralförmig angeordneten Löchern jeweils im Abstand einer Bildbreite; ein Lichtstrahl durchleuchtete die Löcher nacheinander und scannte zeilenweise das Bild. Der Lichtstrahl wurde in ein elektrisches Signal verwandelt und das in acht Zeilen zerlegte Bild wurde von einem entsprechenden System mit rotierender Scheibe empfangen und wieder zusammengesetzt und projiziert.

Mit damaligen Mitteln war dieses mechanische System nicht zu realisieren.

Doch in der Anfangszeit des Fernsehens in den 30er Jahren war dieses System im Einsatz.

1938 verschwand aber die letzte Nipkowscheibe aus den deutschen Fernsehstudios.

Abbildung: `http://vakuumtv.c3.hu/archive/aug31/tv_divat/nipkow00.gif`

Die Fernseh-Pioniere der 20er Jahre:
John Logie Baird, Dénes von Mihály, August Karolus und Vladimir Zworykin

- John Logie Baird (1888–1946), ein schottischer Elektroingenieur führte im Selfridges Warenhaus in London 1925 einen Apparat vor, mit dem er einfache Bilder, weiße Buchstaben auf schwarzem Untergrund, darstellen konnte, beruhend auf der Verwendung von zwei Scheiben und Bildscannen – das Prinzip Nipkows. Bei seinen Versuchen 1926 in seinem Labor benutzte er 30 Zeilen zur Bildzerlegung und zeigte 5 Bilder pro Sekunde.

- Ähnliche Geräte wurden in Deutschland gebaut. Auf der Berliner Funkausstellung 1929 wurde ein mechanischer Fernseher, konstruiert 1928 von Dénes von Mihály (1894–1953), einem ungarischen Ingenieur bei der Deutschen Post, vorgestellt, genannt „Telehor". Auch hier wurde ein Bild mit 30 Zeilen gescannt, aber mit einer Geschwindigkeit von 10 Frames pro Sekunde.

- Auf der gleichen Funkausstellung 1929 stellte August Karolus (1893–1972) von Telefunken sein Gerät vor; er erreichte ein Bild von $8 \times 10\,\text{cm}$, erzeugt aus 96 Zeilen durch Projektion mit einer Nipkow Scheibe.

- Vladimir Zworykin (1889–1982), in Rußland geboren, wirkte seit 1919 in den USA. 1924 entwickelte er das Ionoskop, die erste elektronische Fernsehkameraröhre. 1929 stellte er das Kineskop, eine Kathodenstrahl-Bildröhre, vor. Da er für seine Ideen bei Westinghouse Electric Corporation in Pittsburgh keine Unterstützung fand, wechselte er zu RCA. Hier entwickelte er ab 1929 das elektronische Fernsehen, vorgestellt bei der Weltausstellung 1939 in New York.

Abbildung: `http://vakuumtv.c3.hu/archive/aug31/tv_divat/baird00.gif`
`http://vakuumtv.c3.hu/archive/aug31/tv_divat/mihaly00.gif`
`http://vakuumtv.c3.hu/archive/aug31/tv_divat/zworykin00.gif`

Manfred von Ardenne – Funkausstellung Berlin 1931

Der in Hamburg geborene Manfred von Ardenne (1907–1997), Leiter des Forschungslaboratoriums für Elektronenphysik in Berlin-Lichterfelde 1928 bis 1945, beschäftigte sich neben der Forschung am Rasterelektronenmikroskop besonders mit der Entwicklung des Fernsehens. Er stellte bei der Funkausstellung 1931 sein vollelektronisch arbeitendes Fernsehsystem vor. Statt der Nipkow-Scheibe war nun das Kernstück des Geräts eine Braunsche Röhre (Kathodenstrahlröhre) mit einem Bildschirm von $25 \times 28\,\text{cm}$. Als Kamera diente eine zweite Braunsche Röhre mit konstanter Helligkeit; eine Photozelle davor diente zur Modulation der Helligkeit der Empfängerröhre.

Dieses Fernseh-Verfahren mit Leuchtfleck-Zeilenabtastung und zeilenweiser Wiedergabe mit einer Braunschen Röhre setzte sich ab 1933 durch: Auf der 12. Deutschen Rundfunkausstellung 1935 gab es bereits 20 verschiedene Fernsehapparate zu sehen.

Abbildung (Fernsehröhre, Manfred von Ardenne, 1931, Inv.-Nr. 70099): Deutsches Museum München, Foto: Gudrun Wolfschmidt

Jonathan Zenneck – Fernsehröhre (ab den 1930er Jahren)

Einer von Brauns Schülern war Jonathan Zenneck (1871–1959). Aus der Braunsche Röhre wurde von Zenneck die Fernsehröhre entwickelt, wobei nach Zenneck der Elektronenstrahl das Bild Zeile für Zeile aufbaut.

Abbildung (Jonathan Zenneck mit K. F. Braun und Mathias Cantor in Straßburg):
`http://www.cathodique.net/carriere.html`

Abbildung (Zenneck Röhre): Zenneck, Jonathan und Hans Rukop: Drahtlose Telegraphie. Stuttgart: Verlag von Ferdinand Enke (5. Auflage) 1925.

„Fernsehkanone" für die Olympischen Spiele 1936 in Berlin

Erste regelmäßige Testsendungen wurden 1929 vom Rundfunksender Witzleben durchgeführt. Fernsehsendungen mit Bild und Ton gab es erst seit 1934. Ein regelmäßiges Programm gab es ab 1935; da es nur 250 Fernseher in Berlin gab, wurden erste öffentliche Fernsehempfangsstellen für den Gemeinschaftsempfang eingerichtet. Ein besonderes sportliches, aber auch technisches Event waren die Olympischen Spiele 1936 in Berlin, gedreht mit einer extra entwickelten ersten Ikonoskop-Fernsehkamera, der „Fernsehkanone" von Telefunken, entwickelt von Walter Bruch (1908–1990). Durch das Zeilensprungverfahren wurden bei der Übertragung von 25 Bildern pro Sekunde 50 Halbbilder erzeugt.

Abbildung (Fernsehkanone, Objektiv 1,60 m Brennweite,
Linsendurchmesser 40 cm, Gewicht 45 kg, Länge 2,20 m):
`http://www.erfinderland-rlp.de/Ausstellungen/erfinderland/wanderausstellung/waust_05.htm`
Abbildung (TV 35 für die Olympischen Spiele, Lorenz, 1936):
`http://www.science-tv.com/service/fernsehgeschichte.asp`.

Anfänge des Fernsehens in England und den USA, 1936, 1939

Am 2. November 1936 begann das Fernsehen in England; die British Broadcasting Corporation (BBC) wurde bereits 1922 in London als Radiosender gegründet, und zwar von Sir (seit 1940) John Charles Walsham Reith(1889–1971).

Die RCA (Radio Corporation of America, Schallplattenlabel: Hund Nipper mit dem Slogan *„His Masters Voice"*) schuf 1926 die (amerikanische) National Broadcasting Corporation (NBC, Logo Pfau – peacock); die erste Übertragung eines 441zeiligen Fernsehsystems begann 1939 während der Weltausstellung in New York (Sender im Empire State Building). Das kommerzielle Fernsehen in den USA startete 1941.

Abbildung (RCA TRK9, 1939): `http://www.tvhistory.tv/1939-RCA-TRK9.JPG`

Abbildung 6.47:
Fernsehkanone, erste Ikonoskop-Fernsehkamera,
Telefunken, entwickelt von Walter Bruch (1908–1990)
für die Olympischen Spiele 1936 in Berlin

Interlacing-Verfahren zum Bildaufbau

Beim Interlacing werden zwei Fields (Halbbilder, Half-Frames)
im Gegensatz zu einem Frame (Vollbild, Progressive) benutzt.
Man spricht hierbei vom Zeilensprungverfahren oder Halbbildverfahren:

- Upper Field (Top):
  alle ungeraden Zeilen (1, 3, 5, 7, usw.) werden zuerst gezeichnet.
- Lower Field (Bottom):
  danach werden alle geraden Zeilen (2, 4, 6, 8, usw.) gezeichnet.

So wird das für uns sichtbare Bild auf dem Bildschirm erzeugt.

Abbildung: `http://www.paradiso-design.net/videostandards.html#interlacing`

Abbildung 6.48:
Fernsehempfänger TX 500 U/04, genannt „Starenkasten“, Philips, 1950

Foto: Gudrun Wolfschmidt im Rundfunk-Museum Fürth

Fernsehen der Nachkriegszeit – Fernsehsysteme PAL, SECAM und NTSC

Einen großen Aufschwung nahm die Entwicklung in der Nachkriegszeit. Am 25. Dezember 1952 nahm das Fernsehen in Deutschland seinen regelmäßigen Betrieb auf. Nach Versuchen 1951 in New York wurde das Farbfernsehen 1953 in den USA eingeführt (1967 in Deutschland).

Bereits 1930 setzte die DRP die erste deutsche Fernseh-Norm fest (1941 eine Norm in den USA); sie wurden aber erst nach dem Zweiten Weltkrieg umgesetzt.

- Für Farbfernsehen wurde das NTSC-System (National Television System Comittee) (1953) in den USA als Standard festgelegt; 60 Halbbilder pro sec wurden verwendet und 525 Zeilen je Bild; dem System schlossen sich auch Kanada, Taiwan und Japan an.
- In Frankreich (auch in Osteuropa) entstand das SECAM-System (Séquentiel couleur à mémoire, sequentielle Farbe mit Speicher) mit 50 Halbbildern pro sec, aber mit 819, später mit 625 Zeilen je Bild.
- Der deutsche Fernsehpionier Walter Bruch (1908–1990) beschäftigte sich mit den beiden Verfahren NTSC und SECAM; daraufhin entwarf er das deutsche PAL-System (Phase Alternating Line, Phasenwechsel je Zeile) mit 625 Zeilen je Bild und mit 50 Halbbildern pro sec – auch in Westeuropa, Großbritannien, Australien, Neuseeland und in Teilen von Asien verwendet.

In den 80er Jahren begann das High Definition TV (HDTV); die technischen Standards wurden 1993 festgelegt.

Abbildung (Walter Bruch): `http://www.htwm.de/bruch/`.

Zweites Deutsches Fernsehen

1961 wurde die Errichtung der Anstalt des öffentlichen Rechts „Zweites Deutsches Fernsehen" beschlossen. 1963 begann das ZDF sein bundesweites Fernsehprogramm, ab 1967 wurde es erstmals in Farbe ausgestrahlt. Als Werbetrenner wurden die Mainzelmännchen (Zwerge mit Phrygischer Mütze) eingeführt.

Leihgabe: (Mainzelmännchen) Gudrun Wolfschmidt

Maße: 6 × 5 × 11 cm

Fernsehtruhe „Komet", Firma Kuba, Wolfenbüttel, 1957 bis 1962

Gerhard Kubetschek (1909–1976) gründete 1948 die Tonmöbel-Firma „Kuba". Kubetschek wollte den Weltmarkt erobern; schon 1953 beträgt der Exportanteil 15%, vier Fünftel des deutschen Tonmöbelexports kommt aus dem Hause Kuba; ab 1958 heißt der Firmenname „Imperial Rundfunk- und Fernsehwerk GmbH". 1959 kostet eine Musiktruhe mit Tonband Magnetophon (Telefunken) 3227.- DM, das Jahresgehalt einer Löterin im Radiowerk. 1966 wird die Firma an General Electric verkauft; ab 1967 erfolgt die Umbenennung in „Kuba-Imperial"; schließlich wird die Firma 1970 an AEG-Telefunken verkauft.

Abbildung: Kuba-Museum Wolfenbüttel: `http://www.kuba-museum.de/produkte.html`; Foto: Gudrun Wolfschmidt im Rundfunk-Museum Fürth

Kathodenstrahl-Oszillograph

Aus der Braunschen Röhre entstand der Kathodenstrahl-Oszillograph, ein unentbehrliches Gerät für den Elektrotechniker. Der Oszillograph (griechisch: graphein ($\gamma\rho\alpha\varphi\epsilon\iota\nu$) = schreiben) wird für die Anzeige von elektrischen Spannungen verwendet, der Anwender erhält so ein Oszillogramm, in dem der Verlauf der Meßgröße über die Zeit aufgezeichnet ist.

Leihgabe (Zweikanal-Oszillograph Hameg HM 412): Heinrich-Hertz-Schule

Maße: 21 × 38 × 25 cm

Wirkung der Braunschen Röhre – Computermonitor bzw. Bildschirm

Die Braunschen Röhren sind heute von außerordentlicher Bedeutung, nicht nur bei den Fernsehapparaten, sondern auch bei Oszillographen in der Meßtechnik und besonders bei Computermonitoren. Als Ausgabegeräte für Computer kamen Bildschirme seit den 1950er Jahren zum Einsatz.

Wichtigste Kennzeichen sind die Bildschirmgröße, die in Zoll angegeben wird (Diagonale der Bildröhre), die maximale Vertikalfrequenz, aus der sich für eine bestimmte Auflösung (z. B. 1024 × 768) eine Bildwiederholfrequenz (z. B. 80 Hz) ergibt.

Seit einiger Zeit werden die Monitore mit Braunscher Röhre (CRT – Cathode Ray Tube) abgelöst von verschiedenne Arten von Flachbildschirmen (Dünnschichttransistor (TFT), Flüssigkristalltechnik (LCD), (Organic Light Emitting Diode) (OLED) oder Plasmabildschirm).

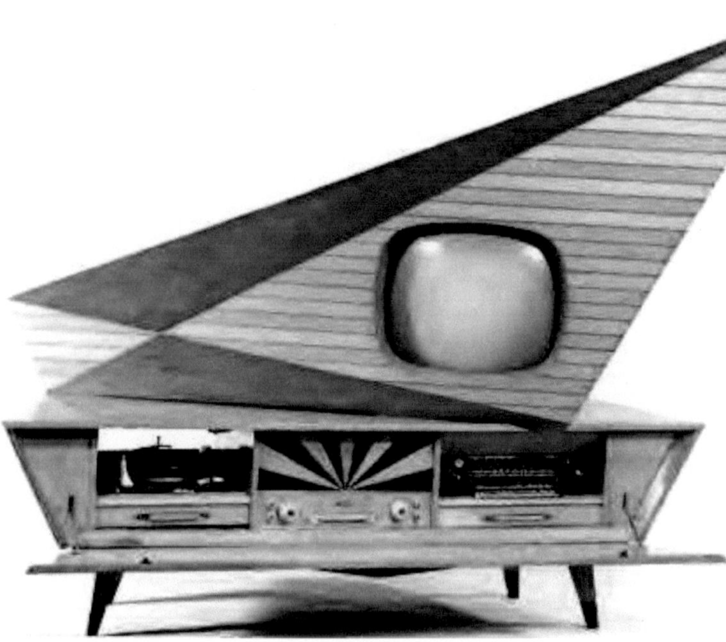

Abbildung 6.49:
Fernsehtruhe „Komet“, Firma Kuba, Wolfenbüttel, 1957 bis 1962
Foto: Gudrun Wolfschmidt im Rundfunk-Museum Fürth

6.6 Von den elektromagnetischen Wellen zur drahtlosen Telegraphie

Abbildung 6.50:
Entdeckung der elektromagnetischen Wellen durch Heinrich Hertz (1857–1894)

William Thomson (Lord Kelvin) (1824–1907) hatte 1853 bei seinen Berechnungen zum Verlauf der Entladung eines Kondensators schon gefunden, daß unter bestimmten Bedingungen die Entladung auch durch oszillatorische Ströme erfolgen kann. Diese elektrische Schwingung ist aber gedämpft.

Berend Wilhelm Feddersen (1832–1918) untersuchte solche oszillatorischen Flaschenentladungen. Mit Hilfe eines Drehspiegels, der die Funkenüberschläge bei der Beobachtung gewissermaßen auseinanderzog, konnte er genaue Angaben über die Schwingungsdauer machen. Gustav Robert Kirchhoff (1824–1887) befaßte sich 1864 theoretisch mit diesem Ergebnis. Er stellte fest, daß die Webersche Elektrodynamik auch zu diesem Ergebnis führt.

Bei sehr viel schnelleren Schwingungen, die Heinrich Hertz (1857–1894) mit seinem Dipol erzeugte, versagt die ältere Elektrodynamik. Hertz öffnete gewissermaßen den Schwingungskreis, die einzelnen Kondensatorplatten befinden sich dann am Ende des Dipols. Er setzte an die Stelle der Platten aber Kugeln, wie später auch Marconi. Die elektrischen Feldlinien können sich nun leicht lösen und als elektromagnetische Welle in den Raum hinausgehen. James Clerk Maxwell (1831–1879) hatte diese Wellen schon vorausgesagt, sie waren nun von Hertz nachgewiesen.

Hertz ahnte nicht, welche Folgen die Entdeckung der elektromagnetischen Wellen haben sollten – es entstand ein weltumspannendes Nachrichtenwesen und eine globale Kommunikation in Sekundenschnelle. Die drahtlose Telegraphie begann fast gleichzeitig mit mehreren Pionieren, am Anfang stand Sir Oliver Joseph Lodge (1851–1940). Alexander Stepanowitsch Popow (1859–1905) nahm eine Antenne, die er für Gewittermessungen gebaut hatte, zum Empfang elektrischer Wellen. Guglielmo Marconi (1874–1937) erkannte schon in jungen Jahren, daß mit diesen Wellen Signale, also Nachrichten, übermittelt werden können. Unermüdlich verfolgte er sein Ziel und als es ihm 1897 gelang, Morsezeichen über eine mehrere Kilometer lange Strecke zu übertragen, war die drahtlose Telegraphie geboren.

Abbildung 6.51:
Marconi-Funkstation mit 10″-Funkeninduktor

Foto: Gudrun Wolfschmidt im New England Wireless and Steam Museum

An den Küsten der USA und Europas wurden zahlreiche Funkstationen errichtet, mit denen die Schiffe auf See erreicht werden konnten. Die Entwicklung verlief von der Erzeugung gedämpfter (Knallfunkensender und Löschfunkensender) zur Erzeugung ungedämpfter Schwingungen (Lichtbogensender und Maschinensender). Auf den Arbeiten von Nikola Tesla (1856–1943) aufbauend, konstruierte der Amerikaner Reginald Aubrey Fessenden (1866–1932) 1908 als erster eine Hochfrequenzmaschine von 15.000 Hz. Eine andere Lösung fand Georg Graf Arco (1869–1940) mit Hilfe von verzerrten Strömen und Transformatoren. Eine solche Maschine wurde in Nauen, der Deutschen Großfunkstation, 1912 aufgestellt, zusammen mit Löschfunkensendern. Lange Wellen von tausenden von Metern umkreisten den Erdball, ausgestrahlt von Sendemasten mit einer Höhe von über 200 Metern. Noch vor dem Ersten Weltkrieg gelang eine Verbindung von Nauen zur Telefunkenstation Sayville auf Long Island (USA).

Vitrine 6: Von den elektromagnetischen Wellen zur drahtlosen Telegraphie
Maße: Glasvitrine (38 × 30 cm)
Tisch für Exponate: Hertzscher Oszillator mit zwei Kugeln, Funkeninduktor
Großes funktionsfähiges Modell Hertzscher Oszillator mit Funkeninduktor
Poster A0: Von den elektromagnetischen Wellen zur drahtlosen Telegraphie

6.6.1 Die Hertzsche Entdeckung – eine Revolution in der Physik

Großer Funkeninduktor mit Wagnerschem Hammer

Der Funkeninduktor erzeugt eine Hochspannung; er wurde 1851 vom Instrumentenmacher Heinrich Daniel Rühmkorff (1803–1877) entwickelt. Über einem stabförmigen Eisenkern befindet sich eine Primärspule (wenige Windungen) und eine Sekundärspule (viele Windungen). Der Funkeninduktor wird mit galvanischen Batterien (also mit Gleichstrom) betrieben. Mit zerhacktem Gleichstrom – Stromunterbrecher ist der Wagnersche Hammer – wird eine hohe Spannung erzeugt. Sie erreicht Tausende von Volt. Funkenüberschlag erfolgt an den aufgesetzten Elektroden (verschiebbarer Stab mit Spitze und Scheibe).

Verwendung fand der Funkeninduktor bei der drahtlosen Telegraphie und bei Experimenten mit Stromdurchgang bei verdünnten Gasen (Entladungsröhren). Auch Hertz verwendete einen Funkeninduktor für seine Experimente.

Leihgabe: Hamburger Schulmuseum
Maße: 40 × 22 × 29 cm
Abbildung: Funkeninduktor, Max Kohl, Chemnitz, um 1900

Apparatur von Berend Wilhelm Feddersen (1832–1918), 1862

Berend Wilhelm Feddersen (1832–1918) schloß sein Physikstudium in Kiel 1857 mit der Promotion ab. In Leipzig untersuchte er elektrische Entladungen. 1862 gelang ihm der Nachweis, daß der Funken während der Entladung ständig die Richtung änderte. Feddersen interpretierte diese „oszillierende Entladung“ als elektrische Schwingung. Seine Experimente beruhten auf theoretischen Vorarbeiten von Wheatstone, Helmholtz und Kirchhoff.

Um 1853 hatte William Thomson [Lord Kelvin] (1824–1907) Entladungen theoretisch untersucht und fand, daß bei einer oszillatorischen Entladung die Schwingungsdauer T proportional zur Wurzel aus der Kapazität des Kondensators sein müßte. Feddersen begann ab 1857 mit seinen messenden Versuchen. Sein elektrischer Schwingkreis bestand aus einem Kondensator, einem Metallbügel (verkümmerte Spule) und einer Funkenstrecke. Den Entladefunken beobachtete er ab 1861 mittels eines rotierenden Spiegels, der das Licht des Funkens auf eine Mattscheibe warf. Mit Photographien des Funkens konnte er eine recht genaue Angabe über die Schwingungsdauer T machen. Die Thomsonsche Beziehung $T \sim \sqrt{C}$ konnte er bestätigen.

Noch fußend auf der Weberschen Elektrodynamik befaßte sich Gustav Robert Kirchhoff (1824–1887) theoretisch mit der Flaschenentladung. Er fand, daß noch eine ausreichende Übereinstimmung mit T vorlag. Er bemerkte aber auch, daß T auf einem ganz anderen Weg, den Thomson beschritten hatte, gefunden werden konnte. Weil Flaschenentladungen eine relativ große Schwingungsdauer T besitzen, versagte hier Webers Elektrodynamik noch nicht. Die Flaschenentladung kann in Näherung noch als ein quasi-stationärer Vorgang angesehen werden. Bei

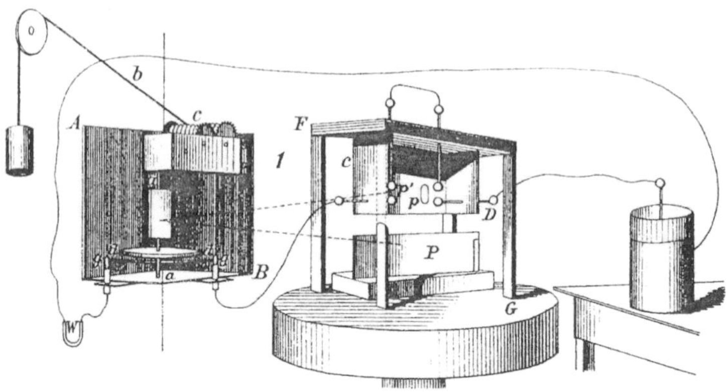

Abbildung 6.52:
Feddersens Apparatur zum Nachweis der Existenz elektrischer Schwingungen mit Hilfe „oszillierender Entladungen“ (1861)

Henke 2000, S. 107.

dem Hertzschen Oszillator, der im folgenden beschrieben wird, versagt die ältere Elektrodynamik, weil hier sehr viel schnellere Schwingungen stattfinden. Nur die Maxwellsche Theorie liefert dann brauchbare Ergebnisse. Die Abstrahlung elektromagnetischer Energie ist beim Hertzschen Oszillator sehr viel größer als beim Stromkreis mit den Leidener Flaschen.

Feddersens Apparatur mit Leidener Flaschen, Spule und Drehspiegel steht heute im Deutschen Museum in München. Feddersen wies zum erstenmal mit seinen „oszillierenden Entladungen“ die Existenz elektrischer Schwingungen nach. Er eröffnete damit einen neuen Weg für das Nachrichtenwesen.

Abbildung: Henke 2000, S. 107, 126, 156.
Leihgabe (Drehspiegel): Landesinstitut für Lehrerbildung und Schulentwicklung

Knochenhauersche Spule (Riess'sche Spirale)

Die Versuche über schnelle elektrischen Schwingungen
und die Erzeugung elektromagnetischer Wellen brachten Hertz Weltruhm.
Angeregt dazu wurde er durch eine Beobachtung an den Knochenhauerschen Spulen
oder Riess'schen Spiralen, die bei Vorlesungen
gewöhnlich beim Thema Induktion benutzt wurden.
Mit ihnen wurde gezeigt, daß die Entladung einer Leidener Flasche
durch eine Spule auch in der zweiten darüber liegenden Spule einen Strom induziert. Dieser macht sich durch einen Funkenüberschlag bemerkbar.

Abbildung (Knochenhauersche Spule): Ausstellung des Reichsrundfunks 1928, S. 5.

Leidener Flasche

Nach Wegnahme der Leidener Flasche waren die Spulen in Resonanz, die sich durch ein Funkenspiel verriet. Durch seine Berliner experimentellen Arbeiten und auch durch seine theoretischen Arbeiten in Kiel war seine Aufmerksamkeit für die Funken geschärft.

Mit den Versuchen über oszillatorische Entladungen einer Leidener Flasche 1862 hatte Feddersen die Gültigkeit der Thomsonschen Schwingungsformel $T \sim 2\pi\sqrt{LC}$ zum Teil nachgewiesen (C Kapazität, L Induktivität). Hertz war aber sofort klar, daß es sich hier um sehr viel schnellere Schwingungen handelte.

Leihgabe (Leidener Flasche): Hochschule für Angewandte Wissenschaften Hamburg (HAW), FB Maschinenbau und Produktion

Maße: 10 × 38 cm

Abbildung 6.53:
Heinrich Hertz (Hamburg 1857–1894 Bonn)

Keferstein 1911, S. 206.

Großer Hertzscher Oszillator mit zwei Kugeln zur Erzeugung schneller Schwingungen (Karlsruhe), photographiert von Heinrich Hertz, 1877

Hertz entwickelte seinen Oszillator. Der Nebenkreis mit Funken, der auf Resonanz abgestimmt wurde, bekam später Kreisform (Kreisdipol). Mit Hilfe eines Mikrometers konnte Hertz die Funkenstrecke in ihrer Länge verändern; es war dies für ihn der einzige Indikator.

Leihgabe (Nachbau): Hochschule für Angewandte Wissenschaften Hamburg (HAW), FB Maschinenbau und Produktion

Maße: 80 × 10 × 11 cm
Abbildung: (Bild Reichsrundfunkausstellung S. 5)
Über sehr schnelle Schwingungen. *Annalen der Physik* Bd. 31 (1887) und Gesammelte Werke Bd. 2.

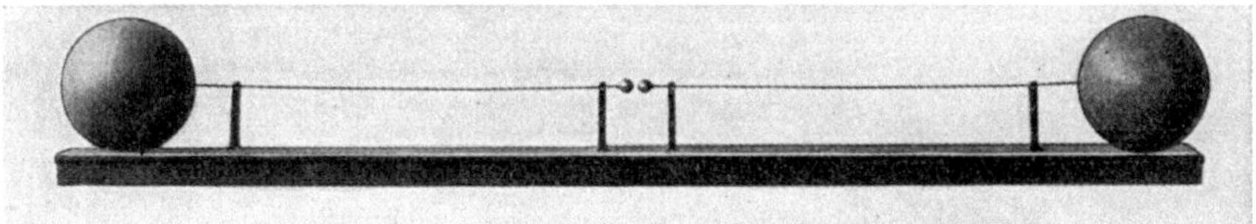

Abbildung 6.54:
Hertzscher Oszillator (Sender) mit zwei Kugeln
Zenneck 1930, S. 40.

Kleiner Funkeninduktor mit Wagnerschem Hammer

Den Funkeninduktor entwickelte Daniel Rühmkorff um 1850 und es verbreitete sich schnell in physikalischen Laboratorien. Neu war aber, daß Hertz die Funkenentladung zwischen den Elektroden als Quelle elektromagnetischer Wellen entdeckte.

Während seiner Versuche bemerkte Hertz, daß der Funkenüberschlag in dem Resonanzkreis durch irgendeine Einwirkung vom Funkeninduktor oder vom Oszillator verändert werden konnte. Durch zahlreiche Versuche mit verschiedensten Stoffen, neben anderem auch mit einem Bergkristallprisma, stellte er fest, daß ultraviolette Strahlen (die von der Funkenstrecke des Primärkreises ausgingen) den Funkenüberschlag früher einsetzen lassen. Die Strahlen müssen auf die Kugel treffen, die mit dem negativen Pol verbunden ist. Damit hatte Hertz den äußeren lichtelektrischen Effekt entdeckt.

Eine Erklärung dazu konnte er nicht geben. Hier führte der Versuch von Wilhelm Hallwachs (1859–1922) 1888 weiter. Durch das UV-Licht werden bei dem Hallwachs-Versuch aus der negativ aufgeladenen Zinkplatte Elektronen herausgeschlagen.

Leihgabe: Schulmuseum Hamburg
Maße: 17 × 11 × 8 cm
Über einen Einfluß des ultravioletten Lichtes auf die elektrische Entladung. Annalen der Physik Bd. 31 (1887) und Gesammelte Werke Bd. 2.

Hertzscher Oszillator mit Parabolspiegeln zur Erzeugung schneller Schwingungen (mit Funkeninduktor)

Versuchsanordnung zum Nachweis elektromagnetischer Wellen:
Links befindet sich der Funkeninduktor. Die Funkenstrecke selbst befindet sich vor einem parabolspiegelartig gekrümmten Blechschirm. Ein zweiter Blechschirm reflektiert die abgestrahlten hochfrequenten Schwingungen der Funkenstrecke. Hält man dazwischen den „Resonator", so verrät sich die Existenz des elektromagnetischen Feldes dadurch, daß zwischen den nicht ganz geschlossenen Enden des Drahtbügels winzige Funken überspringen.

Leihgabe (Nachbau: Oszillator mit Parabolspiegeln): Heinrich-Hertz-Schule Hamburg

Oszillator mit quadratischen Platten (Karlsruhe)

Mit den von ihm entdeckten schnellen elektrischen Schwingungen war Hertz nun auch in der Lage, eine Lösung der Preisaufgabe von 1879 der Berliner Akademie zu finden. Es sollten elektrodynamische Wirkungen auf Isolatoren, anders ausgedrückt, der Verschiebungsstrom in nicht leitenden Stoffen, nachgewiesen werden.

Hertz benutzte dafür wieder seinen Oszillator, wobei er aber statt der Kugel-Kondensatoren an den Enden des Oszillators quadratische Platten setzte. Über den Oszillator wurde ein Zinkblech gehalten, in dem Induktionsströme erzeugt wurden. Diese machten sich durch eine Verschiebung der Nullpunktslage am Kreisdipol nach oben bemerkbar. In der Nullpunktslage zeigten sich keine Funken des Resonators. Setzte er einen Block aus Pech oder Paraffin unter den Oszillator, verschob sich die Nullpunktslage beim Resonator nach unten. Damit war der Verschiebungsstrom in dem Isolator nachgewiesen. Hertz genoß seinen späten Triumph.

Abbildung (Apparatur von Heinrich Hertz)

In: Gesammelte Werke Bd. 2, S. 102–109.; vgl. Über Induktionserscheinungen, hervorgerufen durch die elektrischen Vorgänge in Isolatoren. In: *Annalen der Physik* Bd. 34 (1887).

Hertzscher Kreisdipol (Empfangs-Resonator)

Der Nachweis elektromagnetischer Wellen gelang Hertz, indem er einen Drahtbügel, den er als „Resonator“ bezeichnete, in die Nähe der Funkenstrecke eines Funkeninduktors hielt. Im winzigen Spalt zwischen den Enden dieses Resonators ließen sich dann ebenfalls Funkenentladungen beobachten, und zwar im gleichen Rhythmus mit denen des Funkeninduktors. Es fand also eine drahtlose Energieübertragung zwischen Induktor und Resonator statt. Diesen Kreisdipol setzte Hertz am meisten bei seinen Versuchen ein.

Leihgabe (Nachbau): Hochschule für Angewandte Wissenschaften Hamburg (HAW),
FB Maschinenbau und Produktion
Maße: $30 \times 6 \times 43$ cm

Heinrich Hertz' Entdeckung der elektromagnetischen Wellen, 1888

Angeregt durch seinen Lehrer Hermann von Helmholtz (1821–1894) befaßte sich Heinrich Hertz mit der Maxwellschen Theorie der Dynamik. Es gelang ihm 1888, die von Maxwell geforderte Existenz elektromagnetischer Wellen nachzuweisen. Durch Nachweis von Interferenz, Brechung und besonders von Polarisation schloß er auf den Charakter als transversale Wellenbewegung. Diese Entdeckung hat als Grundlage der drahtlosen Telegraphie, welche später durch Ferdinand Braun und Guglielmo Marconi entwickelt wurde, eine große technische Bedeutung erlangt.

Abbildung: Keferstein 1911, S. 206.

Stehende Wellen – Lecher-Leitung, 1890

Zur Untersuchung der Ausbreitung elektromagnetischer Schwingungen schlug Ernst Lecher (1856–1926) 1890 eine Anordnung aus zwei parallel geführten runden Drähten vor. In einem Dipolsender mit Funkenstrecke werden durch einen Funkeninduktor elektrische Schwingungen

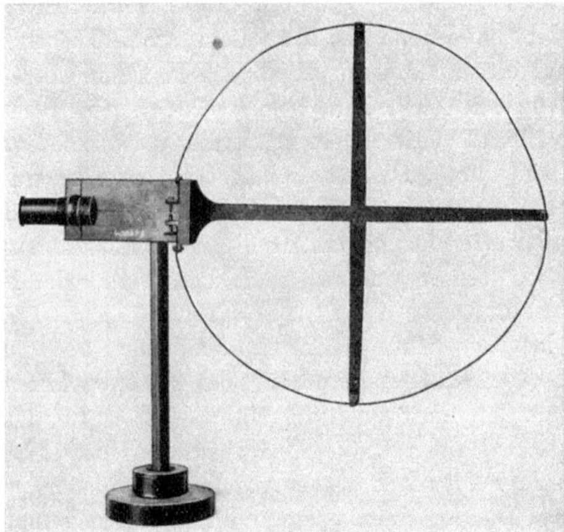

Abbildung 6.55:
Hertzscher Kreisdipol (Empfänger)
Zenneck 1930, S. 41.

erzeugt. Die Dipol-Enden tragen große Platten. Die beiden Plattenpaare, verbunden durch parallele Drähte, bilden zwei Kondensatoren, durch die die Dipolschwingungen auf die Drähte übertragen werden. An den Drähten bildet sich eine stehende elektromagnetische Welle aus.

Werden die Drähte an einem Spannungsbauch der Welle (Stelle größter elektrischer Kraftliniendichte) mit einer Geißlerröhre überbrückt, so leuchtet diese hell auf. Der Abstand zweier benachbarter Spannungsbäuche ist gleich der halben Wellenlänge. Diese Vorrichtung dient zur exakten Messung der Wellenlänge bzw. Frequenz elektrischer Wellen („Lechersche Drähte").

Große Mühen hatte Hertz mit seinen Untersuchungen zur Ausbreitungsgeschwindigkeit elektrischer Wellen in einem Draht. Den Oszillator mit den quadratischen Endplatten stellte er waagerecht und koppelte kapazitiv den horizontal liegenden langen Draht. Mit seinem Resonator fand er Knoten und Bäuche einer stehende Welle. Es war der erste Nachweis für die endliche Ausbreitungsgeschwindigkeit eines elektrischen Vorganges und eine erste Bestätigung der Nahwirkungstheorie. Als Fortpflanzungsgeschwindigkeit fand Hertz allerdings nicht die Lichtgeschwindigkeit, wie es die Faraday-Maxwellsche Theorie forderte, sondern nur 2/3 davon.

Lecher in Wien sowie Auguste Arthur de la Rive (1801–1873) und Emile Édouard Sarasin (1843–1917) in Genf wiesen dann die Lichtgeschwindigkeit in den Drähten nach (Lechersche Doppelleitung). Hertz begründete später das unrichtige Ergebnis mit Einflüssen aus der Umgebung, wie Reflexionen an den Wänden, Säulen und anderem in dem Versuchsraum.

Abbildung (Farbe): `http://tu-ilmenau.de/`
Abbildung: Graetz 1919 (lecher-drude-graetz1919.jpg)
Über die Ausbreitungsgeschwindigkeit der elektrodynamischen Wirkungen. In: *Annalen der Physik* Bd. 34 (1888).

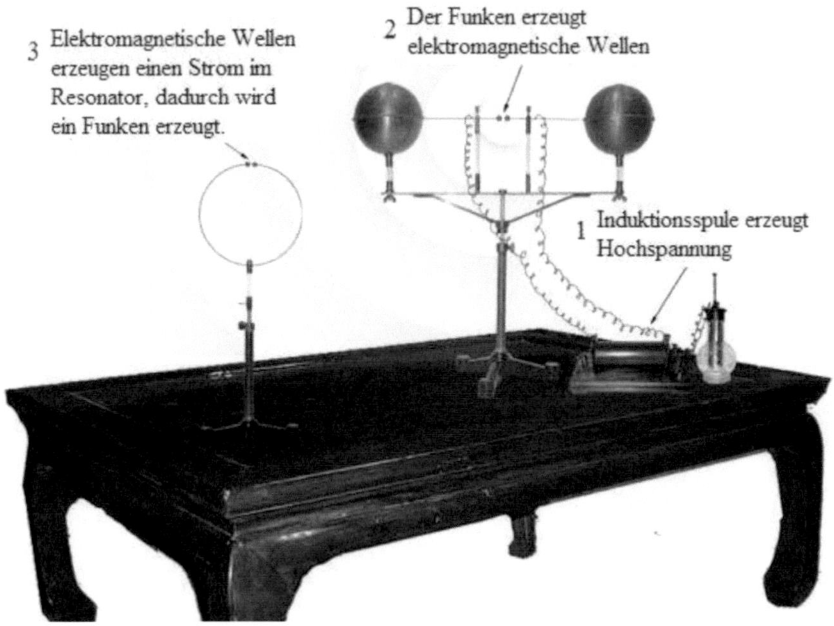

Abbildung 6.56:
Versuchsanordnung von Heinrich Hertz (1857–1894)
http://www.sparkmuseum.com/HERTZ.HTM

Originalapparate von Heinrich Hertz, 1887/90

Auch im Luftraum erzeugte Hertz stehende elektromagnetische Wellen durch Reflexion an einer Metallwand.
Die von Maxwell vorhergesagten Wellen waren damit nachgewiesen und die alte Fernwirkungstheorie widerlegt. Mit dem Nachweis elektromagnetischer Wellen war also die Maxwellsche Nahwirkungstheorie (elektrische und magnetische Felder) bestätigt. Als Ausbreitungsgeschwindigkeit fand Hertz die Lichtgeschwindigkeit. Es war der krönende Abschluß seiner experimentellen Untersuchungen in Karlsruhe.

Die ältere, Webersche Elektrodynamik mit ihrer Fernwirkung (unendlich große Fortpflanzungsgeschwindigkeit der elektrischen und magnetischen Wirkungen, kein Zwischenmedium) war damit endgültig abgelöst. Das fortpflanzende Medium war für Maxwell und Hertz der Äther. Seit Einsteins Arbeiten hat man dieses hypothetische Medium aufgegeben.

Abbildung: Sattelberg 1971, S. 102.

Zwei Hertzsche Dipole (Sender und Empfänger) für Dezimeter-Wellen

Hertz ging zu Dezimeterwellen über und benutzte Dipole. Ein solcher Dipol besteht aus zwei 13 cm langen Messingstäben mit zwei polierten Kugeln für die Funkenstrecke in der Mitte. Zum Sammeln der elektromagnetischen Wellen ließ Hertz Parabolspiegel aus Zinkblech anfertigen, in deren Brennlinie die Dipole gesetzt wurden. Der Sendedipol mit Funkenstrecke wird durch eine Hochspannung, die ein besonderes Gerät liefert, angeregt. Der Funkeninduktor sitzt beim Sender hinter dem Spiegel. Beim Parabolspiegel zum Empfang der Wellen führen von dem Dipol zwei Drähte hinter den Spiegel zu einer Funkenstrecke. Der Empfangsdipol hat in der Mitte eine Diode. Sie ist mit einem Verstärker und Lautsprecher verbunden. Ein Knattern im Lautsprecher zeigt den Empfang der elektromagnetischen Welle an. Durch Drehung des Dipols um 90° (dabei kein Empfang) wird gezeigt, daß die elektromagnetische Welle polarisiert ist.

Hertz konnte weiter zeigen, daß sich seine Wellen wie Lichtwellen verhalten; der einzige Unterschied besteht in der Wellenlänge.

- Hertz zeigte zunächst wieder die **Reflexion** der Wellen an einer aufgestellten Zinkwand und stellte wieder Knoten und Bäuche fest. Daraus ergab sich eine Wellenlänge von 66 cm. Hertz konnte die Ausbreitung der Wellen bis auf 16 m nachweisen; sie gingen sogar durch eine Tür hindurch. Mit den beiden Parabolspiegeln und der Zinkwand wurde das Reflexionsgesetz (Einfallswinkel = Ausfallswinkel) gezeigt.

- Zur Untersuchung der **Brechung** der elektrischen Strahlen (elektromagnetischen Wellen) ließ Hertz ein 30°-Prisma aus Pech herstellen. Das Gewicht des Prismas betrug 12 Zentner. Die elektromagnetische Welle wurde wie eine Lichtwelle an einem Glasprisma abgelenkt. Die Brechzahl ergab sich zu 1,69.

- Auch die **Polarisation** konnte gezeigt werden. Die elektrischen Schwingungen bzw. Wellen laufen stets parallel zum Erregerdipol, also in einer Ebene, ähnlich wie die Lichtwellen bei linear polarisiertem Licht. Wurde der Empfangsspiegel mit Dipol um 90° gedreht, blieben die Funken aus, d. h. es fand kein Empfang statt. Hertz ließ nun einen Holzrahmen (achteckig) mit parallel laufenden Kupferdrähten bespannen. Dieses Gitter wurde zwischen Empfänger und Sender gebracht und gedreht. Liefen die Drähte parallel zu den Dipolen, zeigten sich keine Funken im Empfänger. Die Strahlen wurden also abgefangen und reflektiert. Hatten die Kupferdrähte eine senkrechte Lage zu den Dipolen, gingen die Strahlen ungehindert hindurch, – eine abermaliger Nachweis der Polarisation.

Diese Versuche, die sich in der Optik wiederfinden, zeigten in eindrucksvoller Weise die Wesensgleichheit optischer und elektromagnetischer Wellen. Der Unterschied liegt nur in der Wellenlänge, die bei den Lichtstrahlen sehr viel kürzer ist. Maxwells elektromagnetische Lichttheorie (1863) war damit bestätigt, der Sieg über die ältere Elektrodynamik endgültig. Es begann eine neue Epoche, Optik und Elektrodynamik waren miteinander verschmolzen.

Leihgabe: Universität Hamburg, Institut für Experimentalphysik
Maße: 15 cm hoch.

Dipol (aufgebogener elektrischer Schwingkreis) – Bestätigung von Maxwell

In der Arbeit *Die Kräfte der elektrischer Schwingungen, behandelt nach der Maxwellschen Theorie* (1889) berechnete Hertz, gestützt auf Maxwell, den Verlauf der elektrischen Kraftlinien

(Feldlinien) um einen schwingenden Dipol in verschiedenen Phasen der Schwingung. Er benutzte dabei Polarkoordinaten und veranschaulichte seine Ergebnisse in zeichnerischen Darstellungen. Den Dipol kann man sich als offenen Schwingkreis vorstellen: die elektrischen Feldlinien können sich ablösen und in den Raum mit Lichtgeschwindigkeit hinauswandern.

Hertz bog den geschlossenen elektrischen Schwingkreis, der aus Kondensator und Spule besteht, auseinander und erhielt so einen Dipol. Die Platten des Kondensators sind weit auseinander gezogen und befinden sich an den Enden des Dipols; sie haben meist Kugelform. Die Spule des Schwingkreises ist zu einem geraden Draht verkümmert. Auf diese Weise erhielt Hertz hohe Schwingfrequenzen. Bei einem Dipol lösen sich die elektrischen Feldlinien ab und wandern mit Lichtgeschwindigkeit in den freien Raum hinaus. Die losgelösten Feldlinien sind geschlossen; sie beginnen und enden also nicht an elektrischen Ladungen. Im offenen Schwingkreis geschieht, wie beim geschlossenen Schwingkreis, eine stetige Umwandlung von elektrischer und magnetischer Energie. Durch den periodisch sich in seiner Stärke verändernden Strom werden auch magnetische Feldlinien ausgestrahlt. Sie verlaufen kreisförmig um die Achse des Dipols und verändern sich ebenfalls periodisch in ihrer Dichte. Die Wellenlänge ist dabei die gleiche wie bei den elektrischen Feldlinien. Durch die beiden Maxwellschen Gleichungen sind das elektrische und das magnetische Feld miteinander verknüpft.

Abbildung: Sattelberg 1971, S. 101.

Frequenzmesser (50 / 60 Hz), AEG, Berlin

Frequenzen lassen sich viel genauer messen als Spannungen. Die Messgenauigkeit wird nämlich durch die Genauigkeit des Quarzes bestimmt, der im Frequenzzähler als Referenzfrequenz dient. Im Falle des 50 MHz-Frequenzzählers wird ein 10 MHz-Quarz verwendet.

Leihgabe: Manfred Tauber, Hamburg
Maße: 14 × 6 × 14 cm

Tesla-Generator, Dr. Stöhrer & Sohn Nachf., Leipzig

Nikola Tesla (1856–1943), in Kroatien geboren, amerikanischer Physiker und Elektrotechniker, wollte drahtlos Energie übertragen. Er setzte von Anfang an auf den Wechselstrom (im Gegensatz zu Edison) und gehört zu den Pionieren der Hochfrequenztechnik.

Der Tesla-Transformator hat einen Primärkreis (Spule mit wenigen Windungen) und einen Sekundärkreis (Spule mit vielen Windungen) mit einer Funkenstrecke. Die im Primärkreis erzeugten gedämpften Schwingungen rufen im Sekundärkreis eine hohe Spannung und Funkenüberschlag hervor. Der Tesla-Transformator wurde in der drahtlosen Telegraphie eingesetzt.

Leihgabe: Wilhelm-Gymnasium
Maße: etwa 16 × 11 × 27 cm

6.6.2 Nachrichten über den Äther – Anfänge der Funktechnik

Abbildung 6.57:
Guglielmo Marconi (1874–1937) mit seinem ersten Funkgerät

Solari, Luigi: Marconi im Privatleben und bei der Arbeit.
Leipzig: Paul List Verlag 1942, S. 80.

Sir Oliver Joseph Lodge (1851–1940)

Sir Oliver Joseph Lodge (1851–1940), Professor an der Universität Birmingham bis 1919, hielt Vorträge in der Royal Institution in London über das Thema „The Work of Hertz and Some of His Successors“. Er übermittelte Funksignale am 14. August 1894 bei einer Tagung der British Association for the Advancement of Science an der Universität Oxford, ein Jahr vor Marconi, aber ein Jahr nach Tesla. Lodge und gehört somit zu den Pionieren der Hochfrequenztechnik; er prägte zudem den Begriff „Kohärer“ und verbesserte Branlys Erfindung.

Abbildung: Sir Oliver Joseph Lodge

Guglielmo Marconi (1874–1937)
Erfinder der drahtlosen Telegraphie

Guglielmo Marconi (1874–1937) war schon als Zwanzigjähriger davon überzeugt, daß mit elektromagnetischen Wellen Nachrichten drahtlos übermittelt werden können. Der geniale Erfinder

war kein großer Theoretiker, dafür ein Praktiker, der sein Ziel zäh verfolgte. Es gelang ihm, bei der Übertragung von Signalen immer größere Entfernungen zu überwinden.
1896 erhielt Marconi ein britisches Patent, das erste auf dem Gebiet der drahtlosen Telegraphie. Am 13. Mai 1897 konnte er eine Funkverbindung über 5,5 km herstellen und Morsezeichen übertragen. Seine Sendeanlage bewährte sich bei der Überbrückung des Bristol-Kanals (14 km). Dieses Ereignis wird als Geburtsstunde der drahtlosen Telegraphie betrachtet. 1897 gründete er die „Wireless Telegraph and Signal Company Ltd.", die schnell Weltruf erlangte.

Abbildung: Solari, Luigi: Marconi im Privatleben und bei der Arbeit.
Leipzig: Paul List Verlag 1942, S. 80.

Die Erfindung des Kohärers oder Fritters, Branly, 1890

Als Anzeigemittel stand bei Hertz nur das kleine Fünkchen zur Verfügung. Dies sollte sich ändern, als Édouard Branly (1846–1940) den Kohärer oder Fritter 1890 erfand, – eine Glasröhre, die mit Metallspänen gefüllt ist. Trifft eine elektromagnetische Welle auf den Kohärer, wird er leitend durch das Zusammenbacken der Metallspäne. Durch Klopfen wird der Kohärer wieder stromundurchlässig.

Abbildung: `http://www.icp.fr/icp/visite_guidee.php`

Marconis Apparatur zur drahtlosen Telegraphie

Die Sendestation hat eine Antenne mit einer Funkenstrecke. Funken werden mit einem Funkeninduktor erzeugt. Die Empfangsstation hat einen Kohärer – eine mit Metallspänen gefüllte Glasröhre, 1890 von Édouard Branly (1844–1940) erfunden – durch den die hochfrequenten elektromagnetischen Wellen durch Widerstandsänderung nachgewiesen werden.

Abbildung: Leprince-Ringuet 1951, S. 221.
Zenneck, Jonathan: Lehrbuch der drahtlosen Telegraphie. Stuttgart 1916.

Schaltschema des Marconi-Senders und Empfängers

Die vertikale Antenne enthält die Funkenstrecke. Die Schwingung ist stark gedämpft. Der im Empfängerkreis liegende Kohärer besteht aus einem luftleeren Glasröhrchen mit Silberkontakten, zwischen denen etwa 1 mm Metallspäne liegen. Im Schaltschema ist der Klingel- und Klopferkreis erkennbar. Wird im Sender die Morsetaste gedrückt, entsteht im Morseschreiber des Empfängers ein Punkt. Wird die Morsetaste länger gedrückt, entsteht eine Punktserie, die als Strich gedeutet wird.

Abbildung: Grabau, Rudolf: Frühe Funkgeschichte 29 (2006), Nr. 167 und 168, S. 137ff.

Alexander Stepanowitsch Popow (1859–1905), St. Petersburg

Im gleichen Jahr wie Marconi setzte der russische Physiker Alexander Stepanowitsch Popow (1859–1905) die drahtlose Telegraphie ein. Zunächst konstruierte er 1895 ein Gewitterwarngerät mit einem Kohärer, einem Rasselwecker und einem Draht; die Apparatur zog er mit einem Ballon in die Luft hoch. Ferne Blitze und atmosphärische Störungen versetzen die Apparatur in Tätigkeit. Diese Antenne, die er für Gewittermessungen gebaut hatte, verwendete er zum Empfang elektrischer Wellen. 1897 sandte er über eine Entfernung von 5 km das erste drahtlose

Telegramm mit dem Wortlaut *„Heinrich Hertz"*. Popow hatte noch große Pläne mit drahtloser Übertragung von Nachrichten; er starb zu früh und blieb relativ unbekannt.

Abbildung: Häfner (1991): Funkgeschichte, S. 39 oben.

Funkstation des Dampfers Vaterland (1914)

Die Reichsregierung und die Militärs erkannten nach dem Titanic-Unglück 1912 schnell die Möglichkeiten des neuen Kommunikationsmittels. An den Küsten der USA und Europas wurden zahlreiche Funkstationen errichtet, mit denen die Schiffe auf See erreicht werden konnten.

Die Handels- und Kriegsflotten wurden mit Empfangs- und Sendeanlagen ausgestattet. Schiffe brauchten nicht mehr einen Hafen anzulaufen, um Anweisungen ihrer Reederei zu empfangen und standen untereinander in Kontakt. Die Deutsche Betriebsgesellschaft für drahtlose Telegraphie (DEBEG) besaß bis zum Ersten Weltkrieg ein Monopol bei der Ausrüstung von deutschen Handelsschiffen mit Funkanlagen.

Abbildung: Pichler (2005): Robert von Lieben, S. 49.

Knall-Funkensender zur Erzeugung hochfrequenter gedämpfter Schwingungen – Adolf Slaby und Graf Arco

Der Marconi-Sender wurde wegen der Geräusche im Empfänger auch Knallfunkensender genannt. Adolf Slaby (1849–1913) konnten dem denkwürdigen Ereignis, nämlich Marconis Vorführung von 1897, beiwohnen. Zusammen mit seinem Assistenten Georg Graf von Arco (1869–1940) machte er dann an der Technischen Hochschule in Berlin eigene Versuche und entdeckte, daß sich die Antenne auf bestimmte Eigenschwingungen abstimmen läßt. Der Empfänger muß auf die gleiche Wellenlänge wie der Sender eingestellt sein. Die Länge der Antenne ist $\frac{1}{4}$ der jeweiligen Wellenlänge.

Leihgabe (Funkenstrecke von einem Knallfunkensender):
Dipl.-Ing. Heinz Thieme, Freundeskreis Wilhelm Weber, Lutherstadt Wittenberg
Maße: 6 × 15 cm
Abbildung (Slaby): `http://www.nue.tu-berlin.de/geschichte/slaby.htm`
Abbildung (Knall-Funkensender 1895, Slabys Experimente):
`http://www.tu-berlin.de/presse/tui/97mai/slaby.htm`

Knarr-Funkensender zur Erzeugung ungedämpfter Schwingungen – Ferdinand Braun

Der Nachteil des Marconi-Senders war die starke Dämpfung der Schwingung und Welle. Ferdinand Braun (1850–1918), Professor der Physik an der Universität Straßburg, erkannte, daß die Funkenstrecke, die bei Marconi in der Antenne sitzt (offener Schwingkreis), der Grund dafür ist. Braun erfand den geschlossenen Schwingkreis (Leidener Flasche, Funkenstrecke und Spule). Ein Funkeninduktor erzeugt wieder die hohe Spannung für den Funkenüberschlag. Durch die als Kapazität in den Schwingkreis eingebauten Leidener Flaschen stand eine relativ hohe Energie zur Verfügung, mit der die Reichweite verbessert werden konnte.

Wegen ihrer geringeren Dämpfung wurden die Braunschen Sender als Knarrfunkensender (Knatterfunkensender) bezeichnet. Braun ersetzte auch den Kohärer durch den von ihm schon 1874 erfundenen Kristalldetektor, der die Funktion eines Gleichrichters hat (Pyrit – oder Bleiglanz-Kristall mit aufgesetzter Metallspitze). Die Wirkungsweise des Kristalldetektors wurde erst nach dem Aufkommen der Halbleiter geklärt.

Abbildung (Knarr-Funkensender): Gudrun Wolfschmidt im Museum für Kommunikation Frankfurt

Abbildung 6.58:
Löschfunkensender, um 1910,
entwickelt von Max Wien (1866–1938), 1906

Foto: Gudrun Wolfschmidt im Museum für Kommunikation Hamburg und Frankfurt am Main

Lösch-Funkensender zur Erzeugung hochfrequenter gedämpfter Schwingungen, 1906 – Max Wien

Max Wien (1866–1938) entwickelte 1906 den Löschfunkensender, mit dem hochfrequente gedämpfte Schwingungen erzeugt und eine Verbesserung der Empfangsqualität mit einer höheren Übermittlungsgeschwindigkeit erreicht werden konnte.

Die Löschfunkenstrecke besteht aus mehreren hintereinander geschalteten Platten. Die Funkenlänge ist dabei sehr gering, die Entionisierung der Luft geschieht hier schneller, so daß die Funkenzahl pro Sekunde erhöht werden konnte (rund 1000mal pro Sekunde). Der Sender wird gewöhnlich durch einen Wechselstromgenerator in Verbindung mit einem Hochtransformator gespeist. Die abgestimmte Frequenz erzeugt im Empfangsgerät einen musikalischen Ton. Man spricht deswegen auch von einem Tonfunkensender. Die Werbung des Herstellers Telefunken mit den „tönenden Funken" verhilft der neuen Technologie zum Durchbruch.

Mit Lösch-Funkensendern wurde der Funkempfang vom bisherigen Morseschreiber auf Hörempfang umgeschaltet. Erst ab etwa 1932 wurden in den Küstenfunkstellen der Deutschen Reichspost allmählich Röhrensender eingesetzt; bei den Löschfunkenstationen auf den Schiffen dauerte es noch länger.

Abbildung (Löschfunkensender für Bordfunkstellen, Telefunken, Berlin, 1920): Museum für Kommunikation Frankfurt, Foto: Gudrun Wolfschmidt

Abbildung (mehrteilige Löschfunkenstrecke): Frühe Funktechnik, S. 142.

Abbildung (Löschfunkensender der Firma Telefunken): Frühe Funktechnik, S. 145.

Literatur: Wien, Max: Über die Intensität der beiden Schwingungen eines gekoppelten Senders. In: *Physikalische Zeitschrift* Nr. 23, 1906. Walther, Harald: *Aufbau einer Löschfunkenstation beim Postmuseum Hamburg.* Hamburg 1986/88.

Lichtbogensender zur Erzeugung hochfrequenter ungedämpfter Schwingungen, 1903 – Valdemar Poulsen

Bei Bemühungen, ungedämpfte hochfrequente Schwingungen zu erzeugen, war der Däne Valdemar Poulsen (1869–1942) 1903 mit seinem Lichtbogensender erfolgreich (auch singende Bogenlampe genannt). Bei ungedämpften Schwingungen nimmt die Amplitude nicht von Periode zu Periode ab, sondern bleibt ständig gleich. Der Lichtbogen war von Wasserstoff umgeben und wurde von einem Magnetfeld zu ungedämpften Schwingungen angeregt.

1906 telephonierte der Berliner Physiker Ernst Ruhmer (1878–1913) mit Hilfe von Lichtbogen und Detektor über eine Entfernung von 3 km. Auf der deutschen Küstenfunkstelle in Norddeich, seit 1905 in Betrieb, wurde 1911 ein 4 kW-Langwellen-Lichtbogensender für Telegraphie eingesetzt. 1912 wurden in Norddeich Radio auch Sprechfunkversuche durchgeführt. Der Lichtbogensender fand zunächst eine weite Verbreitung, wurde jedoch bald von den Röhrensendern abgelöst.

Abbildung (Lichtbogensender nach Poulsen, Conrad Lorenz AG, Berlin, 1910 – Deutsches Museum): Foto: Gudrun Wolfschmidt

Abbildung (Lichtbogensender für Telefonie und Telegrafie, Conrad Lorenz AG, Berlin, 1908): `http://www.seefunknetz.de/ellis4.htm`

Abbildung (Poulsen): `http://www.kb.dk/expo/kb/porten/96-illus/345-4r.htm`.

Canzler, Gerhard: *Norddeich Radio 1905–1998.* Weener (Ems): Verlag H. Risius 1998.

Maschinensender zur Erzeugung hochfrequenter ungedämpfter Schwingungen, 1904

Ab 1904 begannen Versuche mit Maschinensendern bei ausreichender Leistung ungedämpfte Wellen zu erzeugen; diese waren im wesentlichen nur im Längstwellenbereich geeignet. Zu nennen wären hier ab 1908 Wissenschaftler aus Schweden, Kanada und Deutschland. Der Elektroingenieur Ernst Frederik Werner Alexanderson (1878–1975), Mitarbeiter von General Electric, sollte für den kanadischen Erfinder Reginald Aubrey Fessenden (1866–1932) einen Maschinensender für Langwellen bauen, einen sogenannten Alternator. Damit konnte Fessenden die erste Rundfunksendung von seiner Funkstation in Brant Rock, Mass. übertragen. 1907 gelang eine Funktelefonie von Massachusetts nach Long Island (320 km).

1908 entwickelte Rudolf Goldschmidt (1876–1950), Professor in Darmstadt, eine Hochfrequenz-Maschine, die zur transatlantischen Kommunikation diente; die Patente erwarb die englische Marconi-Gesellschaft.

Die Lichtbogen- und Maschinensender verloren rasch an Bedeutung, als ab Mitte der 20er Jahre bereits Kurzwellen-Röhrensender mit erheblich geringerem Antennenaufwand und Leistungsbe-

Abbildung 6.59:
Lichtbogengenerator, Valdemar Poulsen (1869–1942), 1908/11

Foto: Gudrun Wolfschmidt im Museum für Kommunikation Hamburg

darf entwickelt wurden. Heute werden Längstwellen noch für Navigationsverfahren, für Zeitzeichensender und militärisch (für U-Boote) eingesetzt, ferner Langwellen für Rundfunk und für Navigationssysteme, Funkfeuer (Peilung), Wetterfunk, Presseagenturen sowie Botschaftsfunk.

Abbildung (Goldschmidtsche Hochfrequenzmaschine, Conrad Lorenz AG, Berlin, 1908/09, Einsatz in Übersee-Telegraphiesendern, Leistung bis 100 kW, 1914–1929 – Deutsches Museum):
Foto: Gudrun Wolfschmidt
Abbildung (Funkstation in Brant Rock, Mass.):
`http://en.wikipedia.org/wiki/Reginald_Fessenden`
Abbildung (Maschinensender nach Alexanderson): Zenneck, 1912.
Zenneck, Jonathan: *Lehrbuch der drahtlosen Telegraphie.* Stuttgart 1916.

Hochfrequenz-Morsetaste, 1955

Die Morsetaste für Funktelegraphie (HF-Tecnik)
besteht aus Bakelit zur Isolation.

Bakelit ist ein duroplastischer Kunststoff auf der Basis von Phenolharz, den Leo Hendrik Baekeland (1863–1944) 1907 in Gent, Belgien, erfand.

Leihgabe (Morsetaste für Funktelegraphie):
Dipl.-Ing. Heinz Thieme, Freundeskreis Wilhelm Weber, Lutherstadt Wittenberg
Maße: 13 × 7 × 4,5 cm

Telegraphenrelais, 1892

Hochohmiges Telegraphenrelais zur Anpassung an den Leitungswiderstand zur Überwindung größerer Strecken, einsetzbar sowohl für draht- als auch für drahtlose Telegraphie.

Leihgabe (Telegraphenrelais):
Dipl.-Ing. Heinz Thieme, Freundeskreis Wilhelm Weber, Lutherstadt Wittenberg
Maße: 16 × 17 × 16 cm

Großes Rundrelais, 1927

Gepoltes Relais Anwendung in herkömmlicher Telegraphie, aber auch in der Funktelegraphie. Die Polung geschieht durch eine Zunge, 2 Kontakte: für Schreiber und Klopfer.

Leihgabe (Großes Rundrelais):
Dipl.-Ing. Heinz Thieme, Freundeskreis Wilhelm Weber, Lutherstadt Wittenberg
Maße: 16 × 13 cm

STATEX-Relais (Quecksilber-Leistungsschalter), 1950

Wenn durch die Spule ein Strom geht, wird durch das Magnetfeld der Eisenkern angezogen, der das Quecksilber verdrängt. Das nach oben gedrückte Quecksilber schließt den Sekundärkreis.

Leihgabe (STATEX-Relais):
Dipl.-Ing. Heinz Thieme, Freundeskreis Wilhelm Weber, Lutherstadt Wittenberg
Maße: 17 × 11 × 8 cm

Sende- und Empfangsstationen – Nauen, gegründet 1906

In Nauen wurde am 19. August 1906 die Großfunkstelle für drahtlose Telegrafie in Betrieb genommen, ein großes Sendezentrum für Lang- und Kurzwelle mit Masten von 250 m Höhe. Gebaut wurde die Anlage, um Telegramme über weite Strecken ohne Kabel übertragen zu können; man wollte sogar Funkkontakt zu den deutschen Kolonien in Afrika und Asien. 1913 wurden bereits Reichweiten bis 6.400 km erreicht. Im Ersten Weltkrieg hatte die Funkstelle auch militärische Bedeutung, eine drahtlose Verbindung in die Welt. 1917 wurde die Sendung des Zeitzeichens von Nauen eingerichtet. Mit dem 250 m hohen Sendemast gelang es dem Sender Nauen 1918 erstmals, die Erde mit Funktelefonie zu erschließen.

1920 wurde das neue Sende-Gebäude von Herman Muthesius (1861–1927) eingeweiht. Die technische Entwicklung verlief vom Knallfunken- über den Löschfunkensender zur Erzeugung gedämpfter Schwingungen bis zum Lichtbogen- und Maschinensender (1912) zur Erzeugung hochfrequenter ungedämpfter Schwingungen, was jeweils eine Leistungssteigerung bedeutete.

1913 ging in Nauen ein 100 kW-Löschfunkensender mit Verstärkerröhre für den transatlantischen Funkverkehr in Betrieb sowie ein Maschinensender 1913 mit 200 kW Leistung. Die ungedämpften hochfrequenten Schwingungen großer Wellenlänge eignen sich besonders für den transatlantischen Funkverkehr.

Abbildung: http://www.funkstadt-nauen.de/

Abbildung 6.60:
Transatlantische Funkverbindung Europa – Amerika

Foto: Gudrun Wolfschmidt im New England Wireless and Steam Museum

Kurzwellen

Die große Reichweite von Kurzwellen wurde von Funkamateuren entdeckt und ab 1924 kommerziell eingesetzt. Mit Sendeleistungen von nur einigen hundert Watt gelangen transatlantische Telegrafieverbindungen. Im Seefunkdienst wurden seit 1926 Versuche mit Kurzwellen gemacht – 1929 auch bei Norddeich Radio eingesetzt. Ganz besonders von Bedeutung zur schnellen Durchsetzung der Kurzwellen trug die Entwicklung der Verstärkerröhre, wichtig als Bauelement für Sender und Empfänger, bei.

Abbildung (Kurzwellen-Senderelais der Deutschen Welle, Sines, Portugal):
http://www.dxradio-ffm.de/WELT.htm

Karlheinz Stockhausen „Kurzwellen“ (1968)

Karlheinz Stockhausen (∗ 1928), seit 1953 ständiger Mitarbeiter im Studio für Elektroakustische Musik des WDR Köln (1963 bis 1977 künstlerischer Leiter, bis 1990 künstlerischer Berater), schrieb 1968 eine Komposition „Kurzwellen“ für sechs Musiker, wobei er neben elektronischen Musikinstrumenten, Potentiometern auch Kurzwellenempfänger als Klangquelle einsetzte – Aufführung mit u. a. Harald Bojé.

Abbildung: `http://gonzo.uni-weimar.de/ wastlhub/stockhausen/`

Antennenaggregat zur Abstimmung von Frequenzen im Seefunk

Das kontinuierliche Antennenaggregat wird hauptsächlich auf Schiffen eingesetzt; es dient zur Abstimmung der Antenne auf verschiedene Frequenzen. Der richtige Abgriff am Aggregat ist gefunden, wenn die Empfangslautstärke ein Maximum hat. Für die Feinabstimmung sind zwei Drehkondensatoren vorhanden, einer davon dient auch der Einstellung der Kopplung (kapazitive Kopplung).

Leihgabe: Dipl.-Ing. Heinz Thieme, Freundeskreis Wilhelm Weber, Lutherstadt Wittenberg
Maße: 22 × 16 × 10 cm

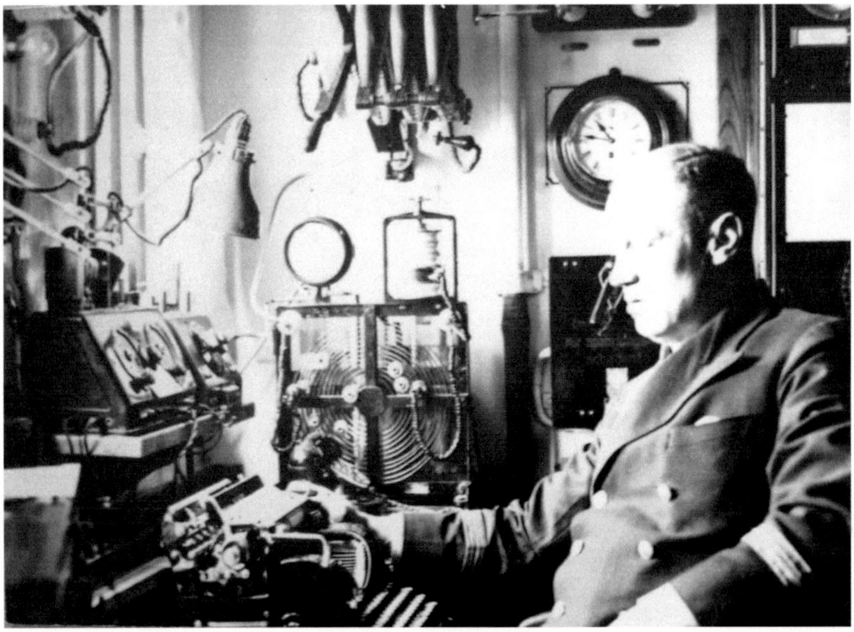

Abbildung 6.61:
Seefunkstelle an Bord eines Fahrgastschiffs, 1922/25

Foto: Gudrun Wolfschmidt im Museum für Kommunikation Hamburg

Eisbrecherdienstsender, C. Lorenz AG, Stuttgart, 1931

Eisbrecher auf der Oberelbe froren oft ein und mußten daher Kontakt halten zur Wasser- und Schifffahrtsverwaltung. Dafür wurde 1937 ein Eisbrecherfunkdienst eingerichtet.

Amateurfunk

Die RADIOMANN-Kästen waren die am meisten verkauften Experimentierkästen von KOSMOS – von den 20er bis zu den 60er Jahren. Im Kosmos Baukasten Radio (1929) wurden Resonanzversuche, Zwei-Röhren-Empfänger, Zweikreiser, HF- und NF-Verstärker-Schaltungen, Röhrenkennlinienerfassungen, Herstellung von Elektrolyt-Kondensatoren, Netzversorgungsgeräte usw. praktisch erprobt. Die Elkos wurden leicht aus Küchen-Alu-Folie und geeigneter Backpulverlösung (Natron) hergestellt.

Abbildung: `http://mypage.bluewin.ch/radiomann/radiomann/radiomann0.htm`
`http://mypage.bluewin.ch/radiomann/radiomann/radiomann2.htm`

Abbildung 6.62:
Early Bird, erster kommerziell genutzter Kommunikations-Satellit, 1965
Foto: Gudrun Wolfschmidt im Museum für Kommunikation Hamburg

Kommunikations-Satelliten

Nachrichtensatelliten übertragen in Bruchteilen von Sekunden
Daten, Sprache, Musik und Bilder rund um die Erde, sie spielen also
eine große Rolle im Bereich von Telefon, Radio und Fernsehen.
Sie fliegen meist auf geostationären Bahnen,
deshalb stehen sie von der Erde aus gesehen immer über dem selben Ort.
Die ersten Kommunikations-Satelliten der Welt wurden
in den 1960er Jahren in den USA gestartet:
Echo 1, NASA, 1960, Telstar, 1962, und Syncom 1, 1963.
Der erste kommerziell genutzte Satellit war Intelsat I (Early Bird), 1965 –
Durchmesser 72 cm, Länge 59 cm und Masse 39 kg.
In Europa begann die Zeit der Nachrichtensatelliten mit Symphonie I, 1974,
als Kooperation zwischen Deutschland und Frankreich.
Unter den deutschen Satelliten ist DFS-Kopernikus 1, 1989, zu erwähnen.

Abbildung: Early Bird

6.7 Rundfunk, Röhren- und Halbleitertechnik – Kristalldetektor, Röhrenradio, Transistor

Abbildung 6.63:
Links: Kristalldetektor mit Kopfhörer, 1920er Jahre,
Rechts: Röhrenradio (MW, LW), Telefunken, 1928,
Unten: Transistorradio, 1960er Jahre

Foto: Gudrun Wolfschmidt im Rundfunkmuseum Fürth

Karl Ferdinand Braun (1850–1918) erfand den Kristall-Detektor-Empfänger, eine höchst einfache Apparatur, die ohne eigene Energiequelle mittels eines Kopfhörers den Empfang von Sprache und Musik ermöglichte.
Das Radio entwickelte sich aus der militärischen Fernmeldetechnik des Ersten Weltkrieges. Ab 1920 wurde vom posteigenen Langwellensender Königs Wusterhausen, veranlaßt vom späteren Reichs-Rundfunkkommissar (ab 1926) Hans von Bredow (1879–1959), probeweise Konzerte ausgestrahlt. Im Berliner Vox-Haus begann am 29. Oktober 1923 der regelmäßige Sendebetrieb. Im Jahr 1924 folgten weitere Großstädte mit Rundfunksendeanstalten. Schon Ende 1925 – nach nur einem Jahr – gab es über eine Million Hörer und bis zu neun Stunden Programm.

Die Entwicklung der Rundfunkgeräte verlief vom Röhrenradio und Kristalldetektor bis zum Transistor.

Mit der Gleichrichterröhre von John Ambrose Fleming (1849–1945), die den Kohärer und den Kristalldetektor ersetzt, begann die Schaffung von Elektronenröhren, die der drahtlosen Nachrichtenübertragung eine völlig neue Grundlage gab. Robert von Lieben (1878–1913) entwickelte mit seinem Team einen Kathodenstrahlverstärker für die Telefonie. Zur selben Zeit erfand der amerikanische Physiker und Elektrotechniker Lee de Forest (1873–1961) die Röhrentriode 1906, die als Audion und Verstärker arbeitet. Mit der Erfindung des Dreielektrodenröhre (Kathode, Anode, Gitter) wurde eine Rückkopplung möglich und damit auch die Erzeugung ungedämpfter elektrischer Schwingungen. Rundfunksender mit verschiedenen Frequenzen entstanden.

Zwischen der Marconi-Gesellschaft und anderen Gesellschaften, wie der von Ferdinand Braun gegründeten, die sich mit Siemens & Halske zusammenschloß und der Allgemeinen Elektrizitätsgesellschaft (AEG), die mit Adolf Slaby kooperierte, entspann sich ein harter Konkurrenzkampf. Um dem entgegenzuwirken, kam auf Wunsch von Kaiser Wilhelm II. ein Zusammenschluß der beiden Gesellschaften 1903 zustande. So wurde die Firma Telefunken, die Gesellschaft für drahtlose Telegraphie, gegründet. Die Firma Valvo in Hamburg, später Philips, entwickelte 1918 die ersten Elektronenröhren und wurde führend auf diesem Gebiet.

Der 1931 geschaffene deutsche Volksempfänger (Einkreisempfänger) und der deutsche Kleinempfänger (DKE, 1938) kamen relativ preisgünstig auf den Markt. Noch billiger aber waren die Kristalldetektorempfänger mit Kopfhörer. Sie kamen nur mit der eingestrahlten Energie des Senders aus – für viele wie ein Wunder. Das neue Kommunikationsmedium wurde aber leider für politische Zwecke mißbraucht. Als die Nationalsozialisten 1933 an die Macht kamen, nahm der hochverdiente Reichsrundfunkkommissar Hans Bredow seinen Abschied und Josef Goebbels gliederte den Rundfunk in sein Propagandaministerium ein. Der Volksmund nannte den DKE 38-Empfänger „Goebbelsschnauze“.

Der Übergang zur Halbleitertechnik erfolgte nach dem Zweiten Weltkrieg. Der von Ferdinand Braun (1850–1918) erfundene Kristalldetektor war schon ein Halbleiterelement mit Gleichrichterfunktion (Diode). Als man in den dreißiger Jahren in den cm-Wellenbereich vordrang, wurde die Leistungsgrenze der Elektronenröhren erreicht, und man wandte sich der systematischen Erforschung der Halbleiter zu. So konnte Walter Schottky (1886–1976) seine Sperrschichttheorie bei den Halbleiterdioden aufstellen. Robert Wichard Pohl (1884–1976) in Göttingen untersuchte die elektrischen Leitungen in Halogenidkristallen mit Hilfe der Farbzentren und entdeckte die Rolle von Störstellen für die elektrische Leitfähigkeit in Kristallen. Harold Albert Wilson (1874–1964) konnte 1931 mit dem Bändermodell die Zunahme der elektrischen Leitfähigkeit bei den Halbleitern mit der Temperatur deuten (Übergang von Elektronen aus dem Valenzband in das Leitungsband).

Der entscheidende Durchbruch wurde 1946 mit der Realisierung des gesuchten Verstärkerbauelements, des Transistors, in den Bell-Laboratorien (USA) erreicht. Das erfolgreiche Team William Bradford Shockley (1910–1989), John Bardeen (1908–1991) und

Abbildung 6.64:
RCA-Röhre 224 (The heart of your radio) und Röhrenradio

Foto: Gudrun Wolfschmidt im New England Wireless and Steam Museum

Walter Houser Brattain (1902–1987) erhielt dafür 1956 den Nobelpreis.

Anfangs stützte sich die Halbleitertechnik im wesentlichen auf das Germanium. Durch Dotieren (Zusatz von Fremdatomen) wird die Leitfähigkeit erheblich erhöht. Der Transistor besteht aus zwei gegeneinander geschalteten Dioden. Es gibt n p n- und p n p-Transistoren. Der Transistor kann als Stromverstärker und als Spannungsverstärker geschaltet werden.

Die Vorteile des Transistors gegenüber der Röhrentriode sind: Kleinheit des Bauelements, keine Heizung, sofortige Betriebsbereitschaft und nur relativ kleine Spannungen sind nötig. Nachteil ist, daß die Steuerung nicht leistungslos erfolgt. Das Konzept eines Feldtransistors, der leistungslos arbeitet, hatte schon Shockley 1931 vorgeschlagen. Realisiert werden konnte der Feldeffekttransistor aber erst in den 50er Jahren. Als Basis der Halbleiterelemente ab den 60er Jahren ging man von Germanium auf Silizium über.

Vitrine 7: Rundfunk, Röhren- und Halbleitertechnik – Kristalldetektor, Röhrenradio, Transistor
Maße: Glasvitrine (52 × 52 × 180 cm) – Philips
Tisch: Volksempfänger und DKE
Poster A0: Rundfunk, Röhren- und Halbleitertechnik – Kristalldetektor, Röhrenradio, Transistor

6.7.1 Anfänge des Rundfunks – Vom Kristalldetektor zum Röhrenradio

Karl Ferdinand Braun (1850–1918)

Karl Ferdinand Braun (1850–1918) studierte Physik in Marburg und Berlin (Promotion 1872). Er wirkte als Professor in Marburg, Karlsruhe, Tübingen und Straßburg. Wichtig ist seine Erfindung der Kathodenstrahlröhre (Braunsche Röhre) und seine Leistungen als Pionier der Funktechnik (Nobelpreis 1909). Er ersetzte den Kohärer durch einen Kristalldetektor, was damals einen großen Fortschritt in der Empfindlichkeit der Empfänger brachte.

Abbildung: `http://www.physik.uni-frankfurt.de/ jr/physpicnobel.html`.

Abbildung 6.65:
Kristall-Detektor-Empfänger mit Wabenspule und Kopfhörer

Foto: Gudrun Wolfschmidt

Kristall-Detektor-Empfänger mit Kopfhörer, 1920er Jahre

Karl Ferdinand Braun (1850–1918) schuf in Konkurrenz zu Marconi leistungsfähige Sende- und Empfangsstationen, indem er einen elektrischen Schwingkreis benutzte und diesen von der Antenne abkoppelte. Ein elektrischer Schwingkreis besteht aus einer Spule, die eine Induktivität L besitzt, und einem Kondensator mit der Kapazität C. Die Schwingungsdauer T ist nach William Thomson $T = 2\pi\sqrt{L \cdot C}$ (1853). Karl Ferdinand Braun erfand 1874 den Kristalldetektor als Gleichrichter.

Der Kristall-Detektor-Empfänger ist das einfachste Empfangsgerät für Radiowellen und Vorläufer der Rundfunktechnik. Er hat keine Batterie, die Energie liefert die empfangene elektromagnetische Welle. Empfänger ist eine drehbare Spule. Der Kristalldetektor besteht aus einem Pyrit- oder Bleiglanzkristall, auf den eine Metallspitze aufgedrückt wird. Durch den Kristalldetektor findet eine Gleichrichtung statt, und über den Kopfhörer gelangt Sprache und Musik des Radiosenders ins Ohr. Die genaue Wirkungsweise konnte erst später mit der Halbleitertheorie erklärt werden.

Leihgabe: HEW, ehemaliges Museum Electrum
Maße: 20 × 12 × 7 cm

Kristall-Detektor-Empfänger mit Wabenspule, Drehkondensator und Kopfhörer, 1920er Jahre

Es gibt Anschlüsse für Antenne und Kopfhörer (Telefon). Zur Not kann auch ein Metallbettrost benutzt werden; zudem gibt es einen Anschluß für Erde. Kristall-Detektor-Empfänger funktioniert ohne eigene Energieversorgung; die Energie kommt von der eingestrahlten elekromagnetischen Welle.

Leihgabe: Dipl.-Ing. Heinz Thieme, Freundeskreis Wilhelm Weber, Lutherstadt Wittenberg
Maße: 17 × 13 × 19 cm
Kristall-Detektoren: `http://www.r-a-d-i-o-s.de/20/det.html`.

Kristall-Detektor: Bauanleitung für ein 3 Penny-Radio

Weitverbreitet war der Selbstbau eines Kristall-Detektor-Radios, nicht nur in den 20er Jahren, sondern auch noch nach dem Zweiten Weltkrieg.

Abbildung: `http://sci-toys.com/scitoys/scitoys/radio/three_penny/three_penny.html`.

Adolf Slaby (1849–1913)

Adolf Slaby (1849–1913) war bei Marconis Vorführung anwesend und begann 1897 mit Unterstützung des Kaisers eigene Versuche bei Berlin. Seine bis zu 300 m langen Antennen hingen an Fesselballonen einer Heeres-Luftschifferabteilung, überbrückt wurden 21 km. Wie Marconi arbeitete Slaby bei seinen ersten Anlagen noch ausschließlich mit dem offenen Schwingkreis (Funkenstrecke direkt in der Antenne), dessen leistungsbestimmende Kapazität von Antenne und Erde gebildet wird. Die Wellenlänge betrug etwa das Vierfache der Antennenhöhe, bei 300 m langen Drähten also rund 1200 m (Langwelle), entsprechend 250 kHz. Verschiedene Verbesserungen gelangen in Zusammenarbeit mit seinem Assistenten Georg Graf von Arco (1869–1940).

Abbildung: Adolf Slaby
Literatur: Slaby, Adolf: *Die Funkentelegraphie,* Berlin 1901.

Georg Graf von Arco (1869–1940)

Georg Graf von Arco wurde im Kreis Ratibor, Oberschlesien, geboren. Seit 1898 war er als Ingenieur bei der AEG tätig; nach dem Zusammenschluß von AEG und Siemens & Halske wurde er 1903 technischer Direktor bei „Telefunken". 1901 gelang es Slaby und Arco, 150 km zwischen dem Schnelldampfer Deutschland der HAPAG und der Hafenstation Duhnen (Cuxhaven) bei nur 32 m Masthöhe einwandfrei mit Frittern und Morseschreibern zu überbrücken. Anfang 1902 waren bereits etwa 30 Kriegsschiffe mit Slaby-Arco-Funk-Anlagen ausgerüstet, desgleichen entstanden an der Nordsee- und der Ostseeküste weitere Marine-Stationen. Die Errichtung der Großfunkstelle in Nauen 1906 ist Arco zu verdanken.

Abbildung: `http://www.grafvonarco-schule.de/`

Abbildung 6.66:
Firma Telefunken, gegründet 1903

Firma Telefunken, gegründet 1903

In Deutschland traten zwei Forschergruppen in Konkurrenz:

- Adolf Slaby (1849–1913) in Berlin wurde durch die AEG finanziell unterstützt,
- Karl Ferdinand Braun (1850–1918) arbeitete arbeitete im Auftrag des Deutschen Heeres für Siemens & Halske.

Aufgrund des großen internatioanlen Wettbewerbs fusionierte man auf Wunsch von Kaiser Wilhelm II. zur „Gesellschaft für drahtlose Telegraphie", bekannt als Telefunken.

Zu den wichtigsten Leistungen von Telefunken zählten unter anderem der UKW-Funk für den Eisenbahn-Rangierdienst, Peilgeräte, Radar, Rückstrahlmeßgeräte, die Rundfunk- und die Fernsehtechnik.

Im Oktober 1985 übernahm Daimler-Benz die Mehrheit an der AEG. Die heutige European Aeronautic Defence and Space Company EADS ging daraus hervor.

Abbildung (Firmenlogo): Foto: Gudrun Wolfschmidt

Internet: `http://www.telefunken.de/de/historie1903_1922.html`

Entwicklung der Elektronenröhren – Von der Zwei- zur Drei-Elektroden-Röhre zur Erzeugung ungedämpfter Schwingungen

Der oszillierende elektrische Funke, von Marconi und anderen Nachrichtentechnikern benutzt, ist mit einer gedämpften Schwingung verbunden (damit auch mit einer gedämpften elektromagnetischen Welle).

Ab 1904 begann die Röhrenentwicklung (zunächst Röhre mit Glühkathode/Heizfaden und Anode in einem fast luftleer gepumpten Glaskolben) unabhängig voneinander in Deutschland, England und in den USA:

- Arthur Wehnelt (1871–1944) entdeckte, daß die Elektronenemission aus Glühkathoden bei einer Beschichtung der Kathode mit Oxiden der Metalle Barium, Strontium und Kalzium besonders groß ist. Er entwickelte 1902/03 den Wehnelt-Zylinder. Dieser ist mit einem negativen elektrischen Potential gegenüber der Kathode versehen; durch Regelung dieser Spannung verändert sich die Anzahl der Elektronen, die das Potential überwinden können, und somit die Intensität des Elektronenstrahles. Mit dem Wehnelt-Zylinder als Steuerelektrode kann also der Elektronenstrahl fokussiert und die Helligkeit in Kathodenstrahlröhren geregelt werden.

- 1883 entdeckte Thomas Alva Edison (1847–1931), daß von dem Glühfaden seiner Glühlampe ein elektrischer Strom über eine zusätzliche Metallplatte floß, die an dem oberen Teil der Glühlampe angebracht war.

- Der Engländer John Ambrose Fleming (1849–1945) entwickelte daraus eine Gleichrichterröhre, die den Kohärer und den Kristalldetektor ersetzte. Seine erste Vakuumdiode von 1904 bestand aus einer ungesteuerten Röhre mit geheiztem Faden. Allerdings waren diese ersten Gleichrichterröhren unempfindlicher als Kristall-Detektoren.

- Den Durchbruch brachte erst der Einbau eines Steuergitters durch den Amerikaner Lee de Forest (1873–1961) und damit die Entwicklung der Dreielektrodenröhre. Damit wurde die gesamte Nachrichtentechnik auf eine neue Grundlage gestellt.

Leihgabe (viele Exponate aus dem Bestand des Halbleiterwerks in Lokstedt): Dipl.-Ing. Werner Diedrich (Hamburg/Hameln), ehemals Philips

- Dreifach-Röhre, erste integrierte Schaltung, WG 35, Loewe, 1926
- Röhre mit Spirale als Gitter. Telefunken EVN 171, 1917, Der Heizfaden hängt oben.
- Röhre mit Zylindermantel als Anode, Gitter wendelförmig, Telefunken EVE 173, 1917
- Klassische Diode für Hochspannung, AEG
- Schnitt durch eine Diode von Valvo OA 31, eingegossen in Kunstharz.
- Stahlröhre, ECH 11 RFT, (hier zum Einsehen in Glasausführung) gegen Erschütterungen, besonders im Krieg eingesetzt.

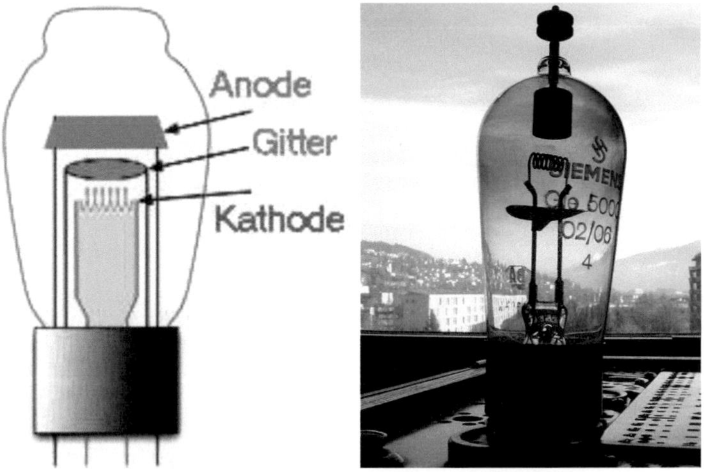

Abbildung 6.67:
Triode (Grafik) – Elektronenröhre, Siemens

Die Lieben Gleichrichterröhre, Patent 1906

Mit dem Österreicher Robert von Lieben (1878–1913) begann die Schaffung von Elektronenröhren, die die drahtlose Nachrichtenübertragung enorm verbesserte. Er erfand 1906 die magnetisch gesteuerte Glühkathodenröhre (Diode), die als Gleichrichterröhre oder als Verstärkerröhre verwendet werden kann. Robert von Lieben entwickelte mit seinem Team Eugen Reisz und Siegmund Strauß (1875–1942) einen Kathodenstrahlverstärker (Relais) für die Telefonie. Es handelt sich um eine verbesserte Dreielektrodenröhre mit Steuergitter, die mit einer passenden negativen Gitter-Vorspannung als Telephon-Relaisröhre Sprachschwingungen nahezu unverzerrt verstärkte. Mit der Patentschrift von 1906 konnte von Lieben seine Priorität gegenüber Lee de Forest (1873–1961) wahren.

Die Röhre ist noch mit verdünntem Gas gefüllt; die Kathode ist mit mit einer Bariumoxidschicht überzogenen. Aus der Kathode treten Elektronen aus und ionisieren das Gas. Der Stromdurchgang erfolgt also durch Ionisation. Das Steuergitter ist siebförmig (mit kleinen Löchern).
Erst mit Liebens Patent von 1910 für seine „weiche" Röhre als NF-Verstärker gelang es 1912, brauchbare Fernsprechverstärker in deutschen Fernleitungen einzusetzen. Die Patente wurden von Telefunken erworben; auf dem Kongreß für drahtlose Telegraphie in London 1912 wurden diese Röhren ausgestellt und erfuhren große Aufmerksamkeit wegen ihrer prächtigen Farben (dunkelrote Glut der Kathode und himmelblaues Glimmlicht des Quecksilberdampfes); die Röhre war ja nicht ganz evakuiert; die Heizung brannte so hell, daß man dabei Zeitung lesen

konnte. Ab 1913 wurde die Lieben-Röhre serienmäßig im AEG-Kabelwerk Oberspree in Berlin gefertigt.

Leihgabe: Nachbau der Lieben-Röhre (Vorarbeit zu der Röhre: ein Kathodenstrahlrelais).
Dipl.-Ing. Werner Diedrich (Hamburg/Hameln), ehemals Philips

Abbildung: `http://www.hts-homepage.de/Lieben/Lieben.html`

Pichler (2005): Robert von Lieben.

Abbildung 6.68:
Links: Robert von Lieben Röhre
Rechts: Audion-Röhre (Gleichrichter und Verstärker) von Lee de Forest
(man erkennt gut die zweifache Anode, Doppelblech, und das zweifache Gitter; dazwischen ist die geheizte Kathode.)

Foto: Gudrun Wolfschmidt im Rundfunkmuseum Fürth

Lee de Forest – Audion-Röhre zur Erzeugung ungedämpfter Schwingungen, 1907

1907 entwickelte der amerikanische Hochfrequenztechniker Lee de Forest (1873–1961) eine Dreielektrodenröhre. Erst der Einbau eines Steuergitters zwischen Glühfaden (Kathode) und Anode brachte etwa 10fache Verstärkung der Röhre und damit eine höhere Empfindlichkeit als die der Detektoren. Problematisch war noch bei den handgefertigten Röhren das zu geringe Vakuum mit Quecksilberdampf-Restgasen (sog. weiche Röhren). Zwischen de Forest und von Lieben entspann sich ein heftiger Prioritäts- und Patentstreit.

Abbildung: Audion-Röhre.

Meißner-Schaltung zur Erzeugung ungedämpfter Schwingungen, 1913

Bisher hatte die Röhre zur Verstärkung gedient; mit dem österreichischen Physiker Alexander Meißner (1883–1958) begann die Entwicklung der Senderöhre. Er arbeitete seit 1908 bei Telefunken in Berlin und wurde bekannt durch seine Meißner-Schaltung. Er interpretierte die Hertzschen Experimente als aufgebogenen Schwingkreis.

Bei der Meißner-Schaltung werden ungedämpfte elektromagnetische Schwingungen durch Rückkopplung erzeugt, indem ein Teil der im Ausgangskreis verstärkten HF-Schwingung auf den

Eingangskreis der Röhre zurückgekoppelt wurde. 1913 erhielt er das Patent für seine rückgekoppelte Verstärkerröhre zur Erzeugung ungedämpfter Schwingungen. Auch Lee de Forest erfand die Rückkopplung, was zu einem Prioritätsstreit mit Meißner führte.

Mit der Dreielektrodenröhre (Triode: geheizte Kathode, Steuergitter und Anode) war beim elektrischen Schwingkreis, der aus Spule und Kondensator besteht, eine Rückkopplung möglich und damit die Erzeugung ungedämpfter elektrischer Schwingungen, aber auch die drahtlose Übertragung von Sprache und Musik (Amplitudenmodulation). Meißner arbeitete auch mit bei der Entwicklung der ersten Hochvakuumröhren und legte den Grundstein für die Rundfunktechnik mit Sprach- und Musik-Übertragung mit seinen verschiedenen Sendern und Frequenzen, aber auch für die Radartechnik.

Grafik: Meißner-Schaltung;
Abbildung (Alexander Meißner und Schaltung): Pichler (2005): Robert von Lieben, S. 47.

Hochvakuumröhre, 1911/13

Erst der Übergang auf sog. „harte Röhren“ mit wesentlich besserem Vakuum (Hochvakuum) ab 1911 verbesserte die Röhreneigenschaften so, daß sie mehr und mehr praktische Bedeutung in Fernsprech-Verstärkern und Funkempfängern bekamen. Wichtige Entdeckungen waren hierbei

- die Hochfrequenz-Verstärkung mit Röhren, Otto von Bronk (1872–1951), 1911 bis 1937 Leiter der Patentabteilung bei Telefunken, 1911,
- die sog. Reflexschaltung, Wilhelm Schloemilch (1870–1939) und Otto von Bronk, 1913
- die Rückkopplung, Alexander Meißner, Telefunken, Berlin, 1913.
- die Einführung des Hochvakuums bei Elektronenröhren durch den Amerikaner Irving Langmuir (1881–1957), General Electric, 1913, der auch die Raumladungstheorie formulierte, nach der sich der Strom in der Röhre selbst begrenzt.

Schottky, Langmuir und die Elektronenröhre, ab 1915

1915 schufen Irving Langmuir (1881–1957) – und unabhängig davon Walter Schottky (1886–1976) – die erste Empfangsröhre mit zwei Gittern und leitete damit die Entwicklung der Mehrgitterröhren ein. Schottky bekam bereits 1916 ein Patent auf das Prinzip des Schirmgitters; das Bremsgitter hatte Günther Jobst 1926 patentiert.

Schottky klärte die physikalischen Vorgänge in der Elektronenröhre, entwickelte eine Theorie und machte sich verdient um ihre technische Weiterentwicklung.

Abbildung (Walter Schottky): Pichler (2005): Robert von Lieben, S. 65.

Hochvakuumröhre, Triode, Tetrode, Pentode

Lee de Forest beschaffte sich aus Deutschland eine Gaede-Molekular-Vakuumpumpe und entwickelte zusammen mit Harold D. Arnold (1883–1933), Western Electric (Bell Labs), die Hochvakuum-Elektronenröhre. Die Röhrentechnik nahm einen enormen Aufschwung. Es wurden Leistungsröhren für die Sender konstruiert und Mehrfachröhren (in einem Glaskolben zwei Systeme).

Nach der Triode folgte die Tetrode mit dem Schirmgitter zwischen Steuergitter und Anode, dann die Pentode mit Einführung des Schirm- und des Bremsgitters, etc.

Arnold stellte 1913 brauchbare Fernsprechverstärker mit Hochvakuumröhren her; damit gelang ihm 1915 bei AT&T die erste transkontinentale Telefonverbindung für die Weltausstellung in San Francisco.

1914 stellte Hans Rukop (1883–1958), Telefunken, erste Hochvakuum-Röhren für Verstärker und Empfänger zur Verfügung. 1918 präsentiert er seine wassergekühlte Radiosenderöhre.

Acht Leistungsröhren (Radioröhren und Senderöhren)

Ab 1914 fertigten die Firmen TeKaDe (KTD) und Telefunken Hochvakuum-Verstärkerröhren (K1, K6, EVN 171). In den 1920er Jahren wurde bei TeKaDe die Triode VT 128 entwickelt. In den 1930er Jahren wurde der zivile Markt nur noch von Telefunken, Siemens und später Valvo mit Röhren beliefert. 1939 setzte sich die folgende Nomenklatur durch: der erste Buchstabe bezeichnete die Heizspannung, der zweite und dritte und die nachfolgende Zahl gab die Funktion der Röhre an.

- Tetrode von Siemens 1924 CA: Von oben sieht man die zwei Anodenplatten, ebenfalls das Steuergitter und das Schirmgitter; direkt beheizt zugleich Kathode.
- Triode RE 054, Telefunken, 1922: Silberfarbene Auflage innen zur Abschirmung von äußeren Einflüssen; die silberne Schicht ist Barium.
- Triode, direkt geheizt, Anode ist der Zylindermantel, am Röhrensockel. Beschriftung mit einem Prüfungsvermerk von 1925. Heizspannung 0,8–1,2 Volt. A heißt: noch sehr gut. Anfällig ist der Heizdraht.
- Triode von Telefunken für ein Rundfunkgerät von 1924. Prüfungsvermerk: nur noch wenige Leistung. Direkt geheizt, Heizfaden zum Teil verbraucht, Heizspannung 3,8 Volt.
- Pentode von Siemens RL 12 D3
  Leistungsröhre, Heizspannung 12,5 V, drei Gitter: Steuergitter, Schirmgitter und Bremsgitter. Am Sockel 5 Kontaktstifte, 2 für die Heizung, 1 Kathode, 1 Anode, 1 Steuergitter – oben für Schirmgitter und Bremsgitter.
  (Bemerkung: Röhrenschlüssel sind erst ab 1931 vereinheitlicht.)
- Pentode von Telefunken 1929, indirekt geheizt, d. h. der Heizfaden liegt in einem Bariumoxidröhrchen. Gleichmäßiger Austritt der Elektronen. Außen Bronzeauflage, oben Bremsgitteranschluß. Brems- und Schirmgitter liegen zwischen Steuergitter und Anode.
- Doppelgleichrichterröhre 1944 von der Deutschen Wehrmacht

Leihgabe: Dipl.-Ing. Heinz Thieme, Freundeskreis Wilhelm Weber, Lutherstadt Wittenberg

Seefunk – Röhren-Allwellenempfänger Marconi Marine Type 730 (1930)

Der Empfänger Type 730 wurde um 1930 von der Firma „Marconi Marine“ entwickelt und gebaut. Bei Seefunkstellen wurde er als Hauptempfänger eingesetzt und deckte den Frequenzbereich zwischen 15 kHz und 20 MHz in zehn Teilbereichen ab. Das Gerät war mit drei Pentoden

(W 21) bestückt, ein vierte Röhre dieses Type steckte in einem separaten Empfangsteil für das Zeitzeichen von Rugby auf 16 kHz. Das Gerät bot auch eine feste Empfangseinstellung für 500 kHz (600 m), die sofort eingeschaltet werden konnte. So blieben die sicher sehr sensiblen Einstellungen für den Empfang auf Kurzwelle erhalten, wenn z. B. zum Abhören der Seenotpausen auf 500 kHz gewechselt werden mußte.

Abbildung: Heinrich Busch, Berne (Sammlung Fritz Schäperkötter), `http://www.seefunknetz.de/730.htm`.

Telefunken Elektronenröhren EF 14 und Universal-Empfängerröhre RV 12 P 2000, Berlin/Ulm

Mit der Erfindung der Elektronenröhre wurde die Funktechnik revolutioniert. Als Oszillatorröhre dient die Röhre EF 14 (Pentode) von Telefunken.
1944 ordnete das Oberkommando der Deutschen Wehrmacht an, eines der Telefunken Röhrenwerke von Berlin nach Ulm zu verlegen. Innerhalb von zwei Monaten entstand ein Werk, das primär die Universal-Empfängerröhre RV 12 P 2000 produzierte. Im Dezember 1948 verließ die millionste Röhre das Werk. Diese Wehrmachtspentode ist in fast allen kurz nach dem Krieg hergestellten Radiogeräten zu finden, wie z. B. im *Funkstrahl Zaunkönig*, denn überall waren Restbestände dieser Universalröhre zu finden.

Leihgabe (Röhren mit Original-Schachtel): Dr. Thomas Lange (Hamburg)

Literatur: SALZMANN, GERHAD B.: *Zur Geschichte der RV 12 P 2000.* Kelkheim: Verlag Dr. Rüdiger Walz (Schriftenreihe zur Funkgeschichte, Band 4) 1994.

European Aeronautic Defence and Space Company EADS N.V. – Telefunken Systemtechnik (TST) `http://www.eads.com/`

Hochfrequenztechnikforschung in Hamburg

Das Institut für Angewandte Physik der Universität Hamburg wurde 1925 gegründet und seine Leitung Hans Georg Möller (1882–1967) übertragen. Hochfrequenztechnik und die technischen Anwendungen der Elektronenröhre standen im Mittelpunkt der Forschung der ersten Zeit bis zum Ende des Zweiten Weltkriegs.

Abbildung: Hans Georg Möller (1882–1967)

Produktion von Elektronenröhren in den Philips GmbH Röhren- und Halbleiterwerken (RHW)

Gut 50 Jahre lang spielte die Fertigung von Röhren für Rundfunk- und Fernsehgeräte in den Philips GmbH Röhren- und Halbleiterwerken (RHW) – heute NXP Semiconductors – die dominierende Rolle. Der Einzug der Halbleitertechnik löste die Empfängerröhren im Produktionsprogramm ab. Spezialröhren und Senderöhren für hohe Leistungen waren neben anderen professionellen Produktlinien ein wesentlicher Bestandteil der Aktivitäten in den RHW.

Anfang der neunziger Jahre umfasste die Produktion sowohl Hochfrequenz-Leistungsröhren wie Klystrons für UHF-Fernsehsender als auch Großklystrons extremer Leistungen für Teilchenbeschleuniger-Anlagen in Forschungszentren der Hochenergiephysik in Europa, Japan und den USA. Der Energieverbrauch der Fernsehsender konnte mit der neuesten Röhrengeneration auf die Hälfte reduziert werden. Mehrstufen-Kollektortechnik sowie gittergesteuerte Röhrentechnologie machten dieses möglich.

Abbildung: Montage einer Elekronenstrahlquelle mit Pyrographitgitter

Leihgabe (Historische Schautafel zur Produktion der Senderöhre TA 4/800-01 und QB 3/300. Hier ist der Zusammenbau der beiden Röhren aus den Einzelteilen bis zur fertigen Röhre an konkreten Teilen dargestellt.):
NXP Semiconductors, ehemals Philips GmbH Röhren- und Halbleiterwerken (RHW)
Maße: 69 × 96 cm

Von der Radioröhrenfabrik zu Valvo Röhren- und Halbleiterwerke (RHW)

Historische Eckdaten zur Vorgeschichte von Philips / NXP Semiconductors Hamburg:

1924	Das Röntgenwerk C. H. F. Müller gründet aus seiner Abteilung „Radio“ die Radioröhrenfabrik GmbH Hamburg
1927	Übernahme durch Philips
1953	Beginn der Entwicklung von Halbleiterbauelementen (Dioden/Transistoren)
1956	Start der Halbleiterfertigung
1963	Die Radioröhrenfabrik wird in Valvo Röhren- und Halbleiterwerke (RHW) umbenannt.
1966	Start der IC-Produktion (Bipolar)
1974	Die Produktion von Empfängerröhren läuft aus.

Leihgabe (Schautafeln): NXP Semiconductors, ehemals Philips, Hamburg
Maße: DIN A4 und DIN A3

Mikrotechnologien aus Hamburg – Von Philips zu NXP Semiconductors

1978	Start der MOS-IC-Fertigung
1980	Entwicklung und Produktion von Sensoren
1988	Änderung der Firmenbezeichnung in Philips GmbH Röhren- und Halbleiterwerke
1997	Die Röhrenproduktion wird eingestellt
1989	Einweihung des Entwicklungszentrums für Integrierte Schaltungen in Hamburg-Hausbruch
1993	Start der BiMOS-Prozesse
2001	Zusammenführung der Betriebe Philips Semiconductors in Hamburg und Böblingen zur Philips Semiconductors GmbH, 2003 werden auch die Standorte Starnberg und Nürnberg eingegliedert.
2006	1. Oktober 2006: Philips gliedert seine Halbleitersparte aus: Das unabhängige Unternehmen NXP Semiconductors, Hamburg, entsteht.

Abbildung: Einsetzen von Germaniumscheiben für Mesa-Transistoren in die Bedampfungsanlage, NXP Semiconductors, 1964.

Riese unter den Elektronenröhren – das Klystron

Auch heute noch werden Elektronenröhren hergestellt, und zwar für Spezialanwendungen, zur Erzeugung hochfrequenter elektrischer Schwingungen wie das Klystron für UHF-Fernsehsender. Da die Sendefrequenzen immer weiter gesteigert wurden, – heute bis zum Giga-Bereich (109 Hz) –, konnten gewöhnliche Elektronenröhren nicht mehr benutzt werden, denn die Elektronengeschwindigkeit in diesen Röhren ist relativ gering.

Für hohe Frequenzen wurde nun das Klystron entwickelt, das eine sogenannte Laufzeitröhre ist. Auf ihrem Wege werden die Elektronen geschwindigkeits- und dichtemoduliert. Das heißt, der Elektronenstrahl ist nicht mehr gleichmäßig dicht, sondern in einzelnen Paketen gebündelt, deren Abstand die Frequenz bestimmt. Klystrons werden nicht nur als Senderöhren verwendet, sondern auch für spezielle Zwecke, so als Großklystrons für Teilchenbeschleunigeranlagen in Forschungszentren der Hochenergiephysik.

Abbildungen: NXP Semiconductors Hamburg
- Großsignal-Computersimulation der Paketbildung der Elektronen am Beispiel des Philips Klystrons YK 1303 mit 1,1 MW Dauerstrichleistung bei 500 MHz.
- Zubehörmontage und Einbau des Philips Energiespar-Klystrons YK 1285 in eine moderne Fernsehsenderanlage - Endmontage eines 5 m hohen Klystrons YK 1320 mit 3,5 MW Leistung zum Einsatz im europäischen Ionosphärenforschungszentrum EISCAT, Norwegen
- Inspektion und Abnahmetest eines Großklystrons YK 1304 im Prüffeld zum Einsatz im Teilchenbeschleuniger HERA beim Forschungszentrum DESY in Hamburg.

Leihgabe (Klystron-Modell): NXP Semiconductors Hamburg, ehemals Philips
Maße: Ø10 × 120 cm
Klystron für Fernsehsender im UHF-Bereich
Frequenz: ca. 470–850 MHz, Leistung: 10–40 Kilowatt.
Literatur: Röhren für Wissenschaft und Großsender. Broschüre. Philips (o. J.), S. 12.

Feldfunkgerät, Summersender Typ 2, Dr. Georg Seibt, Fabrik für elektrische und mechanische Apparate, Berlin, 1915

Das Radio entwickelte sich aus der militärischen Fernmeldetechnik des Ersten Weltkrieges.

Museum für Kommunikation Frankfurt, Foto: Gudrun Wolfschmidt

Marconifon (Einröhrenempfänger mit Trichterlautsprecher), Marconiwerke, Italien, 1924

Sprache und Musik ließen sich mit Kopfhörer oder Trichterlautsprecher empfangen. Die Röhre hat eine Doppelfunktion als Hochfrequenzverstärker und Gleichrichter zur Demodulation für die Niederfrequenz (Sprache, Musik). Ausgeliefert wurde das Marconifon von der Niederlassung in Berlin.

Leihgabe (Marconifon): Dipl.-Ing. Heinz Thieme, Freundeskreis Wilhelm Weber, Lutherstadt Wittenberg
Maße: 26 × 12 × 20 cm,
Trichter-Lautsprecher 23 × 30 × 30 cm

Abbildung 6.69:
Links: Endmontage eines 5 m hohen Klystrons YK 1320 mit 3,5 MW Leistung zum Einsatz im europäischen Ionosphärenforschungszentrum EISCAT, Norwegen.
Rechts: Inspektion und Abnahmetest eines Großklystrons YK 1304 im Prüffeld zum Einsatz im Teilchenbeschleuniger HERA beim Forschungszentrum DESY, Hamburg.

NXP Semiconductors Hamburg

Erste Rundfunkstationen – 1. Stuttgarter Rundfunksender, Telefunken, 1924

In Amerika wurden die ersten Rundfunkstationen eingerichtet (USA (1920), Kanada (1920) und Argentinien (1920)), und auch in Europa (Niederlande (1919), Großbritannien (1922) und Deutschland (1923)). Die Menschen wurden süchtig, aus dem Äther Nachrichten, Musik und Unterhaltung zu empfangen. Der Luxusartikel Radio wurde Ende der 20er und Anfang der 30er Jahre zu einem weit verbreiteten Gebrauchsartikel.

Museum für Kommunikation Frankfurt, Foto: Gudrun Wolfschmidt

Kohlemikrophone nach Eugen Reisz

Das Kohlemikrophon, ursprünglich entwickelt von David Edward Hughes (1831–1900), für Telephone, bildete die Grundlage für die Aufnahmetechnik der ersten Radiosendungen.

Eugen Reisz entwickelte das nach ihm benannte Reisz-Mikrofon, in dem ein Marmorblock eine Membrane aus pulverisierter Kohle umschloß und so für eine hohe Übertragungsqualität sorgte. Das Marmorblock-Mikrophon setzte sich daher 1925 als Standardmikrofon durch.

Kohlemikrophon in Marmorblock nach Eugen Reisz, AEG, Berlin, 1924
Kohlemikrophon, E. Fuhrhop Apparatebaugesellschaft, Berlin, 1930
Museum für Kommunikation Frankfurt, Foto: Gudrun Wolfschmidt

Abbildung 6.70:
Kohlemikrophon, E. Fuhrhop Apparatebaugesellschaft, Berlin, 1930
Foto: Gudrun Wolfschmidt im Museum für Kommunikation Frankfurt

Rundfunkempfänger, Deutsche Telephonwerke und Kabelindustrie AG (DeTeWe), Berlin, 1925/26

Robert Stock (1858–1912) gegründete 1887 in Berlin die „Firma für Spulen, Fernhörer und Klingeln"; 1899 Umbenennung in „Deutsche Telephonwerke R. Stock & Co. GmbH", 1905 „Deutsche Telephonwerke GmbH". Der Firmensitz ist seit 1894 unverändert in der Zeughofstraße in Berlin. Der heutige Name der DeTeWe ist „Deutsche Telephonwerke Aktiengesellschaft & Co. KG", 2005 Verkauf an Aastra Technologies Limited mit Sitz in Concord, Ontario, Canada.

Museum für Kommunikation Frankfurt, Foto: Gudrun Wolfschmidt

Rundfunkempfänger Loewe OE33, Loewe Audion GmbH, Berlin-Steglitz, 1926

Dieses „Volksempfangsgerät" wurde als preisgünstiges Radio für jedermann von Siegmund Loewe (1885–1962) unter Mitwirkung von Manfred von Ardenne (1907–1997) entwickelt.

Siegmund Loewe hatte sein Unternehmen, die Radiofrequenz GmbH (bis 1927) in Berlin, 1923 mit seinem Bruder David L. Loewe gegründet und zusätzlich die Loewe-Audion GmbH in Berlin-Steglitz zur Herstellung von Elektronenröhren (1926 D. S. Loewe AG). 1933 präsentierte die Firma Loewe Radio AG einen ersten „Volksfernseher“. Siegmund Loewe mußte wegen der Arisierung 1938 in die USA emigrieren.

Museum für Kommunikation Frankfurt, Foto: Gudrun Wolfschmidt

Lieben-Röhren-Empfänger, Loewe, 1926

Mit einer Verbundröhre (Doppel-Tetrodensystem); im Glaskolben der Röhre integrierte Schaltung mit Widerständen und Kondensatoren zur Erzeugung von Schwingungen. Loewe lieferte eine Blockbatterie für die verschiedenen Spannungen. Es konnten auch mehrere Kopfhörer angeschlossen werden.

Leihgabe: Dipl.-Ing. Heinz Thieme, Freundeskreis Wilhelm Weber, Lutherstadt Wittenberg
Maße: 18 × 14 × 20 cm

Antennenmast Königs Wusterhausen, um 1925

Im Ersten Weltkrieg (1915) wurde auf dem Funkerberg in Königs Wusterhausen die erste Funkstation in Betrieb genommen. Mit dem Lichtbogensender wurden Heeresberichte übertragen und auch Telegramme ins Ausland versandt. Von der Deutschen Reichspost wurden Röhrensender aufgebaut und die Antennenanlage um zwei weitere 100 m-Masten ergänzt. 1920 wurden viele Versuche zur Rundfunkübertragung mit Hilfe eines Lorenz-Lichtbogensenders unternommen. Der 243 m hohe Mittelturm, erbaut 1924/25, war ein freistehender Stahlfachwerkturm mit dreieckigem Querschnitt. Am 13. November 1972 stürtzte er bei einem Orkan ein.

Im heutigen Ortsteil Zeesen, wurde im Dezember 1927 die damals modernste Großrundfunksendeanlage im Langwellenbereich in Betrieb genommen. Am 29. August 1929 wurde dort außerdem die erste deutsche Kurzwellen-Rundfunksendung ausgestrahlt.

Abbildung: `http://www.koenigs-wusterhausen.de/cms/beitrag/10463988/2188620/2`
Siehe auch Sender- und Funktechnikmuseum: `http://www.funkerberg.de/museum/index.htm`

Autoradio, Ideal-Radiotelephon- & Apparatefabrik GmbH, Bollersdorf, 1932 – später Blaupunkt

Die Firma Blaupunkt, früher Ideal, war führend auf dem Gebiet des Autoradios (der Name Blaupunkt ist auf das blaue Ideal-Logo zurückzuführen). Bereits 1932 wurde auf der Internationalen Funkausstellung (IFA) in Berlin das erste Autoradio Europas vorgestellt: Das Autosuper 5 (mit fünf Elektronenröhren) der Firma Ideal.

Die Musik ließ sich aber – für uns heute ungewöhnlich – nur bei abgeschaltetem Motor hören, da die Fahrzeugelektrik sonst das Funksignal störte. Man konnte außerdem wegen des hohen Energiebedarfs nicht Radio hören, wenn gleichzeitig die Scheinwerfer oder Scheibenwischer eingeschaltet waren. Ferner wog das Gerät 15 kg und kostete 465 RM – für das Dreifache bekam man schon einen Kleinwagen!

Den Durchbruch auf dem Gebiet der Autoradios gab es in den 50er Jahren:
1952 präsentierte Blaupunkt, Hildesheim, das erste UKW-Autoradio;
fünf Jahre später wurden die anfälligen Röhren gegen Transistoren getauscht.

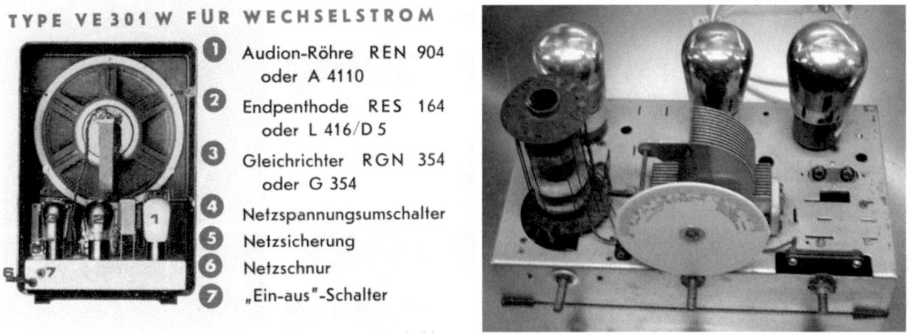

Abbildung 6.71:
Röhrenradio Volksempfänger VE 301, Orwin, ab 1934
(deutlich sind die drei Röhren zu erkennen)

Foto: Gudrun Wolfschmidt im Rundfunkmuseum Fürth

Volksempfänger VE 301, Blaupunkt , Ideal-Werke AG, Berlin, 1933

Die Verstaatlichung des Rundfunks erfolgte bereits 1932. Auf der 10. Großen Deutschen Funkausstellung in Berlin stellte Hitlers Propagandaminister Goebbels am 18. August 1933 den Volksempfänger „VE 301" vor. Die Nationalsozialisten nutzten das Potential des Radios für Indoktrinierung.

Der Volksempfänger (Einkreisempfänger), benannt nach dem Tag der Machtergreifung (30.1.), ermöglichte breiten Schichten der Bevölkerung den Radiokonsum. Wer sich nicht privat ein Gerät leisten konnte (Preis 83.- RM), hatte die Möglichkeit, am Gemeinschaftsempfang an vielen Orten teilzunehmen. Es gab drei Sorten: für Wechselstrom, Gleichstrom und Batteriebetrieb.

Leihgabe: HEW, ehemaliges Museum Electrum

Maße: $28 \times 16 \times 40$ cm

Abbildung (Rückseite des Volksempfängers): Rainer Steinfuehr, Berlin
`http://www.oldradioworld.de/volksd.htm.`

Radiomuseum Luzern: `http://www.radiomuseum.ch/11268_volksempfaenger_31.html`

Das Modell Volksempfänger 3L der Firma Astranova AG;
Flüh wurde von 1931 bis 1932 produziert und arbeitet mit vier Röhren.

Poster: Kauft! – Volksempfänger, Saba

Joseph Benedikt Schwer gründete 1835 in Triberg eine Uhrenfabrik, seit 1865 August Schwer Söhne GmbH. 1923 begann die Firma Teile für Radiogeräte herzustellen, etwa Spulen und

Drehkondensatoren, und nannte sich nun Schwarzwälder-Apparate-Bau-Anstalt (SABA). 1980 wurde sie an den französischen Thomson-Konzern verkauft.

(Plakat): Museum für Kommunikation Frankfurt, Foto: Gudrun Wolfschmidt

Abbildung 6.72:
Werbung von SABA für den Kauf von Volksempfängern

Foto: Gudrun Wolfschmidt im Museum für Kommunikation Frankfurt

Rundfunkempfänger AEG Super 605 WL (Röhrenradio), Berlin, 1933/34

Die Firma AEG produzierte Radios von 1924 bis 1963.
Das Gerät befindet sich in einem Holzgehäuse;
es wird mit Wechselstrom (110–240 Volt) betrieben.
Das Radio enthält sechs Röhren (Telefunken RENS1234) und
eignet sich zum Empfang von Langwelle und Mittelwelle (LW, MW).
Es kostete 365 RM.

Leihgabe: Armin Wolfschmidt, Nürnberg
Maße: 43 × 30 × 48 cm

Rundfunkhören, 1936

Der Volksempfänger, dieses Röhrenradio, war auch für einfache Haushalte erschwinglich. 1941 war es in einem Drittel der Haushalte in Deutschland vorhanden. Ausländische Sender waren aber mit dem Mittelwellen-Gerät kaum hereinzubekommen.

Mit dem Radione R2 Reisesuper, Wien 1939, brachte Nikolaus von Eltz (Radione=Radio Nikolaus Eltz) das Synonym für Kofferempfänger der 30er und 40er Jahre heraus. Mit einem Gewicht von 10 kg gehört er aber nicht mehr zu den Leichtgewichten. Auch bei der Wehrmacht war das Gerät aufgrund seiner überaus stabilen Bauweise sehr beliebt, vgl. den Film „Das Boot".

Abbildung: Rundfunkhören (1936).

Deutscher KleinEmpfänger (DKE 38) – Goebbels-Schnauze, C. Lorenz AG, Berlin, 1938

Der 1931 geschaffene deutsche Volksempfänger und der deutsche KleinEmpfänger (DKE, 1938) kamen relativ preisgünstig auf den Markt (Preis 35.- RM). Noch billiger aber waren die Kristalldetektorempfänger mit Kopfhörer. Sie kamen nur mit der eingestrahlten Energie des Senders aus – für viele wie ein Wunder.

Der Volksempfänger wurde Goebbels' wichtigstes Instrument der propagandistischen Massenbeeinflussung, volkstümlich „Goebbels Schnauze" genannt.

Leihgabe: HEW, ehemaliges Museum Electrum
Maße: 23 × 12 × 24 cm

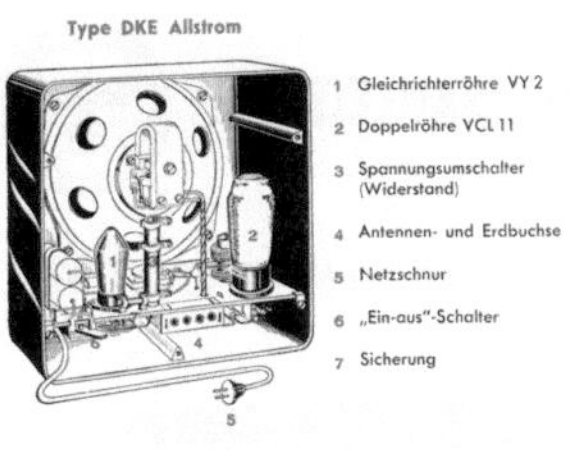

Abbildung 6.73:
Röhrenradio Deutscher KleinEmpfänger (DKE 38), Wega, ab 1938

Foto: Gudrun Wolfschmidt im Rundfunkmuseum Fürth

Entwicklung des Radios ab 1945: Der Weg zum Transistor- und Kofferradio

In der Nachkriegszeit aus Geldmangel gab es nochmal einen Boom im Selbstbasteln von Kristalldetektoren. An Röhrenradios der verschiedenen Firmen gab es eine große Auswahl. Das Transistorradio wurde 1948 erfunden und verbreitete sich in den 1960er Jahren rasant.

Wichtige Firmen zur Herstellung von Radios in den 50er Jahren sind Telefunken, Saba, Grundig, Philips und Braun.

Das Kofferradio wurde aber nicht erst in den 50er Jahren erfunden. Ein erstes tragbares Radio hat J. McWilliams Stone bereits 1922 in Chicago entwickelt. Dieses „Operadio“ kostete 180 Dollar und wog allerding fast 10 kg. Auch den Volksempfänger in der NS-Zeit gab es als tragbare Version.

Abbildung: Grundig Röhrenradio und Radione Camping 2, Wien 1956

Die Geschichte des Radios von Dr. Stefan Fuchs Universität Karlsruhe (TH):
`http://www.rz.uni-karlsruhe.de/ ea30/szj/lehrmaterial/fuchs/geschichteradio.rtf.`

Abbildung 6.74:
Zigarrenkisten-Radio (Bastel-Radio der Nachkriegszeit)
als Detektor oder Röhrenradio (mit Wehrmachtsröhre RV 12 P 2000)

Foto: Gudrun Wolfschmidt im Rundfunkmuseum der Stadt Fürth

Beispiel für Firmengeschichten: Grundig und Graetz

- Max Grundig (1908–1989) gründete 1930 die Fa. Radio-Vertrieb Fürth, Grundig & Wurzer OHG, in der Sternstraße 4 in Fürth; (Rundfunkbaukasten „Heinzelmann“ 1946) ab 1948 Umbenennung in Grundig Radio-Werke GmbH, Kurgartenstraße in Fürth, und 1972 Grundig AG, 1984 an Philips verkauft.
- Der Klempnermeister Albert Graetz (1831–1901) und der Kaufmann Emil Ehrich († 1887) gründeten 1866 die Lampen-Fabrik Ehrich & Graetz OHG in Berlin. Das ehemaliges Graetz-Gebäude in Berlin-Treptow gehört heute Siemens. Die Söhne Max (∗ 1861) und Adolf Graetz übernahmen 1897 den Betrieb, 1899 Fabrik in der Elsenstraße in Treptow. Im Jahre 1925 wurde mit der Produktion von Radios begonnen. Fritz Graetz, 1928 Geschäftsführung, benannte das Unternehmen 1933 in Graetz – Radio AG um. 1961 erfolgte der Verkauf an die Standard Elektrik Lorenz (SEL) AG, 1987 an Nokia.

Abbildung: (Rundfunkbaukasten „Heinzelmann“ 1946)

Abbildung 6.75:
Röhrenradio Heinzelmann, Grundig, Fürth, 1945

Foto: Gudrun Wolfschmidt im Rundfunkmuseum Fürth

Das Ausstellungsgelände in Berlin um den Funkturm, um 1927

In Berlin begann der Funkturm mit dem Sender Witzleben am 25.9.1925 zu senden; die Einweihung fand 1926 statt.

Am bekanntesten unter den Stahlfachwerktürmen ist der 324 m hohe Eiffelturm (1889), eine Fachwerkkonstruktion aus genieteten Eisenteilen. Der 385 m hohe Stahlfachwerkturm in Kiew (1973) ist dagegen geschweißt. Der 333 m hohe Tokyo Tower in Japan wurde 1957 erbaut. Dem Eiffelturm und dem 150 m hohen Funkturm in Berlin (1926) ähnlich ist der 60 m hohe Petrínská rozhledna in Prag (1891).

Abbildung: `http://www.oldradioworld.de/voxd.htm`

1= Funkturm, 2= Haus der deutschen Funkindustrie (1935 ausgebrannt),

3= ungefährer Standort des Hilfs-Antennenmastes.

Entwicklung der Fernsehtürme – höchste Bauwerke der Welt

Der Fernsehturm in Berlin am Alexanderplatz (1969) ist mit 368 m (Länge der Antenne: 118 m) das höchste Bauwerk Deutschlands und das vierthöchste freistehende Bauwerk Europas. Der Eiffelturm in Paris war von 1889 bis 1931 das höchste Bauwerk der Welt. Der Sears Tower, Hochhaus mit Antenne in Chicago, erbaut 1971/74, war langezeit mit 527 m im Augenblick der höchste Wolkenkratzer der USA und mit der Antenne der höchste Wolkenkratzer der Welt.

Tabelle der größten Fernsehtürme Europas

Höhe	Fernsehturm	Jahr	Stadt	Land
540 m	Ostankino-Turm	1967	Moskau	Russland
385 m	Fernsehturm Kiew	1973	Kiew	Ukraine
380 m	Mercury Tower	2005/08	Moskau	Russland
369 m	Fernsehturm Riga	1986	Riga	Lettland
368 m	Fernsehturm Berlin	1964/69	Berlin	Deutschland
338 m	Europaturm	1976/78	Frankfurt/Main	Deutschland
330 m	Fernsehturm Emley Moor	1969/71	Emley Moor	UK
326 m	Fernsehturm Vilnius	1980	Wilna	Litauen
325 m	Eiffelturm	1889	Paris	Frankreich
314 m	Fernsehturm Tallinn	1980	Tallinn	Estland
310 m	St. Petersburg	1962	Sankt Petersburg	Russland
300 m	Leeuw-Saint-Pierre	1996	Sint-Pieters-Leeuw	Belgien

Tabelle der größeren Fernsehtürme Deutschlands und Österreichs

Höhe	Fernsehturm	Jahr	Stadt	Land
368 m	Fernsehturm Berlin	1964/69	Berlin	Deutschland
338 m	Europaturm	1976/78	Frankfurt/Main	Deutschland
293 m	Fernmeldeturm Nürnberg	1975/77	Nürnberg	Deutschland
291 m	Olympiaturm	1968	München	Deutschland
282 m	Telemax	1988/92	Hannover	Deutschland
280 m	Heinrich-Hertz-Turm	1965/68	Hamburg	Deutschland
266 m	Fernmeldeturm Colonius	1981	Köln	Deutschland
255 m	Fernmeldeturm Koblenz	1972/76	Koblenz-Kühkopf	Deutschland
252 m	Donauturm	1964	Wien	Österreich
252 m	Fernsehturm Dresden	1963/69	Dresden	Deutschland
241 m	Rheinturm	1978/82	Düsseldorf	Deutschland
236 m	Fernmeldeturm Bremen	1986	Bremen	Deutschland
230 m	Fernmeldeturm Kiel	1972	Kiel	Deutschland
230 m	Friedrich-Clemens-Gerke-Turm	1991	Cuxhaven	Deutschland
223 m	Fernmeldeturm Münster	1985/86	Münster	Deutschland
220 m	Florianturm	1958/59	Dortmund	Deutschland
217 m	Fernsehturm Stuttgart	1956	Stuttgart	Deutschland

Die vielen Sendemaste für UKW, LW oder TV sind nicht in die Tabelle aufgenommen.

Abbildungen: Fernsehturm Berlin, Europaturm Frankfurt/Main, Fernmeldeturm Nürnberg, Olympiaturm München

Leihgabe (Modell: Fernsehturm Berlin, 1964/68 – 368 m): Gudrun Wolfschmidt, Hamburg

Maße: Ø4,5 × 26 cm
Literatur: MÜLLER, PETER: *Symbol mit Aussicht. Der Ost-Berliner Fernsehturm.* Berlin: Verlag für Bauwesen (2. Auflage) 2000.

Abbildung 6.76:
Röhrenradio Komtess 214, Graetz, 1955
(damaliger Preis 200.- DM)

Foto: Gudrun Wolfschmidt im Rundfunkmuseum Fürth

Röhrenradios ab den 50er Jahren: Philetta BD 283 U, Philips, 1958

Das Philetta Röhrenradio ist ein weit verbreitetes Modell, was es auch in den 1960er Jahren noch gab, z. B. Philetta B2D33A (Baujahr 1963/64).
Weitere wichtige Herstellerfirmen ab den 50er Jahren waren: Graetz, Nordmende, Grundig 3090/56 (Baujahr 1956),
Saba, Loewe Opta, Telefunken und Siemens.
Leihgabe (Philetta BD 283 U, Philips): HEW, ehemaliges Museum Electrum
Maße: 28 × 15 × 18 cm
Abbildung: `http://hans-kamann.privat.t-online.de/Galerie.htm`

Heinrich Hertz-Turm, Hamburg

Der 280 m hohe Heinrich Hertz-Turm (mit Antenne 300 m, Sendemast für UKW und TV des NDR) in Hamburg, erbaut 1960, ist das höchste Bauwerk der Stadt. Besucher kommen bis zur Panoramakanzel in 128 m Höhe, wo sich auch die Absprungrampe des spektakulärsten Bungee-Sprungzentrums der Welt befindet.

Leihgabe (Becher mit Hamburger Fernsehturm): Gudrun Wolfschmidt
Maße: 9 × 12 cm

Abbildung 6.77:
100 kW Großsender, Hamburg-Billwerder-Moorfleet, 1940–1986
(hier konnte man schnell die Frequenz ändern
im Vergleich zum ersten Sender, 1934)

Foto: Gudrun Wolfschmidt im Rundfunkmuseum Fürth

6.7.2 Halbleitertechnik – die zweite Revolutionierung des Nachrichtenwesens

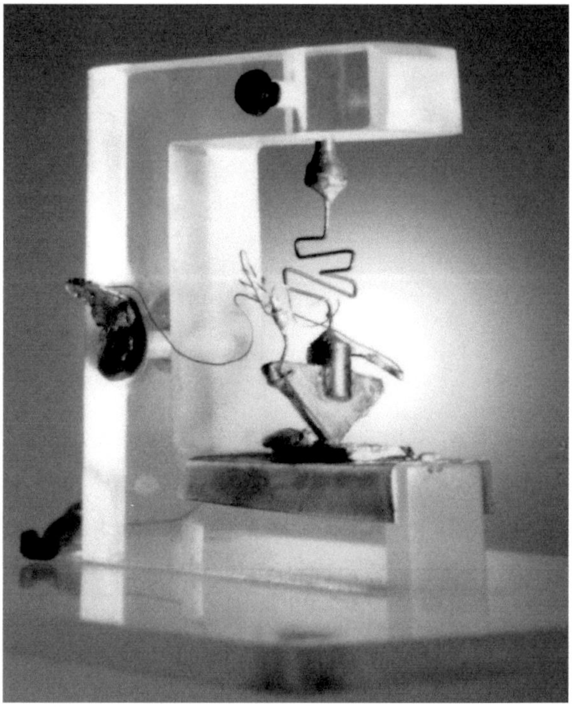

Abbildung 6.78:
Der erste Spitzentransistor in den Bell Laboratories, USA, 1947
Auf dem dreieckigen Germanium-Halbleiter setzen die Goldspitzen links und rechts auf.
Zum Andruck des Germanium-Halbleiters auf die Basisplatte
diente eine aufgebogene Büroklammer.

Foto: Gudrun Wolfschmidt im Rundfunkmuseum Fürth

Anfänge des Halbleiters

Schon Faraday hatte 1833 festgestellt, daß Silbersulfid bei Erwärmung besser elektrisch leitend wird – eine typische Eigenschaft der so genannten Halbleiter. Im Gegensatz dazu nimmt bei Metallen mit steigender Temperatur der Widerstand zu.

Der von Ferdinand Braun (1850–1918) erfundene Kristalldetektor war schon ein Halbleiterelement mit Gleichrichterfunktion (Diode). Ende des 19. und Anfang des 20. Jahrhunderts hatte man schon die Selengleichrichter (z. B. in der Graetz-Schaltung), ohne allerdings die

Wirkungsweise verstanden zu haben. Die Elektrotechnik benutzte auch schon seit 1926 den Kupferoxydul-Gleichrichter.

Schottkys Sperrschichttheorie

Als man in den dreißiger Jahren in den cm-Wellenbereich vordrang, wurde die Leistungsgrenze der Elektronenröhren erreicht, und man wandte sich der systematischen Erforschung der Halbleiter zu. So konnte Walter Schottky (1886–1976) seine Sperrschichttheorie bei den Halbleiterdioden aufstellen. Dies geschah in Zusammenarbeit mit Eberhard Spenke (1905–1992), 1938/39, der 1929 bis 1946 am Berliner Zentrallaboratorium der Siemens & Halske AG wirkte.

Abbildung: Walter Schottky (1886–1976).

Robert Wichard Pohls Farbzentrenforschung

Robert Wichard Pohl (1884–1976) in Göttingen untersuchte die elektrischen Leitungen in Halogenidkristallen mit Hilfe der Farbzentren und entdeckte die Rolle von Störstellen für die elektrische Leitfähigkeit in Kristallen.
Harold Albert Wilson (1874–1964) konnte 1931 mit dem Bändermodell die Zunahme der elektrischen Leitfähigkeit bei den Halbleitern mit der Temperatur deuten (Übergang von Elektronen aus dem Valenzband in das Leitungsband).

Abbildung: Robert Wichard Pohl (1884–1976).

Erfindung des Transistors in den Bell Laboratories

Der entscheidende Durchbruch wurde 1946 mit der Realisierung des gesuchten Verstärkerbauelementes, des Transistors, in den Bell-Laboratorien (USA) erreicht. Das erfolgreiche Team William Bradford Shockley (1910–1989), John Bardeen (1908–1991) und Walter Houser Brattain (1902–1987) erhielt dafür 1956 den Nobelpreis.

Vor der Erfindung des Bipolartransistors (1947/1948) wurde bereits 1926/34 ein Patent auf den Feldeffekttransistor an Julius Edgar Lilienfeld (1882–1963) und Oskar Heil (1904–1994) erteilt.

Abbildung: William Shockley, Walter Brattain, John Bardeen:
Bipolartransistor (1947/1948), Bell Laboratories, Murray Hill, NJ
`http://www.leb.eei.uni-erlangen.de/vhb/bauelemente/`

Germanium-Halbleiter

Anfangs stützte sich die Halbleitertechnik im wesentlichen auf das Germanium, das im reinen Zustand eine gewisse Eigenleitung hat. Nach dem ersten einkristallinen Germanium (1952) gab es das erste einkristalline Silizium (1954). Silizium wurde ein wichtiges Ausgangsmaterial für die Produktion elektronischer Bauelemente. Nach der Gewinnung von Reinst-Silizium entwickelte Eberhard Spenke sein Verfahren zur Reinigung und Kristallzüchtung von Silizium bis zur industriellen Reife weiter. Hier spielt insbesondere das Zonenziehverfahren eine Rolle.

Durch Dotieren (Zusatz von Fremdatomen) wird die Leitfähigkeit erheblich erhöht. Man erhält p-Leiter (Löcherleitung) durch Dotieren mit Elementen aus der dritten Hauptgruppe des Periodensystems der chemischen Elemente (Akzeptoren, z. B. Indium). Dotieren mit Elementen aus der fünften Hauptgruppe liefert die n-Leiter (Donatoren, z. B. Arsen). Die Löcherleitung wurde 1931 von Rudolf Peierls (1907–1995) und Werner Heisenberg (1901–1976) beim anomalen Hall-Effekt entdeckt.

`http://www.pbs.org/transistor`

Transistor

Der Transistor besteht aus zwei gegeneinander geschaltete Dioden. Es gibt n p n- und p n p-Transistoren. Der Transistor besteht aus einem Emitter, der die freien Ladungen entsendet (Löcher oder Elektronen), der Basis in der Mitte und dem Kollektor, der die vom Emitter ausgesandten Ladungen sammelt. Die Steuerung erfolgt durch die Basis. Der Transistor kann als Stromverstärker und als Spannungsverstärker geschaltet werden.

Die Vorteile des Transistors gegenüber der Röhrentriode sind: keine Heizung, sofortige Betriebsbereitschaft und Kleinheit des Bauelementes; ferner werden relativ kleine Spannungen benötigt. Nachteil des Transistors ist, daß die Steuerung nicht leistungslos erfolgt.

Das Konzept eines Feldtransistors, der leistungslos arbeitet, hatte schon Shockley 1931 vorgeschlagen. Realisiert werden konnte der Feldeffekttransistor erst in den 50er Jahren. Solche Transistoren werden seit 1970 fast ausnahmslos in den Datenverarbeitungsanlagen verwendet.

Leihgabe (Transistor AD 161 von Valvo in Kunstharz eingegossen):
Dipl.-Ing. Werner Diedrich (Hamburg/Hameln), ehemals Philips

Integrierte Schaltung und Bauelemente

Die Integrierte Schaltung (integrated circuit – IC) wurde 1958 von Jack Kilby (1923–2005) eingeführt; diesen ersten Mikrochip konstruierte er für die Firma Texas Instruments. 2000 erhielt er den Nobelpreis für Physik.

Auf einem nur wenige Quadratmillimeter großen Chip (Halbleitersubstrat) wird eine ganze elektronische Schaltung mit verschiedenen Halbleiterbauelementen (Widerständen und Kondensatoren) untergebracht. Unabhängig von Kilby arbeitete Robert Norton Noyce (∗ 1927) von der kleinen Firma Fairchild Semiconductor 1959 an der Integrierte Schaltung und bekam das erste Patent auf diesem Gebiet – Kilby erst 1964. Seine Tätigkeit basierte auf der Planartechnologie zur Herstellung von Halbleiterbauelementen, 1958/59 entwickelt vom Schweizer Physiker Jean Amedee Hörni (∗ 1924). Von der Firma Philips Valvo, später Semiconductors, wurden Transistoren mit integrierter Schaltung durch das so genannte Planarverfahren hergestellt.

Es setzte in der Folge eine enorme Miniaturisierung ein; weitere Schritte der Entwicklung waren: MOSFET (Atalla, Kahng, 1960), CMOS-Technik (Wanlass, 1963) und DRAM-Speicherzelle (Dennard, 1967). Schließlich gelang dem Amerikaner Marcian Edward Hoff (∗ 1937) von Intel Corporation 1969 die Schaffung des Mikroprozessors (Faggin, Hoff, 1971).

1961 sagten Wissenschaftler voraus, daß kein Transistor auf einem Chip jemals kleiner als ein 10 millionstel Meter sein könnte – aber ein moderner Intel Pentium Chip ist bereits 100mal kleiner.

Leihgabe (Integrierte Schaltung und Bauelemente):
- Zusammenstellung von Transistoren, Dioden und Mehrfachhalbleiterbauelementen und einem Operationsverstärker mit integrierter Schaltung (integrated circuit, IC).
- Printed Circuit Board mit aufgesetztem kleinen Bauelementen wie Spulen, Kondensatoren, Dioden u. s. w. – Beispiel für eine beginnende integrierte Schaltung. Das Brettchen ist aus Glasfaser. Auf der Rückseite sind Leitungsbahnen zu sehen.

Dipl.-Ing. Werner Diedrich (Hamburg/Hameln), ehemals Philips

Halbleiter auf Siliziumbasis – Wafer

Als Basis der Halbleiterelemente wurde schon seit Ende der 50er Jahre statt des Germaniums das Silizium verwendet. Für die Herstellung von Halbleiterelementen muß der Siliziumkristall völlig rein sein. Aus diesem werden dünne Scheiben aus einem höchst reinem Ge- oder Si-Kristall herausgeschnitten. Eine solche Scheibe nennt man auch Wafer. Durch besondere Verfahren (Belichten, Ätzen usw.) können Halbleiterelemente mit integrierten Schaltungen versehen werden.

Leihgabe (Wafer für Halbleiter-Fertigung):
Dipl.-Ing. Werner Diedrich (Hamburg/Hameln), ehemals Philips

Erfindung des Transistorradios

Robert Denk (1916–1953): Konstruktion eines Transistorradios 1948 in Witzenhausen an der Werra: Der Apparat ist ein Einkreiser.; auf der Platine stecken ein Drehkondensator mit Spule, ein Selen-Trockengleichrichter, ein Transformator und ein Elektrolyt-Kondensator. Unter dem Sockel befindet sich ein kleines, batterieförmiges Aluminiumgehäuse; hier ist eine Elektrode, die von einer Oxydschicht bedeckt ist. Es handelt sich hierbei um einen Kompromiß zwischen Detektorkristall, welches den Stromdurchgang nur in einer Richtung gestattet, und einer Röhre – jedoch ohne Vakuum und deren Elektrode ohne Heizstrom funktioniert. Dadurch ist es möglich, daß das Gerät sofort nach dem Einschalten arbeitet. Auf Mittelwelle können 32 Sender empfangen werden bei ausgezeichneter Trennschärfe und Klangqualität.

Abbildung: Robert Denk: `http://www.benduhn.homepage.t-online.de/denk/denk1.html`

Erste kommerzielle Transistorradios: Sony und Motorola

- 1955 kommt der Sony TR-55, das erste Transistorradio in Japan auf den Markt.
  1946 Gründung der Tokyo Tsushin Kogyo (Tokyo Telecommunications Engineering Company) TTK – 1958 Sony Corporation).

- Motorola Transistor Portable Radio, 1959
  Die Brüder Paul V. Galvin (1895–1959) und Joseph E. Galvin (1899–1944) gründeten die Galvin Manufacturing Corporation (GMC) 1928; Umbenennung 1947 in Motorola. Galvin MFG Corp. baute 1930 das erste kommerziell erfolgreiche Autoradio der Welt.

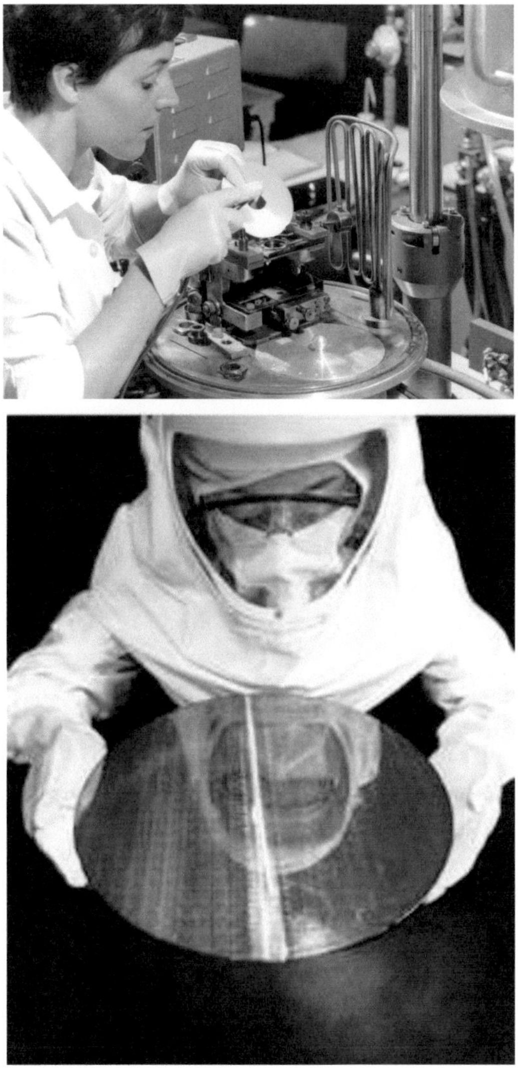

Abbildung 6.79:
Oben: Einsetzen von Germaniumscheiben
für Mesa-Transistoren in die Bedampfungsanlage
Unten: Transport von Wafer-Scheiben

NXP Semiconductors

- Die beiden Stammfirmen des Unternehmens – Mix & Genest, Standard Elektrizitäts-Gesellschaft (SEG), und C. Lorenz – wurden 1879 bzw. 1880 gegründet. 1958 erfolgte die Vereinigung der Standard Elektrik AG mit der C. Lorenz AG zur Standard Elektrik Lorenz AG (SEL), teils 1987 an Nokia.

Abbildung: Transistor-Kofferradio Radione Camping, Radio Nikolaus Eltz, Wien, 1954

Immer kleiner und kleiner – Miniaturisierung bis zum Westentaschenformat

Der Trend zur Verkleinerung unter Beibehaltung und sogar Verbesserung der Leistung beginnt schon bei den Elektronenröhren. Als Beispiel seien die Doppelfunktionsröhren genannt, die Daumengröße haben. Die Sendeleistungsröhren, die unterschiedlichste Gestalt erhielten, blieben allerdings relativ groß. Halbleiterelemente, (Dioden, Transistoren etc.) in den Empfängern besitzen in ihren wesentlichen Teilen Stecknadelkopfgröße.

Vergleich: Radiogerät mit Röhrentechnik – Transistorradio

Es sollen für die beginnende Miniaturisierung im folgenden zwei Rundfunkempfänger besprochen und ausgestellt werden, nämlich ein Röhrenempfangsgerät und ein Transistorempfänger. Beide Geräte, das selbstgebaute Röhrenradio und Transistorradio wurden von Herrn Joachim Eggers, ehemals Abteilungsleiter bei Valvo, Semiconductors, zuletzt NXP, in seinen Studienjahren selbst zusammengebaut und für die Ausstellung dankenswerterweise überlassen.

- Beim Röhrenempfänger sieht man vorn den Anschluß an die Antenne. Dann folgt eine Doppeltriode für die Eingangsverstärkung, daneben eine Triode mit Oszillator zur Herstellung der Mischfrequenz oder Zwischenfrequenz, die auch bei verschiedenen Eigenfrequenzen der Sender immer konstant bleibt. Die Einstellung der Sendefrequenz erfolgt mit einem Drehkondensator, mit ihm ist ein zweiter Drehkondensator beim Oszillator gekoppelt. Die Zwischenfrequenz – damit wird eine bessere Trennschärfe erreicht – geht durch die Bandfilter. Es sind die silberfarbenen Klötze, die Schwingkreise enthalten. Die Zwischenfrequenz gelangt zur Gleichrichterröhre, die demoduliert. Hier hat man eine Amplitudenmodulation – im Gegensatz zur Frequenzmodulation bei UKW. Die Niederfrequenz (Sprache, Musik) wird dann an einen Verstärker und Lautsprecher weitergeleitet. Diese beiden Teile sind hier nicht vorhanden. Der Stecker mit den vielen Stiften ist für eine Batterie, die die Heizspannungen, Anodenspannungen und andere Spannungen für die Röhren liefert.
- Der Transistorempfänger hat am Eingang den so genannten Tuner zur Abstimmung auf die Senderfrequenz (Drehkondensator). Der ganze Teil hinter dem recheckigen silberfarbenen Blech entspricht dem geschilderten Röhrenempfänger. Die Röhren sind hier nur durch Transistoren und Dioden ersetzt. So ein kleiner Transistor befindet sich in der kleinen Metallröhre, die der Wärmeableitung dient. Die Elektrolytkondensatoren sind blau oder gelb gefärbt, die Widerstände mit bunten Ringen zur Kennzeichnung der Widerstandsgröße versehen. Der große, rote Kondensator gehört zum Lautsprecher, der in der Mitte sitzt (permanent-dynamischer Lautsprecher). Rechts sieht man den kleinen Transistor O.C.71 zur Niederfrequenzverstärkung.

Leihgabe (Selbstbau-Röhrenradio): Dipl.-Ing. Joachim Eggers (ehemals Philips)
Maße: $24 \times 14 \times 8,5\,\text{cm}$
Leihgabe (Selbstbau-Transistorradio): Dipl.-Ing. Joachim Eggers (ehemals Philips)
Maße: $30 \times 8 \times 17\,\text{cm}$

Transistorradio (MW) RC 1000 mit Wecker (mit Batterie), Firma Imperial (Made in Japan) 1978

Leihgabe: Gudrun Wolfschmidt
Maße: $18 \times 10 \times 8\,\text{cm}$

Mini-Transistorradio

Leihgabe: Gudrun Wolfschmidt
Maße: $7 \times 7 \times 0,5\,\text{cm}$

Selengleichrichter in Graetz-Schaltung

Gleichrichter werden benötigt, um Wechselspannung in Gleichspannung umzuwandeln, beispielsweise für Messzwecke und im Bereich der Nachrichtentechnik.
Nach den Quecksilberdampfgleichrichtern wurden die ersten Halbleitergleichrichter (Selen-Gleichrichter in typischer Plattenbauweise oder Kupferoxydul-Gleichrichter) erfunden.
Trockengleichrichter wurden gelegentlich ab 1930 – als Ersatz für relativ teure Hochvakuum-Gleichrichterröhren – und standardmäßig ab etwa 1950 verwendet.
Im Vergleich zur Röhre haben Trockengleichrichter Vorteile: keine Heizleistung, hohe Lebensdauer, kleiner Innenwiderstand, aber auch Nachteile: kleine Sperrspannungen, relativ großer Rückstrom, starke Temperaturabhängigkeit.
Leihgabe: Dipl.-Ing. Heinz Thieme, Freundeskreis Wilhelm Weber, Lutherstadt Wittenberg

Kontaktlose Identifikation – RFID-Technologie (Radio Frequency Identification)

Beispiele für die Anwendung kontaktloser Identifikation im täglichen Leben:

- Kontaktlose Fahrscheine und Zugangskontrolle
- Kontaktlose und fälschungssichere Eintrittskarten, beispielsweise wurden die 3,2 Millionen Chips für die FIFA WM Tickets von NXP entwickelt und produziert.
- Kontaktlose Chips für elektronische Reisepässe.

Wie kommt die Energie in den kontaktlosen Chip?
Die Energie wird im Lesegerät mittels eines starken elektromagnetischen Hochfrequenzfelds (MHz-Bereich) erzeugt. Daher benötigen die Pässe oder Fahrkarten keine Batterien, sondern lediglich Antennen (Spulen) zur Energieaufnahme per Induktion. Die Informationsübertragung zwischen Karte und Lesegerät basiert ebenfalls auf diesem Prinzip.
Leihgabe: NXP Semiconductors Hamburg, ehemals Philips (Joachim Eggers).

6.8 Vom Telefon zum Handy

Abbildung 6.80:
Telefon Modell Eiffelturm, Ericsson, 1885

Foto: Gudrun Wolfschmidt

Bald lernte man auch die menschliche Sprache und Musik zu übertragen. Vorreiter war 1861 hier Philipp Reis (1834–1874) mit seinem ersten primitiven Telefon gewesen. Das menschliche Ohr diente ihm als Vorbild für seinen Sender zur Übertragung von Tönen.

Den Durchbruch schafften in Amerika 1875 Alexander Graham Bell (1847–1922) mit seinem Stielhörer und 1878 David Edward Hughes (1831–1900) mit seinem Kohlemikrophon. In Deutschland fertigte die Firma Siemens & Halske das „Telephone Bell'scher Construction".

Die Telefongespräche werden zunächst durch ein Fräulein vom Amt handvermittelt; sie konnte zur Aufrechthaltung des Betriebs sogar mithören und mußte fragen, ob das Gespräch zu Ende war, weil es anfangs kein Schlußsignal gab.

Die Ausbreitung der Telemedien verlief rasant; Telegramme werden um 1900 bereits fast alle telefonisch vermittelt. In Amerika errichteten private Gesellschaften ab 1878 öffentliche Telefonnetze. In Deutschland dagegen wurde es von der Reichspost zunächst innerbetrieblich genutzt – besonders zur Übermittlung von Telegrammen.
Die Reichspost setzte Klopfer, Schnell-Telegraphen und ab 1926 Fernschreibmaschinen ein. 1933 wird zwischen Berlin und Hamburg der erste Telex-Dienst eröffnet. Telefax gab es dann ab 1979. Für Bildtelegraphie, erfunden bereits 1843, gab es erst ab 1920 ein

gewisses Interesse von Seiten des Wetterdienstes, der Polizei und Presse. Heute sind diese ganzen Technologien durch e-mail abgelöst, das erlaubt, in Bruchteilen von Sekunden große Datenmengen zu übermitteln.

Erste Versuche zu mobiler Telefonie gab es in Zügen bereits ab 1918; Autotelefone in den 1950er Jahren liefen über das Mobilfunknetz A handvermittelt. Die Geräte füllten anfangs nahezu den Kofferraum, wurden aber schrittweise kleiner und billiger und es gab mehr Teilnehmer.

Abbildung 6.81:
Handy C 35i, Siemens
Foto: Gudrun Wolfschmidt

Die mobile Revolution setzte in den 90er Jahren ein. Das Handy entwickelte sich zum täglich genutzten, massenhaft verbreiteten Kommunikationsmedium. Bald kam auch das Ende des Monopols der Deutschen Bundespost und es gab zahlreiche Anbieter auf dem Mobilfunkmarkt mit der Folge sinkender Preise.

Das Telefonieren wurde in verschiedenen Richtungen ergänzt, zunächst durch Kurznachrichten SMS (Short Message Service), dann durch Übertragung von Datenpaketen durch GRPS (General Packet Radio Service) und schließlich durch WAP (Wireless Application Protocol) und UMTS (Universal Mobile Telecommunication Systems). Die Zukunft des Handys liegt in der Kombination von Telefon, Digitalkamera, MP3-Player, Video-Player, Spielekonsole und Internet-Plattform.

Vitrine 8: Vom Telefon zum Handy
Maße: Glasvitrine (38 × 30 cm)
Poster A0: Vom Telefon zum Handy
(dazu in Wandvitrine: moderne Meß- und Antennentechnik)

6.8.1 Anfänge des Telefons

Telefon von Philipp Reis (1834–1874): Sprechteil mit Membran und Empfangsteil (1861)

Am 26. Oktober 1861 hielt Philipp Reis vor dem Physikalischen Verein in Frankfurt seinen grundlegenden Vortrag über *„Das Telefonieren durch galvanischen Strom“*. Als Sender benutzte er einen Holzkasten mit einer Membran, auf der ein Kontakt lose auflag. Als Hörer diente eine in eine Spule gesteckte Stricknadel auf einem Resonanzboden. Zur Einführung kam das Telephon in dieser Form nicht, es blieb ein interessanter physikalischer Versuch. Sein Apparat wurde in kleiner Serie handwerklich gefertigt und in vielen Laboratorien in Europa und Amerika erprobt. Reis hatte damit die Grundlage für eine bahnbrechende technische Entwicklung geschaffen.

Leihgabe: HEW, ehemaliges Museum Electrum

Maße: Sprechteil: 12 × 15 × 15 cm

Maße: Empfangsteil: 28 × 10 × 7 cm

Abbildung (Gespräch mit Reis-Telefon, 1861): Metzger 1983, S. 20.

Telefon – Alexander Graham Bell (1847–1922), ab 1877 in Deutschland

Der Geber, in den hineingesprochen, und der Empfänger, der an das Ohr gehalten wird, sind in Form und Aufbau identisch. Im Stielhörer befindet sich ein Stabmagnet, auf dem zum Sprechtrichter hin ein Eisenstück angesetzt ist. Dieses Eisenstück ist von einer Spule umgeben. Vor dem Eisenstück ist eine eiserne elastische Membrane angebracht. Gelangen die akustischen Wellen auf die Membrane, erzeugt diese durch ihre Bewegungen Stromschwankungen in der Spule (Induktionseffekt). Die Stromschwankungen bringen in dem Apparat auf der Empfängerseite durch magnetische Anziehungen die Membrane in entsprechende Schwingungen. Die dadurch erzeugten akustischen Wellen gelangen in das Ohr des Hörers.

Der Stielhörer auf der Geberseite wurde bald durch das vom englischen Erfinder David Edward Hughes 1878 geschaffene Kohlemikrophon ersetzt.

Abbildung: Alexander Graham Bell (1847–1922) – 1878

Leihgabe: HEW, ehemaliges Museum Electrum

Maße: Stielhörer (1877): Ø7 × 17 cm

Abbildung des inneren Aufbaus des Stielhörers von Bell – Wiedemann, Bd. 4, 1898, S. 616.

Foto Stielhörer (Museum für Kommunikation Frankfurt): Gudrun Wolfschmidt

Alter Telefon-Sprechapparat

Mit Bells Telefon kam der Durchbruch in der Telephonie. Bell meldete seinen Stielhörer als Patent an.

Ein anderer Erfinder, Elisha Gray (1835–1901), hatte zur selben Zeit ebenfalls einen Apparat

Abbildung 6.82:
Alexander Graham Bells (1847–1922) Telefon im *Scientific American* (1877)
Scientific American (1877), Titel.

nach ähnlichen Prinzip konstruiert und wollte ihn auch als Patent anmelden. Er kam zwei Stunden zu spät, für ihn eine kleine Tragödie.

Leihgabe (Telefon): Hamburger Schulmuseum
Maße: 21 × 12 × 12 cm

Thomas Alva Edison (1847–1931) – Phonograph (1877)

Wir verdanken Thomas Alva Edison (1847–1931) viele Erfindungen und Verbesserungen auf den Gebieten der Telegraphie, der Telephonie, der elektrischen Beleuchtung mit Glühbirnen und der Starkstromtechnik sowie den ersten Phonographen (1877).

Abbildung: Leprince-Ringuet 1951, S. 168.

Kohle-Mikrophon nach Hughes (1878)

Auf einer Membrane befinden sich zwei Kohleblöcke. Sie sind durch einen locker eingesetzten Kohlestab verbunden. Die Erschütterung durch die akustischen (Druck-) Wellen ändert sich der Widerstand und erzeugt so Stromschwankungen. Später wurden drei Kohlestäbe gebraucht.

Leihgabe: HEW, ehemaliges Museum Electrum
Maße: 19 × 10 × 15 cm

Mikrophon mit Kohle-Gries

Zwischen einer elastischen Membrane
und einer festen Gegenelektrode befindet sich Kohle-Gries.
Die akustischen Wellen drücken die Körner enger zusammen,
der elektrische Widerstand wird geringer.
Das Kohlemikrophon ist nur begrenzt verwendbar,
für hochwertige Musikübertragung ist es nicht geeignet.
Dazu wurden leistungsfähigere Mikrophone,
wie z. B. das Kondensatormikrophon entwickelt.

Leihgabe: Hochschule für Angewandte Wissenschaften Hamburg,
FB Maschinenbau und Produktion

Fernsprech-Wandapparat, Siemens & Halske, nach 1881

Das Mikrophon ist bei diesem Fernsprecher fest eingebaut
und als Hörer beweglich am Hakenumschalter aufgehängt worden.
Beinm Abnehmen des Hörers wird automatisch der Batteriestrom vom Wecker
auf den Fernhörer geschaltet.

Museum für Kommunikation Berlin, Foto: Gudrun Wolfschmidt

Berliner Klappenschrank für 50 Teilnehmer- und vier Fernleitungen, Siemens & Halske, nach 1881

Bei diesem erstmals serienmäßig eingeführten Klappenschrank
dienten Sanduhren zur Berechnung der Gebühren der Ferngespräche.
Die Anrufklappen sind waagerecht angeordnet, darunter die Klinken
zum Einstöpseln der Teilnehmer; die Klinken der Anrufempfänger
sind senkrecht an den Seiten angeordnet.

Museum für Kommunikation Berlin, Foto: Gudrun Wolfschmidt

Handvermittlung mit Fräulein vom Amt, 1890er Jahre

Die Arbeit der Handvermittlung der Gespräche am Klappenschrank
wurde zunächst von Männern ausgeführt,
ab den 1890er Jahren verbreitete sich das Fräulein vom Amt
aus Kostenspargründen.

Deutsches Museum München, Foto: Gudrun Wolfschmidt

Wähleramt München-Schwabing, 1909

Ab 1908 begann man eine Automatisierung des Gesprächs-Vermittlungsbetriebes,
die allerdings bis in die 1960er Jahre dauerte.
In München-Schwabing wurde das erste große städtische Amt für Selbstanschlußbetrieb eröffnet.

Museum für Kommunikation Frankfurt, Foto: Gudrun Wolfschmidt

Abbildung 6.83:
Handvermittlung mit Fräulein vom Amt, 1890er Jahre
Foto: Gudrun Wolfschmidt im Deutschen Museum München

Fernschreiber, 1935/36

Streifenschreiber T 36b, Siemens & Halske, 1936
Fernschreiber, C. Lorenz AG, nach 1935
Museum für Kommunikation Berlin, Foto: Gudrun Wolfschmidt

„Eiserne Jungfrau“ – automatische telefonische Zeitansage, Siemens & Halske, Berlin, ab 1935
Uhr und Fernsprechansagegestell, Wolfgang Assmann, Bad Homburg, 1959
Besprechen der Magnettonplatte, 1953

Statt dem Fräulein vom Amt kam die automatische telefonische Zeitansage auf Magnettonplatten. 84 Tonspuren konnten optisch abgetastet werden. Eine Uhr steuert die Anlage. Heute gibt es verschiedenste, nicht immer seriöse Angebote auf speziellen Vorwahlnummern wie 0180 oder 0800.

Museum für Kommunikation Frankfurt, Foto: Gudrun Wolfschmidt

Das Telefon erobert die Welt

1879 existieren bereits in 20 Städten Fernsprechvermittlungs-Einrichtungen, in New York immerhin 4000. Allerdings betrug die Gebühr für einen Privatanschluß 1880 in Preußen 200 Mark, ein unerschwinglicher Betrag für die Masse der Bevölkerung. 1900 wurden die ersten öffentlichen Münzfernsprecher eingerichtet. Automatische Vermittlungsämter und die Nummern-Wählscheibe lösten allmählich das Fräulein vom Amt ab.

Abbildung (Öffentlicher Fernsprecher und Fernsprechvermittlung, um 1900): Metzger 1983, S. 20.
Telefon-Leitungen in New York, um 1900

Abbildung 6.84:
Telegraphen-Leitungen in New York, um 1900

Telefon der schwedischen Firma Ericsson, 1880

In Schweden wird das Telefon Ericsson-Skelett genannt, in Deutschland Nähmaschine wegen der Kurbel (Induktor beim Anrufen).

Leihgabe: Dipl.-Ing. Heinz Thieme, Freundeskreis Wilhelm Weber, Lutherstadt Wittenberg
Maße: $17 \times 18 \times 7,5\,\text{cm}$

Chicago Genuine Straight Shaft Non-Dial Oil-Can Candlestick, Chicago Telephone Supply Company, 1915

Fernmeldeturm der Post

Leihgabe (Kleines Modell): Gudrun Wolfschmidt

Meßsender von der Post, 1954

Meßsender von der Post von 1954 zum Überprüfen der Einstellung der Trennschärfe, die durch Filterketten erzeugt wird (schmale Bandbreite); ebenfalls zum Abgleichen von Antennen. Der Postmeßsender diente auch zum Aufsuchen von Bruchstellen an unterirdischen Kabeln; am Bruch gibt es nämlich eine Reflexion der elektrischen Wellen; dadurch konnte man die Bruchstelle lokalisieren.

Leihgabe: Dipl.-Ing. Heinz Thieme, Freundeskreis Wilhelm Weber, Wittenberg-Lutherstadt
Maße: 29 × 17 × 23

Modernes farbiges Telefon, 1990er Jahre

Leihgabe: Gudrun Wolfschmidt
Maße: 16 × 16 cm

6.8.2 Entwicklung vom Mobiltelefon zum Handy

Zug-Telefonie, Deutsche Reichsbahn, 1930

Versuche zur drahtlosen Telefonie aus fahrenden Zügen
wurden bereits 1918 von der Reichsbahn unternommen.
Ab 1926 konnte per Funk im D-Zug zwischen Berlin und Hamburg ins Festnetz telefoniert werden.

Museum für Kommunikation Frankfurt, Foto: Gudrun Wolfschmidt

Auto-Telefon, A-Netz, 1955

1958 wurden die bestehenden Funknetze zu einem öffentlichen Mobilfunknetz A zusammengefaßt. Die mit Röhren bestückten Telefone wogen fast 16 Kilogramm und waren fast so teuer wie das Auto selbst. Die Sende- und Empfangstechnik füllte nahezu den Kofferraum des Autos.

Museum für Kommunikation Frankfurt, Foto: Gudrun Wolfschmidt

Auto-Telefon B 72, A-Netz (1961) und B-Netz (1969), Telefon, Kabel- und Drahtwerke AG (TeKaDe), Nürnberg

Das Mobiltelefon B 72 (Sende- und Empfangsteil und Selektivrufsatz) wog 16 kg und füllte einen ganzen Kofferraum.
Alle Funkverbindungen des A-Netzes mußten noch 1971

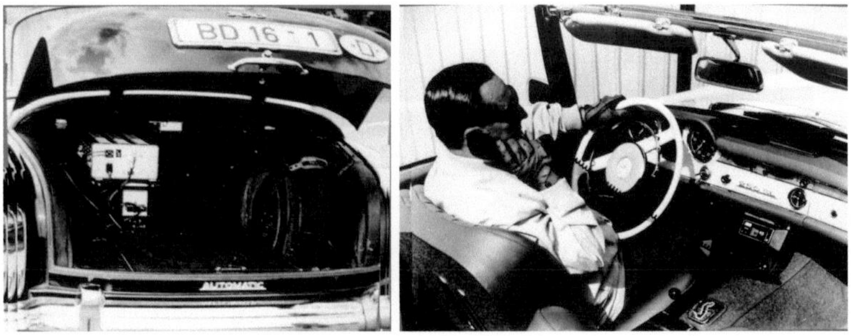

Abbildung 6.85:
Autotelefon, DeTeMobil, Dortmund, 1950er Jahre

Foto: Gudrun Wolfschmidt im Museum für Kommunikation Hamburg

für die 11.000 Teilnehmer von 600 „Fräulein vom Amt“ von Hand hergestellt werden.
Im nachfolgenden B-Netz gab es nur Auto-Telefone, aber selbst Wählen und Angerufen werden war nun möglich. 1985 war die Kapazitätsgrenze des B-Netzes mit 27.000 Nummern erreicht.

Museum für Kommunikation Frankfurt, Foto: Gudrun Wolfschmidt

Versuchsfunktelefon, C-Netz, Firma Motorola, USA, 1969–1970

Es handelt sich hier um ein C-Netztelefon, ein Laborversuchsgerät (Vorläufer vom Handy). Man erkennt das herausnehmbare Tableau. Die Zahlen dienen der Einstellung von Frequenzen, andere Tasten für Lautstärke, Korrektur etc. Erste große Feldversuche in der Bundesrepublik Deutschland gab es Ende der 60er Jahre.

Leihgabe: Dipl.-Ing. Heinz Thieme, Freundeskreis Wilhelm Weber, Wittenberg-Lutherstadt
Maße: 25 × 7 × 36 cm, Höhe mit Antenne 66 cm

Auto-Mobil-Telefon Porty, C-Netz, 1991

Das Porty (Spitzname „Schleppi“, 4 kg) konnte als tragbares Mobil-Telefon oder als Auto-Telefon genutzt werden. Es gab verschiedene Hersteller: DeTeMobil, Dortmund, 1990, Philips Kommunikationsindustrie AG, Nürnberg, 1991 und C 3, C-Netz, Siemens AG, München, ab 1991

Erst mit dem C-Netz wurde der Mobilfunk populär. Schon nach fünf Jahren gab es 500.000 Teilnehmer. Er erreichte damit erstmals eine breitere Öffentlichkeit. Ab der Wiedervereinigung 1989 waren die Mobiltelefone besonders nützlich, da so viele Telefonanschlüsse in der ehemaligen DDR fehlten.

Museum für Kommunikation Frankfurt, Foto: Gudrun Wolfschmidt

Mobil-Telefon Pocky, C-Netz,
Standard Electric Lorenz (SEL), Stuttgart, ab 1989

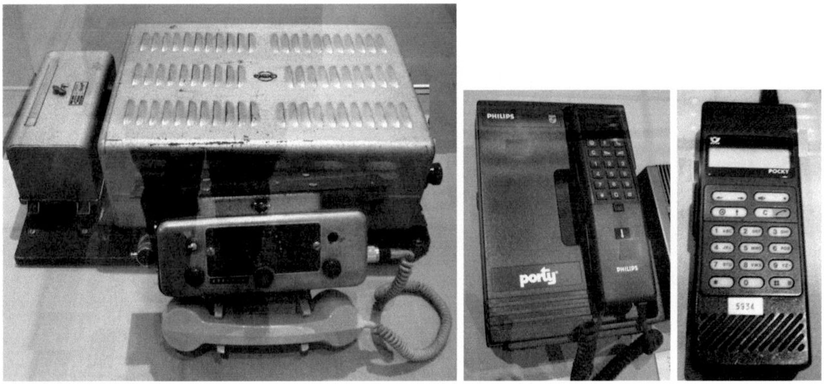

Abbildung 6.86:
Links: Mobil-Telefon, TeKaDe, Nürnberg, 1961,
Mitte: Porty (C-Netz), Philips, Nürnberg, 1991 (4 kg),
Rechts: Pocky (C-Netz), SEL, Stuttgart, 1989 (700 g)

Foto: Gudrun Wolfschmidt im Museum für Kommunikation Frankfurt

Mitte der 1980er Jahre kamen die ersten transportablen Mobiltelefone auf den Markt; es wog „nur " noch 700 g.
Die monatliche Grundgebühr sank 1986 auf 60 Euro.
Das erste Handtelefon 198 kostete aber immerhin fast 5000 Euro.

Museum für Kommunikation Frankfurt, Foto: Gudrun Wolfschmidt

Mobil-Telefon Sunrise, D-Netz, Philips Kommunikationsindustrie AG, 1995 Siemens S 4 power, D-Netz, Siemens AG, München, ab 1996

Das leistungsfähige digitale Mobilfunknetz nutzten 1990 bereits 25 Millionen Deutsche. Mit dem D-Netz kam es ab 1992 zum Wechsel vom Mobil-Telefon zum Handy (Gewicht sinkt auf etwa 100 g).
Seit 1992 konnte man auch zwischen D1 (heute: Deutsche Telekom) und D2 (Mannesmann Mobilfunk, heute Vodafone) wählen. 1994 kam E-plus dazu, 1998 VIAG Interkom (heute O2).

Museum für Kommunikation Frankfurt, Foto: Gudrun Wolfschmidt

Handy, Siemens E 10 D (E-Netz), 1999

Das E-Netz gibt es seit 1995.
Beim Siemens Handy E 10 D gab es eine Auswahl zwischen fünf Anruftönen. Das Telefonbuch konnte 100 Einträge aufnehmen. SMS-Schreiben war ebenfalls möglich, allerdings ohne die T9 Funktion; außerdem war der Speicher auf 10 SMS beschränkt. Es hatte ein für damalige Verhältnisse großes Display, d. h. es konnte drei Zeilen anzeigen mit jeweils 16 Zeichen.

Leihgabe: Margot Schneider-Wolfschmidt, Frankfurt am Main
Maße: 6 × 15 × 1,6 cm (160 g)

Dual-Band-Handys

Beim Dual-Band-Handy entscheidet eine eingelegte Karte über den Frequenzbereich (D-Netz: 90 MHz oder E-Netz: 1800 MHz). Schrittweise verbesserten sich nun die Features – ab 1999 eröffnete das WAP-Handy den Zugang zum Internet:

- Siemens C 35i (2000) mit mobilen Internet-Zugang (w@p), Dualband GSM 1800 / 900, 12 × 5 × 2,2 cm (nur 110 g), Display: Hochauflösend bis zu 5 Zeilen, 20 Anruftöne, 4 Spiele.
- Siemens M 35i (2001), GSM 1800 / 900, (w@p), Dual Band EGSM 900 / GSM 1800, 11 × 5 × 2,2 cm (125 g), 20 Anruftöne, 4 Spiele, Vibration
- Siemens S 45i (2003), Dualband GSM 1800 / 900, 500 Telefonbucheinträge, 11 × 5 × 2 cm (91 g), 38 Klingeltöne, 3 Spiele, Vibration, Kalender, Wecker, Fax, Modem.
- Siemens M 55 (2003), Tri Band EGSM 900, GSM 1800 / 1900, 101 × 46 × 21 cm (83 g), Display 4096 Farben, 7 Zeilen, Klingelton: 16 Stimmen, E-Mail, Taschenrechner, Kartenleser, Bildmitteilungen (MMS), EMS: vordefinierte Sounds und Bilder, Konferenzschaltung, JAVA Applikationen, Zusatz: Kamera ansteckbar.

Handy Nokia 7110, 2003

Die Firma Nokia bot als erste WAP (Wireless Application Protocol) beim Handy Nokia 7110 an. Sonstige Features: GSM 1800 / 900, Texterkennung, Infrarot, Vibration, 12,5 × 5,3 × 2,4 cm (141 g), 3 Spiele.

Handy Sony Ericsson T 250i, 2007

Die Firma Ericsson war Anfang der 1990er Jahre als einer der größten Hersteller mobiler Telefone bekannt. Sony Ericsson, ein 50:50-Joint Venture der Sony Corporation und Ericsson AB, wurde im Oktober 2001 gegründet.
Maße: 10 × 5 × 1,4 cm, (nur 85 g).
Ein voranstehender Großbuchstabe bezeichnet die Serie mit einer grundlegenden Geräteeigenschaft:
D - T-Mobile-Modell (Branding)
F - Spaßmodell (auf Spiele ausgerichtet)
J - Einsteiger-Modell (reduzierter Funktionsumfang)
K - Kamera-Modell (Volumenmodell)
M - Messaging-Modell (mit E-Mail-Push-Technologie)
P - Smartphone-Modell (High-Tech)
S - Luxusmodell (elegantes Design)
T - Einsteiger-Modell (früher Volumenmodelle)
V - Vodafone-Modell (Branding)
W - Walkman-Modell (verbesserter Musikplayer, bessere Kopfhörer)

Z - Modell mit Klappmechanismus.
Der abschließende Kleinbuchstabe weist auf die Vermarktungs- bzw. Einsatzregion hin:
a - amerikanischer Kontinent (Süd-, Mittel- und Nordamerika)
c - China
i - international.

Antenne 734 308 für das E-Netz, GSM 1800, Kathrein, Rosenheim

Die Firma Kathrein ist Weltmarktführer bei Antennen für Mobilfunk mit einer Monatsproduktion von über 100.000 Antennen. Ferner werden Satelliten-Empfangsanlagen, Auto-Funkantennen, Antennen für tragbare Funkgeräte hergestellt, unter anderem für das C-Netz, GSM 900, GSM 1800, GSM 1900, UMTS sowie GPS-Antennen. Bei dieser Antenne sieht man gut die sechs Dipole, wenn man die Antenne wie hier aus der Hülle nimmt.

Leihgabe: Jan Gollwitzer (Hof)
Maße: $53 \times 17 \times 3$ cm

Antenne PA 1800 für das E-Netz, GSM 1800, Fuba, Münster

Fuba ist eine Firma für Rundfunkempfangs- und Nachrichtenübertragungstechnik.
Bei dieser Antenne sind quadratische Platten statt Dipole verendet.

Leihgabe: Jan Gollwitzer (Hof)
Maße: $100 \times 18 \times 4$ cm

Handy – eine Gefahr?

Ein Mobiltelefon, ein Handy, das ungefähr im selben Frequenzbereich arbeitet wie ein Mikrowellenofen, hat mit seiner Sendeleistung von ca. 2 Watt laut einigen wissenschaftlichen Untersuchungen eine lokale Temperaturerhöhung in Teilen des Gehirns von weniger als 0,1°C zur Folge. Die entscheidende Frage ist nun, wieviel Temperaturerhöhung schädlich ist.

Es gibt Antennen zur Messung von Elektrosmog, also zur Messung der Belastung mit hochfrequenter Strahlung von 800 MHz bis 2,5 GHz. Dieser Bereich wird aufgrund der großen Verbreitung digitaler, meist gepulster Funkdienste wie des Mobilfunks, schnurloser Telefone, von Mikrowellenherden und den Zukunftstechnologien UMTS und Bluetooth als biologisch besonders relevant angesehen.

Bundesamt für Strahlenschutz (Stand vom 25.05.2003):
`http://www.bfs.de/elektro/papiere/umfrage2003.html`.

GPS-Empfänger und GPS-Satelliten – Europäisches System Galileo (2008)

Geo-Erkundungssatelliten dienen zur Vermessung und Beobachtung der Erde. Im Jahre 1978 wurde der erste GPS Satellit in seine Umlaufbahn geschickt, und es begann ein neues Zeitalter der Navigation. Das vom amerikanischen Verteidigungsministerium entwickelte Global Positioning System (GPS) wird inzwischen weltweit zivil genutzt. 24 Satelliten umkreisen die Erde zweimal täglich in unterschiedlicher Höhe und senden speziell kodierte Signale zur Erde. Mit diesem satellitengesteuerten Navigationssystem läßt sich ein GPS-Empfänger genau lokalisieren.

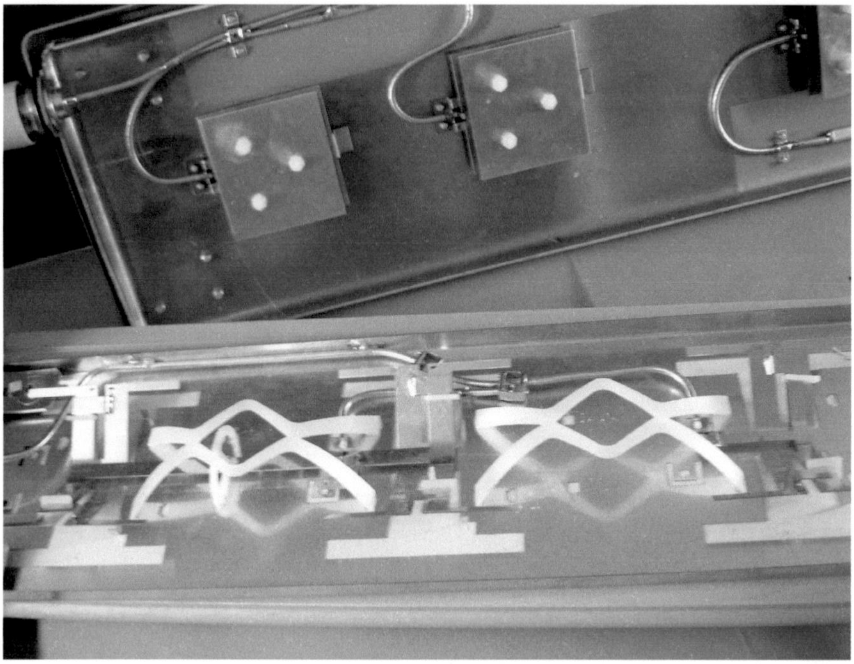

Abbildung 6.87:
Blick ins Innere von Antennen für das E-Netz, GSM 1800, 734 308, Kathrein, Rosenheim und PA 1800, Fuba, Münster (Leihgaben von Jan Gollwitzer, Hof)

Foto: Gudrun Wolfschmidt

So ist GPS aus der Luft- und Seefahrt sowie aus dem Freizeitbereich nicht mehr wegzudenken.

Mit Galileo bauen die Europäer, die Europäische Raumfahrtorganisation ESA und Galileo Industries GmbH, ein eigenes Satelliten-Navigationssystem auf – ohne amerikanische Komponenten. Das gesamte System, bestehend aus etwa 30 Satelliten, welche die Erde in einer Höhe von 24.000 km umkreisen, soll bis im Jahre 2008 aufgebaut sein. Galileo soll als ziviles System in Betrieb genommen werden und genauer als das GPS sein. Für die zivilen Nutzer beträgt die Genauigkeit bei GPS ca. 10 Meter, aber Galileo soll sogar eine Genauigkeit von etwa einem Meter erreichen.

http://ec.europa.eu/dgs/energy_transport/galileo/index_de.htm.

6.9 Elektromagnetisches Spektrum – Von Radio bis Röntgen und Gamma

Im folgenden soll die Wirkung von Hertz in Bezug auf die Entdeckung der elektromagnetischen Wellen näher beleuchtet werden. Die eigentlichen Hertzschen Wellen lagen im langwelligen Radiobereich. Aber bald erkannte man, daß Licht, UV, IR und Röntgenstrahlen auch zum elektromagnetischen Spektrum gehören. Dies eröffnete einen ganz neuen Bereich mit vielen Anwendungen, auch im täglichen Leben.

Das für uns Menschen sichtbare Licht ist nur ein schmaler Ausschnitt aus dem breiten Spektrum der elektromagnetischen Strahlung; es reicht von 380 nm (violett) bis 780 nm (rot). Unsichtbare Strahlung jenseits von rotem bzw. violettem Licht ist bereits um 1800 nachgewiesen worden.

Elektrische und magnetische Kraftfelder können miteinander verkettet sein und sich wellenförmig im Raum ausbreiten. Licht, Wärme- und UV-Strahlung, Rundfunkwellen (TV), Mikrowellen und Röntgenstrahlen sind elektromagnetische Wellen, die sich nur durch ihre Wellenlänge unterscheiden.

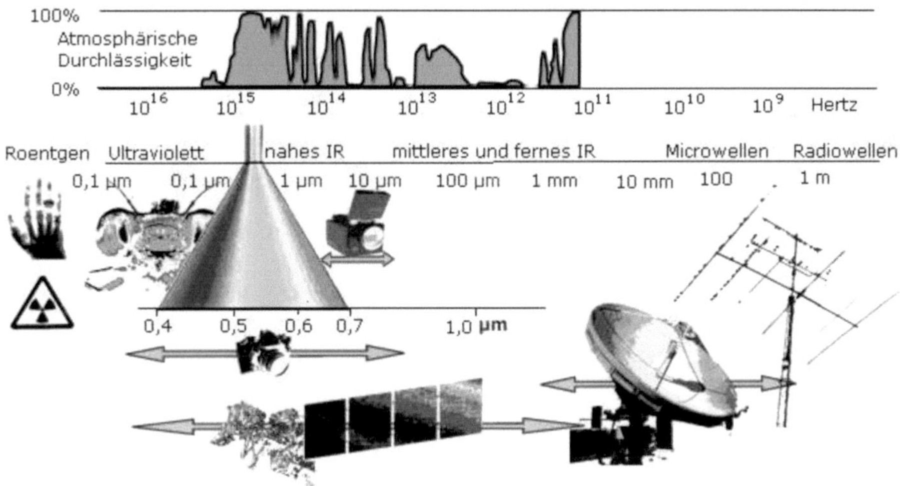

Abbildung 6.88:
Elektromagnetisches Spektrum von Röntgen bis Radio

Besonders wichtig wurde die Röntgentechnik im medizinischen Bereich. Bereits Wilhelm Conrad Röntgen (1845–1923), Entdecker der nach ihm benannten Röntgenstrahlen und erster Nobelpreisträger für Physik 1901, erkannte die medizinischen Anwendungsmöglichkeiten.

Röntgens Entdeckung revolutionierte die medizinische Diagnostik und Therapie, aber auch viele Untersuchungsmethoden in Kunst, Archäologie, Biologie, Geowissenschaft, Kristallographie und Technik (Werkstoffprüfung). Durch Verwendung mathematischer Verfahren lassen sich heute dreidimensionale Abbildungen des Körperinneren erhalten (Computertomographie).

An das sichtbare Spektrum schließen sich im kurzwelligeren Bereich folgende Strahlungen an:

- die ultraviolette Strahlung (UV bis 10^{-8} m),
- die Röntgenstrahlung (bis 10^{-12} m),
- die Gammasstrahlung (bis 10^{-14} m) und
- die kosmische Strahlung (kleiner 10^{-14} m) an.

Im langwelligeren Bereich schließen sich folgende Strahlungen an:

- ultra- oder infrarote (IR bis max. 10^{-3} m) einschließlich der Wärmestrahlung (Mikrowelle um 10^{-4} m oder 2640 GHz),
- Radarwellen (3×10^{-3} m bis 1 m) und der
- Richtfunk, Satellitensteuerung und Rundfunk:
  - UHF (Ultra-High-Frequenz) von 10^{-1} m bis 1 m (oder 3000 MHz bis 300 MHz),
  - VHF (Very-High-Frequenz) von 1 m bis 3 m (oder 300 MHz bis 100 MHz),
  - UKW (Ultra-Kurz-Welle) von 2,7 m bis 3,43 m (oder 108 MHz bis 87 MHz),
  - KW (Kurz-Welle) in verschiedenen Bändern von 11,5 m bis 50 m (oder 26,1 MHz bis 5,9 MHz)
  - MW (Mittel-Welle) von 186,9,m bis 571,5 m (oder 1605 kHz bis 525 kHz)
  - LW (Lang-Welle) von 1053 m bis 2000 m (oder 285 kHz bis 150 kHz).
- Oberhalb dieser Grenzen finden wir das „Hintergrundbrummen“ (Ober- und Grundfrequenzen) von schnell laufenden Elektromotoren und
- das Trägersignal unseres Wechselstromes aus der Steckdose.

Vitrine 9: Wirkung von Hertz – Elektromagnetisches Spektrum
Computer: PowerPoint-Präsentation „Röntgenstrahlen“
Poster A0 Elektromagnetisches Spektrum

6.9.1 Radartechnik bis Mikrowelle

Hülsmeyer und sein Telemobiloskop – Anfänge des Radars

Die Erfindung des Funkmeßverfahrens geht auf den deutschen Ingenieur Christian Hülsmeyer (1881–1957) in Düsseldorf zurück, der die Idee schon 1904 unter dem Namen „Telemobiloskop“ (Fernbewegungsseher) zum Patent angemeldet hatte. Am 17. Mai 1904 führte er im Hof des Kölner Domhotels erstmals sein Telemobiloskop Vertretern von Schifffahrtsgesellschaften und der lokalen Presse vor. Am Tag darauf fand eine noch eindrucksvollere, öffentliche Präsentation an der Hohenzollernbrücke am Rhein statt. Hülsmeyers Telemobiloskop bestand aus jeweils einer Antenne für Sendung und Empfang, einem Funkeninduktor zur Erzeugung hochfrequenter Wellen und einem Kohärer als Empfangselement. Das Telemobiloskop war mit seinen Antennen auf den Fahrweg der Schiffe gerichtet und meldete durch die Aktivierung einer Klingel zuverlässig jedes vorbeifahrende Schiff.

Ohne Zweifel bereitete Hülsmeyer mit seinen Arbeiten die Basis für das, was erst viele Jahre später „Radar“ (Radio Detection and Ranging) genannt wurde, auch wenn er zunächst nur den Vorgang der „Detection“ und noch nicht des „Ranging“ nachwies. Das Fehlen einer Entfernungsmessung als wichtige Ergänzung zur Entdeckung eines Ziels war ihm sehr wohl bewußt und veranlasste ihn zu weiteren Arbeiten und schließlich zur Anmeldung eines Zusatzpatents. Leider fand er keine Geldgeber zur Vervollkommnung seiner Erfindung. Der originale Apparat von Hülsmeyer, das „erste Radargerät“, befindet sich heute im Deutschen Museum in der Abteilung Schifffahrt.

Abbildung: Telemobiloskop Patent 1904

Literatur: VOLLMAR, FRITZ: Das Telemobiloskop von Christian Hülsmeyer, ein früher Vorläufer des Radargeräts. In: *Deutsches Museum, Abhandlungen und Berichte* 28 (1960), Heft 1, S. 33–40.

Deutsches Museum: Sender und Empfänger, Inv.-Nr. 73897 und 75827.

RADAR (Radio detection and ranging) – Deutsche Funkmeßtechnik im Zweiten Weltkrieg: Würzburg Riese

In den 30er Jahren begann man besonders in England und Deutschland, die Radartechnik für militärische Zwecke zu entwickeln. Drei Firmen begannen in Deutschland in den 30er Jahren mit Funkmeßtechnik: GEMA, Telefunken und Lorenz.

In Deutschland wurden unter anderem Radarspiegel von 7,5 m Durchmesser, die sogenannten „Würzburg-Riesen“, entwickelt. Würzburg-Riese ist ein Code-Wort des Zweiten Weltkrieges. Etwa 1500 Stück wurden im Krieg von den Zeppelinwerken in Friedrichshafen hergestellt. Sie dienten zur Flugortung und Flugabwehr. Der Sender befand sich hinter dem Brennpunkt; der Betrieb geschah mit Dezimeterwellen; die reflektierten Wellen wurden aufgefangen.

Zur Unterstützung der Jägerführung durch Freya (Radarsystem der Marine zur Küstenüberwachung, 1938) wurde das Gerät Würzburg-Riese als Zielverfolgungsradar eingeführt. Im Vergleich zu den vorher benutzten 3 m-Spiegeln besaß der Würzburg-Riese einen Parabolspiegel von 7.5 m

Durchmesser und eine dadurch vergrößerte Reichweite von bis zu 70 km. Bis Kriegsende wurden 4000 Würzburg-Geräte gebaut.

Abbildung: Würzburg Riese

Schiffs-Radaranlage

Die Entwicklung der Radartechnik in den Nachkriegsjahren machte große Fortschritte in Großbritannien und in den USA. Neue Techniken erlaubten präzisere Anzeigen bei den Geschwindigkeits- und Entfernungsmessungen mittels Radar. Die rasante Entwicklung der Elektronik in Form von Magnetrons und Klystrons, Halbleitern und Mikroprozessoren und später der Digitalisierung waren die Grundlagen der weiteren Entwicklung moderner Radarsysteme.

Abbildung: Radaranlage DECCA TM 616, um 1965 (mit 30 cm Bildschirm)

Literatur: Kroge, Harry von: *GEMA – BERLIN. Geburtsstätte der deutschen aktiven Wasserschall- und Funkortungstechnik.* Hamburg 1998.

`http://www.seefunknetz.de/radar.htm`

Radar im Hamburger Hafen

Im August 1962 wurde im Hamburger Hafen das von Telefunken
gelieferte Hafenradar-System offiziell in Betrieb genommen.
Deutlich erkennt man die drehbare Richtfunkantenne.

Abbildung: Hamburger Hafen

Erdfunkstelle Raisting Radarspiegel (beim Ammersee)

1964 wurde die Erdfunkstelle Raisting von der Deutschen Bundespost in Betrieb genommen. Sie dient als Bodenstation zur Kommunikation mit Nachrichtensatelliten. Die Antenne 1 im Radom (**Ra**dar**Dom**e), einer kugelförmigen Traglufthalle, ist seit 1999 ein Denkmal.
Für die Schutzhülle um ein Radar müssen Materialien verwendet werden, die für Radarstrahlen besonders gut durchlässig sind. Sie sollen Radarstrahlung möglichst wenig reflektieren, absorbieren, brechen oder streuen. Beispielsweise werden dazu in der Regel drei- bis sechseckige Elemente aus glasfaserverstärkten Kunststoffen genutzt.

Leihgabe: (Modell) Gudrun Wolfschmidt

Maße: Ø10 × 11 cm

Radiowellen

Radiowellen erreichen uns aus dem Weltraum (Radiowellen in der Astronomie siehe Kapitel 6.10.2).
Unsere Ionosphäre (in 100 bis 300 m Höhe), die aus Ionen und Elektronen besteht, reflektiert die Radiowellen. So ist UKW-Empfang rund um die Welt möglich. Sie spielen nicht nur eine Rolle beim Rundfunk, sondern allgemein bei der Funktechnik, beim Fernsehen, bei der Mobiltelefonie und schließlich auch in der Astronomie.

Abbildung 6.89:
Radarsystem im Hamburger Hafen, Telefunken, 1962, und
Schiffs-Radaranlage DECCA TM 616, um 1965 (mit 30 cm Bildschirm)

Foto: Gudrun Wolfschmidt und `http://www.seefunknetz.de/radar.htm`

Rundfunk- und Fernseh-Wellenlängen-Bereiche

Wellenlängen von über 1000 m werden als Langwellen bezeichnet.
Die ersten Rundfunksender in den 20er Jahren benutzten den Langwellenbereich.
Heute spricht man normalerweise von Frequenzen: beim Radio werden Frequenzen von 10 kHz bis 30 GHz verwendet.

Bereich	Wellenlänge	Frequenz
Langwelle (LW)	2.000–1.000 m	150-300 kHz
Mittelwelle (MW)	600–150 m	500-2.000 kHz
Kurzwelle (SW/KW)	120–10 m	2,5–30 MHz
UKW (FM)	ca. 3 m	87,5–108 MHz
VHF	ca. 2 m	174–230 MHz
UHF	ca. 1 dm	1–2,6 GHz

Ultrakurzwelle (UKW)

1948 beschloß die Kopenhagener Lang- und Mittelwellenkonferenz eine Neuverteilung der Radiowellen zu Ungunsten Deutschlands. Deshalb nahmen einige deutsche Rundfunkanstalten den Sendebetrieb über Ultrakurzwelle (UKW) auf. Ultrakurzwellen breiten sich wie Licht geradlinig aus; die Wellen lassen sich bündeln, reflektieren, brechen und beugen. Da sie von der Ionosphäre nicht reflektiert werden, ist eine UKW-Übertragung auf der Erde nur auf Sichtweite möglich.

Weil Ultrakurzwellen von atmosphärischen Störungen wenig beeinflußt werden, können sie für den Funkverkehr mit Satelliten und Raumsonden dienen. Der UKW-Frequenzbereich ist 200mal größer als der Mittelwellen-Frequenzbereich, wodurch eine hohe Anzahl von Sendern untergebracht werden kann. 1953 wurde ein Kurzwellen-Auslandsdienst, die Deutsche Welle (DW), gegründet.

Kernspin-Tomographie – Magnet-Resonanz-Tomographie (MRT) – Herz dreidimensional

Die Kernspin-Tomographie – oft in Anlehnung an den angloamerikanischen Sprachgebrauch als Magnet-Resonanz-Tomographie (MRT) bezeichnet – ist ein medizinisches Bildgebungsverfahren zur Darstellung von Organen und Geweben mit Hilfe von Magnetfeldern und Radiowellen. Das Verfahren arbeitet im Gegensatz zu Röntgenuntersuchungen (konventionelles Röntgen, Computertomographie) nicht mit ionisierenden Strahlen.

Der menschliche Körper besteht – wie unsere Umwelt – aus Atomen. In unserem Körper sind dies vor allem Wasserstoffatome, die man sich als viele sehr kleine Kompass–nadeln vorstellen kann. Die Wasserstoffatome sind normalerweise ungeordnet. Nun besitzt der Kernspin-Tomograph ein sehr starkes Magnetfeld (statisches Magnetfeld), das die Atomkerne in eine bestimmte Richtung auslenkt. Dies ist vergleichbar mit einem Magneten, der die Kompassnadel ausrichtet. Die Atomkerne, in unserer Beschreibung die Kompassnadeln, stehen dadurch unter einer gewissen Spannung und können mit Hilfe von Radiowellen (Hochfrequenzfelder) aus ihrer aufgezwungenen Position ausgelenkt werden. Schaltet man die Radiowellen wieder aus, so springen die Atome in die Richtung zurück, die ihnen von dem statischen Magnetfeld vorgegeben wurde. Dabei senden die Atome Signale aus, die durch hochempfindliche Antennen gemessen werden können. Anschließend berechnet ein Computer aus diesen Signalen mit Hilfe komplizierter mathematischer Verfahren (Fourier-Analyse) ein entsprechendes Schnittbild des Körpers. Im Gegensatz zur Computer-Tomographie, bei der ebenfalls Schnittbilder erzeugt werden, können bei der MRT neben horizontalen (axialen) Schichtebenen auch andere Schnittebenen erzeugt werden, ohne die Lage des Patienten zu verändern. Der große Vorteil des MRT-Verfahrens ist, dass es keine Strahlenbelastung gibt.

Abbildung: Kernspin-Tomograph

`http://www.uni-tuebingen.de/CorticalReorganization/VP_Info.htm`

`http://www.klinikum-oldenburg.de/de/patienten/klinik_fuer_kardiologie/leistungsspektrum/kardio_mrt.html?PHPSESSID=c933a9b12c0518d813d19c7865d2cfce`

Herz dreidimensional:

`http://www.klinikum-nuernberg.de/DE/ueber_uns/aktuelles/knzeitung/2006/200605/Herz.html`

Mikrowellen

1946 entdeckte der Percy LeBaron Spencer (1894–1970), daß ein Schokoriegel in seiner Hosentasche geschmolzen war; er arbeitete gerade mit einem Magnetron bei der Rüstungsfirma Raytheon, die Teile für Radaranlagen baute. Nach einigen Versuchen bekam er noch im selben Jahr ein Patent. Die erste Mikrowelle kam 1947 auf den Markt (350 kg, war 1,70 m hoch und 5000 $).

Im Mikrowellenherd werden mit einem Magnetron (Magnetfeldröhre) elektromagnetische Wellen bei einer Frequenz von 2400 MHz erzeugt. Die Mikrowellen bringen die Wassermoleküle, die in den Speisen enthalten sind, zum Schwingen. Durch die Schwingungen wird Energie aufgenommen und das führt zur Erwärmung. Bei konventioneller Garung hingegen werden zuerst die Atome des Kochgeschirrs erhitzt. Es gibt Sicherungseinrichtungen, damit bei geöffneter Tür das Klystron, das die Mikrowellen erzeugt, sofort abgeschaltet wird und das Aussenden von Mikrowellen in die Umgebung in jedem Fall zuverlässig unterbunden wird.

Mikrowellen entstehen auch durch Schwingungen von Elektronen in Metallen.

Als leistungsstarke Quellen werden heute so genannte Klystrons verwendet, beispielsweise bei DESY.

Abbildung: `http://protect-perfect.de/info/mikrowelle.htm`

`http://www.schulmodell.de/physik/2005/jondoe7/index.htm`

Foto (rote Mikrowelle): Gudrun Wolfschmidt, dazu Grafik

6.9.2 Wärmestrahlen, sichtbares Licht und Ultraviolette Strahlung

Wärmestrahlen der Sonne – Infrarot
Infrarotlampe „Infraphil", Philips, Holland (150 W)

Die Photosphäre der Sonne strahlt hauptsächlich im sichtbaren Spektrum; deshalb sehen wir die Sonne mit gelber Farbe. Das emittierte Spektrum ist charakteristisch für die Temperatur des Objekts. Diese Erkenntnisse sind Grundlagen der Thermographie (Wissenschaft, die Wärmebilder von Objekten untersucht) oder Satellitenspektroskopie; diese stehen aber in engem Zusammenhang mit den von Max Planck gefundenen Gesetzmäßigkeiten.

Infrarotlampen sind Wärmespender, geeignet für zahlreiche therapeutische und kosmetische Anwendungen.

Leihgabe: Gudrun Wolfschmidt, SPGN

Maße: 19 × 18 × 24 cm

Sichtbares Licht – Regenbogen

René Descartes (1596–1650) stellte in seiner „Dioptrik" eine Theorie der Lichtbrechung auf und konnte dann 1637 die Entstehung eines Regenbogens erklären („Météores").

Isaac Newton (1642–1726 a.St./1643–1727) zerlegte mit Hilfe eines Prismas das weiße Licht in Regenbogenfarben.

Joseph Fraunhofer (1787–1826) erfand den Prismenspektralapparat zur genaueren Untersuchung des Phänomens. 1814 entdeckte er bei der Messung der Brechkraft (Brechungsindex) verschiedener Glasproben über 500 dunkle Linien im Sonnenspektrum. Er stellte fest, daß sich auch Gitter zur Zerlegung des Lichtes eignen.

Leihgabe: (Prisma) Bernd Wolfram, Hamburg

Abbildung: Fraunhofer Spektrum der Sonne

Sonne und UV-Strahlung – Ozonloch

Am kurzwelligen Ende des elektromagnetischen Spektrums schließt die Ultraviolett-Strahlung (UV) an, am langwelligen Ende die Infrarot-Strahlung (IR). Je kurzwelliger die Strahlung, desto energiereicher ist sie:

- Das besonders energiereiche UV-C (100–280 nm) wird von der Erdatmosphäre abgehalten,
- die UV-B-Strahlen (280–315 nm) werden durch die Ozonschicht gemildert bzw. teilweise abgehalten.
- UV-A-Strahlen (315–380 nm) dringen (ebenso wie das sichtbare Licht und die Infrarotstrahlung) ungehindert durch die Atmosphäre bis auf die Erde (Sonnenbräune).

Sonnenschutzbrillen filtern in der Regel Strahlung bis 400 nm heraus. UVA- und UVB-Strahlungsmessgeräte dienen zur Messung der ultravioletten Strahlung der Sonne oder im Solarium; sie arbeiten in einem Wellenlängenbereich von 290 bis 390 nm. In der Industrie tritt im Lichtbogen beim Schweißen eine extrem hohe UV-Strahlung auf.

Ozon absorbiert solare Energie und gibt sie in Form von Wärme an die umgebene Atmosphäre ab; damit trägt Ozon zum natürlichen Treibhauseffekt bei (mittlere Temperatur der Erdoberfläche: +15° statt -18°).

Am Alfred-Wegener-Institut in Bremerhaven erforscht man den stratosphärischen Ozonabbau; man bestimmt die daraus resultierende erhöhte UV-B Strahlung und ihre Wirkung auf die marine Biosphäre.

Abbildung: Ozon: `http://www.caf.dlr.de/caf/anwendungen/atmosphere/spurengase/ozon_und_uv/;internal&action=printview.action`

`http://www.awi-bremerhaven.de/Research/ProjectGroups/SolarUV/index-d.html`

Leihgabe: UV-Filter für Foto, Sonnenbrille und Nivea Sun Spray (UV-Lichtschutz 20)

Gudrun Wolfschmidt, SPGN
Maße: 7 × 5 × 15 cm

UV-Röhre (Schwarzlichtlampe), 15 W, EuroLite

Besondere Leuchtstoffe können unsichtbare UV-Strahlung absorbieren und sie als niederenergetische blaue Strahlung emittieren. Quecksilberlampen sind im Inneren mit einem Farbstoff ausgekleidet, der durch unsichtbare UV-Stahlung zum Leuchten im sichtbaren Spektrum angeregt wird. Dies geschieht bei sog. Schwarzlichtlampen für Diskobeleuchtung oder Geldscheintester.

Leihgabe: SPGN
Maße: 48 × 6 × 9 cm
`http://www.uni-kiel.de/med-klimatologie/uvinfo.html`
12 LED UV Taschenlampe – Geldscheinprüfer, UV-Medilight

6.9.3 Röntgen- und Gammastrahlen

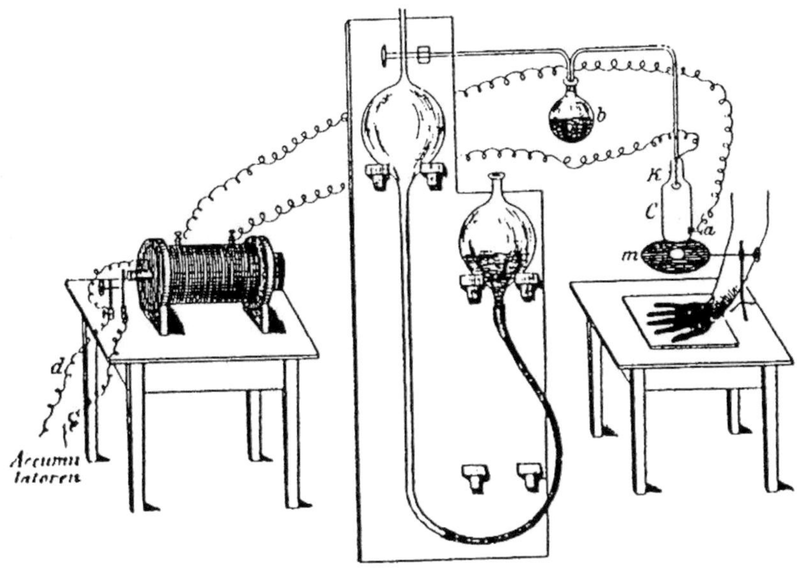

Abbildung 6.90:
Röntgen einer Hand (1896)
Wolfschmidt 1995, Titel.

Wilhelm Conrad Röntgen (1845–1923)

Wilhelm Conrad Röntgen (1845–1923) entdeckte 1895 in Würzburg rätselhafte unsichtbare durchdringende Strahlen, die er zunächst X-Strahlen nannte. Für seine Experimente benötigte er eine Vakuumpumpe, einen Bleiakkumulator, einen Funkeninduktor mit Unterbrecher, Vakuumröhren (Kathodenstrahlröhren) und einen Fluoreszenz-Schirm (später Fotoplatte). Sofort erkannte er die medizinischen Anwendungsmöglichkeiten. Seine erste Publikation lautete „Über eine neue Art von Strahlen" (1896). Die Öffentlichkeit reagierte begeistert. 1901 erhielt er den ersten Nobelpreis für Physik.

PowerPoint-Präsentation „Röntgenstrahlen – Entdeckung, Wirkung, Anwendung":
Gudrun Wolfschmidt

Leihgabe (Röntgenröhre): Schulmuseum Hamburg

Literatur: Wolfschmidt, Gudrun (Hrsg.): *Röntgenstrahlen: Entdeckung, Wirkung, Anwendung. Zum 100. Jubiläum der Entdeckung der X-Strahlen.* (Mitautoren: A. Brachner, M. Eckert, M. Blum). München: Deutsches Museum 1995.

Röntgentechnik in der Medizin

Schnell entwickelte sich die Röntgentechnik im medizinischen Bereich, sowohl für diagnostische Zwecke (ab 1896) als auch für Therapie (ab 1905). Im 1866 gegründeten „Lette-Verein zur Förderung höherer Bildung und Erwerbsfähigkeit des weiblichen Geschlechtes" in Berlin wurden Röntgen-Assistentinnen ausgebildet; ein neuer Berufszweig für Frauen entstand; die ersten arbeiteten im Krankenhaus St. Georg in Hamburg. Allerdings erkannte man damals noch nicht die Gefährlichkeit der Röntgenstrahlen; heute gibt es in St. Georg ein Denkmal für die Strahlenopfer.

Leihgabe (zwei große Röntgenröhren): SPGN

Foto (Denkmal): Gudrun Wolfschmidt

Bernhard Walter (1861–1950) – Pionier auf dem Gebiet der Physik der Röntgenstrahlen

Prof. Dr. Bernhard Walter, Mitbegründer der Deutschen Röntgengesellschaft 1905, studierte Physik in Leipzig und Berlin. Nach der Entdeckung der Röntgenstrahlen 1895 wandte er sich zusammen mit August Voller im Physikalischen Staatslaboratorium Hamburg insbesondere der Physik der Röntgenstrahlen zu. Schon am 5. Januar 1896 führte er mit Voller die „neuen Strahlen" in Hamburg einem breiten Publikum vor. Die von Walter mit Röntgenstrahlen aufgenommene Hand Vollers wurde über eine französische illustrierte Zeitschrift weltweit bekannt. Walters Aktivitäten waren wesentlich entscheidend für die Entwicklung der Röntgentechnik in Hamburg. Er wurde im Laufe des ersten Jahrzehnts der Röntgenära die „rechte Hand" der ärztlichen Röntgenpioniere.

Die wissenschaftlichen Arbeiten Walters umfassen ein umfangreiches Themengebiet der Physik und der praktischen Anwendung der Röntgenstrahlen. So verbesserte er u. a. die Induktoren (Walter-Schaltung), stellte das Fokometer und eine Härteskala her und befaßte sich mit der Blendentechnik und mit der Röntgenstereoskopie. Seine Untersuchungen über die Beugungserscheinungen beim Durchgang der Röntgenstrahlen durch enge Spalte waren die Grundlage für

Abbildung 6.91:
Denkmal für die Strahlenopfer im Krankenhaus St. Georg in Hamburg
Foto: Gudrun Wolfschmidt

die ersten experimentellen Bestimmungen der Wellenlänge der Röntgenstrahlen durch Arnold Sommerfeld (1868–1951) und Peter Paul Koch (1879–1945) in München.

Walter gehört zu den Pionieren der Physik der Röntgenstrahlen. Mit seiner Verbindung zu den großen Röntgenärzten Hamburgs trug er dazu bei, daß von diesem Arbeitskreis bedeutende Forschungsergebnisse erzielt wurden.

Literatur: `http://drg.de/data/wuerdigungen/galerie/walter.htm`

Witte, Karl: Zur Geschichte des Physikalischen Staatsinstituts und der Physik in Hamburg. In: Uni hh Forschung. Wissenschaftsberichte aus der Universität Hamburg 19 (1985), S. 9–27. (Sonderheft 100 Jahre Physik in Hamburg).

Legler, Werner: Zwischen reiner Wissenschaft und praktischer Technik. 75 Jahre Institut für Angewandte Physik. In: Uni hh. Berichte, Meinungen aus der Universität Hamburg 31 (2000), Nr. 2, S. 26–28.

Nachlaß von Bernhard Walter im SPGN.

Computertomografie

In der Röntgendiagnostik wird die sogenannte Schnittbild-Diagnostik immer wichtiger. Das sind Untersuchungsverfahren, bei denen mit Hilfe von Röntgenstrahlen (Computertomografie) große Datenmengen von einer interessierenden Körperregion gewonnen werden, die computergestützt weiterverarbeitet werden und dann eine „abschnittweise“ Beurteilung des erkrankten Organs erlauben.

Abbildung: `http://www.uniklinikum-giessen.de/mtra/raddiag.html`

Physik der Röntgenstrahlen und Kristallstruktur

Die physikalische Natur der Röntgenstrahlen ließ sich nicht so schnell entschlüsseln. Max von Laue (1879–1960) und seinen Mitarbeitern gelang die Entdeckung der Röntgeninterferenzen an Kristallen (1912), was einerseits die Wellennatur von Röntgenstrahlen zeigte und was für die Entwicklung der Kristallographie von großer Bedeutung wurde (Anordnung der Atome in Kristallen).

Henry Moseley (1887–1915) wandte sich der Erforschung der Röntgenspektren zu und erkannte, daß sie Einblick in den Atomkern-Aufbau geben (Schalenstruktur). Allmählich erkannte man, daß es zwei Sorten von Röntgenstrahlen gibt; sie entstehen auch beim Abbremsen schneller Elektronen an Hindernissen wie Elektroden. Hier handelt es sich um die Umkehrung des Photoeffekts. Beim Photoeffekt treffen Photonen auf ein Material und lösen Elektronen heraus. In einer Röntgenröhre treffen Elektronen auf ein Hindernis und erzeugen die Photonen der Röntgenstrahlung.

Foto (Apperatur von Max von Laue, Deutsches Museum München): Gudrun Wolfschmidt `http://www.pctheory.uni-ulm.de/didactics/quantenchemie/html/RontgenF.html`.

Materialuntersuchung und Strukturaufklärung

Schon Röntgen erkannte weitere Anwendungen, unter anderem durchleuchtete er sein Jagdgewehr und einen Kasten mit Gewichtssatz. Das war der Anfang der zerstörungsfreien Materialprüfung, die heute im technischen Bereich unerläßlich ist (Beispiele: Schweißnahtkontrolle an einem Druckkessel, in der Automobilindustrie usw.).

Auch in der Chemie und der Biochemie wird Streuung von Röntgenstrahlen zur Strukturaufklärung benutzt (DNA).

Abbildung: Durchleuchtung einer Glocke

Kunst und Archäologie

Von großer Bedeutung ist die Röntgentechnik in der Archäologie; hier lassen sich Mumien aus Ägypten oder Peru untersuchen. In der Kunst kann man bei Artefakten die Herstellungstechnik durch Röntgen analysieren (beispielsweise bei einem Schwert oder bei Sklpturen) oder bei Gemälden – wie bei einem Rembrandt – läßt sich Original oder Fälschung unterscheiden.

Abbildung: Altägyptische Mumie

Werkstatt Röntgen für Kids – Röntgen interaktiv

http://www.werkstatt-roentgen.de/.

Röntgenstrahlung – Hochleistungsanode

Röntgenstrahlen sind ein Teil des elektromagnetischen Wellenspektrums wie Licht, Radiowellen und Gammastrahlen. Ihre Wellenlänge liegt etwa im Bereich von 1 nm bis 6 Mikrometer. Die Photonenenergien liegen im Bereich etwa von 1,2 bis 240 keV. Sie durchdringen Materie und können daher im Gegensatz zu Licht nur schlecht durch Linsen etc. beeinflusst werden. Für die technische Anwendung in der Röntgendurchstrahlung kann davon ausgegangen werden, dass sie sich geradlinig ausbreiten. Röntgenstrahlen entstehen, wenn schnelle Elektronen auf einen festen Körper auftreffen und dort schlagartig abgebremst werden: eine beschleunigte (abgebremste) Ladung emittiert elektromagnetische Strahlung.

Leihgabe (Hochleistungsanode zur zerstörungsfreien Materialprüfung mit Röntgenstrahlung): Manfred Tauber, Hamburg
Maße: $29 \times 16 \times 0,5$ cm

Szintillationszähler – Nachweis ionisierender Strahlung

Der Szintillationszähler, auch Szintilloskop oder Spinthariskop genannt, wurde von Ernest Rutherford (1871–1937) und Frederick Soddy (1877–1956) 1903/08 entwickelt. Das Material wird beim Durchgang von γ-Quanten angeregt und gibt die Anregungsenergie in Form von Licht oder UV-Strahlung wieder ab. Die Messung der Lichtmenge geschieht mit einem Photomultiplier.

Leihgabe: (Szintillator – Plexiglas) Manfred Tauber, Hamburg
Maße: $3 \times 3 \times 3$ cm

Geiger-Müller-Zähler – Nachweis ionisierender Strahlung

Der Geiger-Müller-Zähler ist ein einfaches Gerät zum Nachweis und zur Messung radioaktiver Strahlung. 1908 entwickelte Hans Wilhelm Geiger (1882–1945), Assistent von Ernest Rutherford, zunächst den Geiger-Zähler. Der Geiger-Müller-Zähler in der heutigen verbesserten Form entstand 1928 (H. W. Geiger und W. Müller).

Das Zählrohr besteht aus einem Messingmantel, in dessen Achse ein vom Mantel isolierter, oxydierter Eisendraht gespannt ist. Zum Durchlaß der Strahlen besitzt der Rohrmantel ein dünnes Glimmerfenster. Zwischen Rohrmantel und Draht liegt eine Spannung von über 1000 Volt. Die elektrische Feldstärke in der Nähe des Drahtes ist sehr hoch. Die ionisierenden Teilchen erzeugen in einem gasgefüllten Gefäß durch eine Stoß-Ionsation Ionenlawinen, die als Entladungsstöße messbar sind. Dieser Entladungsstoß erzeugt einen Spannungsimpuls, der verstärkt und vom Zählwerk gezählt wird. Die Gasverstärkung beträgt bis zu 10^7, d. h. jedes primär erzeugte Elektron kann eine Lawine aus mehr als eine Million Elektronen auslösen.

Leihgabe (Geiger-Müller-Zähler, Valvo 18502): Manfred Tauber, Hamburg
Maße: $12 \times 7 \times 4$ cm

Gammastrahlung – Gammastrahlen-Detektor

Die Gammastrahlung ist die energiereichste Strahlung (mehr als 2,5 keV). Sie zeichnet sich durch die kürzesten Wellenlängen aus (unter 0,5 nm). Sie wurde 1900 von Paul Villard (1860–1934) als dritte Komponente der radioaktiven Strahlung (Antoine Henri Becquerel (1852–1908), 1896) entdeckt. Sie ließ sich nicht durch Magnetfelder ablenken und wies ein ungewöhnlich hohes Durchdringungsvermögen von Materie auf. Den Begriff Gammastrahlung prägte Ernest Rutherford (1871–1937) 1903. Edward Andrade (1887–1971) konnte 1914 in Manchester zeigen, daß es sich um elektromagnetische Wellen handelt. Gammastrahlen werden in der Strahlentherapie und in der Materialprüfung verwendet.

Mit Gammastrahlen-Detektoren läßt sich aufgenommene Strahlendosis messen. Gemessen wird die Energiedosis, das ist die absorbierte Energie pro Kilogramm bestrahlter Materie; die Energiedosis (D) wird in Gy (Gray) gemessen (1 Gy = 1 J/kg).
Bei dem Detektor von Phywe handelt es sich um einen großvolumigen, lichtdichtgekapselten NaJ-Kristall mit Thallium-Dotierung. Dazu gibt es einen aufsteckbaren Fotomultiplier mit μ-Metallabschirmung.

Leihgabe (kleiner Detektor): Gudrun Wolfschmidt, SPGN (Geschenk von DESY)

Maße: $11,5\times$ Ø$1,2$ cm

Leihgabe (2 kleine Halbleiter-Detektoren): Manfred Tauber, Hamburg

Maße: Ø$2,5 \times 0,5$ cm

Maße: Ø$2,5 \times 3,5$ cm

Abbildung: Phywe

6.9.4 Sonstige Anwendungen wie elektronische Musik oder Laser

Theremin

Ein erstes elektronisches Musikinstrument, das Theremin (Ätherophon) wurde 1919 vom russischen Physiker Leon Theremin (Lev Sergeyevich Termen) (1896–1993) erfunden. Es besteht aus zwei Antennen, die an einem Resonanzkörper befestigt sind. Das Instrument enthält für die Einstellung von Tonhöhe und Lautstärke je zwei Schwingkreise. Es wird berührungslos gespielt; nur durch Handbewegungen greift man in diese Felder ein; aufgrund der elektrischen Kapazität des menschlichen Körpers ändern sich die Frequenzen der Schwingkreise. Diese werden in Töne umgesetzt. Die rechte Hand beeinflusst die Tonhöhe, die linke Hand die Lautstärke.
Das Theremin wurde in der Filmmusik eingesetzt, z. B. für die Titelmelodie von Raumschiff Enterprise, aber auch in der Konzert- oder Rockmusik (z. B. Jean-Michel Jarre (∗ 1948), Led Zeppelin). Zur Gruppe der Elektrophone gehören neben dem Theremin noch das Trautonium aus den frühen dreißiger Jahren, ferner E-Orgeln, die erfolgreichen Synthesizer Mini-Moog und Yamaha DX 7.

Abbildung: Theremin

Bastel-Anleitung: `http://netzspannung.org/learning/iswdh/theremines/`

Literatur: Aetherophon. In: Gurlitt, Wilibald und Eggebrecht; Riemann, Hans Heinrich: Sachlexikon der Kunst. Mainz (12. Auflage) 1967, S. 10.

Donhauser, Peter: Elektrische Klangmaschinen. Wien: Böhlau 2007.

Ultrakurz gepulste Röntgenstrahlen, 2005

Das violette Licht entsteht aus Heliumatomen, die durch intensives Laserlicht angeregt werden. Der Laserpuls breitet sich entlang der Achse des violetten Flügels (horizontal) durch das Heliumgas aus. Den gleichen Weg nimmt der nicht sichtbare Röntgenstrahl gebündelt in einem Durchmesser von nur einigen hundert Mikrometern.

Abbildung: J. Seres, Technische Universität Wien

`http://www.eurekalert.org/staticrel.php?view=mxhb021505ge`

Vermessung der Erde mit Laser-Teleskopen

Astronauten stellten bei der Mondlandung 1969 auch wissenschaftliche Instrumente auf wie z. B. spezielle Prismen-Spiegel, die „Retro-Reflektoren" auf. Diese Spiegel werden von der Erde aus mit Laserstrahlen beschossen, u. a. von der bayerischen Fundamentalstation Wettzell – eine von sieben Stationen weltweit. Sie dienen zur Präzisionsmessung der Oberflächengestalt der Erde. In Wettzell werden dafür Radio- und Laser-Teleskope eingesetzt. Weitentfernte Sternhaufen bilden Fixpunkte. Bei der Messung von zwei verschiedenen Punkten der Erde aus können so Abweichungen im Millimeterbereich, etwa durch die Bewegung der Erdplatten, gemessen werden. Ferner liefert das weltweite Netz der Fundamentalstationen Erkenntnisse für die Erdbebenforschung, die Vulkanologie und unseren täglichen Wetterbericht.

Abbildung: Mit Rubinlasern der 1. Generation wurden von der Fundamentalstation Wettzell aus die Prismenspiegel auf dem Mond beschossen.

`http://www.br-online.de/wissen-bildung/thema/landvermessung/laserstrahlen.xml`

Lasershow

Bei einer Lasershow gibt es Laserkanonen, Spots (=Scheinwerfer), Verstärker, Mischpulte und Lautsprecherboxen. Alle diese Geräte basieren jedoch ausschließlich auf physikalischen Prinzipien. Bei einem Laser werden alle Atome oder Moleküle eines Kristalls, Gases oder einer Flüssigkeit so angeregt, daß sie kohärentes Licht ausstrahlen. Es ändert sich nur der Zustand der Energie. Elektrische Energie wird in Lichtenergie umgewandelt.
Bei Mixern und Verstärkern findet eigentlich keine Energietransformation statt (abgesehen von der entstehenden Wärme). Es wird nur der Zustand der elektronischen Signale geändert. Lautsprecherboxen enthalten als elektroakustische Wandler die Lautsprecher, die elektrische Energie in Schallenergie umwandeln.

Abbildung: Lasershow

6.10 Astronomie in neuen Wellenlängen – Wirkung von Hertz in der Astronomie

Auch die ab 1800 entdeckte erste unsichtbare Strahlung (UV- und Infrarot) läßt sich – wie sichtbares Licht – mit geeigneten Spiegeln ablenken und sammeln. Zum elektromagnetischen Spektrum gehören ferner die langwelligen Radar- und Radiowellen, die schon erwähnten Infrarot- (Wärme-) und UV-Strahlen, schließlich die kurzwelligen Röntgen- und Gamma-/Kosmische Strahlen. Das sind alle elektromagnetische Wellen unterschiedlicher Wellenlänge.

Abbildung 6.92:
Elektronik zur Steuerung des Würzburg Riesen

Foto: Gudrun Wolfschmidt

In diesem Abschnitt sollen nun astronomische Beispiele aus allen Bereichen des elektromagnetischen Spektrums behandelt werden, insbesondere die Entwicklung der Radioastronomie – von den Anfängen mit der Radartechnik bis zum 100 m-Teleskop, Effelsberg. Erwähnenswert ist ferner das Heinrich Hertz Submillimeter-Telescope, Steward Observatory, Arizona, Tucson. Schließlich sollen Kontaktversuche zur extraterrestrischen Intelligenz (interstellare Kommunikation) vorgestellt werden.

Abbildung 6.93:
Würzburg Riese, deutsches Radarsystem,
nach 1945 verwendet für Radioastronomie

Foto: Gudrun Wolfschmidt

Vitrine 10: Astronomie in neuen Wellenlängen – Wirkung von Hertz in der Astronomie
Computer: PowerPoint-Präsentation „Vom Radar zur Radioastronomie“
Poster A0 Milchstraße

Wellenlängen, Beobachtungsmethoden und Ergebnisse

Astronomen beobachteten jahrtausendelang, was das sichtbare Licht für das bloße Auge erkennbar macht: Sonne, Planeten, Sterne und Spiralnebel. Um 1800 fand man, daß die Sonne neben dem sichtbaren Licht weitere – unsichtbare – Wellenbereiche aussendet, die Infrarot- und Ultraviolettstrahlung.

Als nächstes wurden Radiowellen aus dem Weltall 1932 entdeckt; die Röntgen- und Gammaastronomie begann erst richtig in den 60er und 70er Jahren; ihre Instrumente müssen in große Höhen gebracht werden – wie bei der modernen IR- und UV-Astronomie. Das erlaubte die Erforschung des gesamten elektromagnetischen Spektrums.

- Radiowellen können mit Radioteleskopen beobachtet werden. Das sind im Prinzip riesige Antennenanlagen mit Einzeldurchmessern bis zu 600 Metern. Den Übergang zur Infrarotstrahlung bilden die Submillimeterwellen.
- Infrarotstrahlung ist Wärmestrahlung. Nur schmale Bereiche davon kommen bis zur Erdoberfläche durch. Infrarotstrahlung wird mit Halbleiterdetektoren gemessen, die die unsichtbare Wärmestrahlung in elektrischen Strom verwandeln.
- Sichtbares Licht ist die einzige Strahlung, die wir mit unseren Augen empfangen können. Für astronomische Messungen werden große Teleskope eingesetzt, deren Spiegel mehrere Meter Durchmesser haben. Sie stehen auf hohen Bergen, wo die Luft trocken und staubfrei ist.
- Ultraviolettstrahlung kann die Atmosphäre nur zum geringen Teil durchdringen. UV-Strahlung von der Sonne ist energiereich genug, unsere Haut zu bräunen. Um die schwachen Strahlungen ferner kosmischer Quellen zu beobachten, muß man schon in größere Höhen gehen. Die Strahlung kann mit Photoelementen gemessen werden, die das Ultraviolett in elektrische Ströme umwandeln.
- Röntgenstrahlung ist energiereicher als Ultraviolettstrahlung. Sie gelangt nicht auf die Erdoberfläche und kann nur in großer Höhe studiert werden. Meßinstrumente sind vor allem Ionisationsdetektoren. Röntgenstrahlung macht die darin enthaltenen Gase elektrisch leitend. Kosmische Röntgenstrahlung kann schon ab 100 Elektronenvolt (eV) Energie gemessen werden. Die in der medizinischen Diagnostik eingesetzten Röntgenstrahlen haben mehr als 300 mal soviel Energie!
- Gammastrahlung ist die energiereichste elektromagnetische Strahlung, die wir kennen. Sie kann tief in unsere Atmosphäre eindringen, erreicht aber den Erdboden nicht. Sie wird bevorzugt mit Szintillationszählern gemessen. Das sind z. B. Kristalle, in denen die Strahlung Lichtblitze auslöst, die durch Photoelemente in elektrischen Strom umgewandelt werden.

Instrumente zur Forschung:
Forschungsballon (heute nur noch für Infrarot, Röntgen, Gamma)

Forschungsraketen (auch für Ultraviolett, Gamma) – seit 1946
Kuiper-Flugzeug-Observatorium – seit 1975
Ultraviolettsatellit IUE – 1978–1997
Röntgensatellit ROSAT – seit 1990
Gammasatellit GRO – seit 1991
Infrarotsatellit ISO – 1994–1998

6.10.1 Unsere Milchstraße in verschiedenen Wellenlängen

Die Durchlässigkeit der Erdatmosphäre für elektromagnetische Strahlung

Elektromagnetische Strahlung aus dem Kosmos trifft auf die Erdatmosphäre.
Sie reicht von den langen, energiearmen Radiowellen über das sichtbare Licht bis zu den kurzen und sehr energiereichen Gammastrahlen.
Vor allem Radiowellen und sichtbares Licht durchdringen die Atmosphäre und erreichen die Erdoberfläche.
Röntgen- und Gammastrahlen werden von der Atmosphäre verschluckt.
Das gilt auch für einen Teil des Infrarot und Ultraviolett.
Diese Strahlung kann deshalb nur in großen Höhen untersucht werden.

– Durchlässigkeit der Erdatmosphäre

Unsere Milchstraße in verschiedenen Wellenlängen

Die Milchstraße bei verschiedenen Wellenlängen:
Die Milchstraße erscheint in den fünf unsichtbaren Wellenlängenbereichen Radio, Infrarot, Ultraviolett, Röntgen und Gamma anders als im Bereich des sichtbaren Lichts. Es treten jeweils unterschiedliche Objekte in den Vordergrund. Die Milchstraßenebene verläuft überall waagerecht, das Milchstraßenzentrum befindet sich in der Bildmitte.

- Wellenlänge: 73 cm (100 m-Radioteleskop in Effelsberg/Eifel):
  Der Radiohimmel ist auf die Milchstraßenebene konzentriert. Die diffuse Strahlung stammt von extrem schnellen Elektronen im Magnetfeld unserer Milchstraße. Daneben sehen wir Supernova-Überreste der Milchstraße wie den großen Halbbogen über der Bildmitte, aber auch Galaxien, Radiogalaxien und Quasare. Die Radiointensitäten steigen von Schwarz-Blau bis Rot an.
- Wellenlänge 12 bis 100 Mikrometer (Infrarot-Satellit IRAS):
  Der Infrarothimmel zeigt diffuse Strahlung, Staub und Sterne. Rot und Gelb bezeichnen -233°C kalte Staubgebiete entlang der Ebene, Blau etwas wärmere Gebiete vom ganzen Himmel.
- Wellenlänge: 0,6 Mikrometer (Lund):
  Der sichtbare Himmel nach Einzelphotographien handgezeichnet. Sterne, Gas und Staub der Milchstraße sind auf die Ebene konzentriert. Außerhalb der Ebene fallen auch andere Galaxien auf.

- Wellenlänge: 135 bis 255 Nanometer (Ultraviolett-Satellit TD1A):
  Der Ultraviolettthimmel läßt die 31.000 heißesten Sterne in den Spiralarmen der Milchstraßenebene hervortreten. In dieser Negativaufnahme erscheinen die Sterne schwarz.
- Energiebereich: 0,1 bis 2,4 keV (Röntgen-Satellit ROSAT):
  Der Röntgenhimmel zeigt vor dem allgemeinen Röntgenhintergrund Sterne und Supernova-Überreste unserer Milchstraße, Doppelsternsysteme mit Neutronensternen oder Schwarzen Löchern, sowie Galaxien, Quasare und Galaxienhaufen. Die Röntgen-Intensitäten steigen von Violett nach Rot an.
- Energiebereich: 70 MeV bis 5 GeV (Gamma-Satellit COS-B):
  Vom Gamma-Himmel ist als Ausschnitt nur die Milchstraßenebene zu sehen. Sie besteht aus diffuser Abstrahlung des Gases zwischen den Sternen sowie Supernova-Überresten und Pulsaren der Milchstraße. Die Gamma-Intensitäten nehmen von Blau bis Gelb zu. Sie sind im Milchstraßenzentrum und in den Spiralarmen am höchsten.

Bildfolge: Milchstraße in einer Wellenlänge – entsprechendes Beobachtungsinstrument
– Radio (73 cm) – 100 m Radioteleskop Effelsberg (MPI für Radioastronomie Bonn)
– Infrarot-Satelliten: IR – IRAS
– Sichtbares Licht (Lund Observatory, Schweden)
– UV-Bereich: (TD-1A) – IUE
– Röntgenbereich: Rosat
– Gammabereich: 70 MeV bis 5 GeV – CosB

6.10.2 Radioastronomie

Radioastronomie

1932 entdeckte der Radioingenieur Karl Jansky unbeabsichtigt Radiostrahlung der Milchstraße und öffnete ein zweites Fenster für elektromagnetische Strahlung aus dem Weltall.
Radioastronomen haben innerhalb weniger Jahrzehnte durch eine Reihe von Entdeckungen unser Weltbild verändert: sie bewiesen die Spiralstruktur der Milchstraße, entdeckten Radiogalaxien, Quasare, Pulsare, außerirdische Moleküle und die kosmische Hintergrundstrahlung.
Schaltet man mehrere Radioteleskope zusammen, lassen sich hohe Auflösungen am Himmel erzielen. Die Teleskope können sich am gleichen Ort, auf verschiedenen Kontinenten oder gar auf Satelliten befinden.

PowerPoint-Präsentation auf dem Computer „Vom Würzburg-Riesen zum Riesen-Radioteleskop – Entwicklung vom Radar zur Radioastronomie“: Gudrun Wolfschmidt

25 m-Radioteleskop Stockert in der Eiffel, 1952

Nach dem Krieg waren in Deutschland die Forschung und Entwicklung auf den Gebieten des Radars und der Funkmeßtechnik zunächst bis Mitte der 50er Jahre verboten. Ab 1952 wurde das Verbot schon etwas gelockert und es begannen Planungen für die ersten Radioteleskope. In Westdeutschland entwickelten sich aufgrund der theoretischen Vorarbeiten die beiden Zentren Kiel und Freiburg, später Bonn. In der DDR gab es Potsdam und Berlin-Adlershof (36 m-Teleskop).

1952 konnte Friedrich Becker (1900–1985), Professor an der Universität Bonn, den Bau eines ersten deutschen Radioteleskops durchsetzen. Euphorisch lautet eine zeitgenössische Beschreibung:

> *„Was hier entstand, ist ein Wunderwerk der Radiotechnik, ein moderner, 15stufiger Weltallsuper mit etwa 200 Röhren und einigen tausend Spulen, Kondensatoren usw. Die parabolförmige Spiegelantenne hat einen Durchmesser von 25 m, was einer Antennenfläche von 500 m² entspricht.“*

Der Schwerpunkt beim Radioteleskop am Stockert lag in der Untersuchung der 21 cm-Linie mit dem Ziel, die Spiralstruktur unserer Galaxis zu kläre. Ferner wurden Linienprofile der H I-Gebiete des neutralen Wasserstoffs in der galaktischen Ebene untersucht, um Informationen über das interstellare Gas zu bekommen.

Literaturzitat: Krug, Erich: *Radioastronomie.* Stuttgart: Kosmos – Franckh'sche Verlagshandlung (Kosmos-Bibliothek, Band 233) 1962, hier S. 22.

Abbildung 6.94:
Links: 25 m-Radioteleskop Stockert in der Eiffel, 1952
Rechts: 100 m-Radioteleskop Effelsberg, 1972

MPI für Radioastronomie Bonn

100 m-Radioteleskop Effelsberg, MPI für Radioastronomie Bonn, 1972

Ab 1957 – gerade ein Jahr nach Eröffnung des 25m-Radioteleskops am Stockert – begann in mehreren Ländern die Errichtung großer Radioteleskope:
76 m-Radiospiegel, Jodrell Bank bei Manchester, UK, 1957,
64 m-Radioteleskop in Parkes, Australien, 1961,
91 m-Radioteleskop in Green Bank, West Virginia, USA, 1962–1988,
100 m-Radioteleskop Effelsberg, Deutschland, 1972.

Mitte der 1960er Jahre begann man auch in Deutschland mit der Planung eines großen Radioteleskops. Es entstand 1972 in der Eifel das größte vollbewegliche Radioteleskop der Welt (bis 2000). Die große Reflektorfläche ermöglicht es, auch sehr schwache Radiosignale auszuwerten. Das Teleskop dient zum Nachweis von Molekülen im Weltall, zur Untersuchung von Objekten in unserer Milchstraße sowie von Galaxien, Quasaren, Radiogalaxien, Galaxienhaufen und der kosmischen Hintergrundstrahlung. Mit ihm wurden 40 der etwa 100 am Nordhimmel bekannten Supernova-Überreste entdeckt.

Abbildung: 100 m-Radioteleskop Effelsberg

Arecibo – Kontaktversuche zur extraterrestrischen Intelligenz (interstellare Kommunikation)

Am 16. November 1974 wurde eine binäre Botschaft vom größten Radioteleskop der Welt, in Arecibo, in Richtung des Sternenhaufens M 13 gesendet. Diese von Frank Drake (∗ 1930) entwickelte Botschaft ist 1679 Bits lang (1679 ist durch die beiden Primzahlen 73 und 23 teilbar). Es gab einige Bedenken, ob die Botschaft gesendet werden sollte. So argumentierten manche Wissenschaftler, daß dadurch möglicherweise einer aggressiven fremden Zivilisation mitgeteilt werde, daß es auf der Erde intelligentes Leben gibt. Diese Bedenken konnten aber zerstreut werden; schließlich werden seit Jahrzehnten unkontrolliert Radiowellen in den Weltraum gesendet. Zudem benötigt die Botschaft bis zu ihrem Ziel immerhin 25.000 Jahre.

- Die weißen Zeichen in der obersten Reihe stehen für die Zahlen 1 bis 10.
- Darunter in rot dargestellt, die Atome des Lebens: Wasserstoff, Kohlenstoff, Nitrogen, Sauerstoff und Phosphor.
- Die grüne Gruppe die nun folgt bezieht sich auf die Chemie der DNS.
- Die blaue Figur in der Mitte der Botschaft ist eine schematische Zeichnung der DNS. Dazu gehört auch der weiße Strich der die Größe des menschlichen Genoms angibt.
- Die folgende Reihe zeigt von links nach rechts: Die Größe der Erdbevölkerung, die menschliche Gestalt sowie die durchschnittlich Größe eines Menschen (1,80 m).
- Die gelbe Reihe repräsentiert das Sonnensystem; der dritte Planet, die Erde, ist hervorgehoben, um zu verdeutlichen, von welchem Planeten wir stammen.
- Die beiden letzten Reihen stellen das Teleskop mit Größenangabe dar.

Die Botschaft wurde wiederholt gesendet; ob sie jemals empfangen wird, ist ungewiß.

Abbildung: Arecibo Observatory

`http://www.uschauer.de/SETI/seti-kom.html;`

`http://www.planetary.org/programs/projects/seti_optical_searches/`

Optical SETI at Harvard: `http://seti.harvard.edu/oseti/`.

6.10.3 UV-, optischer und IR-Bereich

Die Entdeckung des Infraroten

Wilhelm Herschel (1738–1822) stellte 1800 mit Thermometern fest, daß die Temperatur im Sonnenspektrum zum Rot hin zunimmt und sogar jenseits von Rot am stärksten ist. Damit wies er das Infrarot nach, eine unsichtbare, aber wärmende Strahlung.

Die Infrarotstrahlung nehmen wir als Wärme wahr. Sie wird von der Erdatmosphäre weitgehend geschluckt und kann nur von hohen Bergen, Flugzeugen, Satelliten oder Raumstationen aus untersucht werden. Die Infrarot-Astronomie entstand erst in den 1960er Jahren, nachdem emfindliche Empfänger technisch möglich wurden.

Abbildung: Herschels Entdeckung des Ultraroten, 1800

Infrarot-Astronomie und die Erforschung mit Flugzeugen

Einige Tausend Grad heiße Sterne wie unsere Sonne strahlen vorwiegend im sichtbaren Licht, kältere Objekte jedoch stärker im Infraroten. Sternenlicht entlang des Milchstraßenbandes ist teilweise von davorliegenden Staubwolken verdunkelt. Infrarotstrahlen können diese Wolken durchdringen und geben so Einblick in die Geburtsstätten der Sterne. Anhand infraroter Spektrallinien lassen sich die in den Gas- und Staubwolken enthaltenen Atome, Ionen und Moleküle nachweisen. Auch entstehende Planetensysteme sind im Infraroten auffindbar.

Alle Körper mit einer Temperatur über dem absoluten Nullpunkt (-273°Celsius), also selbst tiefgefrorenes Eis, geben Wärmestrahlung ab. Will man die Infrarotstrahlung von Himmelsobjekten messen, muß auch das Meßinstrument bis fast auf den absoluten Nullpunkt gekühlt werden, damit die Infrarot-Detektoren nicht von ihrer Eigenstrahlung geblendet werden. Das macht die Infrarot-Astronomie technisch so aufwendig. Zum Nachweis von Infrarotstrahlen dienen Sensoren aus Germanium oder Silizium, die gezielt mit anderen Elementen verunreinigt sind. Auftreffende Infrarot-Photonen verändern geringfügig den elektrischen Widerstand der Sensoren oder erzeugen photoelektrische Ströme, die verstärkt und ausgewertet werden.

- Vorteile von Flugzeugen sind: bemannte Mission, das Gerät kann während des Fluges gut bedient werden, es gibt keine Gefahr für die Zerstörung des Geräts bei der Rückkehr.
- Nachteile sind: Die Flughöhe ist relativ gering (10–12 km), man kann das Teleskop im Allgemeinen nur „schräg“ aus einem Fenster nach oben schauen lassen.

Bekannte Astronomie-Flugzeuge sind: Caravelle (Frankreich), Kuiper Airborne Observatory (USA) und SOFIA (USA und Deutschland).

Abbildung: SOFIA

Infrarot-Astronomie-Satellit (IRAS), 1983

Der internationale Infrarot-Astronomie-Satellit (IRAS) hat 1983 die Astronomie im mittleren und fernen Infrarot revolutioniert (8–120 Mikrometer). Die erste fast vollständige Himmelsdurchmusterung mit einer Auflösung am Himmel von wenigen Bogenminuten ergab einen Katalog von 250.000 Infrarotquellen, über 100mal so viel wie bisher bekannt waren. IRAS entdeckte z. B. mehrere Kleinplaneten, sechs Kometen, planetensystem-ähnliche Staubringe um zwölf Sterne und Hinweise auf Kohlenstoff-Ringmoleküle im Weltall.

Zur nötigen Kühlung der Meßinstrumente auf -271°Celsius, nur zwei Grad über dem absoluten Nullpunkt, wurden 475 l superflüssiges Helium mitgeführt, die für einen Einsatz von zehn Monaten reichten. Das Hauptinstrument war eine Kamera aus 62 Einzeldetektoren. Zusätzlich wurden ein Spektrometer zur Messung des Spektrums heller Infrarot-Quellen und ein Photometer für höhere Bildauflösung ausgewählter Quellen mitgeführt.

Abbildung: IRAS

Europäischer Satellit ISO, 1994–1998

Der nächste große Schritt zur Erforschung des kalten Weltalls gelang 1994 mit dem Start des europäischen Satelliten ISO. Er konnte 1000mal empfindlicher messen als der Satellit IRAS und drang weiter in den Ferninfrarot-Bereich vor. 2300 l superflüssiges Helium zur Kühlung verdoppelten seine Einsatzzeit im Vergleich zu IRAS. Die in den 1980er Jahren entwickelten Infrarot-Detektorfelder lösten deutlich besser auf als die bisherigen Einzeldetektoren.

Abbildung: ISO

Abbildung 6.95:
Europäischer Satellit ISO, ESA, 1994–1998

ESA: `http://www.iso.vilspa.esa.es/images/iso002.jpg`

Optische Spektren und ihre Interpretation

Schon mit bloßem Auge erkennt man, daß die Sterne verschiedene Farben haben. Joseph Fraunhofer (1787–1826) hatte im Sonnenspektrum über 500 dunkle Linien entdeckt. Gustav Robert Kirchhoff (1824–1887) und Robert Wilhelm Bunsen (1811–1899) gelang die Entzifferung dieser dunklen Linien im Spektrum; sie erkannten durch Vergleich des Sonnenspektrums mit Spektren aus dem Labor, welche Elemente auf der Sonne vorkommen. Das ließ sich auch auf die Sterne anwenden und hat weitreichende Auswirkung auf die gesamte Astonomie. Die Sternfarben gaben Hinweise auf Temperaturen. Ab Mitte des 20. Jahrhunderts konnte man sogar quantitative Aussagen über die chemischen Elemente in Sternatmosphären machen.

Leihgabe: (Prismen-Spektralapparat) Hamburger Sternwarte in Bergedorf
Abbildung: Kirchhoff und Bunsen: Spektralapparat

Die Entdeckung des UV

Johann Wilhelm Ritter (1776–1810) entdeckte daraufhin 1801 auf der anderen Seite des Sonnenspektrums durch Schwärzung einer Silberverbindung die Ultraviolettstrahlung.

Die Ultraviolettstrahlung wird von der Ozonschicht der Erdatmosphäre abgehalten, nur der den Sonnenbrand verursachende Teil gelangt zu uns. Ultraviolett-Astronomie wird seit etwa 1940 von Ballonen, Raketen und inzwischen auch Satelliten und Raumsonden aus betrieben.

Abbildung: Johann Wilhelm Ritter (1776–1810)

UV-Astronomie

Obwohl die unsichtbare Ultraviolett-Strahlung (UV) schon 1801 entdeckt worden war, blieb diese lange für die Astronomie bedeutungslos, da die Erdatmosphäre UV-Strahlung abhält. 1946 konnte von einer Rakete aus UV der Sonne nachgewiesen werden. Seit Anfang der 70er Jahre gibt es UV-Satelliten.

10.000 bis 30.000 Grad heiße Objekte strahlen vorwiegend im UV. Der UV-Himmel zeigt deshalb vor allem diese jungen Sterne und heiße Gasflüsse um Sterne. Die UV-Spektren liefern Informationen über die chemische Zusammensetzung, Temperatur, Dichte und Geschwindigkeit von Materie.

Für den an das sichtbare Licht angrenzenden UV-Bereich sind ähnlich wie im optischen Bereich beschichtete Spiegel ausreichend. Zu kürzeren UV-Wellenlängen hin sind aber Teleskope für kleine Einfallswinkel nötig, wie wir sie vom angrenzenden Röntgen-Bereich her kennnen.

Ultraviolett-Satellit IUE, 26.1.1978 bis Ende 1997

Der amerikanisch-europäische Ultraviolett-Satellit IUE hat zehntausende Spektren von Himmelsobjekten für den mittleren (120–200 nm) und nahen (200–300 nm) UV-Bereich geliefert. Damit läßt sich z. B. die chemische Zusammensetzung von Kometen, Planetenatmosphären und des Raums zwischen den Sternen bestimmen. Der Wellenlängenbereich liegt bei 115 bis 320 nm; die Auflösung am Himmel beträgt zwei Bogensekunden. Zwei Sonnenpaneele erzeugen den Betriebsstrom. Mitgeführte Ersatzkameras und Ersatz-Ausrichtungsinstrumente ermöglichten die unerwartet lange Einsatzzeit des Satelliten von 18 Jahren.

Für den fernen UV-Bereich (90–120 nm – FUV) sind die Satelliten ORFEUS (Orbiting and Retrievable Far and Extreme Ultraviolet Spectrometer), Tübingen, 1993–1996, und FUSE, 1999, zu nennen und für den extremen UV-Bereich (50–90 nm – EUV) EUVE, 1992.

Abbildung: Ultraviolett-Satellit IUE, NASA-ESA

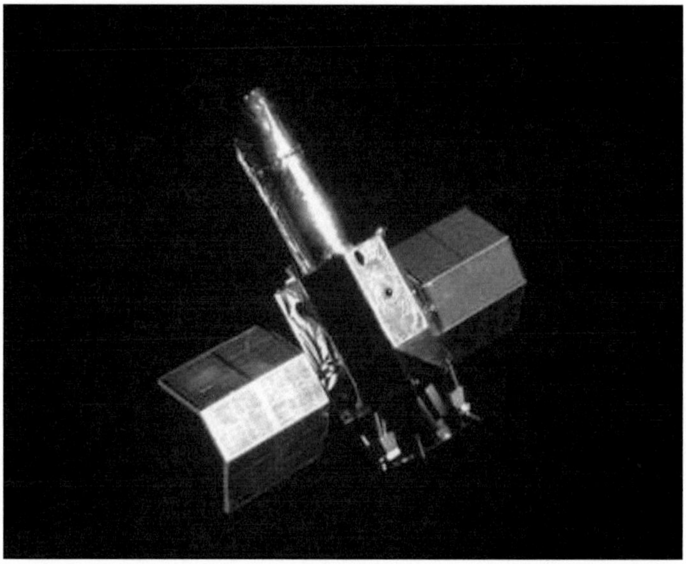

Abbildung 6.96:
Ultraviolett-Satellit IUE, NASA-ESA, 1978–1997

ESA `http://sci.esa.int/science-e/www/object/index.cfm?fobjectid=28875`

6.10.4 Röntgen- und Gammaastronomie

Anfänge der Röntgenastronomie

Die Röntgenastronomie begann 1946/48 in den USA mit beschlagnahmten V 2-Raketen in Verbindung mit einem Zählrohr. Damit konnte die Strahlung in der Ionosphäre (über 50 km) erforscht werden. Dann begann die Beobachtung der Sonne im Röntgenlicht. Mit Detektoren, die 1964 von Ballonen in etwa 40 km Höhe getragen wurden, wurde erstmals Röntgenstrahlung aus dem Weltall gemessen. In den USA gab es zwei Gruppen von Pionieren, die sich bei den Entdeckungen immer wieder hervortaten: die Gruppe um Herbert Friedmann (1949 Entdeckung der Emission von Röntgenstrahlen von der Sonne, 1963 Röntgenquelle Krebsnebel) und die Gruppe um Riccardo Giacconi (∗ 1931) und Bruno Rossi (1905–1993) (Firma AS & E) (1962 Entdeckung der ersten extrasolaren Röntgenstrahlung, 1965 Röntgenbild der Sonne mit einem

Wolter-Teleskop).
1963 entwickelten Giacconi und Herbert Gursky (1930–2006) ein Programm für die Fortführung der Röntgenastronomie, was zur Etablierung der Röntgenastronomie neben der optischen und der Radioastronomie ab den 70er Jahren führte.

Instrumente und Beobschtungsmethoden

Röntgen-Beobachtungsinstrumente werden in zwei Gruppen eingeteilt. Nicht abbildende Instrumente sind:

- Geiger-Müller-Zähler und Gasproportionalzähler für Energien $< 20\,\mathrm{keV}$,
- Szintillationszähler und Phoswich-Detektor (benutzt in Ballon-Experimenten in etwa 40 km Höhe) für hohe Energien $> 20\,\mathrm{keV}$,
- Beugungsgitter sollen in zukünftigen Entwicklungen von Röntgenteleskopen eingesetzt werden (zum Beispiel Chandra). Sie können die Röntgenstrahlung 50mal feiner in Energiebereiche auflösen als ein Proportionalzähler.
  In dünne Folien sind 1000 bis 2000 Linien pro Millimeter eingeritzt. Eine große Anzahl davon soll parallel zueinander auf einem Ringhalter montiert werden, der in den Strahlengang geklappt werden kann.
- Halbleiterzähler (CCDs).

Zu den abbildenden Instrumenten gehören:

- Geräte für solare Röntgenastronomie (Lochkamera und Zonenplatte)
- das Wolter-Teleskop – dessen Leistungsfähigkeit hängt von folgenden Faktoren ab: Sammelfläche, Winkelauflösung, Gesichtsfeld und Reflektivität. Die Konstruktionsidee des Wolter-Teleskops, basierend auf den Arbeiten des Kieler Physikers Hans Wolter (1911–1978) (1950) im Gebiet der Röntgenmikroskopie, wurde von Giacconi und Rossi (1960) publiziert. Es eignet sich zur Beobachtung weicher Röntgenstrahlen.

Abbildung: Zonenplatte

Röntgenastronomie ab den 1970er Jahren

In den 70er Jahren folgten weitere erfolgreiche Satelliten: 1970 UHURU mit zwei Proportionalzählern (Cyg X-1 wurde als Doppelstern erkannt und Her X-1 als Doppelstern mit rotierendem Neutronenstern), 1973 Skylab mit einem Wolter-Teleskop (Sonnenbild von $2''$ Auflösung), 1977 HEAO-1 und 1978 HEAO-2 (Einstein-Satellit) mit einem Wolter-Teleskop von 58 cm Durchmesser und $10''$ Auflösung. So war die USA Ende der 70er Jahre führend.
In Deutschland begann die Entwicklung mit den Tübinger Ballonexperimenten (HEXE – High Energy X-ray Experiment), 1973 bis 1982. Ansonsten gab es in Europa von ESA 1983 EXOSAT, in Japan gab es sechs Satelliten 1975 bis 1993.

Das Ballon-Experiment HEXE (High Energy X-ray Experiment), 1973–1982

Die erste deutsche Ballongondel wurde 1973 bis 1978 zur Messung von besonders energiereicher Röntgenstrahlung eingesetzt (in 40 km Höhe). Sie wurde hergestellt in Zusammenarbeit von

Astronomischen Institut der Universität Tübingen und Max-Planck-Institut für Extraterrestrische Physik, Garching. Der Meßbereich beträgt 20.000 bis 200.000 eV.

Die Instrumente registrierten die besonders energiereiche (=harte) Röntgenstrahlung verschiedener Himmelsquellen, z. B. die Doppelsternquelle HZ Her X-1 im Sternbild Herkules. Die Röntgen-„blitze“ aus diesem Doppelsternsystem, die von einem Neutronenstern stammen, zeigen eine Spektrallinie bei 40.000 eV. Diese Linie machte es möglich, das riesige Magnetfeld eines Neutronensterns zum ersten Mal zu bestimmen.

Abbildung: HEXE

Der deutsche Röntgenastronomie-Satellit ROSAT, 1990–1998

Die deutsche Spiegelentwicklung, die im Wolter-Teleskop für den Röntgensatelliten ROSAT mündete, vollzog sich im wesentlichen in vier Schritten: - Herstellung von ebenen Spiegelproben, um die Bearbeitungsmethoden und mögliche geeignete Materialien zu prüfen,

- Herstellung von paraboloidförmigen Spiegeln (für das Experiment Astro-8),
- Herstellung von aspärischen Spiegelflächen, die schwer in der geforderten Genauigkeit herzustellen sind und
- Bau von kleinen Wolter-Teleskopen, d. h. Kombination von paraboloid- und hyperboloidförmigen Spiegeln und Entwicklung von zugehörigen Detektoren, die die Spiegelschalen erst zum Teleskop ergänzen (erster Flug eines 32 cm-Teleskops 1979). Schließlich begann die Planung eines großen Wolter-Teleskops (GIXRAT, EXO/ ASRO).

Das hochgenaue 80 cm-Wolterteleskop des Satelliten ROSAT kam sogar wegen seiner superglatten Oberfläche ins Guiness Buch der Rekorde. Seine technischen Daten stellten das bis dahin dagewesene in den Schatten und sind gleichzeitig ein Maß für die geleistete Innovationsarbeit bei der Entwicklung des Spiegelsystems.

1990 startete ROSAT, gebaut von Dornier und MBB, mit einer Delta-II-Rakete von NASA von Cape Canveral aus. Das Röntgenteleskop bestand aus Spiegelsystem und Fokalinstrumentierung (zwei abbildende Proportionalzähler PSPC und ein High Resolution Imager HRI aus den USA); dazu gab es eine Wide Field-Camera aus Großbritannien.

Am wichtigsten war die Himmelsdurchmusterung im Röntgenbereich mit dem abbildenden vierschaligen Wolter-Teleskop. Dann wurde Röntgenstrahlung vom Kometen Hyakutake entdeckt, was auf eine Temperatur von einer Million Grad schließen ließ. Objekte außerhalb des Sonnensystems waren Weiße Zwerge, Neutronensterne, Supernova-Reste und Quasare.

Die nächsten Satelliten waren der europäische Satellit XMM-Newton (Start 1999) und der erfolgreiche amerikanische Satellit Chandra (Start 2001). Zukünftige Projekte sind XEUS von ESA (Start 2010) und Constellation-X der NASA (Start $>$ 2010).

Abbildung (ROSAT):
`http://www.mpe.mpg.de/xray/wave/rosat/mission/rosat/mission.php`.

Simone Jüngling: Röntgenastronomie in Deutschland. Entstehungsgeschichte, Institutionalisierung und instrumentelle Entwicklungen. Hamburg: Verlag Dr. Kovač (Schriften zur Ideen- und Wissenschaftsgeschichte; Band 3) 2007. (Hamburg, SPGN, Dissertation).

Abbildung 6.97:
Der deutsche Röntgenastronomie-Satellit ROSAT, 1990–1998
http://www.mpe.mpg.de/xray/wave/rosat/mission/rosat/mission.php

Ergebnisse und Erfolge der Röntgenastronomie

Nach dem ersten Nachweis von Röntgenstrahlung aus dem Weltall 1948 und von der Sonne wurde 1962 die erste Röntgenstrahlung von außerhalb unseres Sonnensystems festgestellt – und zwar im Sternbild Skorpion. Es folgten die Entdeckungen vom Krebsnebel (Crab) als Röntgenquelle (1963) und von den ersten Röntgendoppelsternen mit Uhuru.

Immer mehr Röntgenquellen am Himmel wurden registriert: Von 1967 stieg die Zahl der Röntgenquellen am Himmel von mehr als 30 auf 300 mit Uhuru (1970 bis 1972). 1978 bis 1981 registrierte HEAO II schon 5.000 Röntgenquellen, die meisten davon in unserer Milchstraße. EXOSAT konnte 1983 bis 1986 Röntgenquellen ununterbrochen messen. HEXE gelang es 1987, die neue Supernova 1987 A in der Großen Magellanschen Wolke zu messen. ROSAT entdeckt mehr als 50.000 neue Röntgenquellen bei seiner vollständigen Himmelsdurchmusterung, 1990–1998.

Das aktuelle Röntgen Observatorium heißt Chandra, benannt nach dem indisch-amerikanischen Nobelpreisträger Subrahmanyan Chandrasekhar (1910–1995), gestartet 1999; die frühere Bezeichnung war AXAF (Advanced X-Ray Astrophysics Facility). Chandra soll hochenergetische Röntgenstrahlen aus dem Weltall beobachten; man erhofft sich dadurch z. B. Informationen über explodierende Sterne.

Information/Abbildung: http://www.extrasolar-planets.com/raumfahrt/chandra.php.

Die molekularen Wolken im Zentrum unserer Milchstrasse im Röntgen-Bereich

Die Hochenergie-Astrophysik beschäftigt sich hauptsächlich mit extrem heißen Objekten, in denen die Materie aufgrund der hohen Temperaturen vollständig ionisiert ist und Röntgen- und Gammastrahlung abgibt. An vielen Stellen im Universum findet man Materie, die aus nicht ionisierten Atomen oder Molekülen bei Temperaturen wenig über dem absoluten Nullpunkt besteht. Wenn harte, also energiereiche Röntgenstrahlung auf ein solches neutrales Gas trifft, werden Elektronen aus der innersten Schale (aus der K_α-Schale) von Atomen mit mehreren Elektronen herausgeschlagen. Wird das dabei entstehende Loch durch Strahlungsübergänge von Elektronen aus den oberen Schalen wieder aufgefüllt, entstehen sog. Fluoreszenzphotonen. In den Spektren von akkretierenden Objekten, z. B. in Röntgendoppelsternen, aktiven galaktischen Kernen (englisch: Active Galactic Nuclei = AGN), Quasaren, Flare-Sternen, erzeugt das Element Eisen diese Photonen der K_α-Linie bei einer Energie von 6,4 keV. Das Profil der Linie erlaubt Rückschlüsse auf Eigenschaften des streuenden Gases.

Text und Abbildung: MPA Garching:
`http://www.mpa-garching.mpg.de/HIGHLIGHT/1999/highlight9901d.html`.

Quasar 3C 295 im Röntgenlicht, im optischen und Radiobereich

3C 295 (Cl 1409+524) ist einer der entferntesten Galaxienhaufen, die mit Röntgenteleskopen beobachtet wurden. Der Haufen enthält eine ausgedehnte Gaswolke von 50 Millionen Grad, die stark im Röntgenbereich strahlt. Aus seiner großen Rotverschiebung kann man auf eine Entfernung von fünf Milliarden Lichtjahren schließen. 3C 295 war die zuerst entdeckte leuchtkräftige Quelle von Radiowellen. Der Ort der Radioemmission war identisch mit einer riesigen elliptischen Galaxie, die sich im Zentrum des Galaxienhaufens befindet. Chandra entdeckte, daß diese zentrale Galaxie auch eine starke Röntgenquelle ist.

Abbildung: Röntgen Chandra (NASA/CXC/SAO) `http://chandra.harvard.edu/`
optisch (NASA/HST/A.Dressler) – Radio (NRAO/VLA / R. Perley & G. Taylor).

Quasar PKS 0637-752 im Röntgenlicht, im optischen und Radiobereich

PKS 0637-752 ist so weit entfernt, daß wir ihn sehen, wie er vor 6 Milliarden Jahren ausgesehen hat. Es handelt sich um Quasar hoher Leuchtkraft, der 10trillionenfach stärker als die Sonne strahlt, aber aus einem Bereich, der kleiner als unser Planetensystem ist. Man vermutet, daß die Quelle dieser riesigen Energie ein supermassives Schwarzes Loch ist.

Abbildung: Röntgen Chandra (NASA/CXC/SAO) `http://chandra.harvard.edu/`
optisch (DSS) – Radio (ATCA / A. Burgess & D. Hunstead).

Centaurus A im Röntgenlicht, im optischen, infraroten und Radiobereich

Centaurus A oder NGC 5128 ist das uns am nächsten liegende Beispiel einer aktiven Galaxie, elf Millionen Lichtjahre entfernt. Die große elliptische Galaxie weist Anzeichen von wiederholten Explosionen auf, wahrscheinlich von einem supermassiven Schwarzen Loch im Zentrum der Galaxie. Radio- und Röntgen-Bilder der Galaxie zeigen einen Jet von hochenergetischen

Partikeln, die aus dem Zentrum geschleudert werden. Wegen seiner ungewöhnlichen Natur und großen Nähe wird diese Galaxie des Südhimmels besonders genau untersucht.

Abbildung: Röntgen Chandra (NASA/CXC/SAO) `http://chandra.harvard.edu/`
optisch (AURA/NOAO/NSF) – Infrarot (University Mass) – Radio (NRAO/AUI).

Krebsnebel, ein Supernovarest, Röntgen – optisch – Infrarot – Radio

Das Röntgenteleskop Chandra entdeckte 1999 einen Ring aus Röntgenstrahlen, der den Neutronenstern im Inneren des Krebsnebels (Crab nebula) umgibt. Der Krebsnebel, etwa 6000 Lichtjahre von der Erde entfernt im Sternbild Stier, ist der Rest eines Sterns, der als Supernova im Jahr 1054 explodiert war, beobachtet von chinesischen Astronomen. Neutronensterne entstehen bei der Explosion einer Supernova.

Der Pulsar in dem Nebel, der 1968 von Astronomen entdeckt wurde, ist ein ein schnell rotierender Neutronenstern, der sich 30mal pro Sekunde um die eigene Achse dreht. Der Pulsar beschleunigt kleinste Teilchen auf Lichtgeschwindigkeit. Die Wissenschaftler erhoffen sich dadurch Aufschluß darüber, wie Energie vom Pulsar in den Sternnebel gelangt und ihn mit Energie versorgt.

Abbildung: Röntgen Chandra (NASA/CXC/SAO) `http://chandra.harvard.edu/`
optisch (Palomar Observatory) –
Infrarot (University Mass/IPAC –
Caltech/NASA/NSF) –
Radio (VLA/NRAO).

Gammastrahlung

Gammastrahlung, die energiereichste elektromagnetische Wellenstrahlung, ist sehr durchdringend. Sie entsteht häufig zusammen mit Röntgenstrahlung bei besonders heftigen Prozessen im Kosmos, z. B. bei Sternexplosionen (Supernovae). Der Krebsnebel und der Pulsar in seinem Zentrum sind Überbleibsel einer solchen Supernova. Gammastrahlung wird auch im interstellaren Gas zwischen den Sternen unserer Milchstraße erzeugt, wenn energiereiche Teilchenstrahlung mit Gasatomen zusammenstößt.

Das Gamma-„Teleskop“ des Satelliten COS-B, ESA, 1975 bis 1982

Der Satellit Cos-B wurde 1975 mit einer Delta-Rakete der NASA von der European Space Agency (ESA) zum Studium kosmischer Gammastrahlung gestartet. Er war bis zum 1982 in Betrieb. Das Hauptinstrument war ein großer richtungsauflösender Detektor (eine Funkenkammer) für Gammastrahlung zwischen etwa 30 MeV und 5 GeV Energie, zusätzlich war ein Detektor für Röntgenstrahlung vorhanden. An der Instrumentierung beteiligten sich verschiedene europäische Forschungsinstitute.

Aus den Beobachtungen von COS-B entstanden die erste Karte der Gammastrahlung unserer Milchstraße, der 2CG-Katalog von 25 kosmischen Gammaquellen, und Untersuchungen einzelner Objekte wie von Pulsaren und der ersten extragalaktischen Gammaquelle 3C 273.

`http://wapedia.mobi/de/COS-B.`

Abbildung 6.98:
Gamma Ray Observatory (GRO), NASA, 1991
NASA

Gammaobservatorium (Gamma Ray Observatory – GRO), NASA, 1991

Das Observatorium für kosmische Gammastrahlung wurde seit 1978 geplant und 1991 mit dem Shuttle der NASA in eine Erdumlaufbahn gebracht. Dort kartiert es zum ersten Mal die Gammastrahlung des ganzen Himmels und untersucht einzelne Quellen wie Neutronensterne oder Quasare. Es enthält vier Teleskope. An zweien, darunter einem Compton-Teleskop, ist Deutschland maßgeblich beteiligt.

Alle vier Arten von Instrumenten des Observatoriums für die verschiedenen Energiebereiche sind mindestens 10mal empfindlicher als die Instrumente bisheriger Gammaexpeditionen (z. B. COS-B). Es gab das Szintillationsspektrometer OSSE (Orientated Scintillation Spectrometer Experiment) und das Gammaburst- und Kurzzeitquellen- Experiment BATSE (Burst and Transient Source Experiment). Die Zusatzinstrumente COMPTEL (Compton Teleskop) und das Hochenergie-Gammateleskop EGRET (Energetic Gamma Ray Experiment Telescope) wurden im wesentlichen im Max-Planck-Institut für Extraterrestrische Physik in Garching gebaut.

Im Gammateleskop wirken die oberen Detektoren ähnlich wie eine Linse beim Fotoapparat: Sie streuen die Photonen der Gammastrahlung an Elektronen. Das nennt man Compton-Effekt. Die abgelenkten Gamma-Photonen werden in den unteren Detektoren verschluckt – sie entsprechen dem Film im Fotoapparat – und erzeugen dabei Lichtblitze.

Das EGRET-Teleskop wandelt Gammastrahlung in Positron- und Elektronteilchen um. Das nennt man Paarerzeugung. In den Drahtgittern der Funkenkammer werden elektrisch geladene Teilchen durch Funkenerzeugung nachgewiesen und daraus die Richtungen der einfallenden Gammaphotonen bestimmt.

Abbildung (Compton Gamma-Ray Observatory – CGRO):
`http://www.mpe.mpg.de/gamma/science/lines/26Al/26Al_german.html`.

Anhang: Leihgeber für die Ausstellung

Anhang: Leihgeber für die Ausstellung

7.1 Leihgeber: Personen

- Dipl.-Ing. Werner R. Diedrich (Hamburg / Hameln),
  Reseberg 4, 31789 Hameln, Tel. 05151-61 808
  Schulteßdamm 22, D-22391 Hamburg-Wellingsbüttel, Tel. 040-536 32 62
- Dipl.-Ing. Joachim Eggers (ehemals Philips) (Halstenbek)
  Ginsterweg 15, 25469 Halstenbek, Tel. 04101-41827
- Dipl.-Phys. Jan Gollwitzer (Hof)
  Schlesierweg 12, 95032 Hof
  `jan@gollwitzer-anders.de`
- Detlef Kaack (Hamburg)
  Landesinstitut für Lehrerbildung und Schulentwicklung,
  Lehrerfortbildung Physik,
  Felix-Dahn-Str.3, D-20357 Hamburg, Germany
  `kaack@schul-physik.de`
- Dr. Thomas Lange (Buchholz bei Hamburg)
  Grenzweg 1, 21244 Buchholz, Tel. 04181-990732
  `Thomas.Lange@t-systems.com`
- Dipl.-Arch. Margot Schneider-Wolfschmidt (Frankfurt am Main)
- Dipl.-Phys. Manfred Tauber (Holm)
- Heinz Thieme (Wittenberg-Lutherstadt),
  Am Wasserwerk 34b, 06886 Wittenberg-Lutherstadt, Tel. 03491-61 21 51
  `Thieme.Heinz@web.de`
- PD Dr. Karl Heinrich Wiederkehr (Hamburg, SPGN)
  Birkenau 24, D-22087 Hamburg
- Dipl.-Arch. Armin Wolfschmidt (Nürnberg / Frankfurt am Main)
- Prof. Dr. Gudrun Wolfschmidt (Hamburg, SPGN)

7.2 Leihgeber: Institutionen in Hamburg

- Behörde für Wissenschaft und Forschung
  Hamburger Straße 37, 22083 Hamburg, Tel: 040/428 63 2339
  Marco Keser, LL.M.Eur. Persönlicher Referent des Senators
  E-Mail: `marco.keser@bwf.hamburg.de`
  Brigitte Fortmann, Hochschulamt – A 14
  Tel.: 040 42863 4158, Fax: 040 42863 3986
  E-Mail: `Brigitte.Fortmann@bwf.hamburg.de`
- Bibliothek Mathematik und Geschichte der Naturwissenschaften (BMGN), Fachbereich Mathematik, Universität Hamburg
  Geomatikum, Bundesstr. 55, 20146 Hamburg, Herr Lemke
  `http://www.math.uni-hamburg.de/bibliothek/index.html`
- HEW, ehemaliges Museum Electrum, Manfred Matschke
  Hamburgische Electricitäts-Werke AG, Pressesprecher Ivo Banek
  Hauptverwaltung, Überseering 12, 22297 Hamburg
  `http://www.hew.de/`
- Hochschule für Angewandte Wissenschaften Hamburg (HAW),
  FB Maschinenbau und Produktion, Physik-Labor
  Berliner Tor 21, 20099 Hamburg
  Prof. Dr. Bernd Baumann,
  Dipl.-Ing. Bodo Saß und Berthold Witte (Physiklabor)
  `http://www.haw-hamburg.de/mp/`
- Gelehrtenschule des Johanneums zu Hamburg,
  Maria-Louisen-Straße 114, 22301 Hamburg,
  Robert Bartz, Sammlungsleiter Physik Herr Gerhard
  `http://www.johanneum-hamburg.de/`
- Heinrich-Hertz-Schule, Hamburg-Winterhude –
  Grasweg 72-76, 22303 Hamburg
  Tel. 428891-0, -142, Fax 428891-199
  `http://www.heinrich-hertz-schule-hamburg.de/`
  Wolfgang Thiel, `b.u.w.thiel@t-online.de`
- Landesinstitut für Lehrerbildung und Schulentwicklung
  Abteilung Fortbildung, Felix-Dahn-Straße 3, D-20357 Hamburg
  `http://www.li-hamburg.de/`
  Tel.: 4 28 01-23 60, Fax: 4 28 01-29 75
  Detlef Kaack – Physik, `detlef.kaack@li-hamburg.de`
  Tel.: (0 40)-42801-3649, Fax: (0 40)-42801-2799, Di. 140–16 Uhr
- Matthias-Claudius-Gymnasium Hamburg,
  Witthöfftstraße 8, 22041 Hamburg,
  Sammlungsleiter Physik Horst Meier
  `http://www.hh.schule.de/mcg/`

- Museumsstiftung Post und Kommunikation
  http://www.museumsstiftung.de/stiftung/d011_willkommen.asp
  Museum für Kommunikation Hamburg,
  Gorch-Fock-Wall 1, 20354 Hamburg,
  http://www.museumsstiftung.de/hamburg/,
  Dr. Oliver Rump, e-mail: o.rump@mspt.de
- Sammler- und Interessengemeinschaft historische Nachrichtentechnik – Freundeskreis Wilhelm Weber e. V. Wittenberg, siehe Herr Thieme
- NXP Semiconductors (ehemals Philips und Valvo), Hamburg-Lokstedt,
  Stresemannallee 101, 22529 Hamburg
  http://www.philips.de/semiconductors
  B. Rustemeier, e-mail: birgit.rustemeier@nxp.com,
  Tel: +49(0)40-5613-2280, 5613-3166, Fax: +49(0)40-5613-3166,
  Mobile: +49(0)170-5746124
  Julia Klingeberg, e-mail: julia.klingeberg@nxp.com,
  Tel.: +49(0)40-5613-2731, Fax: +49(0)40-5613-3166
- Schulmuseum Hamburg,
  Landesinstitut für Lehrerfortbildung und Schulentwicklung Hamburg,
  Seilerstraße 42, 20359 Hamburg,
  Herr Peter Sienknecht
  http://www.hamburgerschulmuseum.de/framedef.htm
- Staats- und Universitätsbibliothek Hamburg Carl von Ossietzky,
  Von-Melle-Park 3, 20146 Hamburg
  http://www.sub.uni-hamburg.de/
- Universität Hamburg, Bibliothek der Physikalischen Institute,
  Jungiusstr. 9, 20355 Hamburg
  http://www.physnet.uni-hamburg.de/services/bibliothek.htm
- Universität Hamburg, Hamburger Sternwarte in Bergedorf, Bibliothek,
  Gojenbergsweg 112, 21029 Hamburg,
  Frau Anke Vollersen
  http://www.hs.uni-hamburg.de/
- Universität Hamburg, Institut für Angewandte Physik,
  Jungiusstr. 11, 20355 Hamburg,
  Prof. Dr. Roland Wiesendanger, Herr Pfützner
  http://www.physnet.uni-hamburg.de/institute/IAP/angew.html
- Universität Hamburg, I. Institut für Experimentalphysik,
  Jungiusstraße 9, 20355 Hamburg,
  Herr R. Eggerstorf
  http://www.physnet.uni-hamburg.de/ex/html/finden/index.html
- Universität Hamburg, Mineralogisches Museum -
  Mineralogisch-Petrographisches Institut,

Grindelallee 48, 20146 Hamburg,
Dr. Jochen Schlüter
http://www.rrz.uni-hamburg.de/mpi/museum/

- Universität Hamburg,
  Geologisch Paläontologisches Institut und Museum,
  Bundesstr. 55, 20146 Hamburg,
  Dr. Wolfgang Weitschat
  http://www.geowiss.uni-hamburg.de/i-geolo/start.html

- Universität Hamburg,
  Schwerpunkt Geschichte der Naturwissenschaften,
  Mathematik und Technik, Department Mathematik, MIN-Fakultät,
  Geomatikum, Bundesstr. 55, 20146 Hamburg
  http://www.math.uni-hamburg.de/spag/gn/

- Universität Hamburg, Biozentrum Grindel und Zoologisches Museum,
  Martin-Luther-King Platz 3, 20146 Hamburg,
  Prof. Dr. Horst Wilkens, Herr Prof. Dr. Harald Schliemann
  http://www.biologie.uni-hamburg.de/zim/welcome.html

- VDE Region Nord e. V.
  Stadtbahnstr. 114, 22391 Hamburg
  Tel. 040-2702721, Fax 040-2794084

- Wilhelm-Gymnasium Hamburg
  Klosterstieg 17, 20149 Hamburg-Harvestehude,
  Sammlungsleiter Physik Herr Gertig
  http://www.wilhelm-gymnasium.de/

7.3 Leihgeber: Institutionen außerhalb Hamburgs

- Clausthal-Zellerfeld, Technische Universität,
  Institut für Physik und Physikalische Technologien
  Leibnizstr. 4, 38678 Clausthal-Zellerfeld
  PD Dr. Friedrich Balck
  http://www.pe.tu-clausthal.de/agbalck

- Siemens AG Otto-Hahn-Ring 6, 81739 München
  Fax 089-636-47776
  Ernst von Siemens Kunststiftung, Dr. Joachim Fischer
  Am Wittelsbacher Platz 2, 80333 München,
  Fax: +49(89)-636-32022

7.4 Helfer bei der Ausstellung

- Katrin Cura
- Jürgen Gottschalk
- Wolfgang Lange
- Heidi Tauber
- Manfred Tauber
- Bernd Wolfram

Ausstellungen
anläßlich des 150. Geburtstags von
Heinrich Hertz (1857–1894)
`http://www.math.uni-hamburg.de/spag/ign/events/hertz-exh.htm`

zusammengestellt von Gudrun Wolfschmidt
und Karl Heinrich Wiederkehr:

- 22. Februar bis 18. Juni 2007
  „150 Jahre Heinrich Hertz – 100 Jahre Heinrich-Hertz-Schule“
  in der Heinrich-Hertz Schule in Hamburg-Winterhude.

- 21. Juni bis 23. Oktober 2007
  „Physik mit Her(t)z“
  im Landesinstitut für Lehrerbildung und Schulentwicklung Hamburg.

- 26. Oktober bis 3. Dezember 2007
  „Von Hertz zum Handy – Entwicklung der Kommunikation“,
  unterstützt von der Sammler- und Interessengemeinschaft
  historische Nachrichtentechnik – Freundeskreis Wilhelm Weber e. V.
  in Gemeinschaft mit der Martin-Luther-Universität Halle-Wittenberg
  in Wittenberg-Lutherstadt.

- 6. Dezember 2007 bis 15. Januar 2008
  „Von Hertz zum Handy – Magnetismus, Elektrizität, Kommunikation“
  im Johanneum Hamburg-Winterhude.

- Ende Januar bis März 2008
  Deutsches Elektronen-Synchrotron (DESY), Hamburg.

Abbildung 7.1:
Alte Post (ehemaliger optischer Telegraph) und Heinrich-Hertz-Turm

Foto: Gudrun Wolfschmidt

Abbildungsverzeichnis

Abbildung 7.2:
Funktechnik, Ortsbestimmung auf dem Meer,
Liebig Sammelbild

Foto: Gudrun Wolfschmidt
im New England Wireless and Steam Museum

Autoren

Hans Blank (Hamburg)

1957 Ausbildung an der Seefahrtsschule Hamburg zum Funkoffizier mit dem Funkpatent 2. Klasse. Von 1959 bis 1962 Funkoffizier auf Frachtschiffen verschiedener Reedereien. Danach Studium an der Fachhochschule Hamburg mit dem Abschluss eines Diplomingenieurs, Fachrichtung Nachrichtentechnik.
Tätigkeiten nach dem Studium: Messgeräteentwicklung für Grundlagenforschung der Halbleiterphysik, Entwicklung von Applikationsschaltungen für Farbfernseher, Planung von Feuerleitsystemen für Marineschiffe, Leiter der Planung von Informations- und Steueranlagen für Prozessanwendungen, Leiter eines Betriebsbereiches.
Seit 2003 Studium der Geschichte der Naturwissenschaft und Technik an der Universität Hamburg mit dem Schwerpunkt Physikgeschichte des 20. Jahrhunderts. Es ist beabsichtigt, über Peter Paul Koch (1879–1945), ehemals Direktor des Physikalischen Staatsinstituts der Universität Hamburg, zu promovieren.

Schwerpunkt Geschichte der Naturwissenschaften, Mathematik und Technik
Department Mathematik, MIN-Fakultät, Universität Hamburg
Bundesstraße 55 – Geomatikum, D-20146 Hamburg
e-mail: hans.blank@public.uni-hamburg.de

Jan Gollwitzer (Hof)

Am 29. Januar 1979 wurde ich in Hof geboren. Nach dem Abitur am humanistischen Jean-Paul-Gymnasium (Leistungskurse: Physik und Altgriechisch, Facharbeit: *Archimedes von Syrakus, sein Leben, seine Zeit und seine Werke*) belegte ich an der Universität Bayreuth den Studiengang Physik, den ich 2004 mit dem Diplom abschloss (Diplomarbeit am Lehrstuhl für Kristallographie: *Untersuchung des thermischen Verhaltens von Vanadyl-Pyrophosphat durch Röntgenbeugung*).
Zur weiteren Ausbildung immatrikulierte ich mich im Anschluß daran im Studiengang Umwelttechnik an der Westsächsischen Hochschule Zwickau und erlangte dort das Ingenieurdiplom (Diplomarbeit: *Detektion und Reduktion elektromagnetischer Immissionen des Hochfrequenzbereiches von 9 kHz bis 3 GHz in Wohnräumen*).
Derzeit arbeite ich an meiner Promotion (Thema: *Die historische Entwicklung der Umweltanalytik*) bei Frau Prof. Dr. Wolfschmidt am Institut für Geschichte der Naturwissenschaften, Mathematik und Technik.

Schwerpunkt Geschichte der Naturwissenschaften, Mathematik und Technik
Department Mathematik, MIN-Fakultät, Universität Hamburg
Bundesstraße 55 – Geomatikum, D-20146 Hamburg
e-mail: jan@gollwitzer-anders.de

PD Dr. Karl Heinrich Wiederkehr, Hamburg

Zusammen mit meinem Zwillingsbruder Hans Konrad wurde ich am 1. Februar 1922 in Oftersheim geboren. An der Hebelschule in Schwetzingen (Realgymnasium) machte ich 1941 das Abitur. Ich meldete mich freiwillig zur Kriegsmarine und wurde als Ingenieuroffizier ausgebildet. Nach dem Kriege studierte ich an der Universität Hamburg Physik, Mathematik, Chemie und Philosophie und machte 1949 das Staatsexamen für das Lehramt an Gymnasien. Von 1950 bis 1984 war ich im Hamburger Schuldienst tätig, zuletzt als Studiendirektor und Oberstufenkoordinator. 1962 promovierte ich in Hamburg mit dem von Hans Schimank mir gegebenen Thema über *Wilhelm Webers Elektrodynamik.*
1967 erschien von mir die Biografie zu Wilhelm Eduard Weber (1804–1891), Bd. 32 der Reihe Große Naturforscher, 1970 erschien gemeinsam mit H.-J. Bersch das Begleitbuch Klassische Experimente der Physik, rororo tele (13teilige Sendereihe im NDR). 1974 habilitierte ich mit einem Thema zu René-Just Haüy aus der Kristallographie und erwarb den Status eines Privatdozenten für Geschichte der Naturwissenschaften.
Die Habilitationsschrift erschien, aufgegliedert in vier Teilen, in *Centaurus* 1977 und 1978. Für das Lexikon Grosse Naturwissenschaftler, hrsg. von Fritz Krafft, wurden von mir 85 Kurzbiographien geschrieben, für Die Grossen Physiker, hrsg. von Karl von Meÿenn 1997 vier längere Biographien.
Des weiteren verfaßte ich zahlreiche Artikel für wissenschaftliche Zeitschriften, hauptsächlich zur Elektrodynamik, Kristallographie und Geophysik.

Birkenau 24, D-22087 Hamburg

Prof. Dr. Gudrun Wolfschmidt (Hamburg)

Dissertation Analyse enger Doppelsternsysteme, Dr. Remeis-Sternwarte Bamberg, Astronomisches Institut der Friedrich-Alexander-Universität Erlangen-Nürnberg, 1. und 2. Staatsexamen (Physik und Mathematik), Gymnasiallehrer.
Seit 1987 Forschung in Wissenschaftsgeschichte am Deutschen Museum in München; Konzept und Realisation der Dauerausstellung „Astronomie/Astrophysik" im Deutschen Museum (1992, Begleitbuch 1993). 1992 bis 1995 wissenschaftliche Assistentin am Forschungsinstitut für Geschichte der Naturwissenschaft und Technik des Deutschen Museums, verschiedene Ausstellungen (z. B. Copernicus 1994), Lehre und Habilitation Genese der Astrophysik (1997) an der Ludwig-Maximilians-Universität in München; seit 1997 Professorin am Institut für Geschichte der Naturwissenschaften der Universität Hamburg.
Forschungsgebiete: Astronomie- und Physikgeschichte (Frühe Neuzeit und 19./20. Jahrhundert) sowie wissenschaftliche Instrumente, Physik-, Chemie- und Technikgeschichte.
Buchpublikationen: Copernicus – Revolutionär wider Willen (1994), Milchstrasse

– Nebel – Galaxien. Strukturen im Kosmos von Herschel bis Hubble (1995), Popularisierung der Naturwissenschaften (2002), Vom Magnetismus zur Elektrodynamik (2005), Development of Solar Research. Entwicklung der Sonnenforschung (mit Axel Wittmann und Hilmar Duerbeck) (2005), Astronomy in and around Prague (mit Martin Šolc) (2005) und Hamburgs Geschichte einmal anders – Entwicklung der Naturwissenschaften, Medizin und Technik (2007); Herausgeberin von *Nuncius Hamburgensis, Beiträge zur Geschichte der Naturwissenschaften.*

Schwerpunkt Geschichte der Naturwissenschaften, Mathematik und Technik
Department Mathematik, MIN-Fakultät, Universität Hamburg
Bundesstraße 55 – Geomatikum, D-20146 Hamburg
e-mail: wolfschmidt@math.uni-hamburg.de
http://www.math.uni-hamburg.de/home/wolfschmidt

Nuncius Hamburgensis –
Beiträge zur Geschichte der Naturwissenschaften, Band 2
Gudrun Wolfschmidt (Hrsg.)
Hamburgs Geschichte einmal anders
Entwicklung von Naturwissenschaft, Medizin und Technik

Nuncius Hamburgensis

Beiträge zur Geschichte der Naturwissenschaften

Norderstedt: Books on Demand.

Hrsg. von Gudrun Wolfschmidt,
Schwerpunkt Geschichte der Naturwissenschaften, Department Mathematik, Fakultät für Mathematik, Informatik und Naturwissenschaften (MIN), Universität Hamburg
ISSN 1610-6164

*Diese Reihe „Nuncius Hamburgensis“
wird gefördert von der Hans Schimank-Gedächtnisstiftung.
Dieser Titel wurde inspiriert von „Sidereus Nuncius“ und von „Wandsbeker Bote“.*

- Band 1 (2007):
  Hans Schimank (1888–1979) Ausgewählte Schriften. Mit einem Beitrag ‚Hans Schimanks Otto von Guericke' von Fritz Krafft. Bearbeitet von Igor Abdrakhmanov.

- Band 2 (2007):
  Wolfschmidt, Gudrun (Hrsg.): **Hamburgs Geschichte einmal anders – Entwicklung der Naturwissenschaften, Medizin und Technik – Teil 1.** (ISBN-13: 978-3-8334-7088-2)

- Band 3 (2008):
  Wolfschmidt, Gudrun (Hrsg.) unter Mitwirkung von Günter Löffladt:
  Astronomie in Nürnberg anläßlich des 500. Todestages von Bernhard Walther (1430–1504) Mitte Juni 2004 und des 300. Todestages von Georg Christoph Eimmart (1638–1705) am 5. Januar 2005.
  Proceedings der Tagung vom 2.–3. April 2005 in Nürnberg.

- Band 4 (2007):
  Wolfschmidt, Gudrun (Hrsg.): **Entwicklung der Astrophysik.**
  Proceedings des Kolloquiums des Arbeitskreises Astronomiegeschichte in der Astronomischen Gesellschaft am 26. September 2005 in Köln.

- Band 5 (2008):
  Wolfschmidt, Gudrun (Hrsg.): **Anfänge der Theoretischen Physik in Hamburg.** Mit einem Vorwort von Kurt Scharnberg und Klaus Fredenhagen.

- Band 6 (2007):
  Wolfschmidt, Gudrun (Hrsg.): **Von Hertz zum Handy – Entwicklung der Kommunikation. Katalog zur Ausstellung zum 150. Geburtstag von Heinrich Hertz (1857–1894).** (ISBN 978-3-8334-8744-6)

- Band 7 (2008):
  Wolfschmidt, Gudrun (Hrsg.): **Hamburgs Geschichte einmal anders – Entwicklung der Naturwissenschaften, Medizin und Technik – Teil 2.**

Web-Seite zur aktuellen Information

`http://www.math.uni-hamburg.de/spag/ign/research/nuncius.htm`

Index